惯性导航系统与仿真

——基于 MATLAB/SIMULINK 的分析与实现

覃方君　李开龙　钱镭源　常路宾　何泓洋　编著

华中科技大学出版社
中国·武汉

内 容 提 要

惯性导航原理是导航领域的一门重要专业课程，根据实践教学的需要，着眼于"将原理教学的数学知识转换为计算机程序及可视化结果"，本教材基于 MATLAB R2021a 环境，在阐述惯性导航原理的基础上加入了惯性导航系统关键环节的程序设计指导，使惯性导航系统在计算机上以可视化的方式实现。教材内容主要涉及惯性导航基础知识及相应程序设计、惯性元件基本原理及相应程序设计、惯性稳定平台相关知识及程序设计、平台式惯导系统相关知识（误差分析、水平阻尼、初始对准等）及程序设计、捷联式惯导系统相关知识（误差分析、水平阻尼、初始对准、综合校正等）及程序设计、旋转调制式惯导系统相关知识及程序设计、MATLAB 和 SIMULINK 编程基础。体系结构按照先分后总、先基础后应用的模式进行组织，物理概念清晰。

立足于新形态教材建设，本书内容不仅包含惯性导航系统各部分的理论知识，而且附有各环节的程序设计（通过扫描书中二维码下载），可作为工科院校导航工程专业的本科生和研究生的教材，也可供从事惯性导航方面工作的工程技术人员参考。

图书在版编目(CIP)数据

惯性导航系统与仿真：基于 MATLAB/SIMULINK 的分析与实现/覃方君等编著. —武汉：华中科技大学出版社，2023.7(2025.1 重印)

ISBN 978-7-5680-9713-0

Ⅰ.①惯… Ⅱ.①覃… Ⅲ.①惯性导航系统-系统仿真-Matlab 软件 Ⅳ.①TN966

中国国家版本馆 CIP 数据核字(2023)第 131271 号

惯性导航系统与仿真
——基于 MATLAB/SIMULINK 的分析与实现
Guanxing Daohang Xitong yu Fangzhen
——Jiyu MATLAB/SIMULINK de Fenxi yu Shixian

覃方君　李开龙　钱镭源　常路宾　何泓洋　编著

策划编辑：张少奇
责任编辑：戢凤平
封面设计：廖亚萍
责任监印：周治超
出版发行：华中科技大学出版社(中国·武汉)　　电话：(027)81321913
　　　　　武汉市东湖新技术开发区华工科技园　　邮编：430223
录　　排：武汉市洪山区佳年华文印部
印　　刷：武汉邮科印务有限公司
开　　本：787mm×1092mm　1/16
印　　张：18.75
字　　数：487 千字
版　　次：2025 年 1 月第 1 版第 2 次印刷
定　　价：69.80 元

华中出版

前　言

惯性导航系统利用惯性敏感元件在飞机、舰船、火箭等载体内部测量载体相对惯性空间的线运动和角运动参数，在给定的运动初始条件下，根据牛顿运动定律，推算载体的瞬时速度和瞬时位置。惯性导航涉及控制技术、计算机技术、测试技术、精密机械工艺等多门应用技术学科，是现代高精尖技术的产物，在航海、航空及航天领域有不可替代的作用。尤其是其具有自主定位的特点，在国防领域有着极其重要的作用，是各国争相发展的高端技术。

本教材分为五个部分：第一部分（第1、2章）为惯性导航基础部分，内容包括惯性导航坐标系、加速度计测量原理、惯导位置信息计算方法、陀螺仪测量原理、角度计算方法、惯性稳定平台及相应的程序实现；第二部分（第3章）介绍平台式惯性导航系统基本原理及其关键技术，内容包括平台式惯导基本原理、平台式惯导误差分析、平台式惯导水平阻尼、初始对准及相应的程序实现；第三部分（第4章）介绍捷联式惯性导航系统基本原理及其关键技术，主要内容包括捷联式惯导基本原理、捷联式惯导误差分析、捷联式惯导水平阻尼、初始对准、组合导航综合校正及相应的程序实现；第四部分（第5章）介绍旋转调制式惯导系统，主要内容包括单轴旋转调制、双轴旋转调制及相应程序实现；第五部分（附录）为惯导程序设计的编程基础，内容包括惯性导航系统的常用研究工具——MATLAB、SIMULINK的常用运算规则及相应的程序实现、卡尔曼滤波基础知识。

本教材以惯性导航常见原理知识和相应程序实现为重点，两条主线一一对应，原理知识和程序实现同时服务于惯性导航基础知识、惯性稳定平台、平台式惯导系统、捷联式惯导系统和旋转调制式惯导系统等内容。教材内容安排注重理论和实践教学相结合，各章节的程序设计可通过扫描书中二维码下载。本书可作为工科院校导航工程专业的本科生和研究生的教材，也可为相关领域的工程技术人员提供参考。

限于作者的水平，书中一定存在不少缺点和不足，恳请读者批评指正。

作　者

2023年1月

扫一扫，获取本书配套数字资源

目　录

第1章 惯性导航基础知识

1.1 常见坐标系及其转换

研究惯性导航问题时常常要涉及多种坐标系，正确且合适的坐标系是惯性导航系统能够可靠运行的基础和保障。本节介绍几种经常使用的坐标系及其转换。

1.1.1 常见坐标系

1. 惯性坐标系

惯性坐标系是描述惯性空间的一种坐标系，在惯性坐标系中，牛顿定律所描述的力与运动之间的关系是完全成立的。要建立惯性坐标系，必须找到相对惯性空间静止或匀速运动的参照物，也就是说该参照物不受力的作用或所受合力为零。然而根据万有引力原理，这样的物体是不存在的。通常我们只能建立近似的惯性坐标系，近似的程度根据问题的需要而定。惯性导航系统中我们常用的惯性坐标系是太阳中心惯性坐标系。以太阳中心为坐标原点，以指向其他遥远恒星的直线为坐标轴组成坐标系，就可以构成太阳中心惯性参照系。在牛顿时代，人们把太阳中心参照系作为惯性坐标系，根据当时的测量水平，牛顿定律是完全成立的。后来人们认识到，太阳系还在绕银河系中心运动，只不过运动的角速度极小。银河系本身也处于不断的运动之中，因为银河系之外，还有许多像银河系这样的星系（统称为河外星系），银河系和河外星系之间也有相互作用力。太阳中心惯性坐标系是一近似的惯性参照系，因为它忽略了太阳本身的运动加速度。

地球中心惯性坐标系是另一种常用的近似惯性参照系。将太阳中心惯性坐标系的坐标原点移到地球中心，就是地球中心惯性坐标系。地球中心惯性坐标系与太阳中心惯性坐标系的差异在于地心的平移运动加速度。在太阳系中，地球受到的主要作用力是太阳的引力，此外还有月亮的作用力、太阳系其他行星的作用力等。地球中心惯性坐标系的原点随地球绕太阳公转，但不参与地球自转，要估算地球中心惯性坐标系用作惯性坐标系的近似误差，除了要考虑太阳系的运动角速度和加速度外，还要考虑地心绕太阳公转的加速度。一般情况下地球中心惯性坐标系不能看作惯性坐标系。但是，当一个物体在地球附近运动时，如果我们只关心物体相对地球的运动，由于太阳等星体对地球有引力，同时对运动物体也有引力，太阳等星体引起的地心平移加速度与对地球附近运动物体的引力加速度基本相同，两者之差很小，远在目前加速度计所能敏感的范围之外，这样，在研究运动物体相对地球的运动加速度时，我们可以同时忽略地心的平移加速度与太阳等星体对该物体的作用力。换句话说，可以把地球中心惯性坐标系当成惯性坐标系使用，使用这种惯性坐标系时，认为物体受到的引力只有地球的引力，而没有太阳、月亮等星体的引力。

2. 确定载体相对地球位置的坐标系

1）地球直角坐标系 $OX_eY_eZ_e$（简称 e 系）

地球直角坐标系的坐标原点位于椭球中心，Z_e 轴为参考椭球的短轴，X_e、Y_e 轴位于地球赤道平面，X_e 指向本初子午线，Y_e 轴与 X_e 轴垂直，构成右手直角坐标系，见图 1-1-1。这样，对于地球附近的任何一点 P，其位置均可用一个三维坐标 $P(x,y,z)$ 来确定。

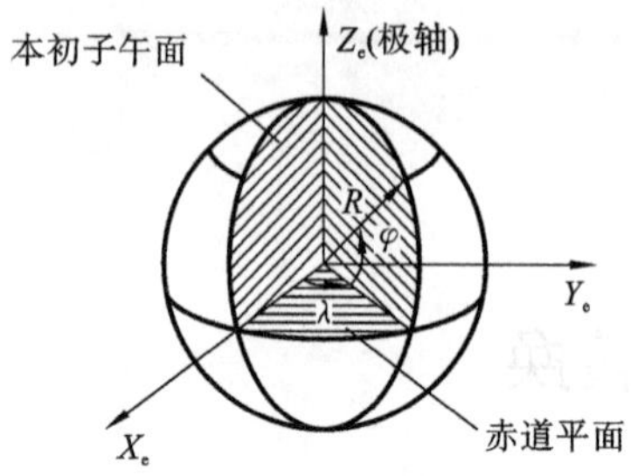

图 1-1-1　地球直角坐标系与经纬度坐标系

地球中心惯性坐标系和地球直角坐标系的原点均为椭球中心，随地球一起平移。两者区别在于，后者与地球固连，随地球转动，而前者的坐标轴不随地球转动，指向相对惯性空间不变。地球上任一固定点在地球直角坐标系中的坐标是固定的，但在地球中心惯性坐标系中是变化的。地球直角坐标系 $OX_eY_eZ_e$ 相对惯性参照系的转动角速度就是地球的自转角速度 ω_{ie}。

2）经纬度坐标系

经纬度坐标系是我们比较熟悉的。除极区等少数区域外，地球表面任意一点的位置均可用经度和纬度来确定。以参考椭球为基准，本初子午面与过该点的子午面之间的夹角（0°～180°）为经度。点位处于东半球时为东经，点位处于西半球时为西经。纬度是当地垂线与椭球赤道面间的夹角（0°～90°）。点位处于赤道面以北时为北纬，点位处于赤道面以南时为南纬。由于垂线有几种定义，因此纬度也有地理纬度和地心纬度之分。惯性导航中使用的是地理纬度。

上面讨论了在参考椭球上确定点位的方法。需要注意的是，不论是使用地球直角坐标系还是使用经纬度坐标系，都是以某种参考椭球为基准的。我国的 1980 国家大地坐标系选用了 1975 年第 16 届国际大地测量与地球物理学联合会推荐的参考椭球参数，椭球相对地球的位置是根据我国大地测量的结果确定的。这种适用于局部地区的大地坐标系也称为局部大地坐标系。随着卫星和遥感技术的发展，目前已经可以利用卫星测量的方法进行全球性的大地测量，从而拟合出适用于全球的大地坐标系。美国国防部迄今为止已经提供了 WGS-60、WGS-66、WGS-72、WGS-84 四种全球大地坐标系，目前采用 WGS-84 坐标系；我国采用的全球大地坐标系为 CGCS2000 国家大地坐标系，两者具有不同的质心和坐标轴。因此，地球上的同一点在不同大地坐标系下的经纬度或在地球直角坐标系下的坐标可能是不同的。

3）地球直角坐标与经纬度坐标的互换

设地球表面某一点 P 在地球直角坐标系中的坐标为 $P(x,y,z)$，经纬度坐标为 $P(\lambda,\varphi)$，地球直角坐标与经纬度坐标的互换公式如下。

经纬度坐标到地球直角坐标的变换：

$$\begin{cases} x=R_N\cos\varphi\cos\lambda \\ y=R_N\cos\varphi\sin\lambda \\ z=R_N(1-\varepsilon)^2\sin\varphi \end{cases} \tag{1-1-1}$$

地球直角坐标到经纬度坐标的变换：

$$\begin{cases} \lambda=\arctan\dfrac{y}{x} \\ \varphi=\arctan\left[\dfrac{1}{(1-\varepsilon)^2}\dfrac{z}{\sqrt{x^2+y^2}}\right] \end{cases} \tag{1-1-2}$$

以上两式中，ε 为参考椭球的扁率。后文中提到的地球坐标系指地球直角坐标系。

3. 与载体位置或惯导系统本身有关的坐标系

1）地理坐标系 $OX_tY_tZ_t$（简称 t 系）

如图 1-1-2 所示，地理坐标系的原点就是载体所在点，Z_t 轴沿当地参考椭球的法线指向天顶，X_t 轴与 Y_t 轴均与 Z_t 轴垂直，即在当地水平面内，X_t 轴沿当地纬度线指向正东，Y_t 轴沿当地子午线指向正北。按照这样的定义，地理坐标系的 Z_t 轴与地球赤道平面间的夹角就是当地地理纬度，Z_t 轴与 Y_t 轴构成的平面就是当地子午面。Z_t 轴与 X_t 轴构成的平面就是当地卯酉面。X_t 轴与 Y_t 轴构成的平面就是当地水平面。

地理坐标系的三根轴可以有不同的选取方法。图 1-1-2 所示的地理坐标系是按“东、北、天”为顺序构成的右手直角坐标系。除此之外，还有按“北、西、天”或“东、北、地”顺序构成的右手直角坐标系。

2）载体坐标系 $OX_bY_bZ_b$（简称 b 系）

载体坐标系是与载体固连的直角坐标系。惯性导航系统的载体可以是舰船、飞机、火箭等，这里以舰船坐标系为例说明载体坐标系的定义。舰船坐标系的 Y_b 轴在甲板平面内指向舰艏方向，X_b 轴在甲板平面内指向舰船右舷，Z_b 轴垂直于甲板平面指向天顶（见图 1-1-3）。当然，这不是唯一的取法。若能获知当地正北、正东的准确指向，即获知当地地理坐标系的准确指向，根据舰船坐标系与地理坐标系间的角度关系就可以确定舰船的姿态角，即航向角、横摇角和纵摇角。

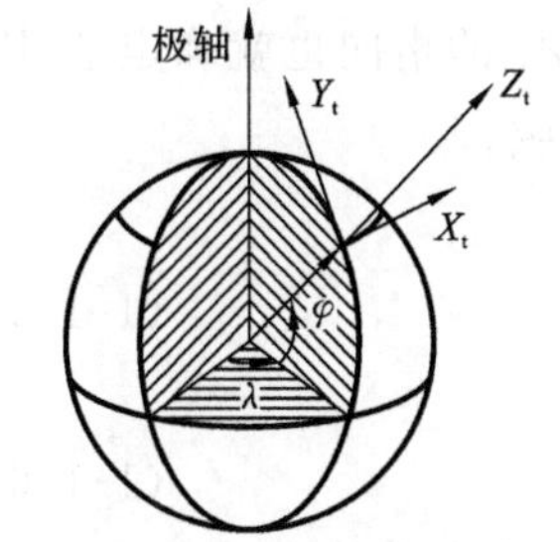

图 1-1-2　地理坐标系

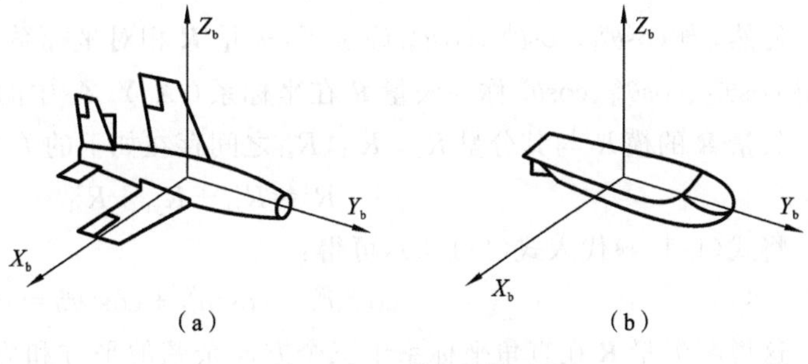

图 1-1-3　载体坐标系

3）平台坐标系 $OX_pY_pZ_p$（简称 p 系）

在平台式惯性导航系统中，加速度计放置于三轴稳定平台上，稳定平台三根轴的指向可以用平台坐标系 $OX_pY_pZ_p$ 来描述。平台式惯导中的一种重要类型是指北方位平台式惯导，这种惯导稳定平台的三根轴分别指向东、北和天顶，也就是说，平台的三根轴要模拟当地地理坐标系的三根轴，OX_p 轴称为平台东，OY_p 轴称为平台北。由于误差总是存在的，指北方位惯导平台坐标系与当地地理坐标系之间的夹角就反映了平台的误差角。

4）导航坐标系（简称 n 系）

导航坐标系是惯性导航系统求解导航参数时所采用的坐标系。例如，指北方位惯导平台，在理想情况下完全模拟了当地地理坐标系，载体位置是根据平台上加速度计输出的加速度信息（正东、正北向加速度）在当地地理坐标系中解算得到的，因此地理坐标系就是水平指北惯性导航系统的导航坐标系。对捷联式惯性导航系统来说，测得的载体加速度是沿载体坐标系轴向的，必须将加速度信息分解到某个便于求解导航参数的坐标系内，再进行导航计算，这个坐标系就是导航坐标系。

5）计算坐标系（简称 c 系）

由于惯性导航系统只能根据系统本身计算获得的载体位置来描述导航坐标系，故该坐标系必然存在着误差。有时为了与理想的导航坐标系相区别，将这种根据惯导本身计算出的、由载体位置确定的导航坐标系称作计算坐标系，在分析惯导误差时要用到这种坐标系。

1.1.2 常见坐标系转换

1. 方向余弦法

设有一三维直角坐标系 $OX_1Y_1Z_1$，其三个轴向上的单位矢量分别为 $\boldsymbol{i}_1$、$\boldsymbol{j}_1$、$\boldsymbol{k}_1$。任一矢量 $\boldsymbol{R}$ 均可以用它在三个轴向上的分量来表示（见图 1-1-4）：

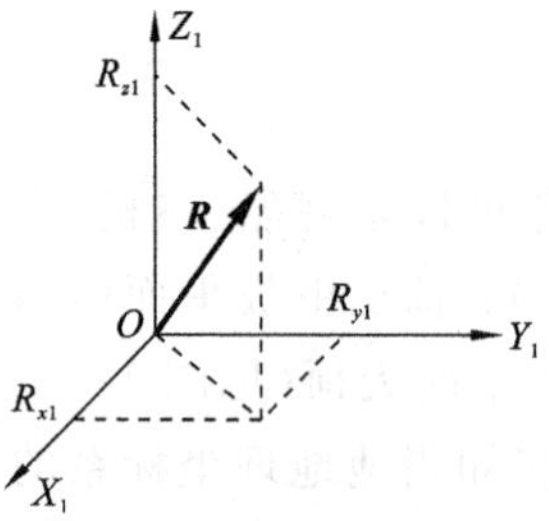

图 1-1-4 矢量在三维直角坐标系中的表示

$$\boldsymbol{R}=R_{x1}\boldsymbol{i}_1+R_{y1}\boldsymbol{j}_1+R_{z1}\boldsymbol{k}_1 \tag{1-1-3}$$

这里，分量 R_{x1}、R_{y1}、R_{z1} 就是矢量 $\boldsymbol{R}$ 在三个轴（X_1、Y_1、Z_1）上的投影：

$$\begin{cases}R_{x1}=R\cos\theta_{x1}^R\\ R_{y1}=R\cos\theta_{y1}^R\\ R_{z1}=R\cos\theta_{z1}^R\end{cases} \tag{1-1-4}$$

式中，R 是矢量 $\boldsymbol{R}$ 的模，而 θ_{x1}^R、θ_{y1}^R、θ_{z1}^R 分别是矢量 $\boldsymbol{R}$ 与坐标系 $OX_1Y_1Z_1$ 的 X_1 轴、Y_1 轴、Z_1 轴间的夹角。

显然，当 $\cos\theta_{x1}^R$、$\cos\theta_{y1}^R$、$\cos\theta_{z1}^R$ 确定了，矢量 $\boldsymbol{R}$ 相对坐标系 $OX_1Y_1Z_1$ 的指向也就确定了，因此将 $\cos\theta_{x1}^R$、$\cos\theta_{y1}^R$、$\cos\theta_{z1}^R$ 称为矢量 $\boldsymbol{R}$ 在坐标系 $OX_1Y_1Z_1$ 中的方向余弦。

矢量 $\boldsymbol{R}$ 的模 R 与其分量 R_{x1}、R_{y1}、R_{z1} 之间存在如下的关系：

$$R^2=R_{x1}^2+R_{y1}^2+R_{z1}^2 \tag{1-1-5}$$

将式(1-1-4)代入式(1-1-5)，可得：

$$\cos^2\theta_{x1}^R+\cos^2\theta_{y1}^R+\cos^2\theta_{z1}^R=1 \tag{1-1-6}$$

这说明矢量 $\boldsymbol{R}$ 在直角坐标系中三个方向余弦的平方和为 1，故三个方向余弦中只含有两个独立量。

假定另有一三维直角坐标系 $OX_2Y_2Z_2$，其原点与 $OX_1Y_1Z_1$ 坐标系相同。记 X_2 轴、Y_2 轴、Z_2 轴上的单位矢量分别为 $\boldsymbol{i}_2$、$\boldsymbol{j}_2$、$\boldsymbol{k}_2$。上述矢量 $\boldsymbol{R}$ 在坐标系 $OX_2Y_2Z_2$ 中也可分解为三个分量 R_{x2}、R_{y2}、R_{z2}：

$$\boldsymbol{R}=R_{x2}\boldsymbol{i}_2+R_{y2}\boldsymbol{j}_2+R_{z2}\boldsymbol{k}_2 \tag{1-1-7}$$

显然，矢量 $\boldsymbol{R}$ 在坐标系 $OX_1Y_1Z_1$ 和 $OX_2Y_2Z_2$ 中的两组坐标（R_{x1}，R_{y1}，R_{z1}）与（R_{x2}，R_{y2}，R_{z2}）之间有着内在的联系。这种联系应该由两个坐标系之间的角度关系来确定。

假定 X_2 轴对 $OX_1Y_1Z_1$ 坐标系的三个方向余弦为 $\cos\theta_{x1}^{x2}$、$\cos\theta_{y1}^{x2}$、$\cos\theta_{z1}^{x2}$；Y_2 轴对 $OX_1Y_1Z_1$ 坐标系的三个方向余弦为 $\cos\theta_{x1}^{y2}$、$\cos\theta_{y1}^{y2}$、$\cos\theta_{z1}^{y2}$；Z_2 轴对 $OX_1Y_1Z_1$ 坐标系的三个方向余弦为 $\cos\theta_{x1}^{z2}$、$\cos\theta_{y1}^{z2}$、$\cos\theta_{z1}^{z2}$，那么有

$$\begin{cases}\boldsymbol{i}_2=\boldsymbol{i}_1\cos\theta_{x1}^{x2}+\boldsymbol{j}_1\cos\theta_{y1}^{x2}+\boldsymbol{k}_1\cos\theta_{z1}^{x2}\\ \boldsymbol{j}_2=\boldsymbol{i}_1\cos\theta_{x1}^{y2}+\boldsymbol{j}_1\cos\theta_{y1}^{y2}+\boldsymbol{k}_1\cos\theta_{z1}^{y2}\\ \boldsymbol{k}_2=\boldsymbol{i}_1\cos\theta_{x1}^{z2}+\boldsymbol{j}_1\cos\theta_{y1}^{z2}+\boldsymbol{k}_1\cos\theta_{z1}^{z2}\end{cases} \tag{1-1-8}$$

同时：

$$\begin{cases} \boldsymbol{i}_1 = \boldsymbol{i}_2 \cos\theta_{x1}^{x2} + \boldsymbol{j}_2 \cos\theta_{x1}^{y2} + \boldsymbol{k}_2 \cos\theta_{x1}^{z2} \\ \boldsymbol{j}_1 = \boldsymbol{i}_2 \cos\theta_{y1}^{x2} + \boldsymbol{j}_2 \cos\theta_{y1}^{y2} + \boldsymbol{k}_2 \cos\theta_{y1}^{z2} \\ \boldsymbol{k}_1 = \boldsymbol{i}_2 \cos\theta_{z1}^{x2} + \boldsymbol{j}_2 \cos\theta_{z1}^{y2} + \boldsymbol{k}_2 \cos\theta_{z1}^{z2} \end{cases} \tag{1-1-9}$$

将以上两式写成矩阵形式：

$$\begin{bmatrix} \boldsymbol{i}_2 \\ \boldsymbol{j}_2 \\ \boldsymbol{k}_2 \end{bmatrix} = \boldsymbol{C}_1^2 \begin{bmatrix} \boldsymbol{i}_1 \\ \boldsymbol{j}_1 \\ \boldsymbol{k}_1 \end{bmatrix} \tag{1-1-10}$$

$$\begin{bmatrix} \boldsymbol{i}_1 \\ \boldsymbol{j}_1 \\ \boldsymbol{k}_1 \end{bmatrix} = \boldsymbol{C}_2^1 \begin{bmatrix} \boldsymbol{i}_2 \\ \boldsymbol{j}_2 \\ \boldsymbol{k}_2 \end{bmatrix} \tag{1-1-11}$$

其中，

$$\boldsymbol{C}_1^2 = \begin{bmatrix} \cos\theta_{x1}^{x2} & \cos\theta_{y1}^{x2} & \cos\theta_{z1}^{x2} \\ \cos\theta_{x1}^{y2} & \cos\theta_{y1}^{y2} & \cos\theta_{z1}^{y2} \\ \cos\theta_{x1}^{z2} & \cos\theta_{y1}^{z2} & \cos\theta_{z1}^{z2} \end{bmatrix} \tag{1-1-12}$$

$$\boldsymbol{C}_2^1 = \begin{bmatrix} \cos\theta_{x1}^{x2} & \cos\theta_{x1}^{y2} & \cos\theta_{x1}^{z2} \\ \cos\theta_{y1}^{x2} & \cos\theta_{y1}^{y2} & \cos\theta_{y1}^{z2} \\ \cos\theta_{z1}^{x2} & \cos\theta_{z1}^{y2} & \cos\theta_{z1}^{z2} \end{bmatrix} \tag{1-1-13}$$

比较 $\boldsymbol{C}_1^2$、$\boldsymbol{C}_2^1$ 的关系，显然两矩阵互为转置关系：

$$[\boldsymbol{C}_1^2]^{\mathrm{T}} = \boldsymbol{C}_2^1 \tag{1-1-14}$$

将式(1-1-3)写成矩阵形式并结合式(1-1-11)有

$$\boldsymbol{R} = [R_{x1} \quad R_{y1} \quad R_{z1}] \begin{bmatrix} \boldsymbol{i}_1 \\ \boldsymbol{j}_1 \\ \boldsymbol{k}_1 \end{bmatrix} = [R_{x1} \quad R_{y1} \quad R_{z1}] \boldsymbol{C}_2^1 \begin{bmatrix} \boldsymbol{i}_2 \\ \boldsymbol{j}_2 \\ \boldsymbol{k}_2 \end{bmatrix} \tag{1-1-15}$$

又由式(1-1-7)有

$$\boldsymbol{R} = [R_{x2} \quad R_{y2} \quad R_{z2}] \begin{bmatrix} \boldsymbol{i}_2 \\ \boldsymbol{j}_2 \\ \boldsymbol{k}_2 \end{bmatrix} \tag{1-1-16}$$

比较可得：

$$[R_{x1} \quad R_{y1} \quad R_{z1}] \boldsymbol{C}_2^1 = [R_{x2} \quad R_{y2} \quad R_{z2}]$$

即

$$\begin{bmatrix} R_{x2} \\ R_{y2} \\ R_{z2} \end{bmatrix} = [\boldsymbol{C}_2^1]^{\mathrm{T}} \begin{bmatrix} R_{x1} \\ R_{y1} \\ R_{z1} \end{bmatrix} = \boldsymbol{C}_1^2 \begin{bmatrix} R_{x1} \\ R_{y1} \\ R_{z1} \end{bmatrix} \tag{1-1-17}$$

上式用矩阵方程表示就是

$$\boldsymbol{R}_2 = \boldsymbol{C}_1^2 \boldsymbol{R}_1 \tag{1-1-18}$$

式中 $\boldsymbol{R}_1$、$\boldsymbol{R}_2$ 分别表示矢量 $\boldsymbol{R}$ 在坐标系 $OX_1Y_1Z_1$、$OX_2Y_2Z_2$ 中坐标的列向量：

$$\boldsymbol{R}_1 = [R_{x1} \quad R_{y1} \quad R_{z1}]^{\mathrm{T}} \tag{1-1-19}$$

$$\boldsymbol{R}_2 = [R_{x2} \quad R_{y2} \quad R_{z2}]^{\mathrm{T}} \tag{1-1-20}$$

式(1-1-18)表明，矩阵 $\boldsymbol{C}_1^2$ 将同一矢量的两组坐标联系起来了。由于 $\boldsymbol{C}_1^2$ 中的九个元素均为两坐标系坐标轴之间的方向余弦，它反映了两坐标系之间的角位置关系，故称 $\boldsymbol{C}_1^2$ 为从坐标系 $OX_1Y_1Z_1$ 到 $OX_2Y_2Z_2$ 的方向余弦矩阵。

同理，将式(1-1-10)代入式(1-1-7)，再与式(1-1-3)比较，可得：

$$\begin{bmatrix} R_{x1} \\ R_{y1} \\ R_{z1} \end{bmatrix} = \boldsymbol{C}_2^1 \begin{bmatrix} R_{x2} \\ R_{y2} \\ R_{z2} \end{bmatrix} \tag{1-1-21}$$

上式也可缩写成：

$$\boldsymbol{R}_1 = \boldsymbol{C}_2^1 \boldsymbol{R}_2 \tag{1-1-22}$$

称 $\boldsymbol{C}_2^1$ 为从坐标系 $OX_2Y_2Z_2$ 到 $OX_1Y_1Z_1$ 的方向余弦矩阵。

对比式(1-1-18)和式(1-1-22)，可得：

$$\boldsymbol{C}_1^2 \boldsymbol{C}_2^1 = \boldsymbol{I} \tag{1-1-23}$$

式中，$\boldsymbol{I}$ 为单位矩阵。再考虑关系式(1-1-14)，有

$$[\boldsymbol{C}_1^2]^{-1} = \boldsymbol{C}_2^1 = [\boldsymbol{C}_1^2]^{\mathrm{T}} \tag{1-1-24}$$

这说明方向余弦矩阵的逆矩阵就是其转置矩阵，这是方向余弦矩阵的重要性质之一：正交性。

另外由于方向余弦矩阵的任一行或任一列的三个元素均为两个坐标系中的某一根坐标轴在另一坐标系中的方向余弦，前已述及，任一矢量的三个方向余弦的平方和为 1，因此，方向余弦矩阵的每一行或每一列三个元素的平方和也是 1。这样方向余弦矩阵 $\boldsymbol{C}_2^1$ 或 $\boldsymbol{C}_1^2$ 中的九个元素实际上有六个约束条件，也就是说一个方向余弦矩阵中只有三个元素是完全独立的。

利用方向余弦矩阵，可以方便地实现多个相同原点的坐标系之间的坐标旋转变换。在前述问题中，如果再有第三个坐标系 $OX_3Y_3Z_3$，由 $OX_2Y_2Z_2$ 到 $OX_3Y_3Z_3$ 的方向余弦矩阵为 $\boldsymbol{C}_2^3$，记矢量 $\boldsymbol{R}$ 在 $OX_3Y_3Z_3$ 中的坐标列向量为 $\boldsymbol{R}_3$，则

$$\boldsymbol{R}_3 = \boldsymbol{C}_2^3 \boldsymbol{R}_2 \tag{1-1-25}$$

结合式(1-1-18)，有 $\boldsymbol{R}_3 = \boldsymbol{C}_2^3 \boldsymbol{R}_2 = \boldsymbol{C}_2^3 \boldsymbol{C}_1^2 \boldsymbol{R}_1$。

如果令

$$\boldsymbol{C}_1^3 = \boldsymbol{C}_2^3 \boldsymbol{C}_1^2 \tag{1-1-26}$$

则有

$$\boldsymbol{R}_3 = \boldsymbol{C}_1^3 \boldsymbol{R}_1 \tag{1-1-27}$$

这说明，由坐标系 1 到坐标系 3 的方向余弦矩阵可由坐标系 1 到坐标系 2 的方向余弦矩阵左乘坐标系 2 到坐标系 3 的方向余弦矩阵而得到。推而广之，有

$$\boldsymbol{R}_n = \boldsymbol{C}_1^n \boldsymbol{R}_1 \tag{1-1-28}$$

其中 $\boldsymbol{C}_1^n$ 可由多个中间变换步骤的方向余弦矩阵得到：

$$\boldsymbol{C}_1^n = \boldsymbol{C}_{n-1}^n \cdots \boldsymbol{C}_2^3 \boldsymbol{C}_1^2 \tag{1-1-29}$$

这说明方向余弦矩阵具有传递性。

对于原点不相同的两个坐标系，它们坐标轴之间的关系仍然可以用式(1-1-12)、式(1-1-13)这样的方向余弦矩阵来描述。不过这时要进行坐标变换的话，要先进行坐标平移变换(因原点不同)，而后按照式(1-1-18)、式(1-1-22)进行坐标旋转变换。

两三维直角坐标系之间的方向余弦矩阵有九个元素，由于有六个约束条件，因此只有三个元素是独立的，这说明任意两三维直角坐标系之间的角度关系完全可以由三个角度来描述。

为能直观地求取中间变换的方向余弦矩阵，假定从坐标系 $OX_0Y_0Z_0$ 经下面三次旋转可得到坐标系 $OXYZ$(见图 1-1-5)：

$$OX_0Y_0Z_0 \xrightarrow{\text{绕 } X_0 \text{ 转 } K_x} OX_1Y_1Z_1 \xrightarrow{\text{绕 } Y_1 \text{ 转 } K_y} OX_2Y_2Z_2 \xrightarrow{\text{绕 } Z_2 \text{ 转 } K_z} OXYZ$$

变化 K_x、K_y、K_z 三个角度，可以形成原点与 $OX_0Y_0Z_0$ 相同的任意三维直角坐标系。反过来说，任意一个三维直角坐标系 $OXYZ$ 均可从 $OX_0Y_0Z_0$ 经过上述三次旋转得到，所以这三个旋转角度完全反映了两坐标系之间的角度关系，我们称这三个旋转角为欧拉角。要注意的是，欧拉角与旋转顺序有关(即先绕哪根轴转、后绕哪根轴转)，顺序不同，欧拉角也不同，顺序固定时，两坐标系之间的欧拉角是唯一的。

记由坐标系 $OX_0Y_0Z_0$ 至 $OX_1Y_1Z_1$、由 $OX_1Y_1Z_1$ 至 $OX_2Y_2Z_2$、由 $OX_2Y_2Z_2$ 至 $OXYZ$ 的方向余弦矩阵分别为 $\boldsymbol{C}_0^1$、$\boldsymbol{C}_1^2$、$\boldsymbol{C}_2^3$。

由 $OX_0Y_0Z_0$ 至 $OX_1Y_1Z_1$(X_1 与 X_0 同轴)是前者绕 X_0 轴旋转 K_x 角得到的(见图 1-1-6)。根据方向余弦矩阵的结构形式(参见式(1-1-12))，可以做一方向余弦表(见表 1-1-1)，这样比较形象，便于记忆。由于 X_0、X_1 同轴，两坐标系角度关系比较明确，方向余弦值可直接填入。

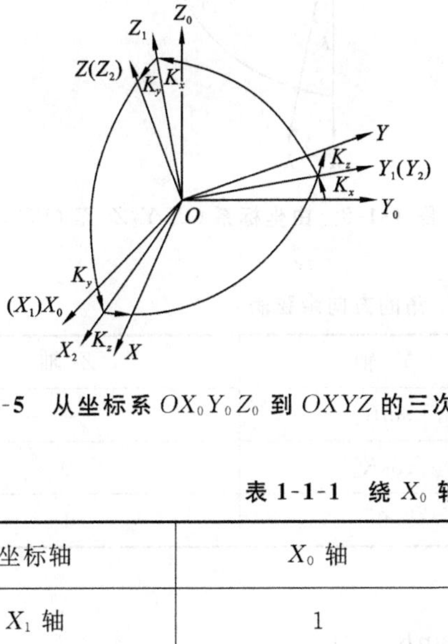

图 1-1-5　从坐标系 $OX_0Y_0Z_0$ 到 $OXYZ$ 的三次旋转

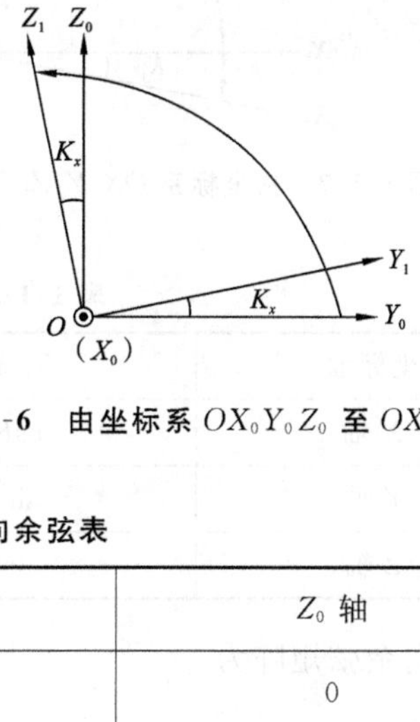

图 1-1-6　由坐标系 $OX_0Y_0Z_0$ 至 $OX_1Y_1Z_1$

表 1-1-1　绕 X_0 轴旋转 K_x 角的方向余弦表

坐标轴	X_0 轴	Y_0 轴	Z_0 轴
X_1 轴	1	0	0
Y_1 轴	0	$\cos K_x$	$\sin K_x$
Z_1 轴	0	$-\sin K_x$	$\cos K_x$

根据表 1-1-1 可直接写出方向余弦矩阵：

$$\boldsymbol{C}_0^1 = \begin{bmatrix} 1 & 0 & 0 \\ 0 & \cos K_x & \sin K_x \\ 0 & -\sin K_x & \cos K_x \end{bmatrix} \tag{1-1-30}$$

用同样的方法可得到由 $OX_1Y_1Z_1$ 至 $OX_2Y_2Z_2$、由 $OX_2Y_2Z_2$ 至 $OXYZ$ 的方向余弦矩阵 $\boldsymbol{C}_1^2$、$\boldsymbol{C}_2^3$。

由 $OX_1Y_1Z_1$ 至 $OX_2Y_2Z_2$：绕 Y_1 轴转 K_y 角(见图 1-1-7)，相应的方向余弦表为表 1-1-2。

表 1-1-2　绕 Y_1 轴旋转 K_y 角的方向余弦表

坐标轴	X_1 轴	Y_1 轴	Z_1 轴
X_2 轴	$\cos K_y$	0	$-\sin K_y$
Y_2 轴	0	1	0
Z_2 轴	$\sin K_y$	0	$\cos K_y$

方向余弦矩阵为

$$\boldsymbol{C}_1^2=\begin{bmatrix}\cos K_y & 0 & -\sin K_y\\ 0 & 1 & 0\\ \sin K_y & 0 & \cos K_y\end{bmatrix}\tag{1-1-31}$$

由 $OX_2Y_2Z_2$ 至 $OXYZ$:绕 Z_2 轴转 K_z 角(见图 1-1-8),相应的方向余弦表为表 1-1-3。

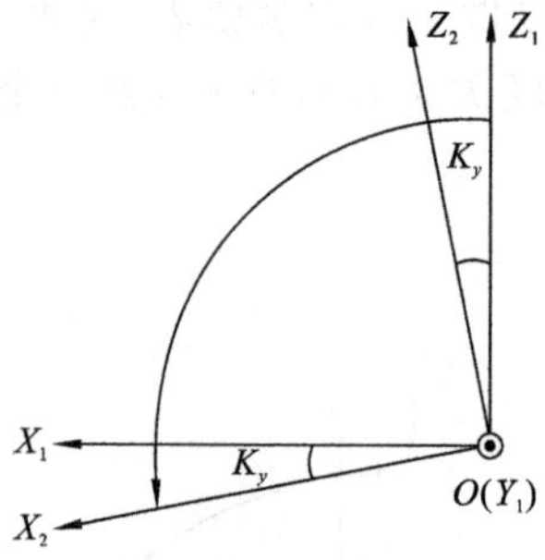

图 1-1-7　由坐标系 $OX_1Y_1Z_1$ 至 $OX_2Y_2Z_2$

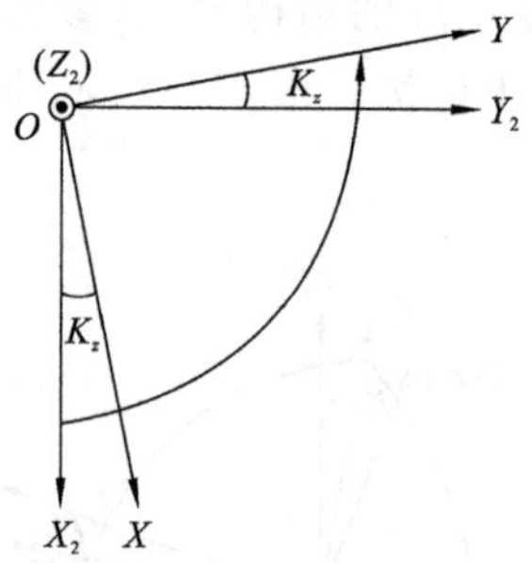

图 1-1-8　由坐标系 $OX_2Y_2Z_2$ 至 $OXYZ$

表 1-1-3　绕 Z_2 轴旋转 K_z 角的方向余弦表

坐标轴	X_2 轴	Y_2 轴	Z_2 轴
X 轴	$\cos K_z$	$\sin K_z$	0
Y 轴	$-\sin K_z$	$\cos K_z$	0
Z 轴	0	0	1

方向余弦矩阵为

$$\boldsymbol{C}_2^3=\begin{bmatrix}\cos K_z & \sin K_z & 0\\ -\sin K_z & \cos K_z & 0\\ 0 & 0 & 1\end{bmatrix}\tag{1-1-32}$$

记由 $OX_0Y_0Z_0$ 至 $OXYZ$ 的方向余弦矩阵为 $\boldsymbol{C}$,则根据方向余弦矩阵的传递性有

$$\boldsymbol{C}=\boldsymbol{C}_2^3\boldsymbol{C}_1^2\boldsymbol{C}_0^1\tag{1-1-33}$$

将式(1-1-30)~式(1-1-32)代入式(1-1-33),有

$$\boldsymbol{C}=\begin{bmatrix}\cos K_z\cos K_y & \sin K_z\cos K_x+\cos K_z\sin K_y\sin K_x & \sin K_z\sin K_x-\cos K_z\sin K_y\cos K_x\\ -\sin K_z\cos K_y & \cos K_z\cos K_x+\sin K_z\sin K_y\sin K_x & \cos K_z\sin K_x-\sin K_z\sin K_y\cos K_x\\ \sin K_y & -\cos K_y\sin K_x & \cos K_y\cos K_x\end{bmatrix}$$

(1-1-34)

此式即由欧拉角 K_x、K_y、K_z 计算方向余弦矩阵的公式。

当三个欧拉角 K_x、K_y、K_z 均为小角度时，略去二阶小量，$\boldsymbol{C}$ 矩阵有比较简单的形式（K_x、K_y、K_z 均用弧度表示）：

$$\boldsymbol{C}=\begin{bmatrix} 1 & K_z & -K_y \\ -K_z & 1 & K_x \\ K_y & -K_x & 1 \end{bmatrix} \tag{1-1-35}$$

由于矩阵乘法不符合交换律，故方向余弦矩阵 $\boldsymbol{C}$ 与旋转顺序有关系，但当三个欧拉角 K_x、K_y、K_z 均为小角度时，因可以忽略二阶小量，矩阵 $\boldsymbol{C}$ 就与旋转顺序无关。对此读者可以自行验算。

2. 旋转矢量法

用方向余弦法作坐标系转换需多次旋转，不仅复杂而且和旋转次序有关，而用旋转矢量法进行一次旋转就可得到两坐标系间的相互关系。不同的坐标系可用 a、b、c 等进行描述，以方向余弦矩阵 $\boldsymbol{C}_a^b$ 描述从 a 系转换到 b 系的转换矩阵，旋转矢量法转换描述可以参考图 1-1-9，旋转矢量定义为一个旋转轴，其长度表示其大小，刚开始时，b 系和 a 系重合，以旋转矢量方向为轴旋转一个大小为 ϕ 的角度，b 系到达一新的位置，$\boldsymbol{\phi}$ 就代表 a 系向 b 系转换的旋转矢量。

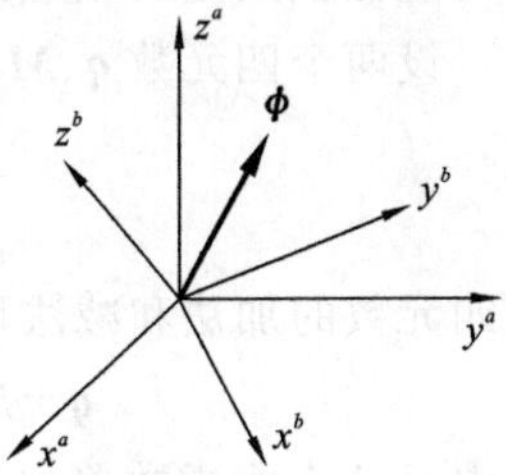

图 1-1-9 旋转矢量

假设 b 系相对于 a 系以角速度 $\boldsymbol{\omega}_{ab}^b$ 旋转，则旋转矢量的微分方程可描述如下：

$$\begin{aligned}\dot{\boldsymbol{\phi}}&=\boldsymbol{\omega}_{ab}^b+\frac{1}{2}\boldsymbol{\phi}\times\boldsymbol{\omega}_{ab}^b+\frac{1}{\|\boldsymbol{\phi}\|^2}\left[1-\frac{\phi\sin\phi}{2(1-\cos\phi)}\right]\boldsymbol{\phi}\times(\boldsymbol{\phi}\times\boldsymbol{\omega}_{ab}^b)\left(\frac{\pi}{2}-\theta\right)\\&\approx\boldsymbol{\omega}_{ab}^b+\frac{1}{2}\boldsymbol{\phi}\times\boldsymbol{\omega}_{ab}^b+\frac{1}{12}\boldsymbol{\phi}\times(\boldsymbol{\phi}\times\boldsymbol{\omega}_{ab}^b)\end{aligned} \tag{1-1-36}$$

其中，$\dot{\boldsymbol{\phi}}=\dfrac{\mathrm{d}\boldsymbol{\phi}}{\mathrm{d}t}$。该方程的详细推导可参考 Bortz 在 1971 年的文献，该方程也叫 Bortz 方程。

3. 四元数

由刚体绕定点运动的转动定理可知，刚体由一位置到另一位置的有限转动，可以通过绕定点的某一轴转过某一角度的一次转动来实现，即动坐标系相对参考坐标系的方位等效于动坐标系绕某个固定轴转动一个角度 θ。固定轴叫欧拉轴，角度 θ 叫欧拉角。如果用 $\boldsymbol{\mu}$ 表示欧拉轴向的单位矢量，则动坐标系的方位可以完全由 $\boldsymbol{\mu}$ 和 θ 两个参数来确定。用 $\boldsymbol{\mu}$ 和 θ 可构造四元数：

$$\boldsymbol{q}=\cos\frac{\theta}{2}+\boldsymbol{\mu}\sin\frac{\theta}{2}=q_0+q_1\boldsymbol{i}+q_2\boldsymbol{j}+q_3\boldsymbol{k} \tag{1-1-37}$$

这里，$\boldsymbol{i}$、$\boldsymbol{j}$、$\boldsymbol{k}$ 是虚数单位，q_0 是四元数的标量部分，q_1、q_2、q_3 是四元数的向量部分。$\boldsymbol{q}$ 也可以用下式进行表达：

$$\boldsymbol{q}=[q_0 \quad q_1 \quad q_2 \quad q_3]^{\mathrm{T}} \tag{1-1-38}$$

假定矢量 $\boldsymbol{r}$ 绕通过定点 o 的某一转轴转动了一个角度 θ，其对应的转动四元数为

$$\boldsymbol{q}=\cos\frac{\theta}{2}+\boldsymbol{\mu}\sin\frac{\theta}{2} \tag{1-1-39}$$

则转动后的矢量为 $\boldsymbol{r}'$，以四元数描述的 $\boldsymbol{r}'$ 和 $\boldsymbol{r}$ 的坐标转换关系为

$$\boldsymbol{r}'=\boldsymbol{q}\otimes\boldsymbol{r}\otimes\boldsymbol{q}^* \tag{1-1-40}$$

其中，$\otimes$ 为四元数乘法算子，$\boldsymbol{q}^*$ 为四元数 $\boldsymbol{q}$ 的共轭四元数。

$$\boldsymbol{q}^* = \cos\frac{\theta}{2} - \boldsymbol{\mu}\sin\frac{\theta}{2} \tag{1-1-41}$$

由于 $\boldsymbol{q}$ 为单位四元数，因此

$$|\boldsymbol{q}| = \sqrt{q_0^2 + q_1^2 + q_2^2 + q_3^2} = 1 \tag{1-1-42}$$

$$\boldsymbol{q} \otimes \boldsymbol{q}^* = \boldsymbol{q}^* \otimes \boldsymbol{q} = q_0^2 + q_1^2 + q_2^2 + q_3^2 = 1 \tag{1-1-43}$$

单位四元数 $\boldsymbol{q}$ 的逆与其共轭四元数相等，即

$$\boldsymbol{q}^{-1} = \boldsymbol{q}^* \tag{1-1-44}$$

对于三维空间中的位置矢量，同样可以用四元数来表示，四元数的标量部分为 0，向量部分对应位置矢量的相应部分。

设两个四元数 $\boldsymbol{q}$、$\boldsymbol{M}$ 定义如下：

$$\boldsymbol{q} = \lambda + P_1\boldsymbol{i} + P_2\boldsymbol{j} + P_3\boldsymbol{k} \tag{1-1-45}$$

$$\boldsymbol{M} = v + \mu_1\boldsymbol{i} + \mu_2\boldsymbol{j} + \mu_3\boldsymbol{k} \tag{1-1-46}$$

则四元数的加法和减法可表示为

$$\boldsymbol{q} \pm \boldsymbol{M} = (\lambda \pm v) + (P_1 \pm \mu_1)\boldsymbol{i} + (P_2 \pm \mu_2)\boldsymbol{j} + (P_3 \pm \mu_3)\boldsymbol{k} \tag{1-1-47}$$

式中，$\boldsymbol{i}$、$\boldsymbol{j}$、$\boldsymbol{k}$ 为虚数单位，根据虚数单位的乘法规则：

$$\begin{cases} \boldsymbol{i} \cdot \boldsymbol{i} = \boldsymbol{j} \cdot \boldsymbol{j} = \boldsymbol{k} \cdot \boldsymbol{k} = -1 \\ \boldsymbol{i} \cdot \boldsymbol{j} = \boldsymbol{k} = -\boldsymbol{j} \cdot \boldsymbol{i} \\ \boldsymbol{j} \cdot \boldsymbol{k} = \boldsymbol{i} = -\boldsymbol{k} \cdot \boldsymbol{j} \\ \boldsymbol{k} \cdot \boldsymbol{i} = \boldsymbol{j} = -\boldsymbol{i} \cdot \boldsymbol{k} \end{cases} \tag{1-1-48}$$

四元数乘法表示为

$$\begin{aligned} \boldsymbol{q} \cdot \boldsymbol{M} &= (\lambda + P_1\boldsymbol{i} + P_2\boldsymbol{j} + P_3\boldsymbol{k}) \cdot (v + \mu_1\boldsymbol{i} + \mu_2\boldsymbol{j} + \mu_3\boldsymbol{k}) \\ &= \begin{bmatrix} \lambda & -P_1 & -P_2 & -P_3 \\ P_1 & \lambda & -P_3 & P_2 \\ P_2 & P_3 & \lambda & -P_1 \\ P_3 & -P_2 & P_1 & \lambda \end{bmatrix} \begin{bmatrix} v \\ \mu_1 \\ \mu_2 \\ \mu_3 \end{bmatrix} \end{aligned} \tag{1-1-49}$$

值得注意的是，四元数一般不满足乘法的交换律，但满足乘法的结合律：

$$\begin{cases} \boldsymbol{q} \cdot \boldsymbol{M} \neq \boldsymbol{M} \cdot \boldsymbol{q} \\ (\boldsymbol{q}_1 \cdot \boldsymbol{q}_2) \cdot \boldsymbol{q}_3 = \boldsymbol{q}_1 \cdot (\boldsymbol{q}_2 \cdot \boldsymbol{q}_3) \end{cases} \tag{1-1-50}$$

共轭四元数的定义：两个四元数的标量部分相同，向量部分相反，即

$$\begin{cases} \boldsymbol{q} = \lambda + P_1\boldsymbol{i} + P_2\boldsymbol{j} + P_3\boldsymbol{k} \\ \boldsymbol{q}^* = \lambda - P_1\boldsymbol{i} - P_2\boldsymbol{j} - P_3\boldsymbol{k} \end{cases} \tag{1-1-51}$$

四元数的范数表示为

$$\|\boldsymbol{q}\|^2 = \boldsymbol{q} \cdot \boldsymbol{q}^* = \lambda^2 + P_1^2 + P_2^2 + P_3^2 \tag{1-1-52}$$

四元数的逆表示为

$$\boldsymbol{q}^{-1} = \frac{\boldsymbol{q}^*}{\|\boldsymbol{q}\|^2} \tag{1-1-53}$$

设 $\boldsymbol{q} \cdot \boldsymbol{h} = \boldsymbol{M}$，四元数的除法表示为

$$\begin{cases} \boldsymbol{q} \cdot \boldsymbol{h} = \boldsymbol{M} \\ \boldsymbol{h} = \boldsymbol{q}^{-1} \cdot \boldsymbol{M} \end{cases} \tag{1-1-54}$$

四元数 $\boldsymbol{q}$ 由一个标度因子 S 和一个三维向量 $\boldsymbol{V}$ 构成，其表达式如下：

$$\boldsymbol{q}=\begin{bmatrix}S\\ \boldsymbol{V}\end{bmatrix} \tag{1-1-55}$$

令 $S=q_0$，$\boldsymbol{V}=[q_1 \quad q_2 \quad q_3]^{\mathrm{T}}$，则

$$\boldsymbol{q}=[q_0 \quad q_1 \quad q_2 \quad q_3]^{\mathrm{T}} \tag{1-1-56}$$

可用四元数将坐标系 b 系下的矢量 $\boldsymbol{r}^b$ 到 a 系矢量 $\boldsymbol{r}^a$ 的变换表示为

$$\boldsymbol{r}^{a'}=\boldsymbol{q}\cdot\boldsymbol{r}^{b'}\cdot\boldsymbol{q}^{-1} \tag{1-1-57}$$

其中，$\boldsymbol{q}$ 是 b 系转换到 a 系所对应的四元数，$\boldsymbol{r}^{a'}$、$\boldsymbol{r}^{b'}$ 分别是 $\boldsymbol{r}^a$、$\boldsymbol{r}^b$ 的扩展，其表达式如下：

$$\boldsymbol{r}^{a'}=\begin{bmatrix}0\\ \boldsymbol{r}^a\end{bmatrix},\quad \boldsymbol{r}^{b'}=\begin{bmatrix}0\\ \boldsymbol{r}^b\end{bmatrix} \tag{1-1-58}$$

四元数的时间传递可用下式表达：

$$\dot{\boldsymbol{q}}=0.5\boldsymbol{q}\cdot[0 \quad \boldsymbol{\omega}_{ab}^b]^{\mathrm{T}} \tag{1-1-59}$$

式中"·"表示四元数乘法，参照式(1-1-49)所示四元数矩阵形式，式(1-1-59)可写为

$$\dot{\boldsymbol{q}}=[\dot{q}_1 \quad \dot{q}_2 \quad \dot{q}_3]^{\mathrm{T}}=0.5\begin{bmatrix}q_0 & -q_1 & -q_2 & -q_3\\ q_1 & q_0 & -q_3 & q_2\\ q_2 & q_3 & q_0 & -q_1\\ q_3 & -q_2 & q_1 & q_0\end{bmatrix}\begin{bmatrix}0\\ \omega_{ab,x}^b\\ \omega_{ab,y}^b\\ \omega_{ab,z}^b\end{bmatrix} \tag{1-1-60}$$

其中，$\omega_{ab,x}^b$，$\omega_{ab,y}^b$，$\omega_{ab,z}^b$ 是 b 系相对于 a 系的旋转角速度在 b 系三个坐标轴上的投影分量。

4. 方向余弦矩阵、欧拉角、旋转矢量和四元数间的关系

两个坐标系 a 系和 b 系间的旋转矢量为 $\boldsymbol{\phi}$，而对应的四元数为 $\boldsymbol{q}_b^a$，则四元数可以用旋转矢量描述：

$$\boldsymbol{q}_b^a=\begin{bmatrix}\cos\|0.5\boldsymbol{\phi}\|\\ \dfrac{\sin\|0.5\boldsymbol{\phi}\|}{\|0.5\boldsymbol{\phi}\|}0.5\boldsymbol{\phi}\end{bmatrix} \tag{1-1-61}$$

其中，$\|\cdot\|$ 是欧氏范数。

$$\begin{aligned}\cos\|0.5\boldsymbol{\phi}\|&=1-\frac{\|0.5\boldsymbol{\phi}\|^2}{2!}+\frac{\|0.5\boldsymbol{\phi}\|^4}{4!}-\cdots\\ \frac{\sin\|0.5\boldsymbol{\phi}\|}{\|0.5\boldsymbol{\phi}\|}&=1-\frac{\|0.5\boldsymbol{\phi}\|^2}{3!}+\frac{\|0.5\boldsymbol{\phi}\|^4}{5!}-\cdots\end{aligned} \tag{1-1-62}$$

如果已知四元数 $\boldsymbol{q}_b^a=[q_0 \quad q_1 \quad q_2 \quad q_3]^{\mathrm{T}}$，那么其对应的旋转矢量 $\boldsymbol{\phi}$ 可用下式计算：

$$\boldsymbol{\phi}=\frac{1}{f}[q_1 \quad q_2 \quad q_3]^{\mathrm{T}} \tag{1-1-63}$$

其中，

$$\begin{aligned}f&\equiv\frac{\sin\|0.5\boldsymbol{\phi}\|}{\boldsymbol{\phi}}=\frac{1}{2}\left(1-\frac{\|0.5\boldsymbol{\phi}\|^2}{3!}+\frac{\|0.5\boldsymbol{\phi}\|^4}{5!}-\frac{\|0.5\boldsymbol{\phi}\|^6}{7!}+\cdots\right)\\ \|0.5\boldsymbol{\phi}\|&=\arctan\frac{\sin\|0.5\boldsymbol{\phi}\|}{\cos\|0.5\boldsymbol{\phi}\|}=\frac{\sqrt{q_1^2+q_2^2+q_3^2}}{q_0}\end{aligned} \tag{1-1-64}$$

如果 $q_0=0$，那么 $\boldsymbol{\phi}=\pi[q_1 \quad q_2 \quad q_3]^{\mathrm{T}}$。

方向余弦矩阵与四元数都是表示空间转换的数学工具，二者存在对应关系。已知四元数，可以利用下式求得相应的方向余弦矩阵：

$$\boldsymbol{C}_b^a=\begin{bmatrix}q_0^2+q_1^2-q_2^2-q_3^2 & 2(q_1q_2-q_0q_3) & 2(q_1q_3+q_0q_2)\\ 2(q_1q_2+q_0q_3) & q_0^2-q_1^2+q_2^2-q_3^2 & 2(q_2q_3-q_0q_1)\\ 2(q_1q_3-q_0q_2) & 2(q_2q_3+q_0q_1) & q_0^2-q_1^2-q_2^2+q_3^2\end{bmatrix} \tag{1-1-65}$$

根据 Shuster 在 1993 年和 Savage 在 2000 年给出的鲁棒性的推导结果，已知方向余弦矩阵 $\boldsymbol{C}_a^b$，可由下式确定相应的四元数：

$$\begin{cases} P_1=1+\mathrm{tr}(\boldsymbol{C}_b^a) \\ P_2=1+2c_{11}-\mathrm{tr}(\boldsymbol{C}_b^a) \\ P_3=1+2c_{22}-\mathrm{tr}(\boldsymbol{C}_b^a) \\ P_4=1+2c_{33}-\mathrm{tr}(\boldsymbol{C}_b^a) \end{cases} \tag{1-1-66}$$

其中，tr(·)表示矩阵的迹，$c_{ij}(1\leqslant i,j\leqslant 3)$是方向余弦矩阵 $\boldsymbol{C}_b^a$ 的元素。

如果 $P_1=\max(P_1,P_2,P_3,P_4)$，则四元数计算式如下：

$$q_0=0.5\sqrt{P_1},\quad q_1=\frac{c_{32}-c_{23}}{4q_0},\quad q_2=\frac{c_{13}-c_{31}}{4q_0},\quad q_3=\frac{c_{21}-c_{12}}{4q_0} \tag{1-1-67a}$$

如果 $P_2=\max(P_1,P_2,P_3,P_4)$，则四元数计算式如下：

$$q_1=0.5\sqrt{P_2},\quad q_2=\frac{c_{21}+c_{12}}{4q_1},\quad q_3=\frac{c_{13}+c_{31}}{4q_1},\quad q_0=\frac{c_{32}-c_{23}}{4q_1} \tag{1-1-67b}$$

如果 $P_3=\max(P_1,P_2,P_3,P_4)$，则四元数计算式如下：

$$q_2=0.5\sqrt{P_3},\quad q_3=\frac{c_{32}+c_{23}}{4q_2},\quad q_0=\frac{c_{13}-c_{31}}{4q_2},\quad q_1=\frac{c_{21}+c_{12}}{4q_2} \tag{1-1-67c}$$

如果 $P_4=\max(P_1,P_2,P_3,P_4)$，则四元数计算式如下：

$$q_3=0.5\sqrt{P_4},\quad q_0=\frac{c_{21}-c_{12}}{4q_3},\quad q_1=\frac{c_{13}+c_{31}}{4q_3},\quad q_2=\frac{c_{32}+c_{23}}{4q_3} \tag{1-1-67d}$$

如果 $q_0<0$，为保证标度因子不为负，则取 $\boldsymbol{q}:=-\boldsymbol{q}$。

方向余弦矩阵的旋转矢量变换公式可以表示为

$$\boldsymbol{C}_b^a=\boldsymbol{I}+\frac{\sin\|\boldsymbol{\phi}\|}{\|\boldsymbol{\phi}\|}(\boldsymbol{\phi}\times)+\frac{1-\cos\|\boldsymbol{\phi}\|}{\|\boldsymbol{\phi}\|^2}(\boldsymbol{\phi}\times)(\boldsymbol{\phi}\times) \tag{1-1-68}$$

如果 $\|\boldsymbol{\phi}\|$ 很小，则 $\frac{\sin\|\boldsymbol{\phi}\|}{\|\boldsymbol{\phi}\|}\approx 1$，而且二次项也可忽略，则式(1-1-68)可简化为：

$$\boldsymbol{C}_b^a\approx\boldsymbol{I}+(\boldsymbol{\phi}\times) \tag{1-1-69}$$

其中，$(\boldsymbol{\phi}\times)$表示 $\boldsymbol{\phi}$ 的反对称矩阵，即 $(\boldsymbol{\phi}\times)=\begin{bmatrix} 0 & -\phi_x & \phi_y \\ \phi_y & 0 & -\phi_x \\ -\phi_y & \phi_x & 0 \end{bmatrix}$，$\phi=\|\boldsymbol{\phi}\|$，$x$、$y$ 和 z 表示矢量在三维空间中旋转的三个方向，若该三维空间为“东北天”，则 x、y 和 z 分别为 E、N 和 U。

描述两个不同坐标系之间关系的经典方法是欧拉旋转，即由欧拉角——纵摇角(ϕ)、横摇角(θ)、航向角(ψ)得到，如果欧拉旋转的次序与前文中的一致，则方向余弦矩阵的欧拉角描述见式(1-1-70)。若已知方向余弦矩阵，则可得横摇角 θ 为

$$\theta=\arctan\frac{\sin\theta}{\cos\theta}=\arctan\frac{-c_{31}}{\sqrt{c_{32}^2+c_{33}^2}} \tag{1-1-70a}$$

其中，$|\theta|\leqslant\pi/2$，因为 $\cos\theta$ 取的是正值。当 $|\theta|\neq\pi/2(|c_{31}|<0.999)$时，纵摇角 ϕ 和航向角 ψ 可计算为

$$\phi=\arctan\frac{\sin\phi}{\cos\phi}=\arctan\frac{c_{32}}{c_{33}} \tag{1-1-70b}$$

$$\psi=\arctan\frac{\sin\psi}{\cos\psi}=\arctan\frac{c_{21}}{c_{11}} \tag{1-1-70c}$$

当 $|c_{31}|\geqslant 0.999$ 时，表明横摇角为 $\pi/2$，此时只能确定 ϕ 和 ψ 的线性关系：

$$\begin{cases}\psi-\phi=\arctan\dfrac{c_{23}-c_{12}}{c_{13}+c_{22}} & c_{31}\leqslant -0.999\\ \psi+\phi=\pi+\arctan\dfrac{c_{23}+c_{12}}{c_{13}-c_{22}} & c_{31}\geqslant 0.999\end{cases}\tag{1-1-70d}$$

下面直接给出四元数的欧拉角描述公式：

$$\boldsymbol{q}_b^a=\begin{bmatrix}\cos\dfrac{\phi}{2}\cos\dfrac{\theta}{2}\cos\dfrac{\psi}{2}+\sin\dfrac{\phi}{2}\sin\dfrac{\theta}{2}\sin\dfrac{\psi}{2}\\ \sin\dfrac{\phi}{2}\cos\dfrac{\theta}{2}\cos\dfrac{\psi}{2}-\cos\dfrac{\phi}{2}\sin\dfrac{\theta}{2}\sin\dfrac{\psi}{2}\\ \cos\dfrac{\phi}{2}\sin\dfrac{\theta}{2}\cos\dfrac{\psi}{2}+\sin\dfrac{\phi}{2}\cos\dfrac{\theta}{2}\sin\dfrac{\psi}{2}\\ \cos\dfrac{\phi}{2}\cos\dfrac{\theta}{2}\sin\dfrac{\psi}{2}-\sin\dfrac{\phi}{2}\sin\dfrac{\theta}{2}\cos\dfrac{\psi}{2}\end{bmatrix}\tag{1-1-71}$$

1.2　坐标系变换程序设计

1.2.1　程序设计

坐标系转换是实现载体精确导航的基础，本节结合 1.1 节内容，进行以下实验。（本节所对应程序详见配套的数字资源）

假定载体绕 X、Y、Z 轴分别转动 15°、25°、70°。

1. 编写 SIMULINK 程序求解载体方向余弦矩阵

实验步骤如下：

(1) 定义变量，并进行弧度和角度的转换。

(2) 根据式(1-1-30)，即可求得载体仅绕 X 轴旋转 15°的方向余弦矩阵 $\boldsymbol{C}_0^1$。

(3) 根据式(1-1-31)，即可求得载体仅绕 Y 轴旋转 25°的方向余弦矩阵 $\boldsymbol{C}_1^2$。

(4) 根据式(1-1-32)，即可求得载体仅绕 Z 轴旋转 70°的方向余弦矩阵 $\boldsymbol{C}_2^3$。

(5) 根据式(1-1-33)，即可求得载体经过三次旋转的方向余弦矩阵 $\boldsymbol{C}=\boldsymbol{C}_2^3\boldsymbol{C}_1^2\boldsymbol{C}_0^1$。

具体程序见图 1-2-1。

步骤(2)～(5)所对应的主要代码如下：

```
v1= [1 0 0;
     0 cos(a) sin(a);
     0 -sin(a) cos(a)];  %方向余弦矩阵 C_0^1
v2= [cos(b) 0 -sin(b);
     0 1 0;
     sin(b) 0 cos(b)];  %方向余弦矩阵 C_1^2
v3= [cos(c) sin(c) 0;
     -sin(c) cos(c) 0;
     0 0 1];  %方向余弦矩阵 C_2^3
dcm= v3*v2*v1;  %方向余弦矩阵 C= C_2^3 C_1^2 C_0^1
```

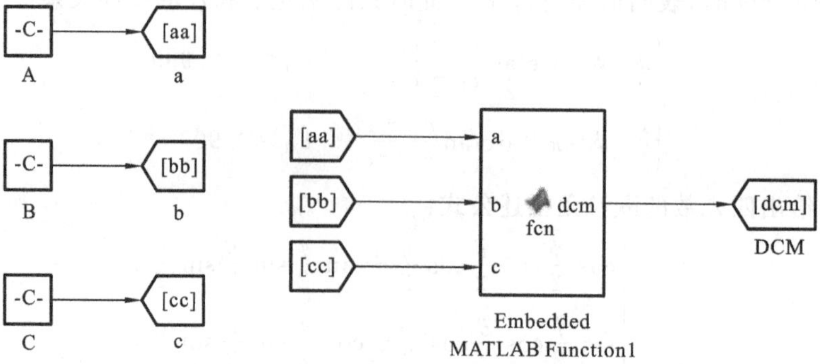

图 1-2-1　求解载体方向余弦矩阵程序

2. 将方向余弦矩阵转化为四元数形式

实验步骤如下：

根据求解的方向余弦矩阵，结合式(1-1-65)和式(1-1-66)，即可将上述方向余弦矩阵转化为四元数形式，程序见图 1-2-2。

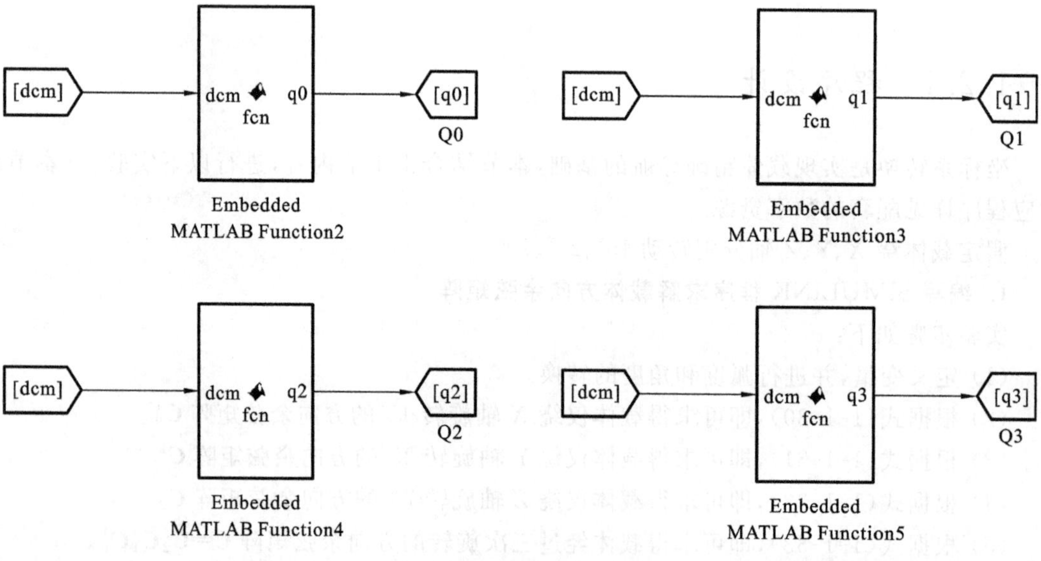

图 1-2-2　求解四元数程序

所对应的主要代码如下：

```
p1=1+trace(dcm);
p2=1+2*dcm(1,1)-trace(dcm);
p3=1+2*dcm(2,2)-trace(dcm);
p4=1+2*dcm(3,3)-trace(dcm);
q0=0.5*sqrt(p1);  %求解四元数 q0
q1=(dcm(3,2)-dcm(2,3))/(4*q0);   %求解四元数 q1
q2=(dcm(1,3)-dcm(3,1))/(4*q0);   %求解四元数 q2
q3=(dcm(2,1)-dcm(1,2))/(4*q0);   %求解四元数 q3
```

3. 利用方向余弦矩阵求解对应姿态角

实验步骤如下：

根据求解的方向余弦矩阵，结合式(1-1-70)，即可得到载体姿态角，程序见图 1-2-3。

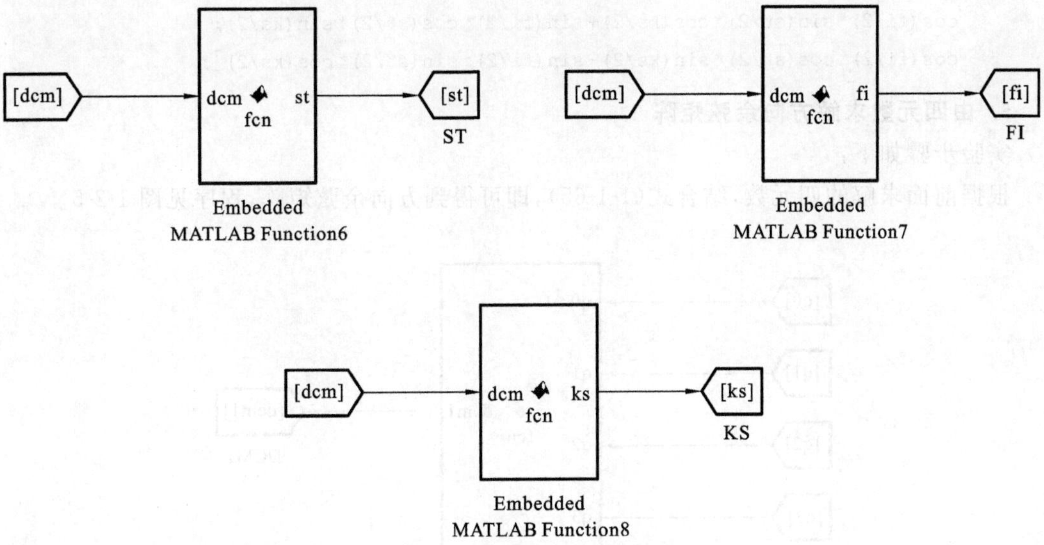

图 1-2-3　求解姿态角程序

所对应的部分代码如下：

```
% 方向余弦矩阵转换为姿态角
st=atan(-dcm(3,1)/sqrt(dcm(3,2)^2+dcm(3,3)^2))*180/pi;
fi=atan(dcm(3,2)/dcm(3,3))*180/pi;
ks=atan(dcm(2,1)/dcm(1,1))*180/pi;
```

4. 由姿态角直接求取四元数

实验步骤如下：

根据求解的姿态角，结合式(1-1-71)，即可得到四元数，程序见图 1-2-4。

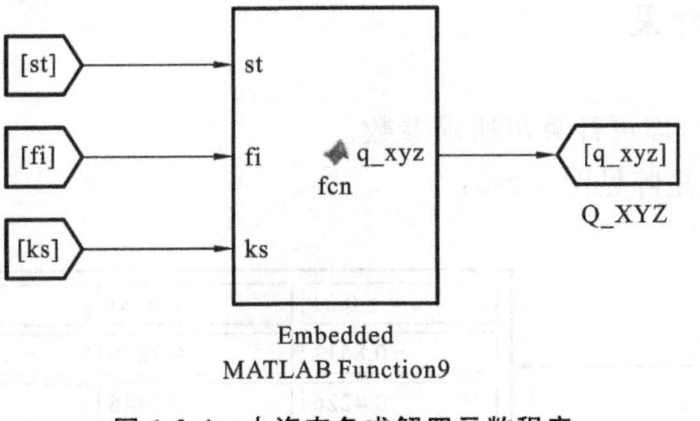

图 1-2-4　由姿态角求解四元数程序

所对应的代码如下：

```
st=st*pi/180;
fi=fi*pi/180;
```

```
ks=ks*pi/180;
%姿态角转换为四元数
q_xyz=[cos(fi/2)*cos(st/2)*cos(ks/2)+sin(fi/2)*sin(st/2)*sin(ks/2);
sin(fi/2)*cos(st/2)*cos(ks/2)-cos(fi/2)*sin(st/2)*sin(ks/2);
cos(fi/2)*sin(st/2)*cos(ks/2)+sin(fi/2)*cos(st/2)*sin(ks/2);
cos(fi/2)*cos(st/2)*sin(ks/2)-sin(fi/2)*sin(st/2)*cos(ks/2)];
```

5. 由四元数求解方向余弦矩阵

实验步骤如下：

根据前面求解的四元数，结合式(1-1-65)，即可得到方向余弦矩阵，程序见图 1-2-5。

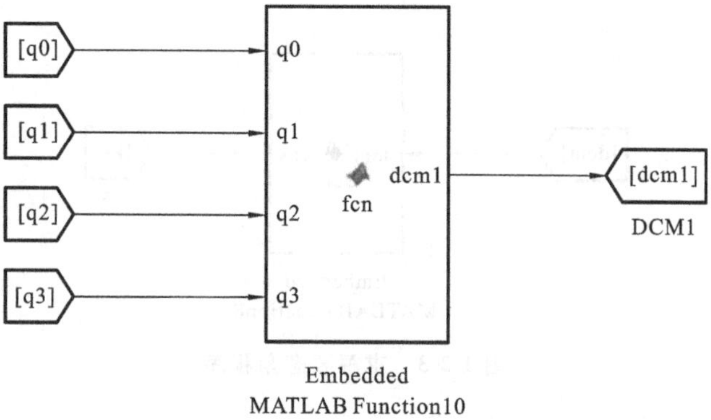

图 1-2-5　由四元数求解方向余弦矩阵程序

所对应的代码如下：

```
%四元数转换为方向余弦矩阵
dcm1=[q0^2+q1^2-q2^2-q3^2  2*(q1*q2-q0*q3)  2*(q1*q3+q0*q2);
      2*(q1*q2+q0*q3)  q0^2-q1^2+q2^2-q3^2  2*(q2*q3-q0*q1);
      2*(q1*q3-q0*q2)  2*(q2*q3+q0*q1)  q0^2-q1^2-q2^2+q3^2];
```

1.2.2　仿真结果

根据 1.2.1 节程序，即可计算出所求参数。

(1) 载体方向余弦矩阵见图 1-2-6：

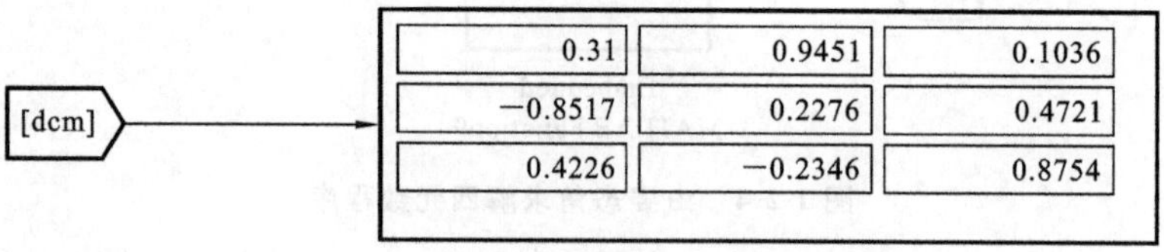

图 1-2-6　方向余弦矩阵求解结果

(2) 由方向余弦矩阵转化的四元数见图 1-2-7：

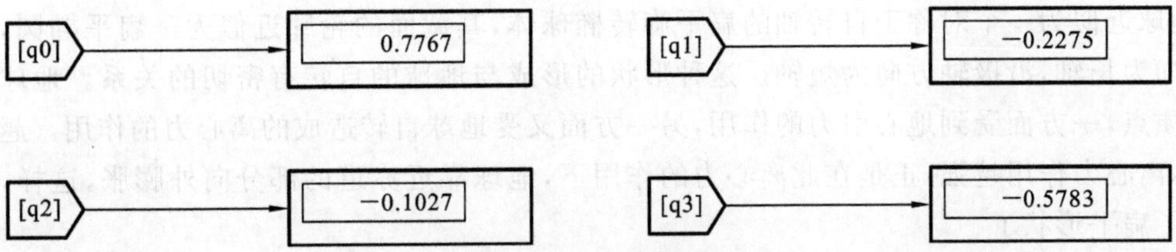

图 1-2-7　四元数求解结果

(3) 相应的姿态角见图 1-2-8：

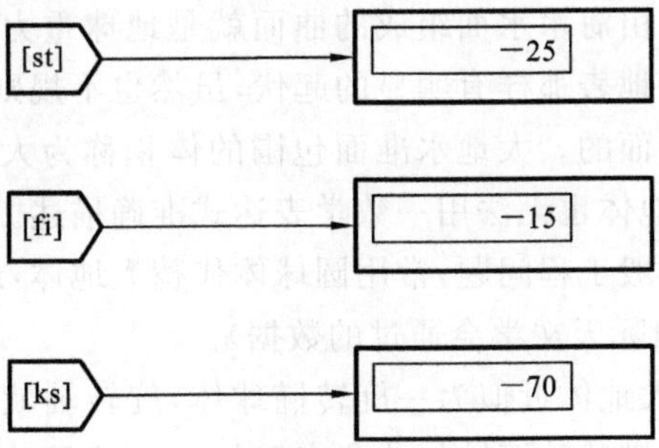

图 1-2-8　姿态角求解结果

(4) 由姿态角直接求取的四元数见图 1-2-9：

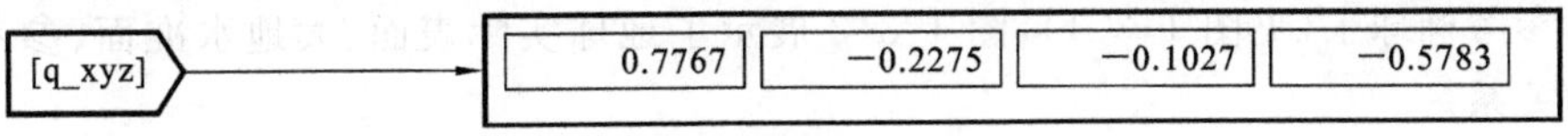

图 1-2-9　由姿态角求解四元数结果

(5) 由四元数求解得到的方向余弦矩阵见图 1-2-10：

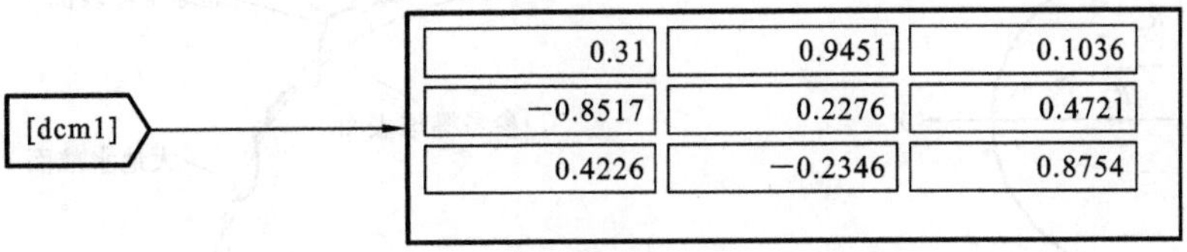

图 1-2-10　由四元数求解方向余弦矩阵结果

由以上结果可知，计算结果与理论一致，建立的模型是准确的。

1.3　地球及其自转

惯性空间可理解为宇宙空间，由于宇宙是无限的，要描述相对惯性空间的运动，需要具体的参照物才有意义。地球中心惯性坐标系是一种常用的近似惯性参照系。使用这种惯性坐标系时，要认为物体受到的引力只有地球的引力，而没有太阳、月亮等星体的引力，即认为该系仅与地球自转有关。本节主要介绍地球自转的相关知识。

1.3.1　地球的形状与参考椭球

人类赖以生存的地球，实际上是一个质量分布不均匀、形状不规则的几何体。从整体上看，地球近似为一个对称于自转轴的扁平旋转椭球体，其截面的轮廓近似为一扁平椭圆，沿赤道方向为长轴，沿极轴方向为短轴。这种形状的形成与地球的自转有密切的关系。地球上的每一质点，一方面受到地心引力的作用，另一方面又受地球自转造成的离心力的作用。越靠近赤道，离心力作用越强，正是在此离心力的作用下，地球靠近赤道的部分向外膨胀，这样，地球就成了扁平形状了。

从局部来看，地球表面有高山、有盆地，加上内部结构异常复杂，地球表面是一相当不规则的曲面，无法用数学模型表达。

在海洋上，各处的海平面均与该处重力矢量垂直。若假想地球表面全部被海水包围，在风平浪静、没有潮汐的情况下，由海水水面组成的曲面就是地球重力场的等势面，称为大地水准面。大地水准面不像真正的地表那样有明显的起伏，虽然也不规则，但是光滑的。通常所说的海拔高度就是相对大地水准面的。大地水准面包围的体积称为大地水准体，简称大地体。大地水准面也是不规则的，大地体也无法用一数学表达式准确描述。

对于精度要求不高的一般工程问题，常用圆球体代替大地体，地球的平均半径为(6371.02±0.05) km(这是 1964 年国际天文学会通过的数据)。

若再精确一些，可以将大地体近似为一旋转椭球体，旋转轴就是地球的自转轴，这种旋转椭球体称为参考椭球。参考椭球的短轴与地球表面的交点就是地球的两极，在地球自转角速度矢量正向的极点为北极，另一端为南极。参考椭球的赤道平面是一圆平面，其半径即为参考椭球的长轴半径 R_e，沿地球极轴方向的参考椭球半径为短轴半径 R_p。有了长短轴半径，就可以确定出参考椭球了(见图 1-3-1)，图 1-3-2 展示了地球实际表面、大地水准面、参考椭球三者之间的关系。

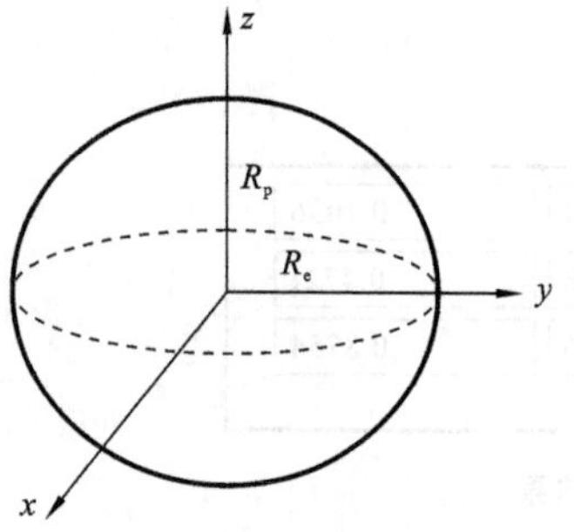

图 1-3-1　地球参考椭球

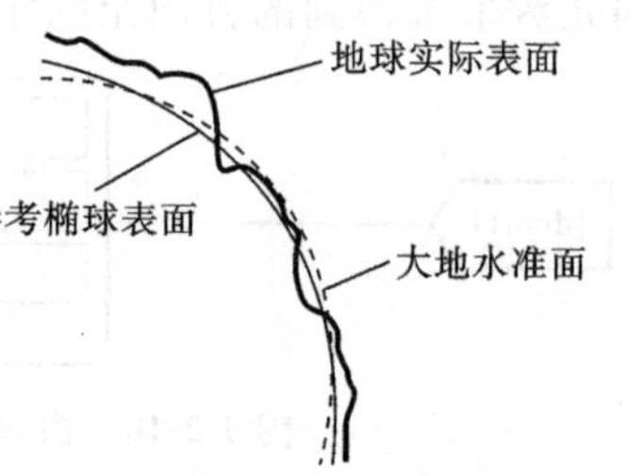

图 1-3-2　地球实际表面、大地水准面与参考椭球表面

参考椭球可用下面的二次方程描述：

$$\frac{x^2+y^2}{R_e^2}+\frac{z^2}{R_p^2}=1 \tag{1-3-1}$$

也可用长短轴半径和扁率 ε 来描述参考椭球，扁率 ε 定义为

$$\varepsilon=\frac{R_e-R_p}{R_e} \tag{1-3-2}$$

扁率也称为椭圆度。

大地测量中，还常用偏心率来描述椭球的形状：

$$\text{第一偏心率}\quad e=\sqrt{R_e^2-R_p^2}/R_e \tag{1-3-3}$$

$$\text{第二偏心率}\quad e'=\sqrt{R_e^2-R_p^2}/R_p \tag{1-3-4}$$

大地水准面与参考椭球在椭球法线方向上的误差称为大地起伏，若参考椭球选取合适，大地起伏一般不超过 150 m，参考椭球的法线与当地大地水准面法线之间的夹角一般不超过 3″。惯性导航中就是以参考椭球代替大地体来描述地球形状的。

选取参考椭球的基本准则是使测定出的大地水准面的局部或全部与参考椭球之间贴合得最好，即差异最小。由于所在地区不同，各国选用的参考椭球也不尽相同，表 1-3-1 列出了目前世界上常用的参考椭球。

表 1-3-1　目前世界上常用的参考椭球

名　　称	长轴半径 R_e/m	扁率 ε	使用的国家和地区
克拉索夫斯基(1940)	6378245	1/298.3	俄罗斯、中国
贝塞尔(1841)	6377397	1/299.16	日本及中国台湾
克拉克(1866)	6378206	1/294.98	北美
克拉克(1880)	6378245	1/293.46	北美
海福德(1910)	6378388	1/297.00	欧洲、北美及中东
1975 年国际会议推荐的参考椭球	6378140	1/298.257	中国
WGS-84(1984)	6378137	1/298.257	全球

1.3.2　参考椭球的曲率半径

导航中经常要从载体相对地球的位移或速度来求取载体经纬度的变化率，因此当把地球近似为参考椭球时必须研究参考椭球表面各方向的曲率半径。显然，椭球体表面上不同点的曲率半径是不同的，同一点沿不同方向的曲率半径也是不同的。

过极轴的任意平面与参考椭球相截，截平面为一椭圆面，该椭圆面称为子午面，子午面的轮廓线称为子午圈或子午线，子午线都是过两极的南北方向线（见图 1-3-3）。

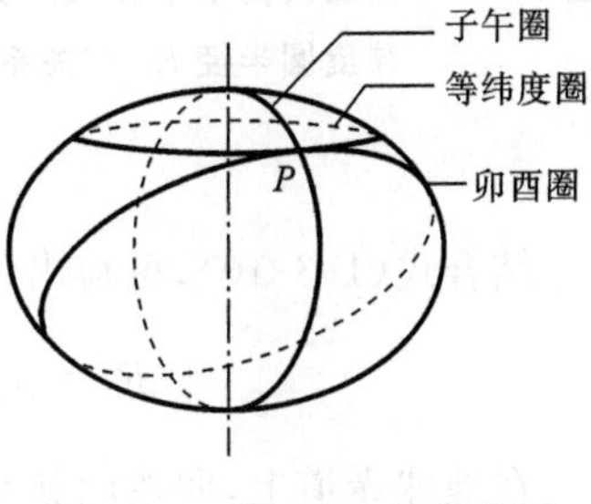

图 1-3-3　子午圈、等纬度圈及卯酉圈

子午圈的曲率半径 R_M 称为主曲率半径。显然，在两极处子午圈的曲率半径最大，在赤道附近子午圈的曲率半径最小。在纬度 φ 处（φ 为椭球法线与赤道面之间的夹角），子午圈的曲率半径为

$$R_M=\frac{R_e(1-e^2)}{(1-e^2\sin^2\varphi)^{3/2}} \tag{1-3-5}$$

或

$$R_M=\frac{R_e(1-\varepsilon)^2}{[(1-\varepsilon)^2\sin^2\varphi+\cos^2\varphi]^{3/2}}\approx R_e(1-2\varepsilon+3\varepsilon\sin^2\varphi) \tag{1-3-6}$$

式中：R_e 为椭球长半轴；ε 为扁率；e 为第一偏心率。

在赤道上，$\varphi=0$，子午圈曲率半径 R_M 最小，$R_M=R_e(1-2\varepsilon)$，它比地心到赤道的距离约小 42 km。在地球南北极，$\varphi=\pm 90°$，曲率半径 R_M 最大，$R_M=R_e(1+\varepsilon)$，它比地心到南北极的距离约大 42 km。

若已知载体的北向速度 V_n，则根据子午圈的曲率半径 R_M 可求出载体纬度的变化率：

$$\frac{d\varphi}{dt}=\frac{V_n}{R_M} \tag{1-3-7}$$

同时，可确定载体绕东向轴的转动角速度为

$$\omega_e=-\frac{V_n}{R_M} \tag{1-3-8}$$

若以过椭球上任一点 P 且平行于赤道平面的平面截参考椭球，截面是一个圆平面，其轮廓为圆，称为等纬度圈(或等纬度圆)，见图 1-3-3。

显然，P 点纬度不同时等纬度圆半径 R_L 也不同，可以证明，R_L 与纬度 φ 的关系如下：

$$R_L=\frac{R_e\cos\varphi}{(1-e^2\sin^2\varphi)^{1/2}} \tag{1-3-9}$$

或

$$R_L=\frac{R_e\cos\varphi}{[\cos^2\varphi+(1-\varepsilon)^2\sin^2\varphi]^{1/2}}\approx R_e(1+\varepsilon\sin^2\varphi)\cos\varphi \tag{1-3-10}$$

载体绕等纬度圆运动时，纬度不变，经度变化。若已知载体的东向速度 V_e，则可根据等纬度圆半径 R_L 求出载体经度的变化率为

$$\frac{d\lambda}{dt}=\frac{V_e}{R_L} \tag{1-3-11}$$

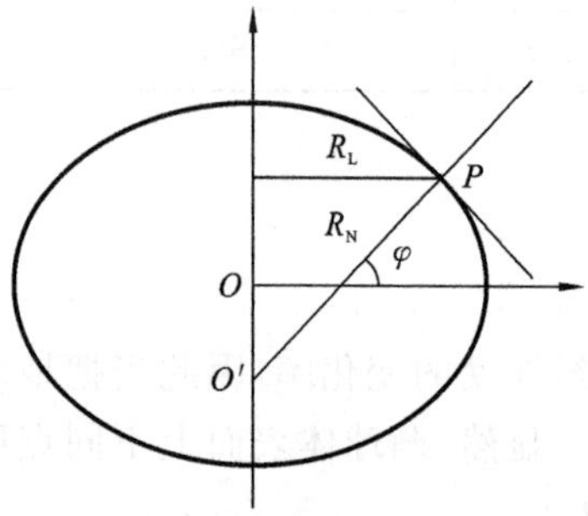

图 1-3-4 卯酉圈曲率半径 R_N 与等纬度圆半径 R_L 的关系

用过参考椭球表面任意一点 P 的法线且与过 P 点的子午面垂直的平面截取椭球，截平面的轮廓线称为卯酉圈，卯酉圈的切线方向即为 P 点的东西方向。卯酉圈的曲率半径 R_N 也称为主曲率半径。

可以证明，任意点 P 处卯酉圈的曲率半径，正好等于 P 点与过 P 点的椭球法线和椭球极轴的交点 O' 之间的距离 PO'，于是 P 点处卯酉圈的曲率半径 R_N 与等纬度圆半径 R_L 之间的关系就是直角三角形的斜边与一直角边之间的关系(见图 1-3-4)。

$$R_L=R_N\cos\varphi \tag{1-3-12}$$

结合式(1-3-10)，可得出卯酉圈的曲率半径与纬度之间的关系：

$$R_N=\frac{R_e}{[\cos^2\varphi+(1-\varepsilon)^2\sin^2\varphi]^{1/2}}\approx R_e(1+\varepsilon\sin^2\varphi) \tag{1-3-13}$$

在地球赤道上，卯酉圈就是赤道圆，此时卯酉圈的曲率半径最小。在南北极，卯酉圈就是子午圈，此时卯酉圈的曲率半径最大。

结合式(1-3-11)、式(1-3-12)，有

$$\frac{d\lambda}{dt}=\frac{V_e}{R_N\cos\varphi} \tag{1-3-14}$$

同时，根据载体东向速度和卯酉圈曲率半径，可确定载体绕北向轴的运动角速度为

$$\omega_n=\frac{V_e}{R_N} \tag{1-3-15}$$

若将椭球近似为圆球，则子午圈的曲率半径与卯酉圈的曲率半径均为圆球的半径：

$$R_M=R_N=R \tag{1-3-16}$$

1.3.3　垂线及纬度的定义

地球表面一点的纬度是过该点的垂线与地球赤道平面间的夹角。由于地球的形状不规则和质量不均匀,地球表面一点的垂线有几种定义,相应地,纬度也有几种定义。

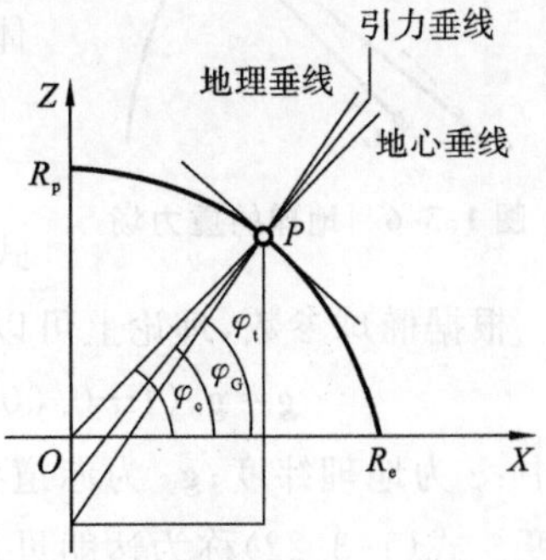

图 1-3-5　几种垂线及纬度的定义

1. 地心垂线和地心纬度

参考椭球上任意一点 P 与椭球中心 O 的连线 PO 及其延伸线称为 P 点处的地心垂线。地心垂线与椭球赤道平面间的夹角称为地心纬度(见图 1-3-5 中的 φ_c)。

2. 引力垂线与引力纬度

沿地球表面某质点所受地球引力方向的直线称为该点处的引力垂线,引力垂线与椭球赤道平面间的夹角称为引力纬度(见图 1-3-5 中的 φ_G)。因为地球不是规则球体,引力垂线一般不通过地心,所以引力纬度是不同于地心纬度的,但是两者的差别极小。

3. 测地垂线与测地纬度

参考椭球上任意一点的法线就是该点处的测地垂线,测地垂线可以通过大地测量的方法获得。测地垂线与椭球赤道平面间的夹角称为测地纬度。在大地测量和精确导航中,采用的都是测地纬度。通常描述地球上位置点的经纬度坐标中的纬度指的就是测地纬度,测地纬度又称为地理纬度、大地纬度(见图 1-3-5 中的 φ_t)。

4. 重力垂线与天文纬度

参考椭球上任一点处的重力方向线称为重力垂线。由于地球的质量不均匀,重力垂线不一定落于子午面内。重力垂线在子午面内的投影与椭球赤道面之间的夹角称为天文纬度,天文纬度可以用天文测量的方法来测定。重力垂线与测地垂线之间的偏差极小,一般不超过 30″,通常可以忽略,因此一般对重力垂线(天文纬度)与测地垂线(测地纬度)不加区别,都称为地理垂线(地理纬度),地理纬度简称纬度。

地理垂线与地心垂线之夹角 δ_0 为

$$\delta_0=\varphi_t-\varphi_c \tag{1-3-17}$$

很显然,δ_0 是纬度的函数。可以推导,偏差角 δ_0 的近似计算公式为

$$\delta_0\approx\varepsilon\sin 2\varphi \tag{1-3-18}$$

式中,ε 为参考椭球的扁率。

当 $\varphi=45°$时,δ_0 达到最大值,约为 11.5′,对应于地球表面的距离为 11.5 n mile,所以在导航中必须区分地心纬度与地理纬度。惯性导航中采用的是地理纬度。

1.3.4　地球的重力场

地球周围的物体都受到地球引力的作用,同时由于要跟随地球自转,引力的一部分需要用来作为向心力产生向心加速度,引力的其余部分就是重力(见图 1-3-6)。记物体受到的引力为 $\boldsymbol{J}$,跟随地球自转所需的向心力为 $\boldsymbol{F}$,重力为 $\boldsymbol{G}$,则有

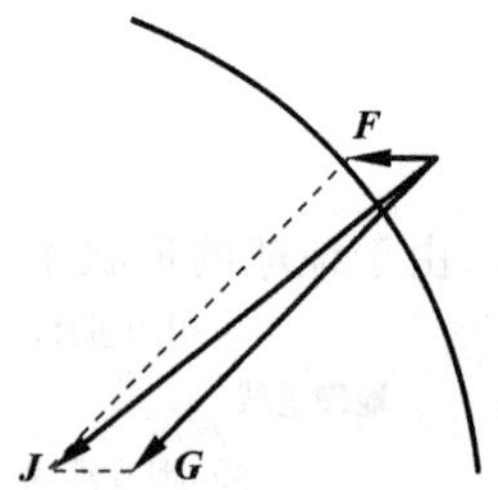

图 1-3-6 地球的重力场

$$\boldsymbol{G}=\boldsymbol{J}-\boldsymbol{F} \tag{1-3-19}$$

其中向心力矢量 $\boldsymbol{F}$ 为

$$\boldsymbol{F}=m\boldsymbol{\omega}_{ie}\times(\boldsymbol{\omega}_{ie}\times\boldsymbol{r}) \tag{1-3-20}$$

式中：$\boldsymbol{\omega}_{ie}$ 为地球自转角速度矢量；m 为物体的质量；$\boldsymbol{r}$ 为地心到物体所在点的位置矢量。

单位质量的物体所受到的重力就是重力加速度：

$$\boldsymbol{g}=\boldsymbol{G}_e-\boldsymbol{\omega}_{ie}\times(\boldsymbol{\omega}_{ie}\times\boldsymbol{r}) \tag{1-3-21}$$

式中，$\boldsymbol{G}_e$ 为地球引力加速度。

根据椭球参数，理论上可以计算出不同纬度处的重力加速度值，近似公式为

$$\boldsymbol{g}=\boldsymbol{g}_0(1+0.0052884\sin\varphi-0.0000059\sin2\varphi)-0.0000003086h \tag{1-3-22}$$

式中：φ 为地理纬度；$\boldsymbol{g}_0$ 为赤道处海平面上的重力加速度，$\boldsymbol{g}_0=9.78049\ \mathrm{m/s^2}$；$h$ 为物体的海拔高度。式(1-3-22)称为达朗贝尔方程。

由于地球形状不规则、质量分布不均匀，实测的重力加速度数据与理论计算值往往不一致。大地测量中把这两者在数值上的差别称为重力异常，把两者在方向上的不一致称为垂线偏差。对工作在水平状态的平台式惯导来说，重力加速度的数值变化对定位精度影响较小，所以其与重力异常的关系不大。但垂线偏斜不仅会直接造成导航误差，还会引起随时间增长的水平误差。地球表面各点的重力异常和垂线偏斜没有规律性，只能将地球表面划分为许多个区域，事先加以测量，然后在系统中加以补偿。对于一般精度的惯性导航系统，这种影响可以忽略。若惯导系统在某地区的导航误差总是比较大，就可能与垂线偏斜有关系。

1.3.5 计时标准及地球自转角速度

描述物体运动时，除了空间的概念以外，还要引入时间的概念。时间和空间是物质存在的基本形式。时间表示物质运动的连续性，空间表示物质运动的广延性。时间的概念我们早就具备了，但是对于如何精确地度量时间却不一定很清楚。在惯性导航系统中，陀螺仪和加速度计所能测量的角速度和加速度已经达到了相当高的精度，但只有具有明确的时间单位，运动的角速度和加速度才有确切的意义。

度量时间时，一般用物质的周期性运动作为计时标准，为保证计量具有一定的精确度，要求这种周期性运动必须是均匀的、连续的。在自然界中，地球的自转运动是非常稳定的，具有连续、均匀的特点，所以人们自然地将它作为计时标准。但是，在地球上观察地球的自转运动可以有两种参照系，一是把太阳作为参考物，二是以别的恒星作为参照物，于是就出现了两种计时标准——太阳时计时系统和恒星时计时系统。

把相对恒星测得的地球自转运动周期作为计时单位，就是恒星日。把一个恒星日分成 24 等份，就是恒星时。

利用太阳的视运动来计量时间，就是另一个计时单位——太阳日。地球相对于太阳自转一周的时间称为真太阳日。由于地球围绕太阳公转的轨道为椭圆，因此真太阳日不是很均匀。一年中最长和最短的太阳日相差 51 秒，这样按照真太阳日来计时就很不准确，于是天文学家们假想了一个太阳，其视运动速度是均匀的，为真太阳视运动速度的全年平均值，这个假想的太阳称为平太阳。地球相对平太阳自转一周的时间称为平太阳日。一个平太阳日可等分为

24 个平太阳时，这就是我们日常生活中采用的计时单位——时。

恒星日与平太阳日之间如何换算呢？天文学上的测量表明地球围绕太阳公转一周需要 365.2422 个平太阳日。由于地球除自转外，还围绕太阳公转，一个平太阳日中，地球相对太阳转动了一转，然而在相同的时间内，地球相对恒星的转动并不止 360 度，而是比 360 度多一点（见图 1-3-7）。地球绕太阳公转一周，地球相对恒星转动的转数比相对太阳转动的转数正好多一转。于是有：

365.2422 平太阳日＝366.2422 恒星日

这样：

1 恒星日＝0.9972696 平太阳日＝23 时 56 分 4.1 秒

1 平太阳日＝1.0027379 恒星日

1 平太阳时＝1.0027379 恒星时

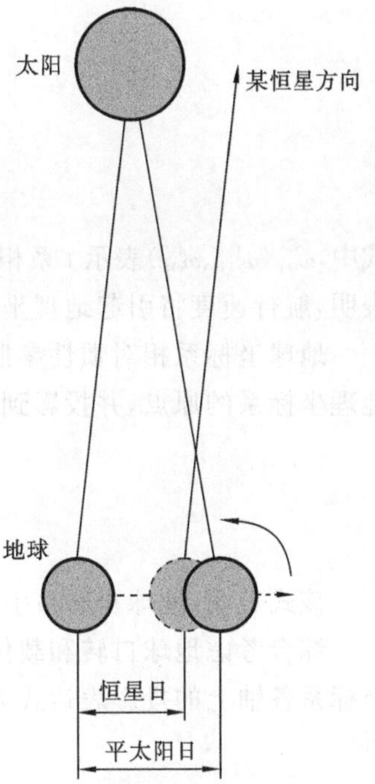

图 1-3-7　平太阳日与恒星日

有了平太阳日与恒星日的定义，我们可以确切地给出地球的自转角速度。地球在一个恒星日中相对恒星准确地转动 360 度，故其自转角速度大小为

ω_{ie}＝360 度/恒星日＝15 度/恒星时＝15.041069 度/平太阳时

＝7.2921158×10^{-5}弧度/秒

显然，上述地球自转角速度就是相对惯性空间的自转角速度，即绝对运动角速度。

1.3.6　地球自转下的坐标系分解

当载体在地球表面运动时，载体相对地球的位置不断发生变化，而地球上不同地点的地理坐标系相对地球的角位置是不同的。也就是说，载体的运动将引起地理坐标系相对地球坐标系的转动。如果考察地理坐标系相对惯性坐标系的转动角速度，应当考虑两种因素：一是地理坐标系随载体运动时相对地球坐标系的转动角速度；二是地球坐标系相对惯性参照系的转动角速度。

假设载体沿水平面航行（如舰船），所在地点的纬度为 φ，航速为 V，航向角为 H。将航速分解为沿地理坐标系北、东两个分量：

$$\begin{cases} V_n = V\cos H \\ V_e = V\sin H \end{cases} \tag{1-3-23}$$

航速的北向分量 V_n 引起地理坐标系绕着平行于地理东西方向的地心轴相对地球转动，其转动角速度为

$$\dot{\varphi} = \frac{V_n}{R_M} \tag{1-3-24}$$

航速的东向分量 V_e 引起地理坐标系绕着极轴相对地球转动，其转动角速度为

$$\dot{\lambda} = \frac{V_e}{R_N\cos\varphi} \tag{1-3-25}$$

将角速度 $\dot{\varphi}$ 和 $\dot{\lambda}$ 平移到地理坐标系的原点，并投影到地理坐标系各轴上，可得：

$$\begin{cases} \omega_{etx}^{t}=-\dot{\varphi}=-\dfrac{V_n}{R_M} \\ \omega_{ety}^{t}=\dot{\lambda}\cos\varphi=\dfrac{V_e}{R_N} \\ \omega_{etz}^{t}=\dot{\lambda}\sin\varphi=\dfrac{V_e}{R_N}\tan\varphi \end{cases} \tag{1-3-26}$$

式中，ω_{etx}^{t}（ω_{ety}^{t}、ω_{etz}^{t}）表示 t 系相对 e 系的角速度在 t 系 X_t 轴（Y_t 轴、Z_t 轴）上的分量。式(1-3-26)表明，航行速度将引起地理坐标系绕地理东向、北向和垂直方向相对地球坐标系转动。

地球坐标系相对惯性参照系的转动是由地球自转引起的。把地球自转角速度 ω_{ie} 平移到地理坐标系的原点，并投影到地理坐标系的各轴上，可得：

$$\begin{cases} \omega_{iex}^{t}=0 \\ \omega_{iey}^{t}=\omega_{ie}\cos\varphi \\ \omega_{iez}^{t}=\omega_{ie}\sin\varphi \end{cases} \tag{1-3-27}$$

该式表明，地球自转将引起地理坐标系绕地理北向和垂线方向相对惯性参照系转动。

综合考虑地球自转和载体的航行影响，地理坐标系相对惯性参照系的转动角速度在地理坐标系各轴上的投影表达式为

$$\begin{cases} \omega_{itx}^{t}=\omega_{iex}^{t}+\omega_{etx}^{t}=-\dfrac{V_n}{R_M} \\ \omega_{ity}^{t}=\omega_{iey}^{t}+\omega_{ety}^{t}=\omega_{ie}\cos\varphi+\dfrac{V_e}{R_N} \\ \omega_{itz}^{t}=\omega_{iez}^{t}+\omega_{etz}^{t}=\omega_{ie}\sin\varphi+\dfrac{V_e}{R_N}\tan\varphi \end{cases} \tag{1-3-28}$$

在分析陀螺仪和惯性导航系统时，地理坐标系是要经常使用的坐标系。例如，陀螺罗经用来重现子午面，其运动和误差就是相对地理坐标系而言的。在指北方位平台式惯导中，采用地理坐标系作为导航坐标系，平台所模拟的就是地理坐标系。

1.4 地球自转程序设计

1.4.1 程序设计

惯性导航系统的部分重要参数来自地球的自转分解，本节结合 1.3 节内容，进行以下实验。(本节所对应程序详见配套的数字资源)

假设一载体在地球表面运动，其所在地纬度为 36.3568°，航速为 20 m/s，航向角为 15°。求解 t 系相对 e 系的角速度在 t 系 X、Y、Z 轴上的分量。

实验步骤如下：

根据式(1-3-23)至式(1-3-26)，编写 SIMULINK 程序进行求解，程序见图 1-4-1。

所对应的主要代码如下：

```
东向速度和北向速度分量：
ve=v*sin(h);   %东向速度分量
vn=v*cos(h);   %北向速度分量
```

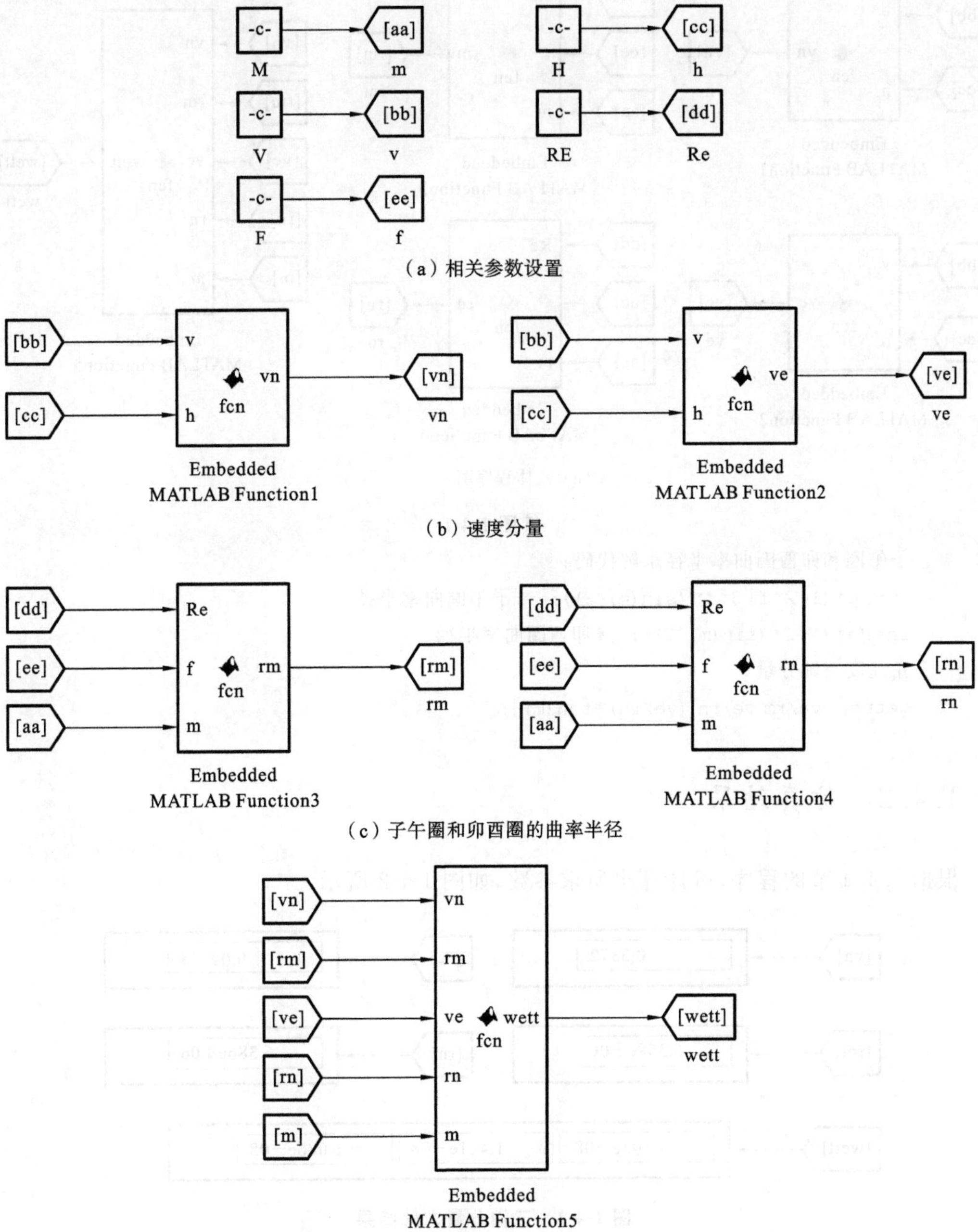

（a）相关参数设置

（b）速度分量

（c）子午圈和卯酉圈的曲率半径

（d）角速度三轴分量

图 1-4-1　求解三轴上的分量

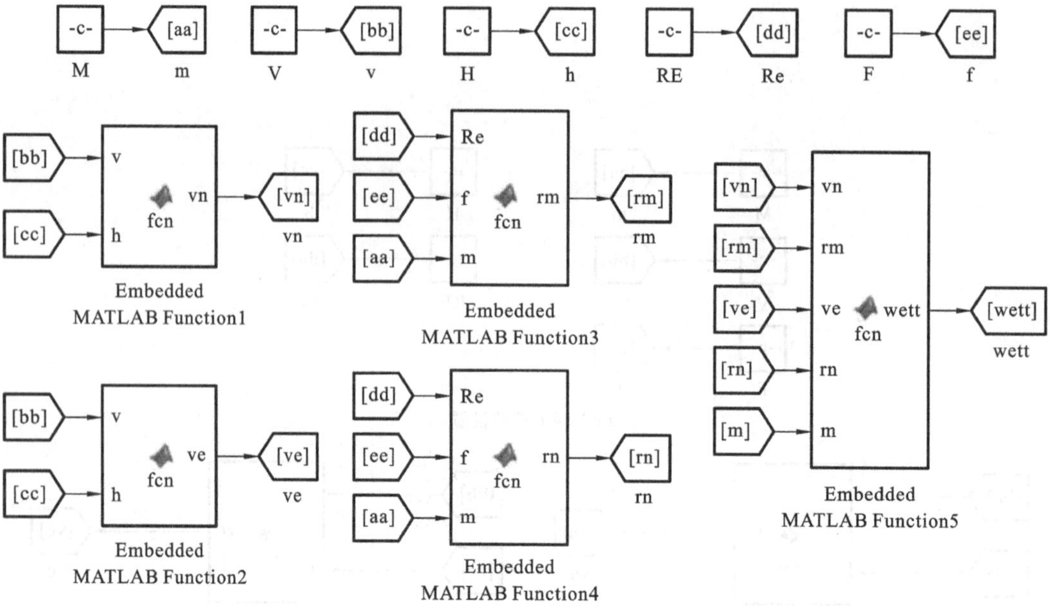

（e）总体程序图

续图 1-4-1

子午圈和卯酉圈曲率半径求解代码:

```
rm=Re* (1-2* f+ 3* f* (sin(m)^2));  %子午圈曲率半径
rn=Re* (1+f* (sin(m)^2));  %卯酉圈曲率半径
```

角速度三轴分量:

```
wett=[-vn/rm ve/rn (ve/rn)*tan(m)];
```

1.4.2 仿真结果

根据 1.4.1 节的程序,可计算出所求参数,如图 1-4-2 所示。

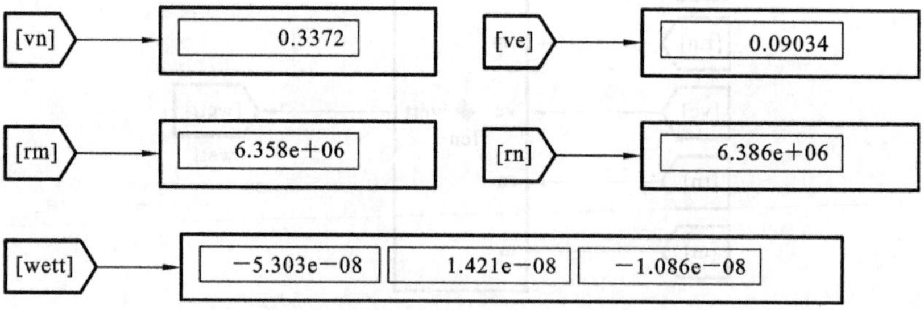

图 1-4-2 三轴分量求解结果

1.5 经纬度变化率

日常生活中,位置是人们最为关注的导航信息,常用经纬度表示。在惯性导航系统中,加速度计能够输出载体相对惯性空间的加速度信息,是惯性导航系统的核心元件之一。加速度计依据惯性力或惯性力矩测得比力或加速度，通过计算可得出载体的速度与位置变化率，再进行积分运算即可获取载体的速度与位置信息。1.1 节和 1.3 节介绍了惯性导航系统的基础知识，即常用的坐标系及地球自转分解，在此基础上，本节介绍在地球自转下，如何通过加速度计获取载体的位置。

1.5.1 加速度计对比力的测量

根据牛顿第二运动定律，任何物体若所受力的合力不为零，则会相对惯性空间做加速运动，要在惯性空间保持静止或匀速运动，物体所受合力必须为零；若物体相对惯性空间有运动加速度，则其所受合力必然不为零。这就是惯性空间中力与运动的关系。

分析运动载体中任一物体的受力时，可以把任何物体的受力 $\boldsymbol{F}$ 分为两部分：一部分是各种天体（如地球、太阳、月亮等）的引力 $\boldsymbol{F}_{\mathrm{g}}$，另一部分是作用于该物体的其他力，统称为非引力 $\boldsymbol{f}_{\mathrm{m}}$，即

$$\boldsymbol{F}=\boldsymbol{F}_{\mathrm{g}}+\boldsymbol{f}_{\mathrm{m}} \tag{1-5-1}$$

若载体相对惯性空间的运动加速度为 $\boldsymbol{a}_{\mathrm{i}}$，载体内的物体相对惯性空间的运动加速度当然也为 $\boldsymbol{a}_{\mathrm{i}}$，根据牛顿定律，应该有

$$\boldsymbol{F}=m\boldsymbol{a}_{\mathrm{i}} \tag{1-5-2}$$

式中，m 为物体的质量。将式(1-5-2)代入式(1-5-1)，有

$$\boldsymbol{F}_{\mathrm{g}}+\boldsymbol{f}_{\mathrm{m}}=m\boldsymbol{a}_{\mathrm{i}} \tag{1-5-3}$$

于是：

$$\frac{\boldsymbol{F}_{\mathrm{g}}}{m}+\frac{\boldsymbol{f}_{\mathrm{m}}}{m}=\boldsymbol{a}_{\mathrm{i}} \tag{1-5-4}$$

我们关心的是载体运动加速度 $\boldsymbol{a}_{\mathrm{i}}$，若能测得引力 $\boldsymbol{F}_{\mathrm{g}}$、非引力 $\boldsymbol{f}_{\mathrm{m}}$，当然可以得到加速度 $\boldsymbol{a}_{\mathrm{i}}$，但是，天体的引力实际上是无法直接测量的，而非引力部分则能通过一定的办法测出。由于非引力可以测量，它又与加速度有密切的关系，我们赋予单位质量的物体受力中的非引力部分一个名称——比力。记比力为 $\boldsymbol{f}$，于是有

$$\boldsymbol{f}=\frac{\boldsymbol{f}_{\mathrm{m}}}{m}=\boldsymbol{a}_{\mathrm{i}}-\frac{\boldsymbol{F}_{\mathrm{g}}}{m}=\boldsymbol{a}_{\mathrm{i}}-\boldsymbol{G} \tag{1-5-5}$$

式中，$\boldsymbol{G}$ 为单位质量物体所受到的引力，即引力加速度。该式表明，作用于单位质量物体的比力矢量等于该物体的绝对加速度矢量与引力加速度矢量之差。

式(1-5-5)是比力的定义公式，比较抽象。为应用方便，下面做进一步分析。在地球表面附近，引力主要是地球引力，但太阳的引力加速度约为 $6.05\times10^{-4}g$，是必须要考虑的，而月亮及太阳系各行星的引力加速度均在 $10^{-6}g$ 量级或更小，可以忽略。据此分析，将引力加速度分为两部分：

$$\boldsymbol{G}=\boldsymbol{G}_{\mathrm{e}}+\boldsymbol{G}_{\mathrm{s}} \tag{1-5-6}$$

式中，$\boldsymbol{G}_{\mathrm{e}}$、$\boldsymbol{G}_{\mathrm{s}}$ 分别表示地球的引力加速度和太阳的引力加速度。

地球对其附近物体的引力加速度又可进一步分解成两部分：重力加速度和随地球自转的向心加速度：

$$\boldsymbol{G}_{\mathrm{e}}=\boldsymbol{\omega}_{\mathrm{ie}}\times(\boldsymbol{\omega}_{\mathrm{ie}}\times\boldsymbol{r})+\boldsymbol{g} \tag{1-5-7}$$

式中，$\boldsymbol{r}$ 为载体在地球坐标系中的位置矢量。

这样：

$$\boldsymbol{G}=\boldsymbol{G}_c+\boldsymbol{G}_s=\boldsymbol{\omega}_{ie}\times(\boldsymbol{\omega}_{ie}\times\boldsymbol{r})+\boldsymbol{g}+\boldsymbol{G}_s \tag{1-5-8}$$

将地球附近载体的绝对加速度也分解开。地球表面的物体都要随地球一起绕太阳公转，记公转造成的绕太阳的向心加速度为 $\boldsymbol{a}_s$，将绝对加速度分为两部分：

$$\boldsymbol{a}_i=\boldsymbol{a}'_i+\boldsymbol{a}_s \tag{1-5-9}$$

地球绕太阳公转本质上就是太阳引力造成的，因此有 $\boldsymbol{a}_s=\boldsymbol{G}_s$。

加速度 $\boldsymbol{a}'_i$ 是不含随地球一起绕太阳公转的向心加速度的加速度，即以地心惯性系为参照系的“绝对加速度”。

地球上的物体，还要随地球一起自转，因此加速度 $\boldsymbol{a}'_i$ 中含有向心加速度：

$$\boldsymbol{a}'_i=\boldsymbol{a}+\boldsymbol{\omega}_{ie}\times(\boldsymbol{\omega}_{ie}\times\boldsymbol{r}) \tag{1-5-10}$$

式中，$\boldsymbol{a}$ 的物理含义是绝对加速度除去牵连运动加速度（绕太阳公转的向心加速度和随地球自转的向心加速度）的剩余部分。$\boldsymbol{a}$ 包含了载体相对地球的运动加速度和由相对地球运动和地球自转联合形成的科氏加速度。

进而写出下式：

$$\boldsymbol{a}_i=\boldsymbol{a}+\boldsymbol{\omega}_{ie}\times(\boldsymbol{\omega}_{ie}\times\boldsymbol{r})+\boldsymbol{a}_s \tag{1-5-11}$$

综合式(1-5-8)和式(1-5-11)，代入式(1-5-5)，并结合 $\boldsymbol{a}_s=\boldsymbol{G}_s$，有

$$\boldsymbol{f}=\boldsymbol{a}_i-\boldsymbol{G}=\boldsymbol{a}-\boldsymbol{g} \tag{1-5-12}$$

根据式(1-5-12)，可得出结论：

(1) 若载体相对地球静止，则 $\boldsymbol{a}=\boldsymbol{0}$，$\boldsymbol{f}=\boldsymbol{a}-\boldsymbol{g}=-\boldsymbol{g}$；

(2) 在与重力方向垂直的方向上，比力中不含重力加速度分量。对于地球上的一般运动载体，重力加速度的量值远大于载体加速度，若使比力分量中不含重力加速度分量，则对于测定比力分量的精度是非常有益的。

前面指出，物体受力的非引力部分，即比力能通过一定的办法测出，加速度计就是一种能测量比力的装置。下面以一种理想化的电位计式线性加速度计为例说明加速度计是如何测量比力的。

电位计式线性加速度计的结构如图 1-5-1 所示。壳体中有一检测质量块 m，检测质量块可以沿导轨在壳体内滑动。假定滑动是无摩擦的，当壳体相对惯性空间有运动加速度 $\boldsymbol{a}_i$ 时，受惯性力与天体引力共同作用，质量块会沿导轨方向产生位移，通过电位计的输出电压可以检测到该位移量。下面我们看看这一位移量代表着什么。

假如导轨方向与引力方向平行，载体运动加速度的方向也与引力方向平行，质量块 m 沿 X 轴的位移量为 X。由于要随载体一起相对惯性空间运动，质量块的受力为运动加速度 $\boldsymbol{a}_i$ 引起的惯性力（$-m\boldsymbol{a}_i$）、弹簧对质量块的作用力 $\boldsymbol{N}$、质量块所受的引力 $m\boldsymbol{G}$（$\boldsymbol{G}$ 为引力加速度），质量块的位置稳定后三者是平衡的（见图 1-5-2(a)）：

$$\boldsymbol{N}+m\boldsymbol{G}-m\boldsymbol{a}_i=\boldsymbol{0} \tag{1-5-13}$$

由于三种力方向平行，上式可化为标量方程：

$$N=mG+ma_i=m(G+a_i) \tag{1-5-14}$$

式中，N、G、a_i 分别为 $\boldsymbol{N}$、$\boldsymbol{G}$、$\boldsymbol{a}_i$ 的模。

弹簧作用力 $\boldsymbol{N}$ 的大小与质量块的位移量 X 成比例，设弹性系数为 k，则

$$N=kX \tag{1-5-15}$$

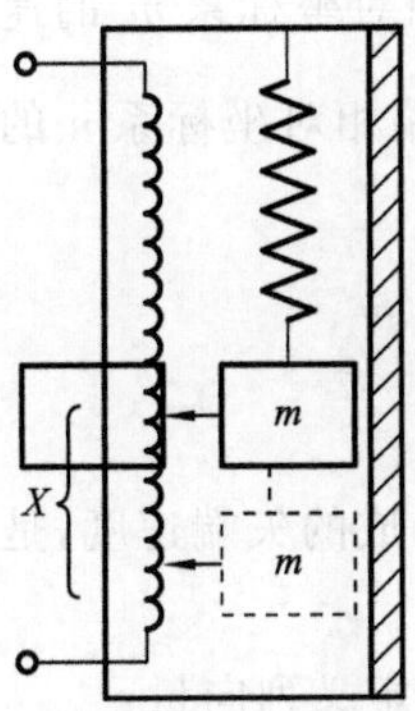

图 1-5-1 电位计式线性加速度计的结构

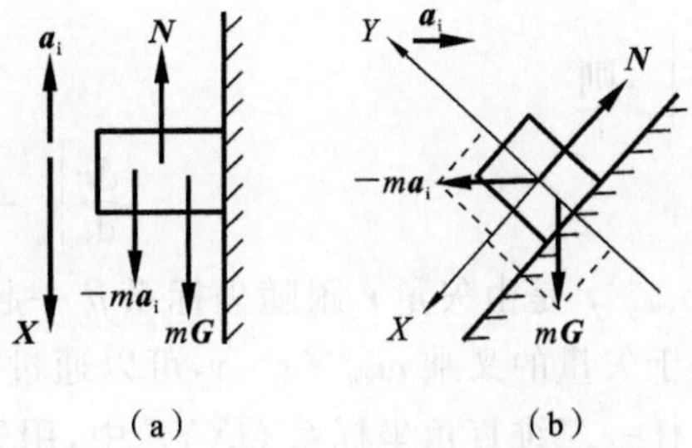

图 1-5-2 加速度计中质量块的受力分析

于是：

$$X=m(G+a_{\mathrm{i}})/k \tag{1-5-16}$$

另外，比力 $\boldsymbol{f}=\boldsymbol{a}_{\mathrm{i}}-\boldsymbol{G}$，按图 1-5-2(a)中假定的加速度方向，沿导轨方向(图中 X 方向)的分量为

$$f_x=a_x-G_x=-a_{\mathrm{i}}-G_x \tag{1-5-17}$$

式中，a_x、G_x 为沿导轨方向(X 正向)的绝对加速度分量与引力加速度分量。图中 $\boldsymbol{a}_{\mathrm{i}}$ 方向在 X 负向，故 $a_x=-a_{\mathrm{i}}$。

对比式(1-5-16)与式(1-5-17)，弹簧的拉伸量 X 所代表的正是质量块所受的比力 $\boldsymbol{f}$：

$$f=-\frac{k}{m}X \tag{1-5-18}$$

上面的讨论中，假定了载体运动加速度、导轨、引力三者的方向平行，若不平行，显然，质量块位移量 X 代表的是沿质量块导轨方向的比力分量 f_x；因为垂直于导轨方向上的比力分量不会影响质量块沿导轨方向的运动。图 1-5-2(b)中，加速度 $\boldsymbol{a}_{\mathrm{i}}$、引力加速度 $\boldsymbol{G}$、导轨 X 的方向均不平行，此时下式仍然成立：

$$f_x=a_x-G_x=-\frac{k}{m}X \tag{1-5-19}$$

式中，f_x 为沿导轨方向的比力，a_x、G_x 为沿导轨方向的绝对加速度分量与引力加速度分量。

上面分析了电位计式线性加速度计测量比力的原理，这种加速度计有一敏感方向，加速度计的输出(如上述电位计式线性加速度计中的弹簧拉伸量 X)反映的是其敏感方向的比力分量，与其敏感方向垂直的比力分量不影响加速度计的输出。实际上，一般的加速度计测定的都是其敏感方向上的比力。

1.5.2 比力方程

在导航计算时，需要获知载体相对地球的加速度在导航坐标系的分量，为此需要研究比力分量与相对加速度之间的关系，即比力方程。

科氏定理描述了矢量在不同坐标系中的变化率之间的关系。设有矢量 $\boldsymbol{r}$，m 和 n 是两个空间坐标系，坐标系 n 相对坐标系 m 的旋转角速度矢量为 $\boldsymbol{\omega}_{mn}$，两个坐标系的原点没有相对运动速度。

在坐标系 m 中观察到的矢量 $\boldsymbol{r}$ 的变化率，即矢量 $\boldsymbol{r}$ 的矢端相对坐标系 m 的速度矢量，记为$\left.\frac{\mathrm{d}\boldsymbol{r}}{\mathrm{d}t}\right|_m$；在坐标系 n 中观察到的矢量 $\boldsymbol{r}$ 的变化率，即矢量 $\boldsymbol{r}$ 的矢端相对坐标系 n 的速度矢量，记为$\left.\frac{\mathrm{d}\boldsymbol{r}}{\mathrm{d}t}\right|_n$，则

$$\left.\frac{\mathrm{d}\boldsymbol{r}}{\mathrm{d}t}\right|_m=\left.\frac{\mathrm{d}\boldsymbol{r}}{\mathrm{d}t}\right|_n+\boldsymbol{\omega}_{mn}\times\boldsymbol{r} \tag{1-5-20}$$

式中，$\boldsymbol{\omega}_{mn}\times\boldsymbol{r}$ 是由矢量 $\boldsymbol{r}$ 跟随坐标系 n 一起相对坐标系 m 旋转形成的矢端速度，是牵连速度。

对于矢量的叉乘 $\boldsymbol{\omega}_{mn}\times\boldsymbol{r}=\boldsymbol{v}$，可以通过矩阵运算其分量。

在任一三维直角坐标系 $OXYZ$ 中，用矢量 $\boldsymbol{\omega}_{mn}$、$\boldsymbol{r}$ 的投影分别定义列向量：

$$\boldsymbol{\omega}_{mn}=[\omega_x\quad\omega_y\quad\omega_z]^{\mathrm{T}} \tag{1-5-21}$$

$$\boldsymbol{r}=[r_x\quad r_y\quad r_z]^{\mathrm{T}} \tag{1-5-22}$$

则 $\boldsymbol{v}$ 在坐标系 $OXYZ$ 中的三个投影组成的列向量 $\boldsymbol{v}=[v_x\quad v_y\quad v_z]^{\mathrm{T}}$ 可用下式计算：

$$\begin{bmatrix}v_x\\v_y\\v_z\end{bmatrix}=\begin{bmatrix}0&-\omega_z&\omega_y\\\omega_z&0&-\omega_x\\-\omega_y&\omega_x&0\end{bmatrix}\begin{bmatrix}r_x\\r_y\\r_z\end{bmatrix} \tag{1-5-23}$$

该公式可通过解析几何中用行列式计算矢量叉乘的方法验证。

当动点的牵连运动为转动时，动点的绝对加速度 $\boldsymbol{a}_{\mathrm{i}}$ 是相对加速度 $\boldsymbol{a}_{\mathrm{r}}$、牵连加速度 $\boldsymbol{a}_{\mathrm{e}}$ 与科氏加速度 $\boldsymbol{a}_{\mathrm{c}}$ 三种成分的矢量和，即

$$\boldsymbol{a}_{\mathrm{i}}=\boldsymbol{a}_{\mathrm{r}}+\boldsymbol{a}_{\mathrm{e}}+\boldsymbol{a}_{\mathrm{c}} \tag{1-5-24}$$

这就是一般情况下的加速度合成定理。当运动载体在地球表面附近航行时，运动载体一方面相对地球运动，另一方面又参与地球相对惯性空间的牵连运动，因此运动载体的绝对加速度也应是上述三项的矢量和。

考虑到惯性导航系统中加速度计的灵敏度范围，我们在日心惯性坐标系中分析绝对加速度。如图 1-5-3 所示，设地球附近的运动载体位于 P 点，它在日心惯性坐标系中的位置矢量是 $\boldsymbol{R}$，在地球坐标系中的位置矢量是 $\boldsymbol{r}$，地心在日心惯性坐标系中的位置矢量是 $\boldsymbol{R}_0$，显然有

$$\boldsymbol{R}=\boldsymbol{R}_0+\boldsymbol{r} \tag{1-5-25}$$

相对惯性坐标系求取上式各项的变化率：

$$\left.\frac{\mathrm{d}\boldsymbol{R}}{\mathrm{d}t}\right|_{\mathrm{i}}=\left.\frac{\mathrm{d}\boldsymbol{R}_0}{\mathrm{d}t}\right|_{\mathrm{i}}+\left.\frac{\mathrm{d}\boldsymbol{r}}{\mathrm{d}t}\right|_{\mathrm{i}} \tag{1-5-26}$$

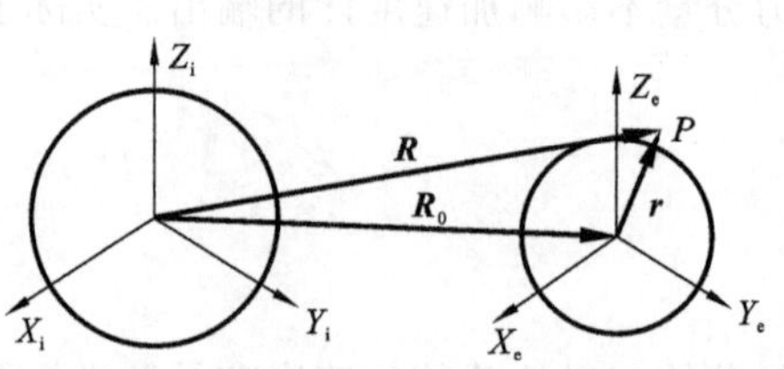

图 1-5-3　载体在日心惯性坐标系中的位置

位置矢量 $\boldsymbol{r}$ 相对惯性坐标系的变化率为绝对速度。在地球坐标系 e 中观察到的矢量 $\boldsymbol{r}$ 的变化率记为$\left.\frac{\mathrm{d}\boldsymbol{r}}{\mathrm{d}t}\right|_{\mathrm{e}}$，地球坐标系相对惯性坐标系的自转角速度矢量为 $\boldsymbol{\omega}_{\mathrm{ie}}$，则依据科氏定

理有

$$\left.\frac{\mathrm{d}\boldsymbol{r}}{\mathrm{d}t}\right|_{\mathrm{i}}=\left.\frac{\mathrm{d}\boldsymbol{r}}{\mathrm{d}t}\right|_{\mathrm{e}}+\boldsymbol{\omega}_{\mathrm{ie}}\times\boldsymbol{r}=\boldsymbol{v}_{\mathrm{ep}}+\boldsymbol{\omega}_{\mathrm{ie}}\times\boldsymbol{r} \tag{1-5-27}$$

式中，$\boldsymbol{v}_{\mathrm{ep}}=\left.\frac{\mathrm{d}\boldsymbol{r}}{\mathrm{d}t}\right|_{\mathrm{e}}$ 是载体相对地球的速度，简称载体速度。

将式(1-5-27)代入式(1-5-26)有

$$\left.\frac{\mathrm{d}\boldsymbol{R}}{\mathrm{d}t}\right|_{\mathrm{i}}=\left.\frac{\mathrm{d}\boldsymbol{R}_0}{\mathrm{d}t}\right|_{\mathrm{i}}+\boldsymbol{v}_{\mathrm{ep}}+\boldsymbol{\omega}_{\mathrm{ie}}\times\boldsymbol{r} \tag{1-5-28}$$

再次求导，得到上式各项矢量在惯性坐标系中的变化率：

$$\left.\frac{\mathrm{d}^2\boldsymbol{R}}{\mathrm{d}t^2}\right|_{\mathrm{i}}=\left.\frac{\mathrm{d}^2\boldsymbol{R}_0}{\mathrm{d}t^2}\right|_{\mathrm{i}}+\left.\frac{\mathrm{d}\boldsymbol{v}_{\mathrm{ep}}}{\mathrm{d}t}\right|_{\mathrm{i}}+\left.\frac{\mathrm{d}(\boldsymbol{\omega}_{\mathrm{ie}}\times\boldsymbol{r})}{\mathrm{d}t}\right|_{\mathrm{i}} \tag{1-5-29}$$

地球自转角速度 $\boldsymbol{\omega}_{\mathrm{ie}}$ 相对惯性坐标系基本不变，可看成常值矢量，$\left.\frac{\mathrm{d}\boldsymbol{\omega}_{\mathrm{ie}}}{\mathrm{d}t}\right|_{\mathrm{i}}=0$，故

$$\left.\frac{\mathrm{d}(\boldsymbol{\omega}_{\mathrm{ie}}\times\boldsymbol{r})}{\mathrm{d}t}\right|_{\mathrm{i}}=\boldsymbol{\omega}_{\mathrm{ie}}\times\left.\frac{\mathrm{d}\boldsymbol{r}}{\mathrm{d}t}\right|_{\mathrm{i}}=\boldsymbol{\omega}_{\mathrm{ie}}\times(\boldsymbol{v}_{\mathrm{ep}}+\boldsymbol{\omega}_{\mathrm{ie}}\times\boldsymbol{r}) \tag{1-5-30}$$

运用科氏定理求取 $\boldsymbol{v}_{\mathrm{ep}}$ 相对地球坐标系的变化率，则有

$$\left.\frac{\mathrm{d}\boldsymbol{v}_{\mathrm{ep}}}{\mathrm{d}t}\right|_{\mathrm{i}}=\left.\frac{\mathrm{d}\boldsymbol{v}_{\mathrm{ep}}}{\mathrm{d}t}\right|_{\mathrm{e}}+\boldsymbol{\omega}_{\mathrm{ie}}\times\boldsymbol{v}_{\mathrm{ep}} \tag{1-5-31}$$

将式(1-5-30)、式(1-5-31)代入式(1-5-29)得：

$$\left.\frac{\mathrm{d}^2\boldsymbol{R}}{\mathrm{d}t^2}\right|_{\mathrm{i}}=\left.\frac{\mathrm{d}^2\boldsymbol{R}_0}{\mathrm{d}t^2}\right|_{\mathrm{i}}+\left.\frac{\mathrm{d}\boldsymbol{v}_{\mathrm{ep}}}{\mathrm{d}t}\right|_{\mathrm{e}}+2\boldsymbol{\omega}_{\mathrm{ie}}\times\boldsymbol{v}_{\mathrm{ep}}+\boldsymbol{\omega}_{\mathrm{ie}}\times(\boldsymbol{\omega}_{\mathrm{ie}}\times\boldsymbol{r}) \tag{1-5-32}$$

该式就是载体的绝对加速度表达式，各项所代表的物理意义如下：

$\left.\frac{\mathrm{d}^2\boldsymbol{R}}{\mathrm{d}t^2}\right|_{\mathrm{i}}$——载体相对惯性坐标系的加速度，即绝对加速度；

$\left.\frac{\mathrm{d}^2\boldsymbol{R}_0}{\mathrm{d}t^2}\right|_{\mathrm{i}}$——地球公转造成的地心相对惯性坐标系的加速度，是牵连运动加速度的一部分；

$\boldsymbol{v}_{\mathrm{ep}}$——载体相对地球的运动速度；

$\left.\frac{\mathrm{d}\boldsymbol{v}_{\mathrm{ep}}}{\mathrm{d}t}\right|_{\mathrm{e}}$——在地球坐标系中观测到的 $\boldsymbol{v}_{\mathrm{ep}}$ 的变化率，也就是载体相对地球坐标系的运动加速度；

$\boldsymbol{\omega}_{\mathrm{ie}}\times(\boldsymbol{\omega}_{\mathrm{ie}}\times\boldsymbol{r})$——地球自转引起的向心加速度，是载体牵连运动加速度的又一部分；

$2\boldsymbol{\omega}_{\mathrm{ie}}\times\boldsymbol{v}_{\mathrm{ep}}$——载体相对地球运动和地球自转角速度相互作用引起的科氏加速度。

绝对加速度表达式描述了地球附近运动物体的绝对加速度与相对地球的相对加速度之间的关系。

将绝对加速度表达式代入比力的定义公式：

$$\boldsymbol{f}=\boldsymbol{a}_{\mathrm{i}}-\boldsymbol{G}=\left.\frac{\mathrm{d}^2\boldsymbol{R}}{\mathrm{d}t^2}\right|_{\mathrm{i}}-\boldsymbol{G}(\boldsymbol{R})=\left.\frac{\mathrm{d}^2\boldsymbol{R}_0}{\mathrm{d}t^2}\right|_{\mathrm{i}}+\left.\frac{\mathrm{d}\boldsymbol{v}_{\mathrm{ep}}}{\mathrm{d}t}\right|_{\mathrm{e}}+2\boldsymbol{\omega}_{\mathrm{ie}}\times\boldsymbol{v}_{\mathrm{ep}}+\boldsymbol{\omega}_{\mathrm{ie}}\times(\boldsymbol{\omega}_{\mathrm{ie}}\times\boldsymbol{r})-\boldsymbol{G}(\boldsymbol{R}) \tag{1-5-33}$$

对地球表面的物体来说，上式中引力加速度 $\boldsymbol{G}$ 为各种天体的引力加速度的矢量和，包括地球的引力加速度 $\boldsymbol{G}_{\mathrm{e}}(\boldsymbol{r})$、太阳的引力加速度 $\boldsymbol{G}_{\mathrm{s}}(\boldsymbol{R})$、月亮的引力加速度 $\boldsymbol{G}_{\mathrm{m}}(\boldsymbol{R})$ 和太阳系其他行星的引力加速度等。计算可知，月亮对地球上的物体的引力加速度 $\boldsymbol{G}_{\mathrm{m}}(\boldsymbol{R})$ 的最大值为 $4\times10^{-6}g$，太阳系其他行星的引力加速度则更小，在一般的惯性导航问题中都可以忽略。这样，引力加速度主要为地球及太阳的引力加速度：

$$\boldsymbol{G}(\boldsymbol{R})=\boldsymbol{G}_{\mathrm{e}}(\boldsymbol{r})+\boldsymbol{G}_{\mathrm{s}}(\boldsymbol{R}) \tag{1-5-34}$$

由于地球距离太阳较远，地球表面的物体至太阳的距离与地心至太阳的距离可以认为是近似相等的。地心绕太阳运动的加速度$\left.\frac{\mathrm{d}^2\boldsymbol{R}_0}{\mathrm{d}t^2}\right|_{\mathrm{i}}$是由太阳对地球的引力造成的，与太阳对地球表面物体的引力加速度$\boldsymbol{G}_{\mathrm{s}}(\boldsymbol{R})$应该是几乎相等的，于是在式(1-5-33)中，地心绕太阳运动的加速度$\left.\frac{\mathrm{d}^2\boldsymbol{R}_0}{\mathrm{d}t^2}\right|_{\mathrm{i}}$和引力加速度$\boldsymbol{G}(\boldsymbol{R})$中的太阳的引力加速度$\boldsymbol{G}_{\mathrm{s}}(\boldsymbol{R})$可以相互抵消。这样：

$$\boldsymbol{f}=\left.\frac{\mathrm{d}\boldsymbol{v}_{\mathrm{ep}}}{\mathrm{d}t}\right|_{\mathrm{e}}+2\boldsymbol{\omega}_{\mathrm{ie}}\times\boldsymbol{v}_{\mathrm{ep}}+\boldsymbol{\omega}_{\mathrm{ie}}\times(\boldsymbol{\omega}_{\mathrm{ie}}\times\boldsymbol{r})-\boldsymbol{G}_{\mathrm{e}}(\boldsymbol{r}) \tag{1-5-35}$$

地球对其附近物体的引力可分解为重力和跟随地球自转所需的向心力两部分，地球引力加速度同样也可分解为两部分：

$$\boldsymbol{G}_{\mathrm{e}}(\boldsymbol{r})=\boldsymbol{g}(\boldsymbol{r})+\boldsymbol{\omega}_{\mathrm{ie}}\times(\boldsymbol{\omega}_{\mathrm{ie}}\times\boldsymbol{r}) \tag{1-5-36}$$

式中，$\boldsymbol{g}(\boldsymbol{r})$为重力加速度矢量，$\boldsymbol{\omega}_{\mathrm{ie}}\times(\boldsymbol{\omega}_{\mathrm{ie}}\times\boldsymbol{r})$为跟随地球自转的向心加速度。

将式(1-5-36)代入式(1-5-35)，有

$$\boldsymbol{f}=\left.\frac{\mathrm{d}\boldsymbol{v}_{\mathrm{ep}}}{\mathrm{d}t}\right|_{\mathrm{e}}+2\boldsymbol{\omega}_{\mathrm{ie}}\times\boldsymbol{v}_{\mathrm{ep}}-\boldsymbol{g}(\boldsymbol{r}) \tag{1-5-37}$$

式(1-5-37)等号右边第一项是在地球坐标系中观测到的载体速度$\boldsymbol{v}_{\mathrm{ep}}$的变化率。惯性导航系统在导航坐标系中计算载体的位置和速度，需要求取载体速度$\boldsymbol{v}_{\mathrm{ep}}$在导航坐标系中的变化率，即在导航坐标系中观测到的加速度。例如指北方位惯性导航系统中的导航坐标系是当地地理坐标系，只要获知载体速度$\boldsymbol{v}_{\mathrm{ep}}$在当地地理坐标系中的变化率就可以推算载体速度及位置。平台式惯导都是用陀螺稳定平台来模拟导航坐标系的，平台无误差时平台坐标系就是导航坐标系，加速度计测量的是沿平台坐标系轴向的比力分量。

记在平台坐标系中观测到的速度矢量$\boldsymbol{v}_{\mathrm{ep}}$的变化率为$\left.\frac{\mathrm{d}\boldsymbol{v}_{\mathrm{ep}}}{\mathrm{d}t}\right|_{\mathrm{p}}$，此即在平台坐标系中观测到的载体相对地球的加速度，平台坐标系 p 相对地球坐标系的转动角速度为$\boldsymbol{\omega}_{\mathrm{ep}}$，根据科氏定理有

$$\left.\frac{\mathrm{d}\boldsymbol{v}_{\mathrm{ep}}}{\mathrm{d}t}\right|_{\mathrm{e}}=\left.\frac{\mathrm{d}\boldsymbol{v}_{\mathrm{ep}}}{\mathrm{d}t}\right|_{\mathrm{p}}+\boldsymbol{\omega}_{\mathrm{ep}}\times\boldsymbol{v}_{\mathrm{ep}} \tag{1-5-38}$$

记$\left.\frac{\mathrm{d}\boldsymbol{v}_{\mathrm{ep}}}{\mathrm{d}t}\right|_{\mathrm{p}}=\dot{\boldsymbol{v}}_{\mathrm{ep}}$，则

$$\boldsymbol{f}=\dot{\boldsymbol{v}}_{\mathrm{ep}}+(2\boldsymbol{\omega}_{\mathrm{ie}}+\boldsymbol{\omega}_{\mathrm{ep}})\times\boldsymbol{v}_{\mathrm{ep}}-\boldsymbol{g}(\boldsymbol{r}) \tag{1-5-39}$$

或

$$\dot{\boldsymbol{v}}_{\mathrm{ep}}=\boldsymbol{f}-(2\boldsymbol{\omega}_{\mathrm{ie}}+\boldsymbol{\omega}_{\mathrm{ep}})\times\boldsymbol{v}_{\mathrm{ep}}+\boldsymbol{g}(\boldsymbol{r}) \tag{1-5-40}$$

该式反映了比力与载体相对加速度之间的关系，称为比力方程。

如果令

$$\boldsymbol{a}_{\mathrm{b}}=(2\boldsymbol{\omega}_{\mathrm{ie}}+\boldsymbol{\omega}_{\mathrm{ep}})\times\boldsymbol{v}_{\mathrm{ep}}-\boldsymbol{g}(\boldsymbol{r}) \tag{1-5-41}$$

则有

$$\dot{\boldsymbol{v}}_{\mathrm{ep}}=\boldsymbol{f}-\boldsymbol{a}_{\mathrm{b}} \tag{1-5-42}$$

从测量加速度的角度看，$\boldsymbol{a}_{\mathrm{b}}$是比力中不希望有的成分，在惯性导航中称之为有害加速度。导航计算中需要的是载体相对加速度$\dot{\boldsymbol{v}}_{\mathrm{ep}}$，但加速度计本身不能分辨载体相对加速度和有害加速度。因此，必须从加速度计所测得的比力中通过补偿去除有害加速度，才能得到$\dot{\boldsymbol{v}}_{\mathrm{ep}}$，进而获

得载体相对地球的速度和位置等导航参数。

1.5.3 经纬度变化率的计算

加速度计输出的比力符合比力方程式(1-5-39)。对指北方位惯导系统,其平台模拟的是当地地理坐标系,无误差平台坐标系就是地理坐标系 t。将式(1-5-39)投影到当地地理坐标系中,各矢量分解到地理坐标系的三个轴向上,表示为分量形式,即

比力:

$$\boldsymbol{f} \text{——} (f_x^{\mathrm{t}} \quad f_y^{\mathrm{t}} \quad f_z^{\mathrm{t}})$$

载体相对地球的运动加速度:

$$\dot{\boldsymbol{v}}_{\mathrm{ep}} \text{——} (\dot{v}_x^{\mathrm{t}} \quad \dot{v}_y^{\mathrm{t}} \quad \dot{v}_z^{\mathrm{t}})$$

地球自转角速度:

$$\boldsymbol{\omega}_{\mathrm{ie}} \text{——} (\omega_{\mathrm{ie}x}^{\mathrm{t}} \quad \omega_{\mathrm{ie}y}^{\mathrm{t}} \quad \omega_{\mathrm{ie}z}^{\mathrm{t}}) = (0 \quad \omega_{\mathrm{ie}}\cos\varphi \quad \omega_{\mathrm{ie}}\sin\varphi)$$

平台系相对地球系的角速度就是地理系相对地球的角速度:

$$\boldsymbol{\omega}_{\mathrm{ep}} \text{——} (\omega_{\mathrm{et}x}^{\mathrm{t}} \quad \omega_{\mathrm{et}y}^{\mathrm{t}} \quad \omega_{\mathrm{et}z}^{\mathrm{t}}) = \left(-\frac{v_y^{\mathrm{t}}}{R_{\mathrm{M}}} \quad \frac{v_x^{\mathrm{t}}}{R_{\mathrm{N}}} \quad \frac{v_x^{\mathrm{t}}}{R_{\mathrm{N}}}\tan\varphi\right)$$

载体相对地球的运动速度:

$$\boldsymbol{v}_{\mathrm{ep}} \text{——} (v_x^{\mathrm{t}} \quad v_y^{\mathrm{t}} \quad v_z^{\mathrm{t}})$$

重力加速度:

$$\boldsymbol{g} \text{——} (g_x^{\mathrm{t}} \quad g_y^{\mathrm{t}} \quad g_z^{\mathrm{t}}) = (0 \quad 0 \quad -g)$$

再将上述分量式代入式(1-5-39),运用矢量叉乘公式(1-5-23),展开后可以得到以下标量形式的方程组:

$$\begin{cases} f_x^{\mathrm{t}} = \dot{v}_x^{\mathrm{t}} - \left(2\omega_{\mathrm{ie}}\sin\varphi + \dfrac{v_x^{\mathrm{t}}}{R_{\mathrm{N}}}\tan\varphi\right)v_y^{\mathrm{t}} + \left(2\omega_{\mathrm{ie}}\cos\varphi + \dfrac{v_x^{\mathrm{t}}}{R_{\mathrm{N}}}\right)v_z^{\mathrm{t}} \\ f_y^{\mathrm{t}} = \dot{v}_y^{\mathrm{t}} + \left(2\omega_{\mathrm{ie}}\sin\varphi + \dfrac{v_x^{\mathrm{t}}}{R_{\mathrm{N}}}\tan\varphi\right)v_x^{\mathrm{t}} + \dfrac{v_y^{\mathrm{t}}}{R_{\mathrm{M}}}v_z^{\mathrm{t}} \\ f_z^{\mathrm{t}} = \dot{v}_z^{\mathrm{t}} - \left(2\omega_{\mathrm{ie}}\cos\varphi + \dfrac{v_x^{\mathrm{t}}}{R_{\mathrm{N}}}\right)v_x^{\mathrm{t}} - \dfrac{v_y^{\mathrm{t}}}{R_{\mathrm{M}}}v_y^{\mathrm{t}} + g \end{cases} \tag{1-5-43}$$

对于舰船等载体来说,垂直速度 $v_z^{\mathrm{t}}=0$,垂直方向的加速度远远小于重力加速度 g,这样,式(1-5-43)可简化为

$$\begin{cases} f_x^{\mathrm{t}} = \dot{v}_x^{\mathrm{t}} - \left(2\omega_{\mathrm{ie}}\sin\varphi + \dfrac{v_x^{\mathrm{t}}}{R_{\mathrm{N}}}\tan\varphi\right)v_y^{\mathrm{t}} \\ f_y^{\mathrm{t}} = \dot{v}_y^{\mathrm{t}} + \left(2\omega_{\mathrm{ie}}\sin\varphi + \dfrac{v_x^{\mathrm{t}}}{R_{\mathrm{N}}}\tan\varphi\right)v_x^{\mathrm{t}} \\ f_z^{\mathrm{t}} = g \end{cases} \tag{1-5-44}$$

由此可得:

$$\begin{cases} \dot{v}_x^{\mathrm{t}} = f_x^{\mathrm{t}} + \left(2\omega_{\mathrm{ie}}\sin\varphi + \dfrac{v_x^{\mathrm{t}}}{R_{\mathrm{N}}}\tan\varphi\right)v_y^{\mathrm{t}} \\ \dot{v}_y^{\mathrm{t}} = f_y^{\mathrm{t}} - \left(2\omega_{\mathrm{ie}}\sin\varphi + \dfrac{v_x^{\mathrm{t}}}{R_{\mathrm{N}}}\tan\varphi\right)v_x^{\mathrm{t}} \end{cases} \tag{1-5-45}$$

也可表示成:

$$\begin{cases} \dot{v}_x^{t} = f_x^{t} - a_{bx} \\ \dot{v}_y^{t} = f_y^{t} - a_{by} \end{cases} \tag{1-5-46}$$

式中，a_{bx}、a_{by}为有害加速度：

$$\begin{cases} a_{bx} = -\left(2\omega_{ie}\sin\varphi + \dfrac{v_x^{t}}{R_N}\tan\varphi\right)v_y^{t} \\ a_{by} = \left(2\omega_{ie}\sin\varphi + \dfrac{v_x^{t}}{R_N}\tan\varphi\right)v_x^{t} \end{cases} \tag{1-5-47}$$

获取相对加速度分量 $\dot{v}_x^{t}$、$\dot{v}_y^{t}$ 后，积分一次便可得到相对速度的东向分量和北向分量：

$$\begin{cases} v_x^{t} = \displaystyle\int_0^t \dot{v}_x^{t}\,dt + v_x^{t}(0) \\ v_y^{t} = \displaystyle\int_0^t \dot{v}_y^{t}\,dt + v_y^{t}(0) \end{cases} \tag{1-5-48}$$

式中 $v_x^{t}(0)$、$v_y^{t}(0)$表示初始速度。载体在当地地平面内的速度，即地速 v 为

$$v = \sqrt{(v_x^{t})^2 + (v_y^{t})^2} \tag{1-5-49}$$

下面进行经纬度的计算。

纬度变化率 $\dot{\varphi}$ 和经度变化率 $\dot{\lambda}$ 与相应的地速分量有如下关系：

$$\begin{cases} \dot{\varphi} = \dfrac{v_y^{t}}{R_M} \\ \dot{\lambda} = \dfrac{v_x^{t}}{R_N\cos\varphi} \end{cases} \tag{1-5-50}$$

由此，根据 v_x^{t}、v_y^{t} 可以求出纬度和经度：

$$\begin{cases} \varphi = \displaystyle\int_0^t \dfrac{v_y^{t}}{R_M}\,dt + \varphi_0 \\ \lambda = \displaystyle\int_0^t \dfrac{v_x^{t}}{R_N\cos\varphi}\,dt + \lambda_0 \end{cases} \tag{1-5-51}$$

式中，φ_0 和 λ_0 为初始纬度和经度。

根据式(1-5-46)、式(1-5-48)、式(1-5-50)和式(1-5-51)便可计算出载体的速度与位置。

1.6 惯导位置信息程序设计

1.6.1 程序设计

在惯性导航系统中，位置信息由加速度计计算得到。结合 1.5 节内容，进行以下实验。(本节所对应程序详见配套的数字资源)

假设载体平稳放置，所处环境为静止(仅受地球重力场的影响)，所处位置经度为 114.5°，纬度为 30.5°，试求其位置变化轨迹。

实验步骤如下：

(1) 在 MATLAB 环境下，打开 1.6 节“main.mdl”文件。

(2) 初始化，设置初始参数。加速度计和陀螺仪的仿真模块如图 1-6-1 所示。设置载体静止，其关键参数设置如下。

$$f_{\mathrm{ib}x}=0$$
$$f_{\mathrm{ib}y}=0$$
$$f_{\mathrm{ib}z}=9.8$$
$$\omega_{\mathrm{ib}x}=0$$
$$\omega_{\mathrm{ib}y}=0$$
$$\omega_{\mathrm{ib}z}=0$$
$$v_{x0}=0$$
$$v_{y0}=0$$
$$v_{z0}=0$$
$$\mathrm{longitude}=114.50000000$$
$$\mathrm{latitude}=30.50000000$$

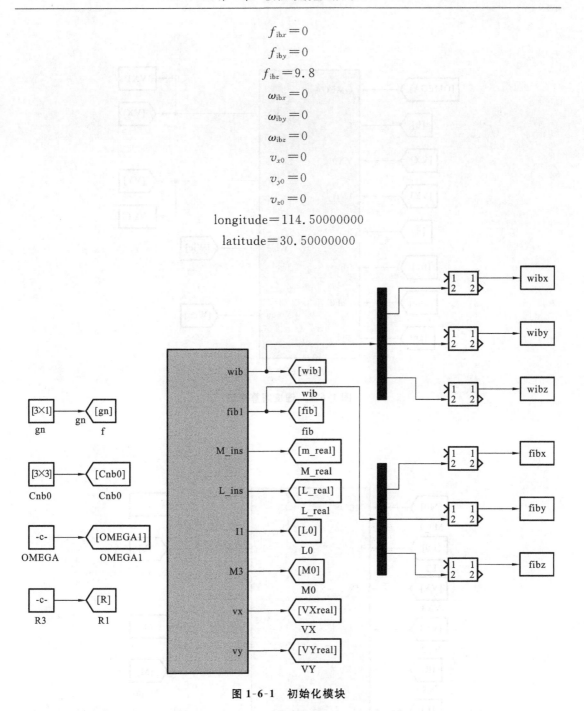

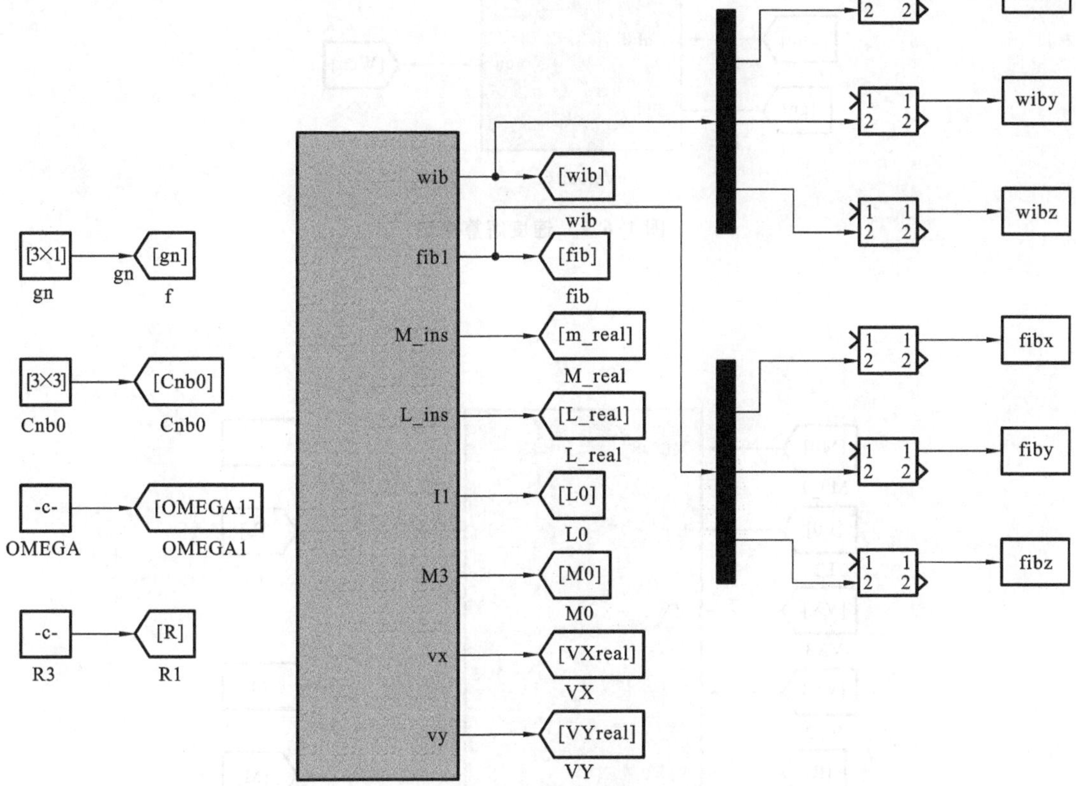

图 1-6-1 初始化模块

(3) 运行仿真模块,进行速度解算。速度解算模块如图 1-6-2 所示。速度解算模块从初始化模块获取初始速度、加速度等参数,根据式(1-5-46)和式(1-5-48)积分计算得出载体速度。

(4) 位置解算。位置解算模块如图 1-6-3 所示。位置解算模块从速度解算模块获取载体速度等参数,结合载体初始位置,根据式(1-5-50)和式(1-5-51)计算得到载体的位置变化率和位置。

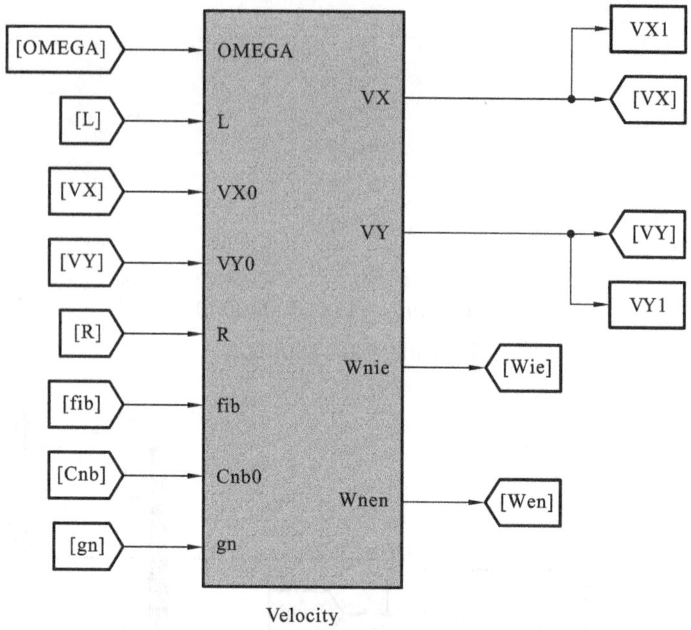

图 1-6-2　速度解算模块

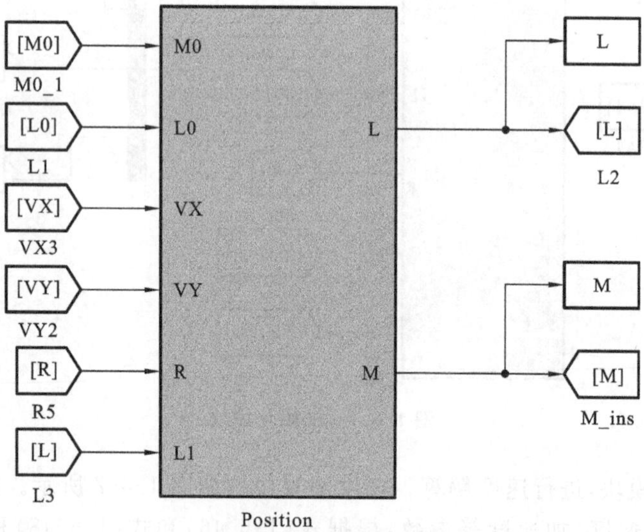

（a）位置解算模块外程序框图

图 1-6-3　位置解算模块

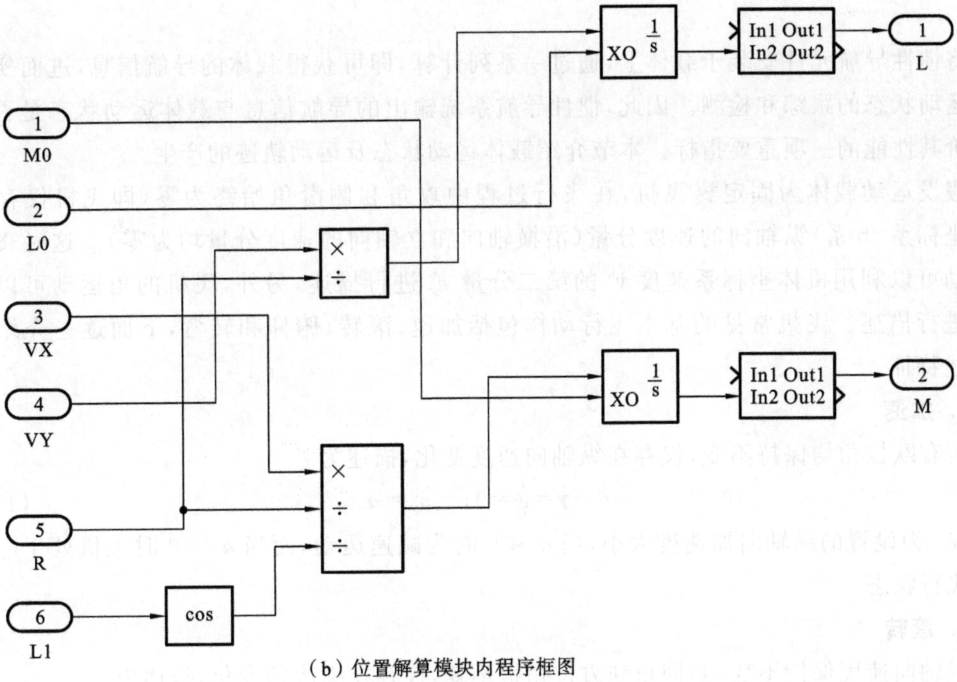

（b）位置解算模块内程序框图

续图 1-6-3

1.6.2 仿真结果

根据 1.6.1 节程序，即可计算出载体位置，仿真时长共 86400 s。载体经度曲线如图 1-6-4 所示，载体纬度曲线如图 1-6-5 所示。惯性导航系统的位置、速度信息由积分得到，具有随时间积累的误差，此类误差不可避免。

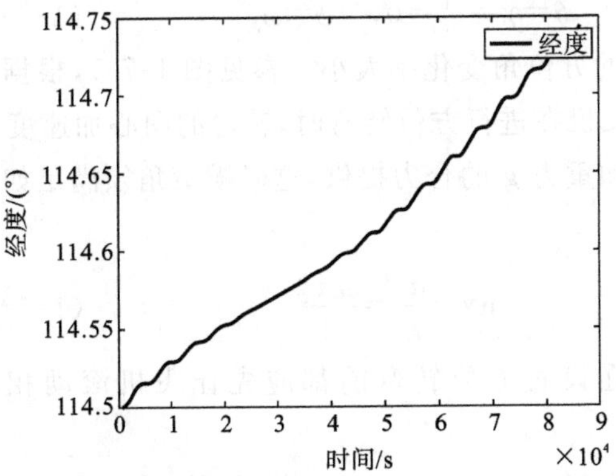

图 1-6-4 经度变化曲线

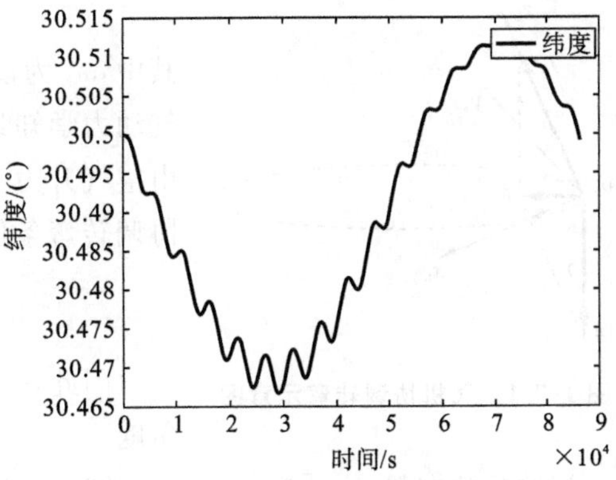

图 1-6-5 纬度变化曲线

1.7 惯导运动轨迹的产生

将惯性导航元件安装于载体上，通过一系列计算，即可获得载体的导航信息，进而实现对载体运动状态的跟踪和检测。因此，惯性导航系统输出的导航信息与载体运动状态是否符合是评价其性能的一项重要指标。本节介绍载体运动状态及运动轨迹的产生。

假设运动载体为固定翼飞机，在飞行过程中攻角和侧滑角始终为零，即飞机仅存在沿机体坐标系(b 系)纵轴向的速度分量(沿横轴向和立轴向的速度分量均为零)。这时飞机的线运动可以利用机体坐标系速度 $\boldsymbol{v}^b$ 的第二分量 v_y^b 进行描述，另外，飞机的角运动可以用欧拉角进行描述。飞机常见的基本飞行动作包括加速、滚转、俯仰和转弯，下面逐一介绍它们的描述特征。

1. 加速

所有欧拉角均保持不变，仅存在纵轴向速度变化，描述为

$$\dot{\theta}=\dot{\gamma}=\dot{\psi}=0,\quad \dot{v}_y^b=a_y \tag{1-7-1}$$

其中，a_y 为设置的纵轴向加速度大小，当 $a_y<0$ 时为减速运动，而当 $a_y=0$ 时飞机处于静止或匀速飞行状态。

2. 滚转

纵轴向速度保持不变，俯仰角和方位角也不变，仅存在横滚角变化，描述为

$$\dot{\theta}=\dot{\psi}=\dot{v}_y^b=0,\quad \dot{\gamma}=\omega_\gamma \tag{1-7-2}$$

其中，ω_γ 为设置的横滚角变化率大小。

3. 俯仰(抬头或低头)

纵轴向速度保持不变，横滚角和方位角也不变，仅存在俯仰角变化，描述为

$$\dot{\gamma}=\dot{\psi}=\dot{v}_y^b=0,\quad \dot{\theta}=\omega_\theta \tag{1-7-3}$$

其中，ω_θ 为设置的俯仰角变化率大小。

4. 方位转弯

纵轴向速度保持不变，俯仰角和横滚角也不变，仅存在方位角变化，描述为

$$\dot{\theta}=\dot{\gamma}=\dot{v}_y^b=0,\quad \dot{\psi}=\omega_\psi \tag{1-7-4}$$

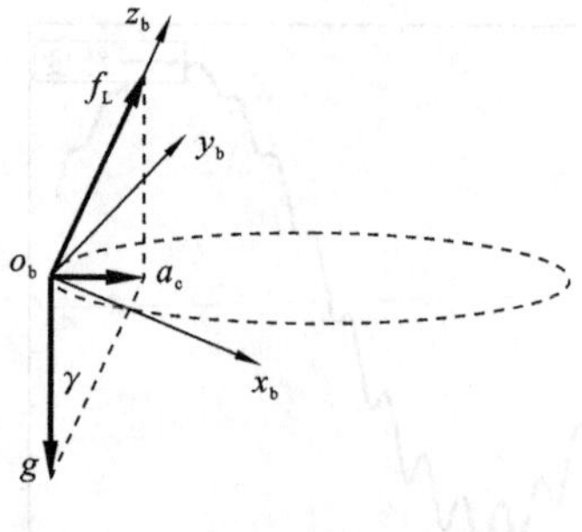

图 1-7-1 飞机协调转弯示意图

其中，ω_ψ 为设置的方位角变化率大小。参见图 1-7-1，根据空气动力学知识，飞机在进行方位转弯时，转弯的向心加速度 a_c 由空气升力 f_L 和重力 g 的合力提供，这时横滚角须满足如下协调转弯条件：

$$\tan\gamma=\frac{a_c}{g}=\frac{\omega_\psi v_y^b}{g} \tag{1-7-5}$$

因此，一般在设置方位转弯前都应先让飞机滚动相应角度。

记欧拉角向量 $\boldsymbol{\Lambda}=[\theta\quad\gamma\quad\psi]^T$、欧拉角速率向量 $\boldsymbol{\omega}=[\omega_\theta\quad\omega_\gamma\quad\omega_\psi]^T$、机体坐标系加速度 $\boldsymbol{a}^b=[0\quad a_y\quad 0]^T$，则飞行轨迹设置满足如下微分方程组：

$$\begin{cases}\dot{\boldsymbol{\Lambda}}=\boldsymbol{\omega}\\ \dot{\boldsymbol{v}}^{\mathrm{b}}=\boldsymbol{a}^{\mathrm{b}}\\ \boldsymbol{v}^{\mathrm{n}}=\boldsymbol{C}_{\mathrm{b}}^{\mathrm{n}}\boldsymbol{v}^{\mathrm{b}}\\ \dot{\boldsymbol{p}}=\boldsymbol{M}_{pv}\boldsymbol{v}^{\mathrm{n}}\end{cases}\tag{1-7-6}$$

即

$$\begin{cases}\dot{\boldsymbol{\Lambda}}=\boldsymbol{\omega}\\ \dot{\boldsymbol{v}}^{\mathrm{b}}=\boldsymbol{a}^{\mathrm{b}}\\ \dot{\boldsymbol{p}}=\boldsymbol{M}_{pv}\boldsymbol{C}_{\mathrm{b}}^{\mathrm{n}}\boldsymbol{v}^{\mathrm{b}}\end{cases}\tag{1-7-7}$$

其中，$\boldsymbol{p}=[\varphi\quad\lambda\quad h]^{\mathrm{T}}$ 表示运动载体的纬度、经度和高度，$\boldsymbol{M}_{pv}=\begin{bmatrix}0 & 1/(R_{\mathrm{M}}+h) & 0\\ \sec\varphi/(R_{\mathrm{N}}+h) & 0 & 0\\ 0 & 0 & 0\end{bmatrix}$，

初始值为

$$\boldsymbol{\Lambda}(t_0)=[\theta_0\quad\gamma_0\quad\psi_0]^{\mathrm{T}}\tag{1-7-8}$$

$$\boldsymbol{v}^{\mathrm{b}}(t_0)=[0\quad v_{y,0}^{\mathrm{b}}\quad 0]^{\mathrm{T}}\tag{1-7-9}$$

$$\boldsymbol{p}(t_0)=[\varphi_0\quad\lambda_0\quad h_0]^{\mathrm{T}}\tag{1-7-10}$$

输入为 ω_θ、ω_γ、ω_ψ 和 a_y，即获取参数 ω_θ、ω_γ、ω_ψ 和 a_y 后，利用式(1-7-7)便可求解得轨迹参数 $\boldsymbol{\Lambda}$、$\boldsymbol{v}^{\mathrm{n}}$ 和 $\boldsymbol{p}$，进而得到飞行轨迹。

综上，载体运动轨迹由载体本身运动状态得来，使载体具备运动状态的因素是 ω_θ、ω_γ、ω_ψ 和 a_y 等参数。

惯导系统运动轨迹产生流程如图 1-7-2 所示。

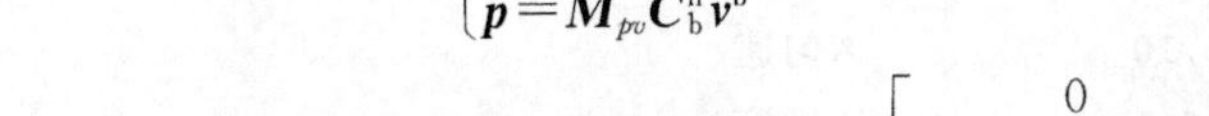

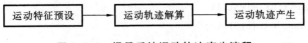

图 1-7-2　惯导系统运动轨迹产生流程

不只是固定翼飞机，对于车辆、舰船、导弹，甚至旋翼飞行器等航行器，如果行驶速度方向与纵轴方向不一致(攻角和侧滑角不为零)，通过增加一次简单的旋转变换，并将攻角和侧滑角作为首要参数，即可获得更加复杂的轨迹。或者，只需在上述攻角和侧滑角均为零时的轨迹获取基础上，简单对姿态矩阵做攻角和侧滑角变换即可($\boldsymbol{v}^{\mathrm{n}}$ 和 $\boldsymbol{p}$ 无须改动)。

1.8　惯导轨迹发生器程序设计

1.8.1　程序设计

结合 1.7 节内容，本节介绍如何通过 MATLAB 设计载体的运动轨迹。(本节所对应程序详见配套的数字资源)

在 MATLAB 环境下，完成载体运动轨迹的设计。要求：载体在 10000 ms 飞行时间内，完成变速、转弯等动作。

实验步骤如下：

(1) 结合图 1-7-2，进行运动特征预设。

```
tra=[ 0,0,0,0,10          %静止
      0,0,0,1,10          %加速
      0,0,0,0,10          %匀速
      5,0,0,0,4           %抬头
      0,0,0,0,10          %匀速
      -5,0,0,0,4          %低头
      0,0,0,0,10          %匀速
      0,10,0,0,1          %横滚
      0,0,9,0,10          %转弯
      0,-10,0,0,1         %横滚
      0,0,0,0,10          %匀速
      0,0,0,-1,10         %减速
      0,0,0,0,10];        %静止
```

(2) 根据运动特征预设，获取参数 ω_θ、ω_γ、ω_ψ 和 a_y。

```
clear;clc;
wat=tra;  %轨迹
ts=0.01;  %惯性导航系统采样周期
T=sum(wat(:,5))/ts;  %运行时间 10000 ms
wx=zeros(T,1);wy=zeros(T,1);wz=zeros(T,1);ay=zeros(T,1);snum=0;   %参数初始化
%根据载体运动特征预设，获取参数 ωθ(wx)、ωγ(wy)、ωψ(wz)和 ay(ay)。
        for i=1:size(wat,1)
            num=wat(i,5)/ts;
        if i==1
            wx(1:num,:)=repmat(wat(i,1),num,1);
            wy(1:num,:)=repmat(wat(i,2),num,1);
            wz(1:num,:)=repmat(wat(i,3),num,1);
            ay(1:num,:)=repmat(wat(i,4),num,1);
        else
            wx(snum+1:snum+num,:)=repmat(wat(i,1),num,1);
            wy(snum+1:snum+num,:)=repmat(wat(i,2),num,1);
            wz(snum+1:snum+num,:)=repmat(wat(i,3),num,1);
            ay(snum+1:snum+num,:)=repmat(wat(i,4),num,1);
        end
            snum=snum+num;
        end
```

(3) 根据步骤(2)获取的参数，用 SIMULINK 搭建惯导系统运动轨迹模块。参数转换模块如图 1-8-1 所示，该模块主要负责参数的转换，将获取的参数转换为可计算的格式。

(4) 根据转换的参数，进行姿态、速度、位置的解算。姿态、速度解算模块如图 1-8-2 所示，载体位置解算模块如图 1-8-3 所示。

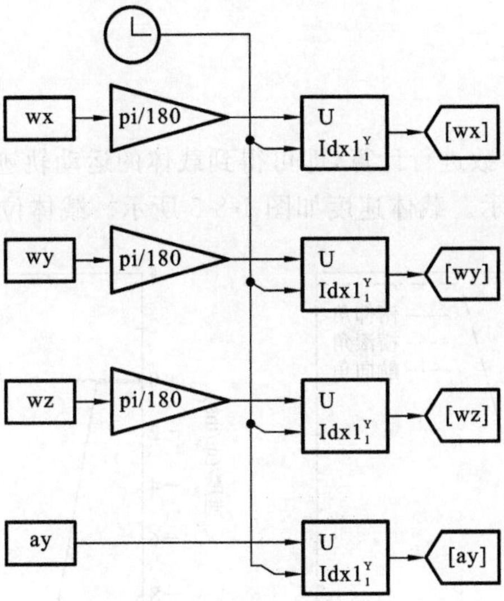

图 1-8-1　参数转换模块

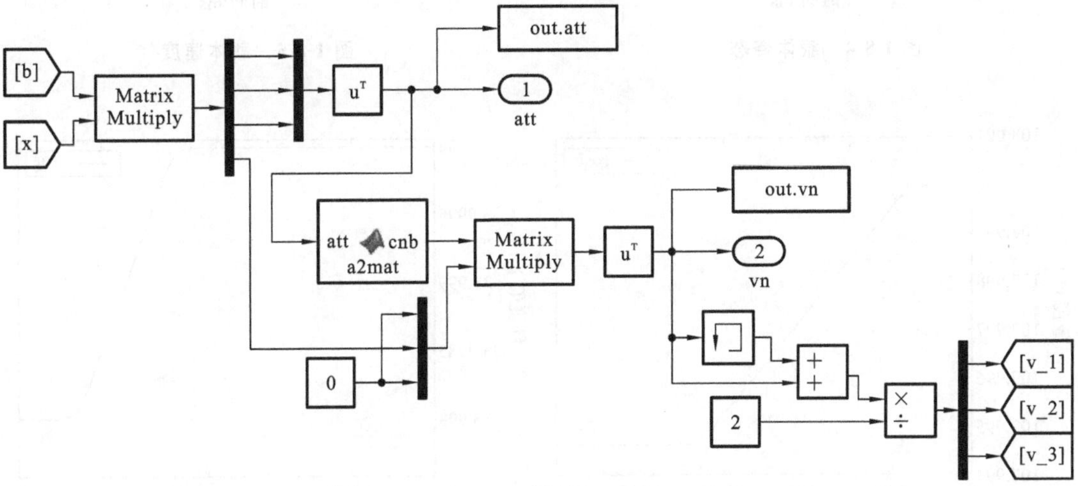

图 1-8-2　运动姿态和速度解算模块

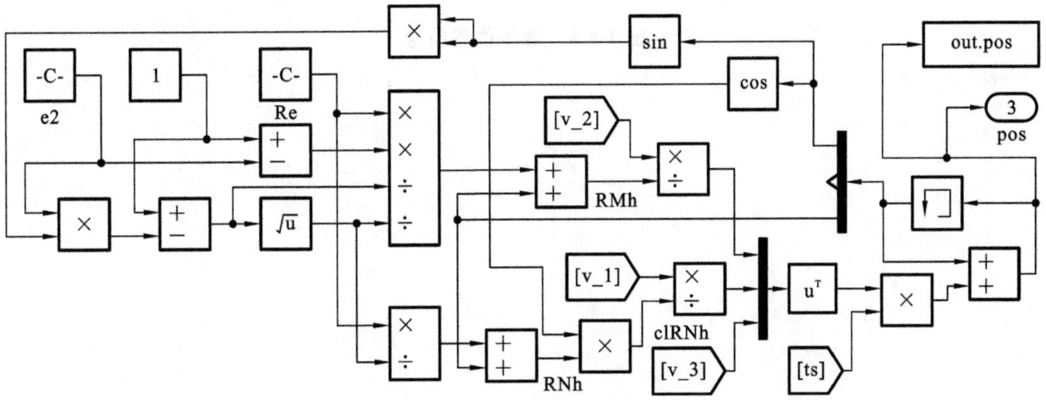

图 1-8-3　运动位置解算模块

1.8.2 仿真结果

根据设置的运动特征参数进行计算，即可得到载体的运动轨迹。

载体姿态如图 1-8-4 所示。载体速度如图 1-8-5 所示。载体位置轨迹如图 1-8-6 所示。

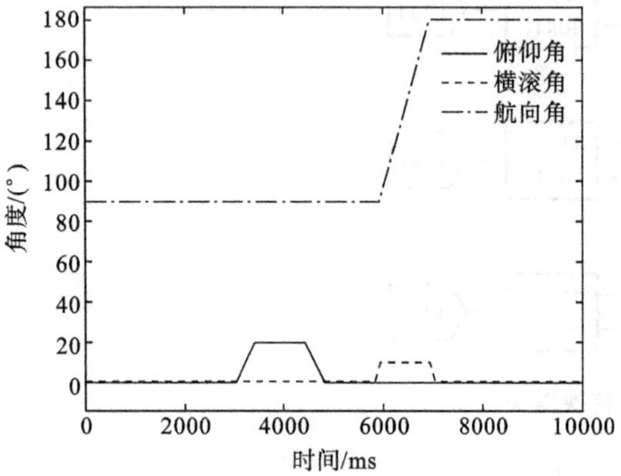

图 1-8-4 载体姿态

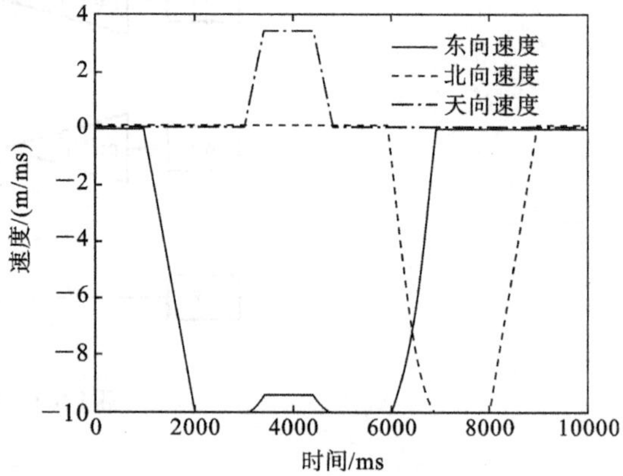

图 1-8-5 载体速度

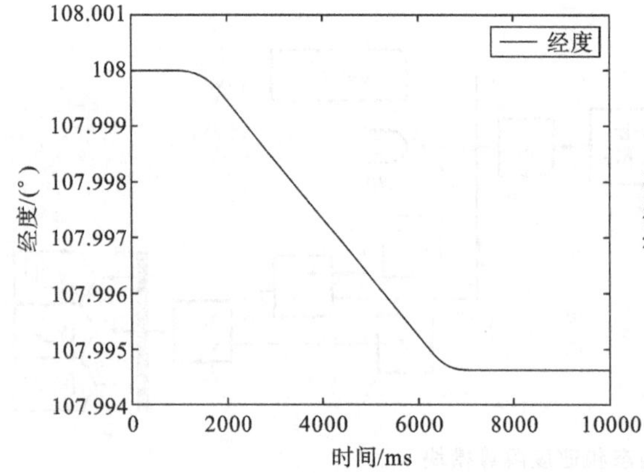

(a)

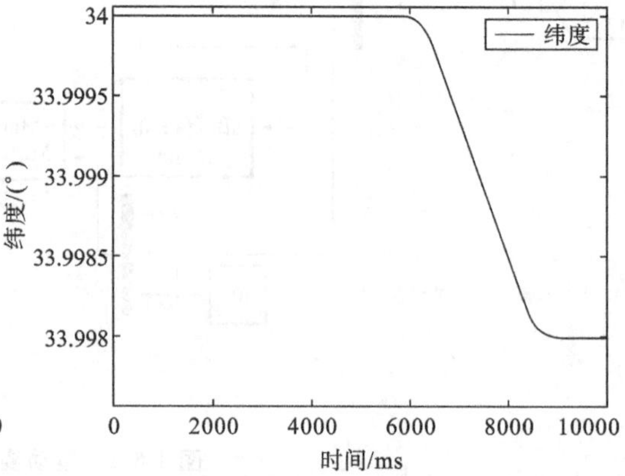

(b)

图 1-8-6 载体位置轨迹

第 2 章　惯性稳定平台

2.1　陀螺仪的基本特性

在惯性导航系统中，陀螺仪能够依据惯性力或惯性力矩，测得载体的转角或角速度。与加速度计相同，其测量结果都是相对惯性空间的，故陀螺仪和加速度计被称作惯性元件。本节从惯性力矩出发，介绍陀螺仪的工作原理。

2.1.1　惯性力矩

设质点 i 的质量为 m_i，速度为 $\boldsymbol{v}_i$，到某空间点 O 的位置矢量为 $\boldsymbol{r}_i$，则该质点的动量 $m_i\boldsymbol{v}_i$ 与 $\boldsymbol{r}_i$ 的矢量积为该质点对空间点 O 的动量矩 $\boldsymbol{H}_i$，即

$$\boldsymbol{H}_i=\boldsymbol{r}_i\times m_i\boldsymbol{v}_i \tag{2-1-1}$$

如图 2-1-1 所示，动量矩是一个矢量，其方向与 $\boldsymbol{r}_i$、$\boldsymbol{v}_i$ 构成的平面垂直，符合右手法则。

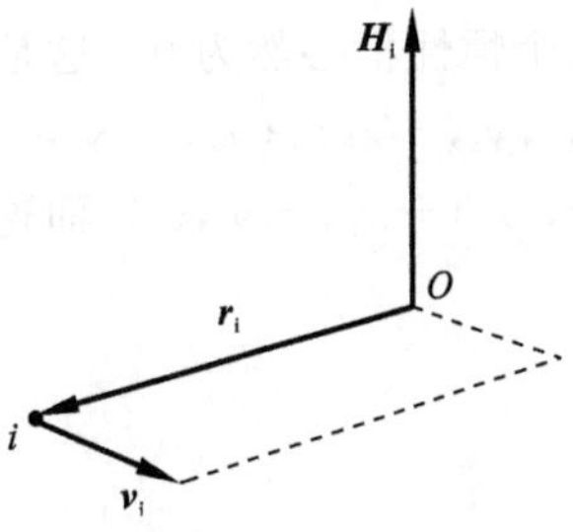

图 2-1-1　质点的动量矩

对于绕固定点 O 转动的刚体，刚体内所有质点的动量对点 O 的矩的总和，称为刚体对该点的动量矩，以 $\boldsymbol{H}$ 表示，用公式表达就是：

$$\boldsymbol{H}=\sum\boldsymbol{r}_i\times m_i\boldsymbol{v}_i \tag{2-1-2}$$

设刚体绕 O 点转动的瞬时角速度矢量为 $\boldsymbol{\omega}$，则质点的速度 $\boldsymbol{v}_i$ 可表示成：

$$\boldsymbol{v}_i=\boldsymbol{\omega}\times\boldsymbol{r}_i \tag{2-1-3}$$

于是：

$$\boldsymbol{H}=\sum\boldsymbol{r}_i\times m_i(\boldsymbol{\omega}\times\boldsymbol{r}_i) \tag{2-1-4}$$

式(2-1-4)是一矢量表达式。以 O 点为坐标原点，建立一空间直角坐标系 $Oxyz$，可将该式表示为分量形式。

设直角坐标系 $Oxyz$ 的三根轴上的单位矢量分别为 $\boldsymbol{i}$、$\boldsymbol{j}$、$\boldsymbol{k}$，则矢量 $\boldsymbol{\omega}$、$\boldsymbol{r}_i$、$\boldsymbol{H}$ 在 $Oxyz$ 坐标系中可分别表示为

$$\boldsymbol{\omega}=\omega_x\boldsymbol{i}+\omega_y\boldsymbol{j}+\omega_z\boldsymbol{k} \tag{2-1-5}$$

$$\boldsymbol{r}_i=x_i\boldsymbol{i}+y_i\boldsymbol{j}+z_i\boldsymbol{k} \tag{2-1-6}$$

$$\boldsymbol{H}=H_x\boldsymbol{i}+H_y\boldsymbol{j}+H_z\boldsymbol{k} \tag{2-1-7}$$

运用矢量叉乘计算法则，可求得：

$$\boldsymbol{H}=\sum\boldsymbol{r}_i\times m_i(\boldsymbol{\omega}\times\boldsymbol{r}_i)$$

$$
\begin{aligned}
&= \left[\sum m_i(y_i^2+z_i^2)\omega_x - \sum m_i x_i y_i \omega_y - \sum m_i x_i z_i \omega_z\right]\boldsymbol{i} \\
&\quad + \left[\sum m_i(z_i^2+x_i^2)\omega_y - \sum m_i x_i y_i \omega_x - \sum m_i y_i z_i \omega_z\right]\boldsymbol{j} \\
&\quad + \left[\sum m_i(x_i^2+y_i^2)\omega_z - \sum m_i x_i z_i \omega_x - \sum m_i y_i z_i \omega_y\right]\boldsymbol{k}
\end{aligned} \tag{2-1-8}
$$

令

$$
\begin{cases}
J_x = \sum m_i(y_i^2+z_i^2) \\
J_y = \sum m_i(x_i^2+z_i^2) \\
J_z = \sum m_i(x_i^2+y_i^2) \\
J_{xy} = \sum m_i x_i y_i \\
J_{yz} = \sum m_i y_i z_i \\
J_{zx} = \sum m_i x_i z_i
\end{cases}
$$

显然，J_x、J_y、J_z 分别是刚体对 x 轴、y 轴、z 轴的转动惯量。J_{xy} 称为刚体对 x 轴和 y 轴的惯性积。J_{yz} 称为刚体对 y 轴和 z 轴的惯性积。J_{zx} 称为刚体对 z 轴和 x 轴的惯性积。

则有

$$H_x = J_x\omega_x - J_{xy}\omega_y - J_{zx}\omega_z \tag{2-1-9a}$$

$$H_y = J_y\omega_y - J_{yz}\omega_z - J_{xy}\omega_x \tag{2-1-9b}$$

$$H_z = J_z\omega_z - J_{zx}\omega_x - J_{yz}\omega_y \tag{2-1-9c}$$

形状对称的刚体，只要以其中心点为坐标原点，选取使刚体对称的轴为坐标轴，则刚体的三个惯性积必然为0。这是因为对于刚体内任意一点(x_i, y_i, z_i)，必然存在另外7个对称点：$(x_i, y_i, -z_i)$、$(x_i, -y_i, -z_i)$、$(x_i, -y_i, z_i)$、$(-x_i, y_i, z_i)$、$(-x_i, y_i, -z_i)$、$(-x_i, -y_i, -z_i)$、$(-x_i, -y_i, z_i)$，而这8个点的惯性积之和为0，因此整个刚体的三个惯性积必为0，即

$$J_{xy} = \sum m_i x_i y_i = 0 \tag{2-1-10a}$$

$$J_{yz} = \sum m_i y_i z_i = 0 \tag{2-1-10b}$$

$$J_{zx} = \sum m_i x_i z_i = 0 \tag{2-1-10c}$$

此时：

$$H_x = J_x\omega_x \tag{2-1-11a}$$

$$H_y = J_y\omega_y \tag{2-1-11b}$$

$$H_z = J_z\omega_z \tag{2-1-11c}$$

选取坐标系 $Oxyz$ 使惯性积为零，则该坐标系的各轴称为刚体的惯性主轴。例如，对于圆柱形刚体，将坐标原点选择在圆柱形刚体中心位置，圆柱体中心轴线、过原点且与中心轴线垂直的任意两直线均为惯性主轴。

在转子陀螺的讨论中，常将转子具有的动量矩称为角动量，角动量的量纲为

$$[\text{角动量}] = \frac{[\text{质量}]\cdot[\text{长度}]^2}{[\text{时间}]}$$

对小型陀螺而言，角动量的常用单位是 $\mathrm{g\cdot cm^2/s}$。

式(2-1-2)两侧对时间求导：

$$\frac{\mathrm{d}\boldsymbol{H}}{\mathrm{d}t} = \frac{\mathrm{d}}{\mathrm{d}t}\sum \boldsymbol{r}_i \times m_i\boldsymbol{v}_i = \sum \frac{\mathrm{d}\boldsymbol{r}_i}{\mathrm{d}t}\times m_i\boldsymbol{v}_i + \sum \boldsymbol{r}_i \times m_i\frac{\mathrm{d}\boldsymbol{v}_i}{\mathrm{d}t}$$

$$= \sum \boldsymbol{v}_i \times m_i \boldsymbol{v}_i + \sum \boldsymbol{r}_i \times m_i \frac{\mathrm{d}\boldsymbol{v}_i}{\mathrm{d}t} = \sum \boldsymbol{r}_i \times m_i \boldsymbol{a}_i$$

$$= \sum \boldsymbol{r}_i \times \boldsymbol{F}_i = \boldsymbol{M} \tag{2-1-12}$$

上面的推导中，利用了 $\boldsymbol{v}_i \times m_i \boldsymbol{v}_i = 0$，$\boldsymbol{F}_i$ 为作用在质点 i 上的力，$m_i \boldsymbol{a}_i = \boldsymbol{F}_i$。$\boldsymbol{M}$ 为作用在刚体上各个质点的外力矩总和，也就是合外力矩。将等式：

$$\frac{\mathrm{d}\boldsymbol{H}}{\mathrm{d}t} = \boldsymbol{M} \tag{2-1-13}$$

称为转动刚体的动量矩定理。

$\frac{\mathrm{d}\boldsymbol{H}}{dt}$就是动量矩 $\boldsymbol{H}$ 的矢端速度 v_H，因此有

$$v_H = \boldsymbol{M} \tag{2-1-14}$$

动量矩定理也可以描述成：刚体对固定点 O 的动量矩末端的速度，等于作用于刚体的外力对固定点的总力矩。式(2-1-14)也称为莱查定理。

2.1.2　陀螺仪运动特性

陀螺仪的一般原理结构如图 2-1-2 所示，由陀螺转子、内环、外环及基座组成。转子由内环支承，可高速转动，转子的转动轴称为陀螺主轴或自转轴。内环通过内环轴支承在外环上，可相对外环转动。外环通过外环轴支承在基座上，可绕外环轴相对基座转动。陀螺仪的主轴、内环轴、外环轴相交于一点，该点称为陀螺仪的支点。

图 2-1-2 所示的陀螺仪，其主轴的指向可随内环绕内环轴的转动及外环绕外环轴的转动而改变，具有两个转动自由度，这种陀螺仪就称为二自由度陀螺仪。注意，这里所说的自由度是指陀螺仪主轴的转动自由度，而不是转子的转动自由度。转子还可绕自转轴转动，故有三个转动自由度。若将二自由度陀螺仪的外环去掉，内环直接固定在基座上，则陀螺主轴只有一个自由度了，这样的陀螺仪称为单自由度陀螺仪，如图 2-1-3 所示。

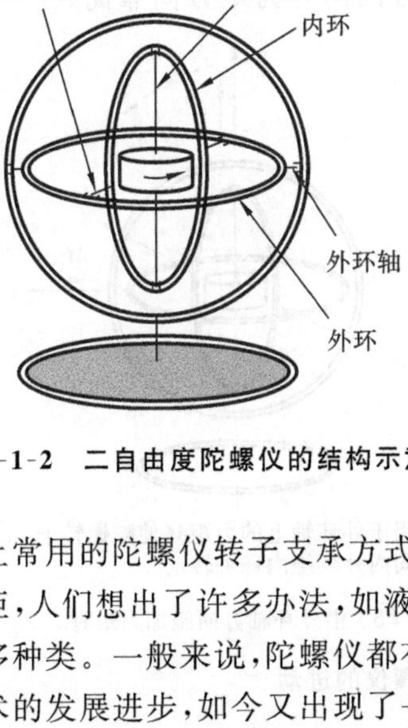

图 2-1-2　二自由度陀螺仪的结构示意图

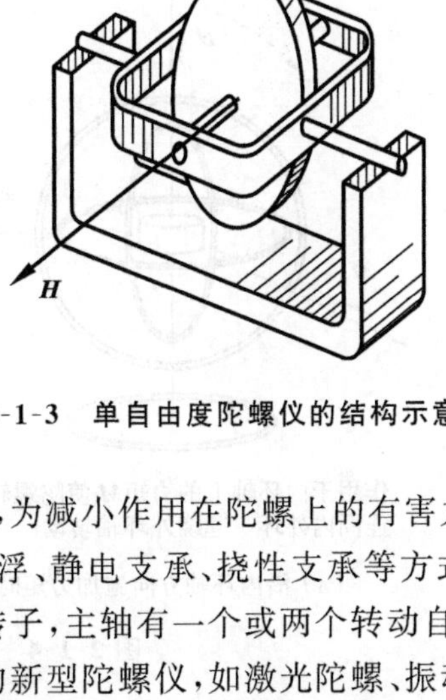

图 2-1-3　单自由度陀螺仪的结构示意图

工程上常用的陀螺仪转子支承方式是多种多样的，为减小作用在陀螺上的有害力矩，特别是摩擦力矩，人们想出了许多办法，如液浮、气浮、磁悬浮、静电支承、挠性支承等方式，因而陀螺仪有很多种类。一般来说，陀螺仪都有高速转动的转子，主轴有一个或两个转动自由度。随着科学技术的发展进步，如今又出现了一些没有转子的新型陀螺仪，如激光陀螺、振动陀螺、粒

子陀螺等，这些陀螺虽然没有转子，但具备陀螺仪的一些特性，能够当成陀螺来使用，因而也称为陀螺仪。

以二自由度的陀螺仪为例，其一般具备以下特性。

1. 定轴性

图 2-1-2 中，假如陀螺仪的转子没有转动，当缓慢转动基座时，由于框架轴承存在摩擦，转子和内外环就会随着基座一起转动，因此陀螺仪主轴不具备指向性。

当陀螺转子绕主轴高速转动时，陀螺转子具备较大的动量矩 $\boldsymbol{H}$，根据动量矩定理，当陀螺转子所受的合外力矩 $\boldsymbol{M}=0$ 时，动量矩 $\boldsymbol{H}$ 相对惯性空间保持恒定不变，即转子自转轴的指向相对惯性空间恒定不变，主轴的指向就会保持在其初始方向上，不随基座转动而改变。若陀螺受瞬时的冲击力矩，陀螺自转轴将在原位附近绕其平衡位置做幅度微小的高频摆动，不会顺着冲击力矩的方向转动，这就是陀螺仪定轴性的表现。

2. 进动性

当二自由度陀螺仪的转子高速旋转时，若转子受到绕内环轴方向的外力矩作用，陀螺主轴将绕外环轴转动；反之，若转子受到绕外环轴方向的外力矩作用，陀螺主轴将绕内环轴转动。陀螺主轴的转动方向与外力矩的作用方向相垂直，这种奇特的现象称为陀螺仪的进动性。陀螺主轴绕与外力矩作用方向相垂直的方向的转动运动称为陀螺仪的进动运动，简称进动。

根据莱查定理，陀螺转子角动量的矢端速度 $\boldsymbol{v}_H$ 取决于施加给陀螺的外部力矩 $\boldsymbol{M}$：

$$\boldsymbol{v}_H=\boldsymbol{M} \tag{2-1-15}$$

用陀螺动量矩 $\boldsymbol{H}$ 在惯性空间的转动角速度 $\boldsymbol{\omega}$ 来表示 $\boldsymbol{H}$ 的矢端速度 $\boldsymbol{v}_H$，则有

$$\boldsymbol{v}_H=\boldsymbol{\omega}\times\boldsymbol{H} \tag{2-1-16}$$

故

$$\boldsymbol{\omega}\times\boldsymbol{H}=\boldsymbol{M} \tag{2-1-17}$$

此式中，$\boldsymbol{\omega}$ 是 $\boldsymbol{H}$ 相对惯性空间的进动角速度，该式表明了进动角速度 $\boldsymbol{\omega}$ 与动量矩 $\boldsymbol{H}$ 及外力矩 $\boldsymbol{M}$ 之间的关系。

图 2-1-4(a)、(b)分别给出了沿内环轴方向施加力矩和沿外环轴方向施加力矩时陀螺转子的进动情况。进动时，动量矩 $\boldsymbol{H}$ 的方向总是沿捷径方向向外力矩方向靠拢。

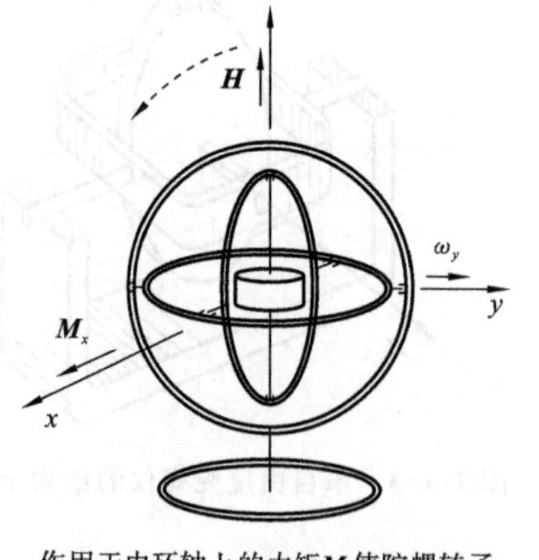
H
ωy
y
Mx
x
作用于内环轴上的力矩Mx使陀螺转子
连同内外环一起绕外环轴转动

(a) 沿内环轴方向施加力矩时

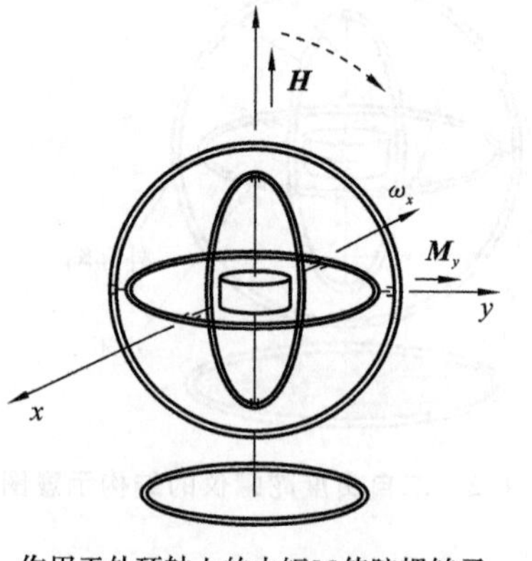
H
ωx
My
y
x
作用于外环轴上的力矩My使陀螺转子
连同内外环绕内环轴转动

(b) 沿外环轴方向施加力矩时

图 2-1-4 外力矩作用下陀螺仪的进动

1）陀螺力矩

根据牛顿第三定律，当外界施加力矩使陀螺仪进动时，陀螺仪必然存在反作用力矩，其大小与外力矩相等，方向则相反，并且作用在施加力矩的那个物体上。陀螺进动时的反作用力矩通常称为陀螺力矩。由于外力矩 $\boldsymbol{M}$ 与其造成的陀螺进动角速度 $\boldsymbol{\omega}$、陀螺的角动量 $\boldsymbol{H}$ 符合规律 $\boldsymbol{\omega}\times\boldsymbol{H}=\boldsymbol{M}$，因此陀螺力矩 $\boldsymbol{M}_{\mathrm{r}}$ 为

$$\boldsymbol{M}_{\mathrm{r}}=-\boldsymbol{M}=-\boldsymbol{\omega}\times\boldsymbol{H}=\boldsymbol{H}\times\boldsymbol{\omega} \tag{2-1-18}$$

上式的含义有两个方面：陀螺力矩的方向与矢量 $\boldsymbol{H}$ 和 $\boldsymbol{\omega}$ 所在平面垂直；陀螺力矩的大小为 $M_{\mathrm{r}}=H\omega\cos K$，$K$ 为陀螺主轴与垂直方向的夹角（主轴与外框垂直位置的偏差角）。

陀螺力矩实际上是一种由惯性力产生的惯性力矩。当陀螺仪转子绕不平行于主轴的其他轴进动时，陀螺转子内的各个质点都有科氏加速度。有科氏加速度，就有惯性力，相对支点中心，就有惯性力矩，陀螺转子各个质点惯性力矩的合成就是陀螺力矩。

参看图 2-1-5，陀螺转子可以认为是由各个质点组成的。陀螺转子高速旋转的同时，假定转子绕内环轴有转动角速度 ω_x，此时陀螺转子的各个质点都有科氏加速度。图中画出了某一瞬间转子上有代表性的 A、B、C、D 四个质点的科氏加速度方向，以 A 点为例：转子旋转造成质点 A 有一个切向速度，同时随整个转子一起绕内环轴转动，按照科氏加速度公式 $a_{\mathrm{c}}=2\omega_x\times v_{\mathrm{A}}$，其方向在图中是离开纸面。$B$ 点的科氏加速度方向与 A 点相同，而 C、D 两点的科氏加速度方向与 A、B 点相反。容易看出，图中 y 轴上方的所有质点的科氏加速度方向都是离开纸面，而 y 轴下方的所有质点的科氏加速度方向都是进入纸面。

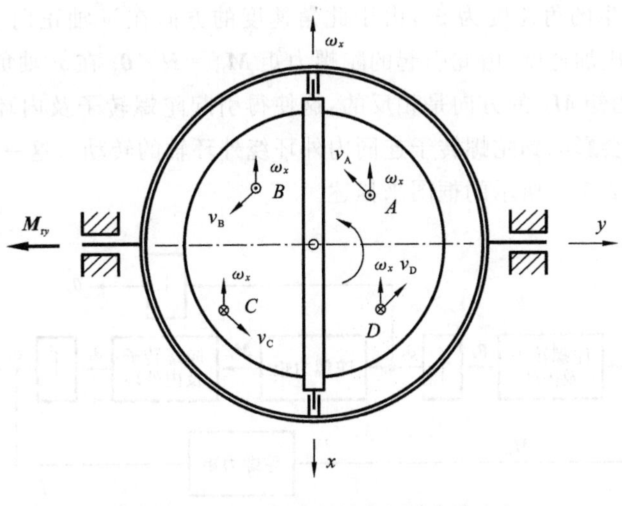

图 2-1-5　转子各质点科氏加速度的方向

与科氏加速度对应的惯性力的方向与科氏加速度方向相反。各个质点对 y 轴形成的力矩合成起来就是陀螺力矩 $\boldsymbol{M}_{\mathrm{ry}}$，沿 y 轴负向。

2）二自由度陀螺仪进动的物理过程

如图 2-1-6(a)所示，建立环架坐标系 $Oxyz$，x 轴为陀螺仪内环轴，y 轴为外环轴，z 轴与 x、y 轴垂直，构成右手正交坐标系。

首先分析当内环轴有干扰力矩 $\boldsymbol{M}_x$ 作用时，陀螺仪是如何运动的。如图 2-1-6(b)所示，假定干扰力矩 $\boldsymbol{M}_x$ 作用于内环轴 x 的正向。在 $\boldsymbol{M}_x$ 作用下，陀螺转子连同内环会顺着外力矩

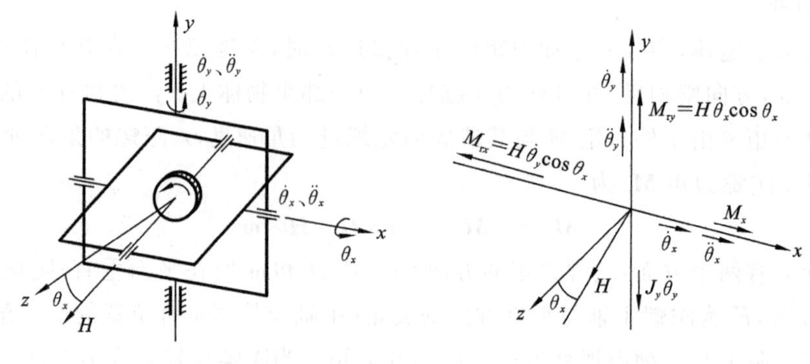

(a) 坐标系Oxyz的定义　　　　(b) x、z轴上的力矩分析图

图 2-1-6　二自由度陀螺仪进动中的力矩分析

$\boldsymbol{M}_x$ 方向形成角加速度 $\ddot{\boldsymbol{\theta}}_x$，并形成绕内环轴 x 正向的转动角速度 $\dot{\boldsymbol{\theta}}_x$，于是陀螺转子除自转外，还有牵连运动。根据科氏加速度的产生原理可知，此时陀螺仪转子上的各个质点都具有科氏加速度，各质点均受到科氏惯性力的作用，形成绕外环轴 y 的陀螺力矩 $\boldsymbol{M}_{ry}=\boldsymbol{H}\times\dot{\boldsymbol{\theta}}_x$，其大小表示为 $M_{ry}=H\dot{\theta}_x\cos\theta_x$，其方向在外环轴 y 的正向。研究物体在非惯性系中的转动运动时，必须认为物体受到两种力矩的作用：一是其他物体对该物体的作用力矩；二是由非惯性系的牵连运动引起的惯性力矩。陀螺力矩是由内环转动引起的一种惯性力矩，研究陀螺转子相对外环的转动时，应作为主动力矩对待。由于此陀螺力矩的作用，陀螺转子会绕外环轴 y 进动，记此进动角加速度为 $\ddot{\boldsymbol{\theta}}_y$，产生的角速度为 $\dot{\boldsymbol{\theta}}_y$，由于此角速度的方向在 y 轴正向上，不与陀螺主轴平行，因此也会产生科氏加速度，由此引起的陀螺力矩 $\boldsymbol{M}_{rx}=\boldsymbol{H}\times\dot{\boldsymbol{\theta}}_y$ 在 x 轴负向。显然，$\boldsymbol{M}_{rx}$ 的方向与外力 $\boldsymbol{F}$ 产生的力矩 $\boldsymbol{M}_x$ 的方向是相反的，这使得引起陀螺转子及内环绕内环轴的转动的合成力矩减小，这又会影响到陀螺转子连同内外环绕外环轴的转动。这一过程是动态的、互相影响的过程，可用图 2-1-7 所示的框图来描述。

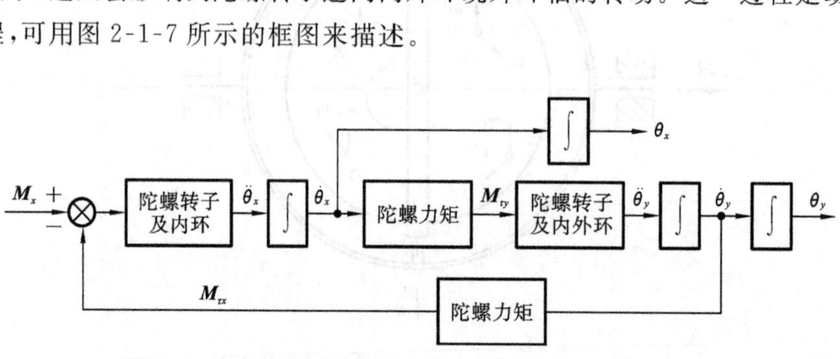

图 2-1-7　内环轴上有外力矩时二自由度陀螺仪进动的物理过程

二自由度陀螺仪的运动总可以用两个角度来描述：一是转子连同内外环绕外环轴 y 的角运动，记该角运动的角度、角速度、角加速度分别为 θ_y、$\dot{\theta}_y$、$\ddot{\theta}_y$（以 y 轴正向为正）；二是转子连同内环绕内环轴 x 的角运动，记该角运动的角度、角速度、角加速度分别为 θ_x、$\dot{\theta}_x$、$\ddot{\theta}_x$（以 x 轴正向为正）。显然，θ_x 就是主轴 $\boldsymbol{H}$ 与 $Oxyz$ 坐标系的 z 轴之间的夹角。

可以用动静法建立陀螺仪内外环轴上的力矩平衡关系，将陀螺转子绕内外环转动的动力学问题转变成静力学问题来研究。使用动静法时，认为作用在转动物体上的外力矩与转动物体的惯性力矩是平衡的。应注意的是，惯性力矩包括角加速度引起的转动惯性力矩，以及科氏加速度引起的惯性力矩。

设内环和陀螺转子一起绕内环轴的转动惯量为 J_x，内外环连同陀螺转子一起绕外环轴的转动惯量为 J_y，绕内环轴和外环轴作用在陀螺仪上的外力矩分别为 $\boldsymbol{M}_x$、$\boldsymbol{M}_y$。在外力矩作用下，陀螺仪将产生绕内外环轴的运动。

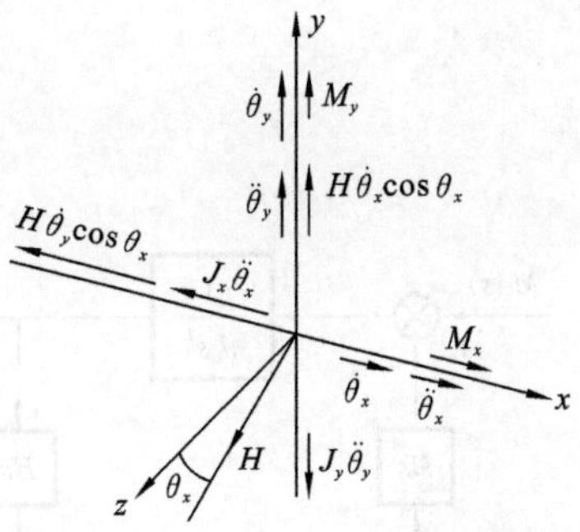

图 2-1-8　陀螺仪内外环轴上的力矩平衡关系

先列写 x 轴上的各种力矩（见图 2-1-8）：

（1）外力矩 $\boldsymbol{M}_x$（假定其在 x 轴正向）；

（2）角加速度 $\ddot{\boldsymbol{\theta}}_x$ 引起的惯性力矩 $J_x\ddot{\boldsymbol{\theta}}_x$，方向与 $\ddot{\boldsymbol{\theta}}_x$ 相反，在 x 轴负向；

（3）角速度 $\dot{\boldsymbol{\theta}}_y$ 引起的陀螺力矩 $\boldsymbol{M}_{rx}=\boldsymbol{H}\times\dot{\boldsymbol{\theta}}_y$，大小为 $M_{rx}=H\dot{\theta}_y\cos\theta_x$，在 x 轴负向。

再列写 y 轴上的各种力矩：

（1）外力矩 $\boldsymbol{M}_y$（假定其在 y 轴正向）；

（2）角加速度 $\ddot{\boldsymbol{\theta}}_y$ 引起的惯性力矩 $J_y\ddot{\boldsymbol{\theta}}_y$，方向与 $\ddot{\boldsymbol{\theta}}_y$ 相反，在 y 轴负向；

（3）角速度 $\dot{\boldsymbol{\theta}}_x$ 引起的陀螺力矩 $\boldsymbol{M}_{ry}=\boldsymbol{H}\times\dot{\boldsymbol{\theta}}_x$，大小为 $M_{ry}=H\dot{\theta}_x\cos\theta_x$，在 y 轴正向。

外力矩和惯性力矩总是平衡的：

$$\begin{cases}M_x-J_x\ddot{\theta}_x-H\dot{\theta}_y\cos\theta_x=0\\M_y-J_y\ddot{\theta}_y+H\dot{\theta}_x\cos\theta_x=0\end{cases}\tag{2-1-19}$$

当 θ_x 为小角度时，$\cos\theta_x\approx1$，于是：

$$\begin{cases}M_x-J_x\ddot{\theta}_x-H\dot{\theta}_y=0\\M_y-J_y\ddot{\theta}_y+H\dot{\theta}_x=0\end{cases}\tag{2-1-20}$$

或

$$\begin{cases}J_x\ddot{\theta}_x+H\dot{\theta}_y=M_x\\J_y\ddot{\theta}_y-H\dot{\theta}_x=M_y\end{cases}\tag{2-1-21}$$

式(2-1-21)是陀螺仪在外力矩作用下的进动动力学方程，也称为陀螺仪的技术方程。如略去转动惯性力矩 $J_x\ddot{\theta}_x$、$J_y\ddot{\theta}_y$，就有

$$\begin{cases}H\dot{\theta}_y\approx M_x\\-H\dot{\theta}_x\approx M_y\end{cases}\tag{2-1-22}$$

于是：

$$\begin{cases}\dot{\theta}_y\approx\dfrac{M_x}{H}\\\dot{\theta}_x\approx-\dfrac{M_y}{H}\end{cases}\tag{2-1-23}$$

该式反映了进动角速度与外力矩的直接关系。

在初始角速度和初始转角均为零时，对式(2-1-21)取拉氏变换，得

$$\begin{cases}J_xs^2\theta_x(s)+Hs\theta_y(s)=M_x(s)\\J_ys^2\theta_y(s)-Hs\theta_x(s)=M_y(s)\end{cases}\tag{2-1-24}$$

根据式(2-1-24)，可画出函数方框图(见图 2-1-9)。

只考虑内环轴上的外力矩 $\boldsymbol{M}_x$ 的作用，函数方框图 2-1-9 变为图 2-1-10，可直接写出以 $\boldsymbol{M}_x$ 为输入、以 $\boldsymbol{\theta}_x$ 和 $\boldsymbol{\theta}_y$ 为输出的传递函数：

$$\begin{cases}\dfrac{\theta_x(s)}{M_x(s)}=\dfrac{J_y}{J_xJ_ys^2+H^2}\\[2mm]\dfrac{\theta_y(s)}{M_x(s)}=\dfrac{H}{s(J_xJ_ys^2+H^2)}\end{cases}\tag{2-1-25}$$

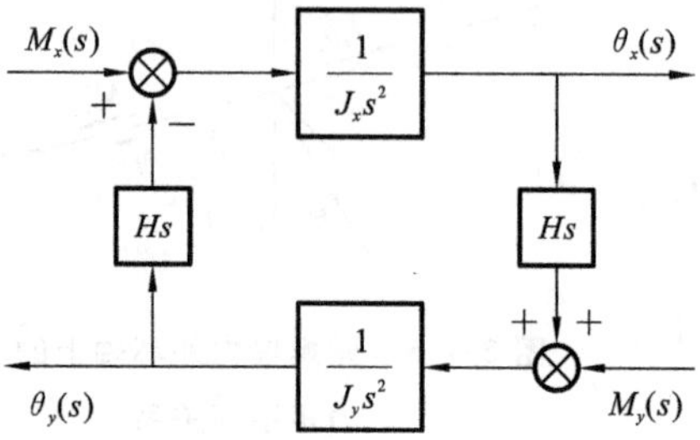

图 2-1-9　外力矩作用时二自由度陀螺仪进动过程的函数方框图

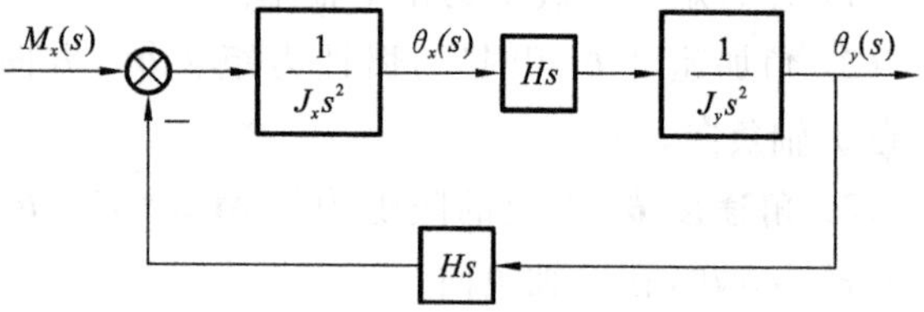

图 2-1-10　外力矩 $\boldsymbol{M}_x$ 作用下陀螺仪进动过程的函数方框图

同样，只考虑外环轴上的外力矩 $\boldsymbol{M}_y$ 的作用，函数方框图 2-1-9 变为图 2-1-11，可直接写出以 $\boldsymbol{M}_y$ 为输入、以 $\boldsymbol{\theta}_x$ 和 $\boldsymbol{\theta}_y$ 为输出的传递函数：

$$\begin{cases}\dfrac{\theta_x(s)}{M_y(s)}=-\dfrac{H}{s(J_xJ_ys^2+H^2)}\\[2mm]\dfrac{\theta_y(s)}{M_y(s)}=\dfrac{J_x}{J_xJ_ys^2+H^2}\end{cases}\tag{2-1-26}$$

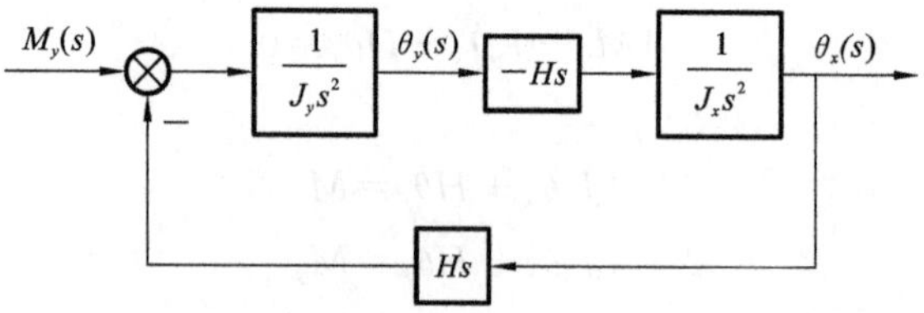

图 2-1-11　外力矩 $\boldsymbol{M}_y$ 作用下陀螺仪进动过程的函数方框图

从这四个传递函数表达式可以看出，由于陀螺仪转子高速旋转，动量矩 $\boldsymbol{H}$ 较大，传递函数 $\dfrac{\theta_x(s)}{M_x(s)}$、$\dfrac{\theta_y(s)}{M_y(s)}$的值均较小，这就是说，由外环轴上的外力矩 $\boldsymbol{M}_y$ 引起的陀螺转子绕外环轴的转动角度、由内环轴上的外力矩 $\boldsymbol{M}_x$ 引起的陀螺转子绕内环轴的转动角度都是很小的。而由外环轴上的外力矩引起的陀螺转子绕内环轴的进动、由内环轴上的外力矩引起的陀螺转子绕外环轴的进动则是陀螺仪的主要运动。若忽略式(2-1-25)、式(2-1-26)所示传递函数分母中的 J_xJ_y 项，则陀螺仪在外力矩作用时产生进动的传递函数为

$$\begin{cases}\dfrac{\theta_x(s)}{M_y(s)}=-\dfrac{1}{Hs}\\[2mm]\dfrac{\theta_y(s)}{M_x(s)}=\dfrac{1}{Hs}\end{cases}\tag{2-1-27}$$

经此简化，二自由度陀螺仪的方框图如图 2-1-12 所示。

图 2-1-12　二自由度陀螺仪的简化方框图

式(2-1-27)表明，当以外力矩为输入，以陀螺仪的转角为输出时，二自由度陀螺仪可以看成一积分环节。要注意的是，在上述推导过程中，假定了转子及内环绕内环轴的转角 θ_x 为小角度，若 θ_x 不为小角度，则传递函数表达式要复杂得多。

当二自由度陀螺仪的基座转动时，由于陀螺转子轴有两个转动自由度，可相对惯性空间保持指向不变，这就提供了一方向基准。于是陀螺仪基座绕陀螺仪内环轴（或外环轴）的相对转动角度 ϕ_x（或 ϕ_y），就是陀螺仪的输出角度 θ_x（或 θ_y）。这样从输入到输出的传递函数就是：

$$\begin{cases}\dfrac{\theta_x(s)}{\phi_x(s)}=1\\[2mm]\dfrac{\theta_y(s)}{\phi_y(s)}=1\end{cases}\tag{2-1-28}$$

以内环轴上常值外力矩 M_x 的作用为例，进一步分析陀螺仪的运动。

假定 M_x 为常值力矩 $M_x(t)=M_x$，此时：

$$M_x(s)=\frac{M_x}{s}\tag{2-1-29}$$

令 $\omega_n=\dfrac{H}{\sqrt{J_xJ_y}}$，根据式(2-1-25)中第一式，有

$$\frac{\theta_x(s)}{M_x(s)}=\frac{1/J_x}{s^2+\omega_n^2}\tag{2-1-30}$$

因此：

$$\theta_x(s)=\frac{1/J_x}{s^2+\omega_n^2}M_x(s)=\frac{M_x/J_x}{s(s^2+\omega_n^2)}\tag{2-1-31}$$

取拉氏反变换：

$$\theta_x(t)=\frac{M_x}{J_x\omega_n^2}[1-\cos(\omega_n t)]=\frac{M_x}{H\omega_n}\sqrt{\frac{J_y}{J_x}}[1-\cos(\omega_n t)]\tag{2-1-32}$$

根据式(2-1-25)中第二式，有

$$\frac{\theta_y(s)}{M_x(s)}=\frac{H/J_xJ_y}{s(s^2+\omega_n^2)}=\frac{\omega_n^2}{Hs(s^2+\omega_n^2)}=\frac{1}{Hs}-\frac{s}{H(s^2+\omega_n^2)}\tag{2-1-33}$$

$$\theta_y(s)=\frac{M_x}{Hs^2}-\frac{M_x}{H(s^2+\omega_n^2)}\tag{2-1-34}$$

取拉氏反变换：

$$\theta_y(t)=\frac{M_x}{H}t-\frac{M_x}{H\omega_n}\sin(\omega_n t)\tag{2-1-35}$$

从式(2-1-32)、式(2-1-35)看出，外力矩 M_x 作用下的 $\theta_x(t)$ 是围绕一个常值偏角的振荡运动，而 $\theta_y(t)$ 是一个匀速变化分量与一个振荡运动的叠加。将 $\theta_x(t)$、$\theta_y(t)$ 的振荡分量称为章动，ω_n 称为章动角频率。

2.2　陀螺仪相关程序设计

2.2.1　程序设计

陀螺仪是惯性导航系统中的核心元件，其运动特性直接对测量结果产生影响。本节结合 2.1 节内容，进行以下实验。（本节所对应程序详见配套的数字资源）

假定陀螺仪转子及内环绕内环轴的转动惯量 $J_x=5\times10^{-5}\ \mathrm{kg\cdot m^2}$，陀螺仪转子及内外环一起绕外环轴的转动惯量 $J_y=6\times10^{-5}\ \mathrm{kg\cdot m^2}$，陀螺转子的动量矩 $H=0.1\ \mathrm{kg\cdot m^2/s}$，作用于内环轴上的常值力矩 $M_x=0.01\ \mathrm{N\cdot m}$。编写 SIMULINK 程序求解陀螺仪半个周期内的章动及章动角频率。

实验步骤如下：

（1）定义变量，即定义动量矩、转动惯量和力矩。

（2）根据公式 $\omega_n=\dfrac{H}{\sqrt{J_xJ_y}}$，求出章动角频率。

（3）根据公式 $f=\omega_n/2\pi$，求出半个周期所对应的时间 T_2。

（4）根据式(2-1-32)和式(2-1-35)，求解章动。

具体程序见图 2-2-1。

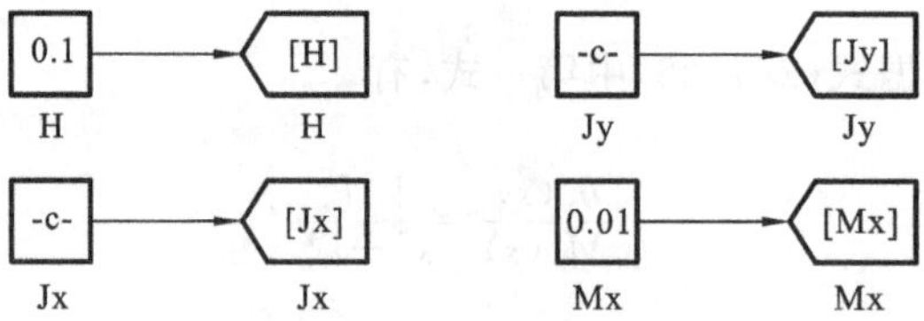

（a）相关参数设置

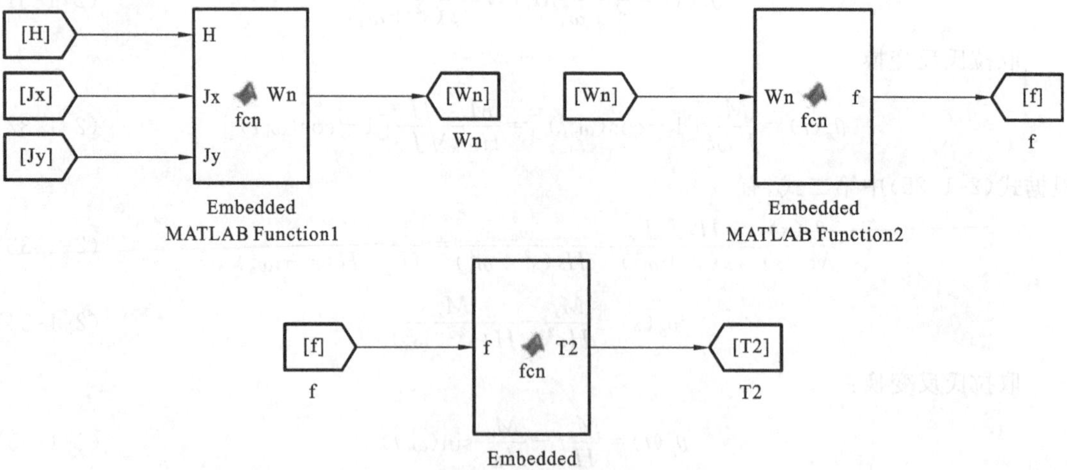

（b）章动角频率、频率及时间 T_2 求解

图 2-2-1　求解章动及章动角频率的程序

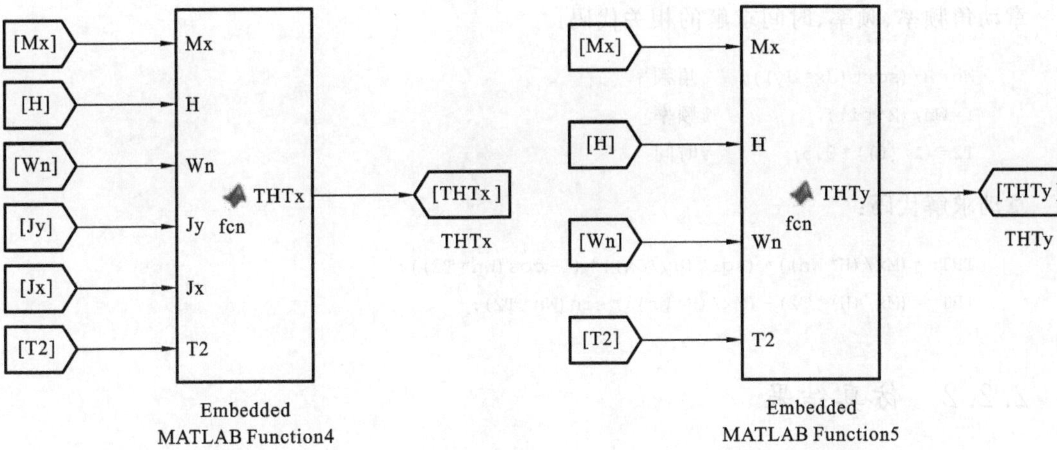

（c）章动求解

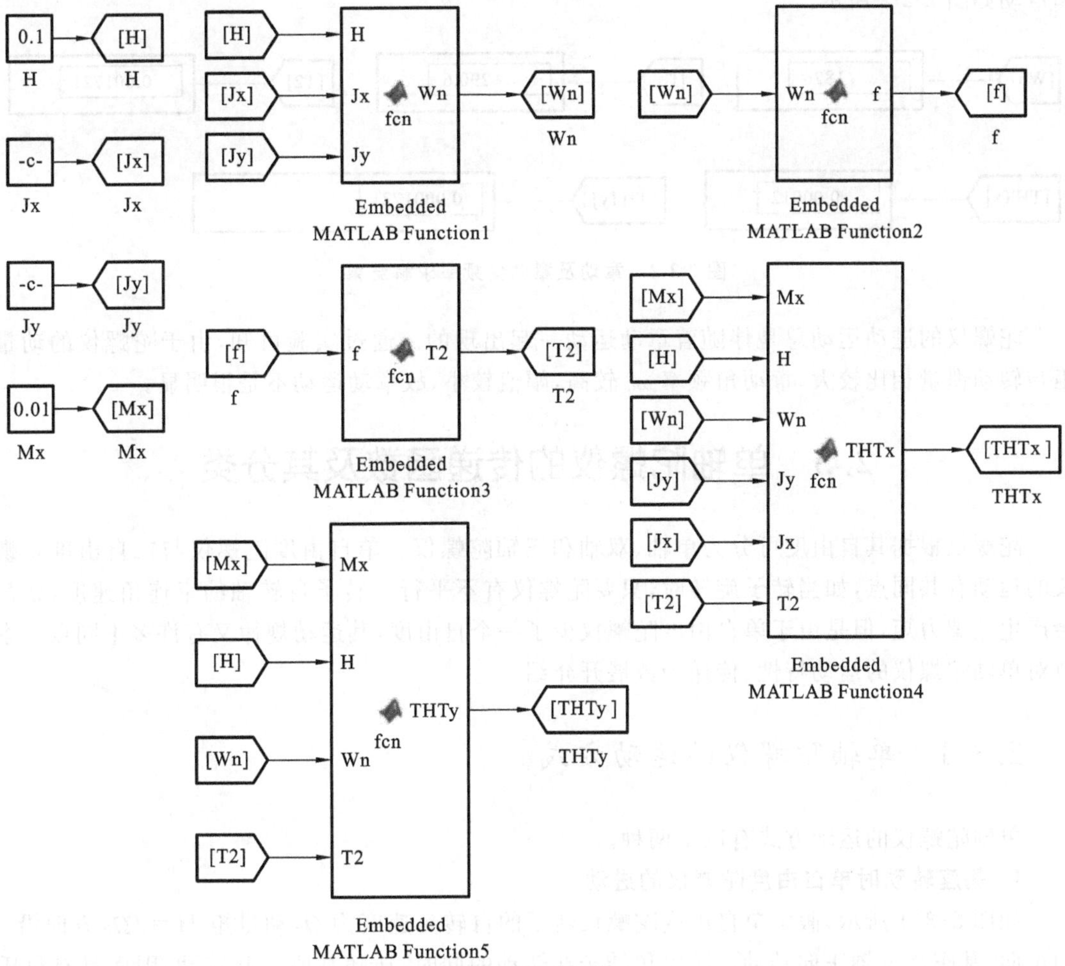

（d）总体程序图

续图 2-2-1

所对应的主要代码如下。

章动角频率、频率、时间求解的相关代码：

```
Wn=H/(sqrt(Jx*Jy));  %角频率
f=Wn/(2*pi);         %频率
T2=(1/(f))*0.5;      %时间
```

章动求解代码：

```
THTx=(Mx/(H*Wn))*(sqrt(Jy/Jx))*(1-cos(Wn*T2));
THTy=(Mx/(H)*T2)-(Mx/(H*Wn))*sin(Wn*T2);
```

2.2.2 仿真结果

根据 2.2.1 节程序，即可计算出所求参数，章动角频率、频率、半个周期所对应的时间 T_2 和章动如图 2-2-2 所示。

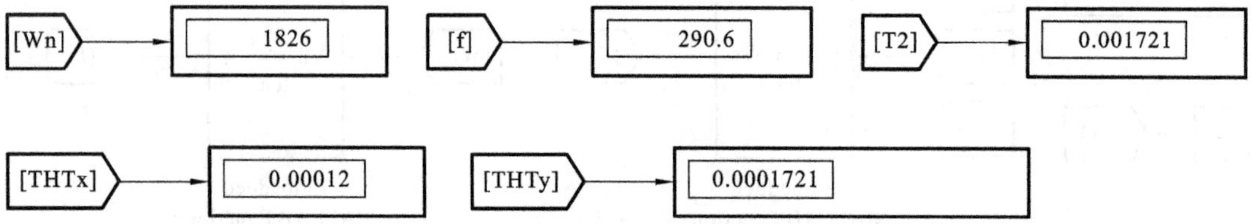

图 2-2-2　章动及章动角频率求解结果

陀螺仪的进动运动总是伴随着章动运动一起出现的。通过实验可知，由于陀螺仪的动量矩与转动惯量相比较大，章动角频率 ω_n 较高，幅值较小，故章动运动不是很明显。

2.3 单轴陀螺仪的传递函数及其分类

陀螺仪根据其自由度可分为单轴、双轴和三轴陀螺仪。单自由度陀螺仪与二自由度陀螺仪的运动有共同点，如当转子旋转时，只要陀螺仪有不平行于转子自转轴的牵连角速度，就都会产生陀螺力矩，但是由于单自由度陀螺仪少了一个自由度，其运动规律又有许多不同点。本节对单轴陀螺仪的运动特性、传递函数展开介绍。

2.3.1 单轴陀螺仪的运动方式

单轴陀螺仪的运动方式有以下两种。

1. 基座转动时单自由度陀螺仪的进动

如图 2-3-1 所示，假定单自由度陀螺仪转子的自转角速度为 Ω，动量矩 $H=J\Omega$，方向沿 z 轴正向，基座绕 y 轴正向转动。陀螺仪转子在转动的同时，还随基座一起转动，因而具有科氏加速度，由此产生的惯性力矩——陀螺力矩 M_r 在内环轴方向上（x 轴负向）。根据达朗贝尔原理，分析陀螺转子相对基座这一非惯性参照系的运动时，应将陀螺力矩这一惯性力矩作为主动力矩对待，认为它作用在陀螺自己身上。在此陀螺力矩的作用下，陀螺转子要绕内环轴相对基座转动，转动角速度的方向与陀螺力矩方向相同，这种现象称为单自由度陀螺仪的进动。

上述单自由度陀螺仪的进动与二自由度陀螺仪的进动是有区别的。二自由度陀螺仪在常值外力矩的作用下的进动角速度是基本上不变的($\omega=M/H$)，而单自由度陀螺仪在基座转动时的进动是加速的，加速的原因是，当单自由度陀螺仪有牵连运动时，沿内环轴一直有陀螺力矩存在，并且没有其他力矩与之平衡，故陀螺转子的进动有角加速度。同理，二自由度陀螺仪在外力矩消失后，会立即停止进动，而单自由度陀螺仪在基座停止转动时，自转轴仍然维持等速进动。当然，实际应用的单自由度陀螺仪的结构与图 2-3-1 所示的会有所不同，其进动现象也会有所不同。例如，在后面将要研究的液浮积分陀螺仪中，当陀螺转子进动时，人为地加入了与进动角速度成正比的阻尼力矩，在基座等速转动时，其进动角速度并不是加速的。

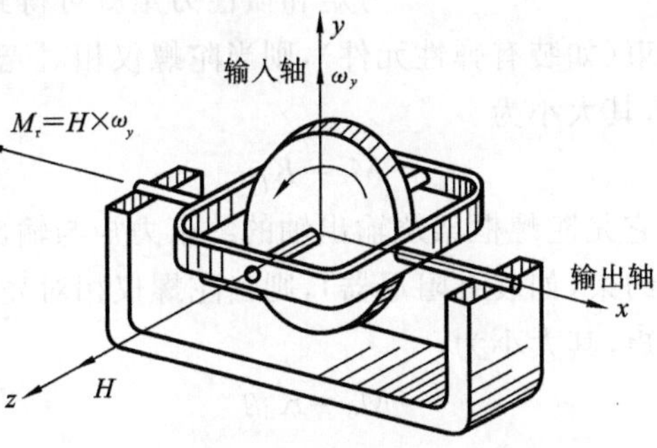

图 2-3-1　基座转动时单自由度陀螺仪的进动

利用单自由度陀螺仪在基座转动时的进动特性可制成角速度敏感元件。基座转动轴(图 2-3-1 中的 y 轴)称为单自由度陀螺仪的输入轴，单自由度陀螺仪的进动轴称为输出轴(图 2-3-1中的 x 轴)。

2. 单自由度陀螺仪的受迫运动

二自由度陀螺仪在沿内环轴上有干扰力矩时，陀螺会绕外环轴进动。单自由度陀螺仪由于没有外环，在内环轴有干扰力矩时，无法绕外环轴进动，也就不能产生沿内环轴方向的陀螺力矩来平衡外力矩，因此在外力矩作用下，陀螺会像普通物体一样顺着外力矩方向产生角加速度。外力矩消失后，陀螺的转动并不会停止，而是维持原来的角速度转动。单自由度陀螺仪的这种运动称为受迫运动。

以上分析表明，单自由度陀螺仪没有定轴性，其原因在于：单自由度陀螺仪没有外环，当它受到沿内环轴的瞬时冲击力矩时，不能像二自由度陀螺仪那样绕外环转动，也就不能借助陀螺力矩使转子绕内外环的转动互相影响而形成章动，因而也不能对抗冲量矩的干扰。

2.3.2　单轴陀螺仪的运动方程及分类

对单自由度陀螺仪而言，其输入为基座(即壳体)绕陀螺输入轴相对惯性空间的转动，而输出为陀螺转子绕框架轴相对壳体的转动，这种转动是我们所关注的。

参看图 2-3-2，定义壳体坐标系 $OX_bY_bZ_b$ 和陀螺坐标系 $OX_gY_gZ_g$，这两个坐标系的原点均与陀螺仪的支承中心重合，其中 Z_b 轴是陀螺自转轴 Z_g 的起始位置，即当陀螺仪输出为零时，Z_b 轴与 Z_g 轴重合。Y_b 轴为陀螺的输入轴，X_b 轴为输出轴。设壳体绕壳体坐标系各轴相对惯性空间的角速度为 $\boldsymbol{\omega}_x$、$\boldsymbol{\omega}_y$、$\boldsymbol{\omega}_z$。由此而引起的陀螺转子绕框架轴相对壳体转动的角加速

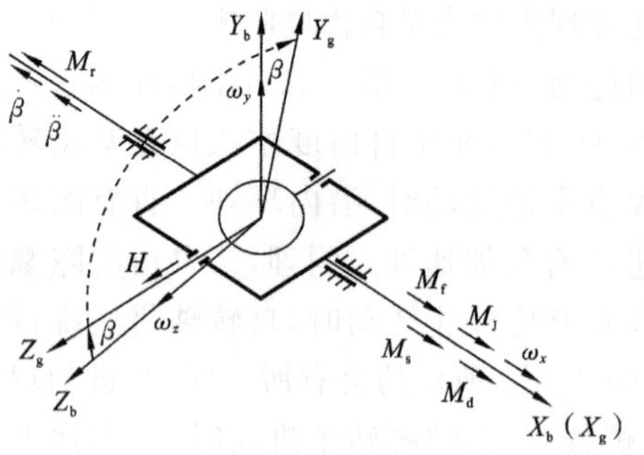

图 2-3-2　单自由度陀螺仪输出轴上的力矩

度、角速度和角度分别为 $\ddot{\boldsymbol{\beta}}$、$\dot{\boldsymbol{\beta}}$ 和 $\boldsymbol{\beta}$，图中所示的就是有转角 $\boldsymbol{\beta}$ 时壳体坐标系 $OX_bY_bZ_b$ 和陀螺坐标系 $OX_gY_gZ_g$ 的位置关系。

为了获得不同特性的单自由度陀螺仪，往往需要在陀螺仪输出轴上人为地加上一些约束，如弹性约束、阻尼约束等。现在我们来列写其输出轴上的力矩平衡方程。

根据动静法原理，作用于陀螺仪输出轴的各种力矩（包括惯性力矩）应该是平衡的，分析出各种外力矩和惯性力矩就可得到陀螺仪的动力学方程。

若陀螺仪受到弹性约束（如装有弹性元件），则当陀螺仪相对壳体转动 $\boldsymbol{\beta}$ 角时，就有与偏转方向相反的弹性约束力矩，其大小为

$$M_s = K\beta \tag{2-3-1}$$

式中，K 为弹性约束系数，它是陀螺框架绕输出轴的约束力矩与输出转角的比值。

如果陀螺仪受到黏性约束（如装有阻尼器），则当陀螺仪相对壳体以角速度 $\dot{\boldsymbol{\beta}}$ 转动时，就有与转动方向相反的阻尼力矩，其大小为

$$M_d = K_d\dot{\beta} \tag{2-3-2}$$

式中，K_d 为阻尼系数。

绕输出轴 X_b 作用在陀螺仪上的外力矩，除可能有弹性约束力矩和阻尼力矩外，还存在干扰力矩 $\boldsymbol{M}_f$。

设陀螺仪绕输出轴的转动惯量为 J_x，当陀螺仪相对壳体有角加速度 $\ddot{\boldsymbol{\beta}}$ 时，就有沿输出轴的相对转动惯性力矩，其方向与角加速度的方向相反，大小为

$$M_J = J_x\ddot{\beta} \tag{2-3-3}$$

若陀螺仪动量矩为 $\boldsymbol{H}$，当陀螺仪壳体绕 Y_b 轴、Z_b 轴相对惯性空间以角速度 $\boldsymbol{\omega}_y$、$\boldsymbol{\omega}_z$ 转动时，就有沿输出轴方向的陀螺力矩。陀螺力矩的方向按动量矩转向角速度的右手法则确定，其大小为

$$M_r = H\omega_y\cos\beta - H\omega_z\sin\beta \tag{2-3-4}$$

综合上述分析，可写出陀螺仪绕输出轴的力矩平衡方程：

$$M_s + M_d + M_f + M_J = M_r \tag{3-3-5}$$

代入式(2-3-1)～式(2-3-4)可得：

$$J_x\ddot{\beta} + K_d\dot{\beta} + K\beta = H(\omega_y\cos\beta - \omega_z\sin\beta) - M_f \tag{2-3-6}$$

式(2-3-6)即为考虑弹性约束和黏性约束时单自由度陀螺仪的动力学方程。

要求角速度 $\boldsymbol{\omega}_y$ 是敏感的物理量，但式(2-3-6)中的输入项 $H\omega_y\cos\beta$ 是一与 β 有关的非线性输入项。造成非线性的原因是，当存在转角 β 时，陀螺的敏感轴 Y_g 相对输入轴 Y_b 也偏转了 β 角，这样陀螺所敏感的不再是输入角速度的全部，而是其余弦分量。

方程中的干扰项有：沿交叉轴角速度 $\boldsymbol{\omega}_z$ 引起的干扰项、沿输出轴角加速度 $\dot{\boldsymbol{\omega}}_x$ 引起的干扰项和干扰力矩 $\boldsymbol{M}_f$。在进行基本分析时，可忽略干扰项的影响，并认为转角 β 为小角度，$\cos\beta\approx1$，这样方程式(2-3-6)可简化为

$$J_x\ddot{\beta} + K_d\dot{\beta} + K\beta = H\omega_y \tag{2-3-7}$$

在初始角速度 $\dot{\beta}(0)$ 和初始角度 $\beta(0)$ 为零时，对式(2-3-7)进行拉氏变换得：

$$J_x s^2 \beta(s) + K_d s\beta(s) + K\beta(s) = H\omega_y(s) \tag{2-3-8}$$

由此式可得单自由度陀螺仪的传递函数：

$$G(s) = \frac{\beta(s)}{\omega_y(s)} = \frac{H}{J_x s^2 + K_d s + K} \tag{2-3-9}$$

根据约束情况的不同，单自由度陀螺仪可分为三种类型：

(1) 速率陀螺仪——绕输出轴的转动主要受弹性约束的单自由度陀螺仪。在稳态时其用弹性约束力矩来平衡陀螺力矩，即 $K\beta = H\omega_y$，故：

$$\beta = \frac{H}{K}\omega_y \tag{2-3-10}$$

这表明其输出信号 β 与输入角速度 ω_y 成比例。

(2) 速率积分陀螺仪——绕输出轴的转动主要受黏性约束的单自由度陀螺仪。在稳态时其用阻尼力矩来平衡陀螺力矩，即 $K_d\dot{\beta} = H\omega_y$，故：

$$\dot{\beta} = \frac{H}{K_d}\omega_y \tag{2-3-11}$$

$$\beta = \frac{H}{K_d}\int \omega_y \mathrm{d}t \tag{2-3-12}$$

这表明其输出信号 β 与输入角速度 ω_y 的积分成比例。

(3) 重积分陀螺仪——绕输出轴的转动既无弹性约束也无黏性约束，主要由框架组件的惯性力矩来平衡陀螺力矩的单自由度陀螺仪。这时的动力学方程为 $J_x\ddot{\beta} = H\omega_y$，故：

$$\beta = \frac{H}{J_x}\iint \omega_y \mathrm{d}t\mathrm{d}t \tag{2-3-13}$$

这表明其输出信号 β 与输入角速度 ω_y 的重积分成比例。

2.4 单轴陀螺仪相关程序设计

2.4.1 程序设计

单轴陀螺仪相比双轴、三轴陀螺仪结构更为简单。使用单轴陀螺仪的前提是了解其类别。本节结合 2.3 节内容，进行以下实验。（本节所对应程序详见配套的数字资源）

某单轴陀螺仪陀螺转子的动量矩 $H = 0.1\ \mathrm{kg \cdot m^2/s}$，其输出角度为 1°，其约束力矩 $M_r = 0.01\ \mathrm{N \cdot m}$，平均角速度 $\omega_y = 0.1\ \mathrm{rad/s}$，试判断其类型。

实验步骤如下：

(1) 定义动量矩、输出角度、力矩和平均角速度。

(2) 分析输出角度 β 与角速度 ω_y 之间的关系，根据公式(2-3-1)，求出约束系数 K。

具体 SIMULINK 程序如图 2-4-1 所示。

对应的主要代码如下：

```
K=Mr/B;  %约束系数
BB=(H/K)*Wy;  %输出信号β
```

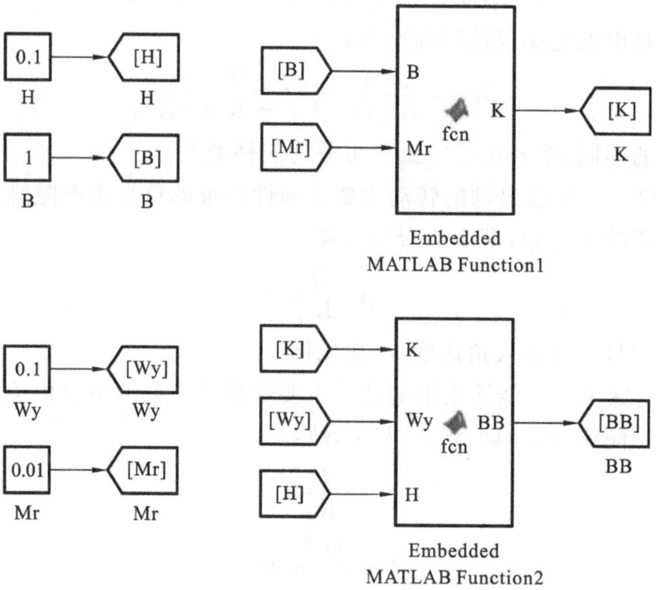

图 2-4-1　约束系数及输出角度求解程序

2.4.2　仿真结果

根据 2.4.1 节的 SIMULINK 程序，进行单轴陀螺仪类别判断，其系数 K、β 与 ω_y 的关系可由图 2-4-2 看出。

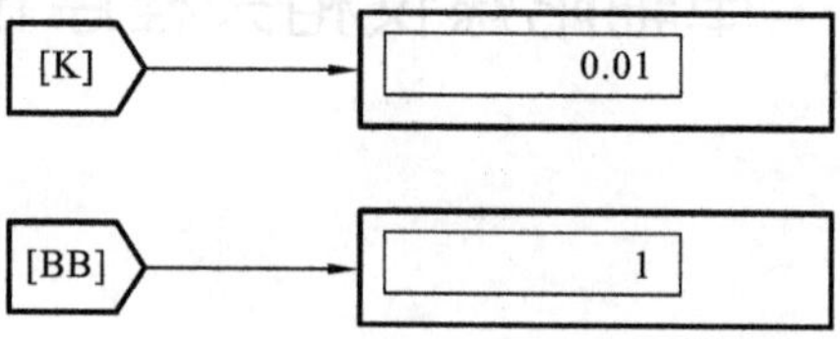

图 2-4-2　各系数求解结果

根据实验结果，对比式(2-3-10)～式(2-3-12)，发现该单轴陀螺仪符合式(2-3-10)。故得出结论：该单轴陀螺仪为速率陀螺仪。

2.5　单轴陀螺稳定平台及稳定性分析

经过对加速度计和陀螺仪的学习后，本节介绍惯性导航系统中的另一个关键部件——陀螺稳定平台。加速度计安装于平台之上，平台的误差会直接导致加速度计的输出误差，从而影响整个惯性导航系统的精度。在实际应用的陀螺稳定系统中，较多的是双轴和三轴陀螺稳定平台，但可以把双轴和三轴陀螺稳定平台看成两个或三个单轴陀螺稳定系统的组合。因此对单轴陀螺稳定系统的分析是对各类陀螺稳定平台进行分析的基础。本节首先介绍陀螺稳定系统，之后详细分析单轴陀螺稳定系统及其原理。

2.5.1　陀螺稳定系统的基本概念

平台式惯性导航系统要求平台的指向相对惯性空间保持稳定或者保持水平以模拟当地水平面，平台有误差会造成加速度计的输出误差增大，为保证系统的精度，稳定平台应具有相当高的精度。稳定平台安置于载体上，载体的运动不可避免地会对稳定平台造成干扰力矩。要尽量减少干扰力矩的影响，则需要用一高精度的自动控制系统来实现这种平台。首要问题之一是要能够精密测量平台的角运动——角度和角速度；另外，要实现平台水平，还必须能精确地控制平台的运动。陀螺仪正好是能满足这两种要求的理想元件，它能够精密测量角度和角速度，测角精度可达角秒级，测角速度精度可达 $10^{-3}\sim10^{-5}$ (°)/h，同时，能通过向力矩器施加控制电流控制陀螺仪的输出。以陀螺仪为平台角运动的敏感元件和控制元件，通过精密的伺服系统控制平台的运动，使平台相对惯性空间保持稳定或者按照需要的规律运动，这样的稳定平台称为陀螺稳定平台，也称为陀螺稳定系统。

除惯性导航系统以外，陀螺稳定平台在其他许多方面都有应用。例如：舰艇上的光学测距仪、炮瞄雷达天线的指向必须稳定，不能随舰艇摇晃，需要将它们放置于一能与舰艇角运动隔离的稳定平台之上；测量船上用于测量重力加速度的重力仪也必须有一稳定平台，以保证加速度计的敏感轴始终在当地地理垂线上；航空摄影中，要求把照相机装在一个不随飞机俯仰、倾斜的平台上，以便使照相机的光轴始终垂直于地面；天文望远镜为跟踪星体，也需要将望远镜放置于一相对惯性空间稳定的平台上……在这些问题中，都需要应用陀螺稳定平台。

陀螺稳定系统控制的是被稳定对象的角运动，陀螺稳定系统有两种基本作用：一是稳定作用，即能隔离载体的角运动，稳定系统产生稳定力矩来抵消载体运动对被稳定对象的干扰力矩，阻止被稳定对象相对惯性空间转动；二是修正作用，即能控制被稳定对象按照所需要的角运动规律相对惯性空间运动。例如，稳定平台要模拟当地水平面时，平台在保持稳定的同时，还必须进行修正，以跟踪当地水平面相对惯性空间的运动。稳定和修正是陀螺稳定系统的两个基本作用。陀螺稳定系统只工作在稳定状态，不对其进行修正，这种工作状态称为几何稳定状态。若陀螺稳定系统在保持稳定的同时，还对系统进行修正，使稳定轴按照所需要的规律转动，这种工作状态称为空间积分状态。

陀螺稳定系统按照稳定轴的数目可分为：

(1) 单轴陀螺稳定系统——能使被稳定对象在空间绕某一根轴保持稳定，阻止被稳定对象绕该轴转动，又称为单轴陀螺稳定器；

(2) 双轴陀螺稳定系统——能使被稳定对象在空间绕两根不平行的轴保持稳定，两根不平行的稳定轴可形成一稳定的平面，故双轴陀螺稳定系统又称为双轴稳定平台或双轴平台；

(3) 三轴陀螺稳定系统——能使被稳定对象在空间绕三根互不平行的轴保持稳定，三轴陀螺稳定系统又称为三轴稳定平台或三轴平台。

按照对干扰力矩的平衡原理，陀螺稳定系统可分为：

(1) 直接陀螺稳定系统——直接利用陀螺力矩本身来平衡干扰力矩；

(2) 动力陀螺稳定系统——利用陀螺力矩和外加机械力矩来共同平衡干扰力矩；

(3) 间接陀螺稳定系统——只利用外加机械力矩来抵消干扰力矩。

直接陀螺稳定系统实际上是一种动量矩很大的陀螺。1904 年德国工程师雪里克设计的一种船舶横摇稳定器，就是最早出现的直接陀螺稳定系统。如图 2-5-1 所示，将一个动量矩很大的单自由度陀螺装在船体内，陀螺的框架轴与船体的横向轴一致，陀螺主轴与甲板平面垂直。把船体看作单自由度陀螺“外环”，船体的纵轴就是“外环轴”，这样船体连同陀螺一起可当成一个巨大的二自由度陀螺仪。当沿船体纵轴方向有波浪扰动力矩，企图使船体横摇时，陀螺仪会绕框架轴进动。容易判断，陀螺进动时产生的陀螺力矩也作用在船体上，其方向与波浪扰动力矩方向相反，结果阻止了船体的横摇。这就是船舶横摇稳定器的设计思想。

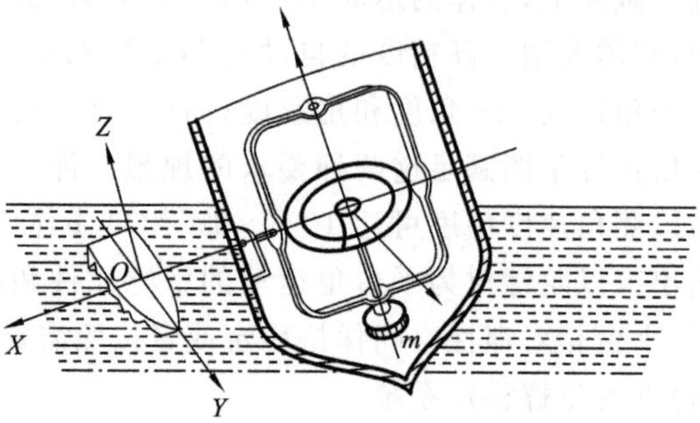

图 2-5-1　船舶横摇稳定器

这种直接陀螺稳定系统有两个比较大的缺点。

第一，因为干扰力矩全靠陀螺力矩来抵消，要求陀螺仪有比较大的动量矩，即陀螺仪有很大的体积和重量。在排水量为 900 t 的德国 Silvana 汽艇上进行试验，上述船舶横摇稳定器的陀螺转子重达 4200 kg，动量矩高达 20000 kg·m^2/s。

第二，直接陀螺稳定系统只能克服方向交替变化的干扰力矩，若干扰力矩的方向恒定不变的话，陀螺的进动一直朝一个方向进行，进动到 90°时，陀螺主轴就与干扰力矩作用轴重合了，此时便失去了稳定作用。

直接陀螺稳定系统的上述缺点使它的使用受到限制，只能用于被稳定对象小、精度要求低的场合，现已基本不用。但从直接陀螺稳定系统的稳定过程可以看出，陀螺稳定系统的稳定作用原理是产生稳定力矩来抵抗干扰力矩。

动力陀螺稳定系统也是较早出现的陀螺稳定系统，它有稳定回路，当有干扰力矩时，依靠陀螺力矩和稳定回路中电机产生的卸荷力矩来共同平衡，陀螺力矩在开始阶段起主要作用，稳态时主要依靠电机产生的力矩来平衡。这种系统的稳定回路比较简单，精度不是很高。

现代惯性导航和制导系统对陀螺稳定系统提出了更高的要求，加上电子技术、自动化技术和计算机技术的飞速发展，出现了用高精度液浮陀螺仪配以高精度快速随动系统的间接陀螺稳定系统。这种系统中使用的陀螺仪体积一般很小，陀螺力矩对干扰力矩的抵消作用微不足道，但稳定系统有很快的反应速度，有干扰力矩时系统中的力矩电机可迅速产生卸荷力矩来平衡干扰力矩。

2.5.2　平台的组成与稳定原理

单轴积分陀螺稳定系统由单自由度液浮积分陀螺仪、信号放大器、力矩电机及被稳定对象(平台)组成，如图 2-5-2 所示。积分陀螺仪的输入轴与平台的稳定轴重合，积分陀螺仪角度传感器的输出接至放大器，放大器的输出控制力矩电机。平台的稳定轴通过轴承支承于基座(即载体)上，力矩电机的转子轴与平台稳定轴固连，力矩电机的定子固定在基座上。

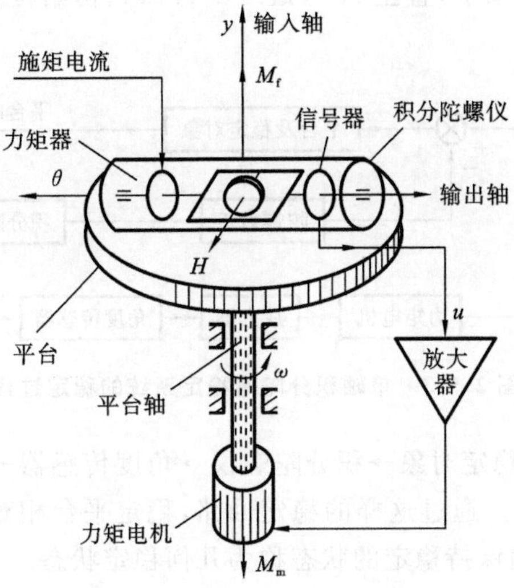

图 2-5-2　单轴积分陀螺稳定系统

力矩电机是一种能够将电流或电流脉冲转换为力矩的电机。它是陀螺稳定系统的执行元件。其主要特点是可以在堵转状态下运行，而其他电机，如同步电机、异步电机、直流伺服电机，只要卡住一段很短的时间电机就会烧坏。力矩电机可以长期堵转运行，这是其他电机无法比拟的。力矩电机的另一个特点是它可以跟负载直接连接，无须加装减速齿轮，避免了空回。此外，力矩电机还具有反应快、精度高、耦合刚度大、转速低(可达 24 h 一转)、线性度好、体积小等优点。

现在先定性地研究这种单轴积分陀螺稳定系统的工作原理。当平台的稳定轴相对惯性空间有转动角速度时，由于轴承的隔离，载体不会直接带动稳定平台转动，但由于轴承存在摩擦，摩擦力矩 $\boldsymbol{M}_f$ 会作用在稳定轴上，造成稳定平台绕稳定轴转动。由于积分陀螺仪的输入轴与稳定平台的稳定轴重合，稳定轴的转动迫使陀螺主轴跟随转动，由此产生的陀螺力矩会使积分陀螺仪绕输出轴进动，产生进动角速度 $\dot{\boldsymbol{\theta}}$。$\dot{\boldsymbol{\theta}}$ 使陀螺的动量矩 $\boldsymbol{H}$ 矢端向摩擦力矩 $\boldsymbol{M}_f$ 的矢端方向转动。$\dot{\boldsymbol{\theta}}$ 的存在会形成陀螺力矩 $\boldsymbol{H}\dot{\boldsymbol{\theta}}$，此陀螺力矩的方向与摩擦力矩 $\boldsymbol{M}_f$ 的方向相反。但是，在积分陀螺稳定系统中，陀螺仪的动量矩一般较小，陀螺力矩也较小，不能依靠它来抵消干扰力矩。

陀螺仪有了绕输出轴的进动角速度 $\dot{\boldsymbol{\theta}}$，就会形成进动角 $\boldsymbol{\theta}$。陀螺仪角度传感器对此角度敏感，输出与角度成正比的电压信号，经放大器放大，驱动力矩电机，产生电机力矩 $\boldsymbol{M}_m$(其大小表示为 M_m)，作用于平台的稳定轴。信号线正确连接，可以使力矩电机产生的力矩方向与摩擦力矩方向相反。这样就可以用力矩电机产生的力矩 $\boldsymbol{M}_m$ 抵消摩擦力矩。

干扰力矩 $\boldsymbol{M}_f$(其大小表示为 M_f)刚开始作用时，$M_m=0$，而后随着 θ 角的增大而增大。直到 $M_m=M_f$ 时，作用在平台稳定轴上的合力矩就为零。当 M_m 超过 M_f 使平台稳定轴开始回转时，陀螺向相反的方向进动，θ 角减小，M_m 随之减小。显然这是一自动调节过程，最终达到稳态时，稳定平台就停止转动，陀螺停止进动，θ 角保持在使 $M_m=M_f$ 的位置上。

一旦干扰力矩 M_f 消失，由于陀螺仪的进动角 θ 不会马上消失，力矩电机仍然有力矩输出，此时电机的力矩就相当于一新的干扰力矩作用于平台。在此力矩作用下，平台稳定轴就会顺着电机力矩的方向转动，于是，陀螺仪敏感到稳定轴的角速度后，就朝 θ 角逐步减小的方向进动，进动角 θ 逐步减小，直至到 0，最终平台回到初始位置，保持稳定。这一稳定过程如图 2-5-3 所示。

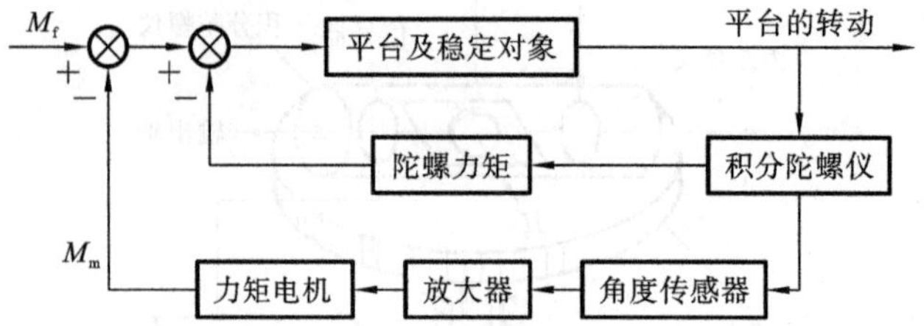

图 2-5-3　单轴积分陀螺稳定系统的稳定过程

在上述回路中，平台及稳定对象→积分陀螺仪→角度传感器→放大器→力矩电机→平台及稳定对象，称为稳定回路。通过这样的稳定回路，稳定平台相对惯性空间可以始终保持稳定。稳定平台相对惯性空间保持稳定的状态称为几何稳定状态。

2.5.3　几何稳定状态分析

为便于对系统进行分析，须建立系统的数学模型。

建立陀螺坐标系 $OX_gY_gZ_g$ 和平台坐标系 $OX_pY_pZ_p$，Z_g 为陀螺主轴，X_g 轴为积分陀螺仪的输出轴，Y_g 轴与 X_g、Z_g 轴垂直，构成右手坐标系。平台坐标系 X_p 轴与 X_g 轴重合，Y_p 轴为平台的被稳定轴，也就是积分陀螺仪的输入轴。Z_p 轴与 X_p、Y_p 轴垂直，构成右手坐标系。当陀螺仪输出角度为零时，Y_p、Z_p 轴分别与 Y_g、Z_g 轴重合。当陀螺仪有输出角度 θ 时，Y_p、Z_p 轴分别与 Y_g、Z_g 轴有夹角 θ，如图 2-5-4 所示。

下面分别对平台部件(含陀螺仪)、放大器、力矩电机进行分析。

1. 平台部件的运动微分方程

对平台而言，如果将稳定轴的角运动视为输出，那么输入就是平台稳定轴上各种作用力矩的和。可运用动静法，在分析作用在平台的稳定轴 Y_p 上的力矩后建立其运动方程，参见图 2-5-5。

(1) 干扰力矩 $\boldsymbol{M}_f$：由平台基座轴承的摩擦引起，假定其方向在 Y_p 轴的正向。

(2) 惯性力矩：设平台在各种外力矩作用下绕稳定轴 Y_p 的转动角速度为 $\dot{\boldsymbol{\sigma}}$，角加速度为 $\ddot{\boldsymbol{\sigma}}$，假定角速度 $\dot{\boldsymbol{\sigma}}$、角加速度 $\ddot{\boldsymbol{\sigma}}$ 的正方向定义为 Y_p 轴的正向。若记平台绕稳定轴 Y_p 的转动惯量为 J_y，则惯性力矩为 $J_y\ddot{\boldsymbol{\sigma}}$，其方向与 $\ddot{\boldsymbol{\sigma}}$ 的方向相反，即沿 Y_p 轴的负向。

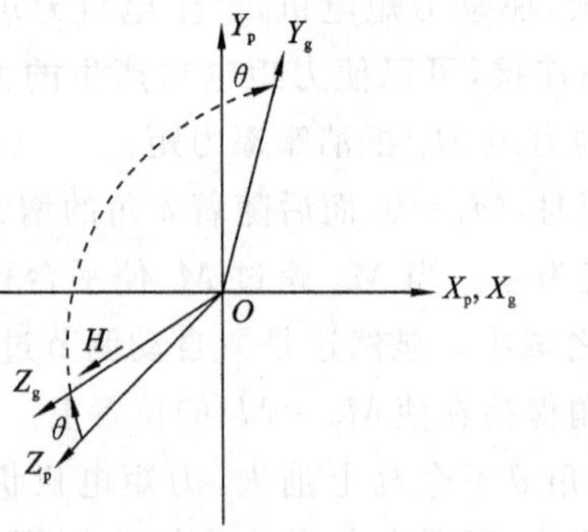

图 2-5-4　陀螺坐标系与平台坐标系

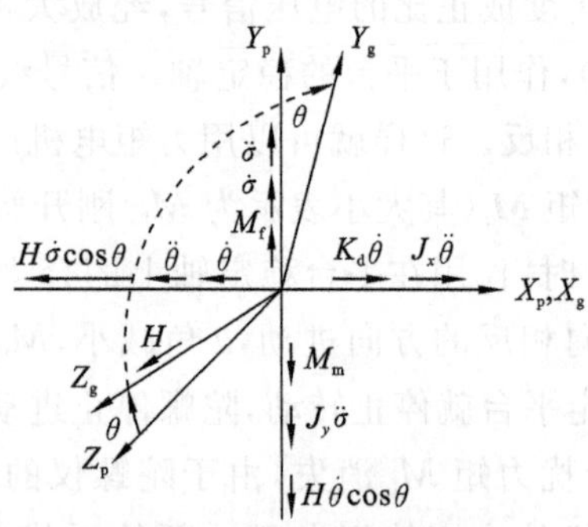

图 2-5-5　各种力矩的方向

(3) 陀螺力矩：由于平台稳定轴 Y_p 就是单自由度积分陀螺仪的输入轴，当平台有转动角速度 $\dot{\boldsymbol{\sigma}}$ 时，根据单自由度积分陀螺仪的运动特性可知，陀螺仪的主轴会绕陀螺仪输出轴进动。记进动角速度为 $\dot{\boldsymbol{\theta}}$，假定其正方向定义为 X_g 轴（即 X_p 轴）的负向。由进动角速度 $\dot{\boldsymbol{\theta}}$ 引起的陀螺力矩 $\boldsymbol{H}\dot{\boldsymbol{\theta}}$ 在 Y_g 轴负向，此陀螺力矩在 Y_p 轴负向的分量为 $H\dot{\theta}\cos\theta$。

(4) 稳定力矩：由于积分陀螺仪有输出角度 $\boldsymbol{\theta}$，其角度传感器将有信号送至放大器，信号经放大后驱动力矩电机，使电机产生稳定力矩 $\boldsymbol{M}_m$，稳定力矩用来平衡干扰力矩，故其方向应与干扰力矩方向相反，方便起见，假定 $\boldsymbol{M}_m$ 的正方向在 Y_p 轴的负向。

这样，平台绕稳定轴 Y_p 的力矩平衡方程为

$$M_f = J_y\ddot{\sigma} + H\dot{\theta}\cos\theta + M_m \tag{2-5-1}$$

对积分陀螺仪来说，输入是平台稳定轴的转动角速度 $\dot{\boldsymbol{\sigma}}$，输出是其转子绕其输出轴的进动角度 $\boldsymbol{\theta}$。运用动静法，同样可分析作用在陀螺仪输出轴向的力矩。

(1) 由平台稳定轴角速度 $\dot{\boldsymbol{\sigma}}$ 引起的陀螺力矩为 $\boldsymbol{H}\times\dot{\boldsymbol{\sigma}} = H\dot{\sigma}\cos\theta$，方向沿 X_g 轴的负向。

(2) 由陀螺进动角速度 $\dot{\boldsymbol{\theta}}$（绕 X_g 轴负向）引起的惯性力矩为 $J_x\ddot{\boldsymbol{\theta}}$，方向沿 X_g 轴的正向，J_x 为陀螺仪绕输出轴的转动惯量。

(3) 由积分陀螺仪浮子组件与壳体之间的浮液引起的阻尼力矩为 $K_d\dot{\boldsymbol{\theta}}$，方向与 $\dot{\boldsymbol{\theta}}$ 的方向相反，即沿 X_g 轴的正向。

综合陀螺仪输出轴向的力矩，有

$$J_x\ddot{\theta} + K_d\dot{\theta} = H\dot{\sigma}\cos\theta \tag{2-5-2}$$

实际上稳定系统工作时，要求陀螺仪进动角 θ 很小，$\cos\theta \approx 1$，以上两式可以线性化为

$$\begin{cases} M_f = J_y\ddot{\sigma} + H\dot{\theta} + M_m \\ J_x\ddot{\theta} + K_d\dot{\theta} = H\dot{\sigma} \end{cases} \tag{2-5-3}$$

2. 角度传感器与放大器

积分陀螺仪的输出角度，经陀螺仪内角度传感器转变成交流电压信号，再经放大器进行前置放大、整流、功率放大，用以驱动力矩电机。设陀螺仪角度传感器的转换系数为 K_u，放大器的综合放大倍数为 K_f，则提供给电机的电压 u 为

$$u = K_f K_u \theta = K_j \theta \tag{2-5-4}$$

式中，$K_j = K_f \cdot K_u$。

实际上，放大器中还有校正环节，在列写运动方程的拉氏变换式时再一并考虑。

3. 力矩电机运动方程

力矩电机是稳定回路的执行元件，一般为永磁式直流电动机，其电枢等效回路如图 2-5-6 所示。L_a 为等效电感，一般很小，可忽略。电枢回路的电压平衡方程为

$$u = I_a R_a + E_a \tag{2-5-5}$$

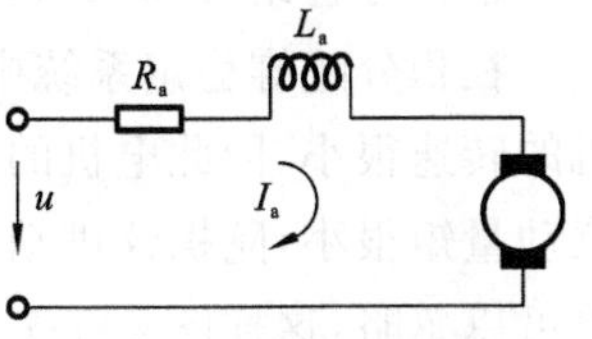

图 2-5-6　力矩电机电枢回路

即

$$I_a = (u - E_a)/R_a \tag{2-5-6}$$

力矩电机产生的力矩与电枢回路电流成正比：

$$M_m = K_a I_a = K_a(u - E_a)/R_a = K_m(u - E_a) \tag{2-5-7}$$

式中，$K_m = K_a/R_a$，为电机的力矩系数（输入电压到输出力矩的变换系数）；E_a 为力矩电机反电势，它与力矩电机转动角速度成正比。

由于电机轴与平台稳定轴固连，电机轴的转动角速度就是平台稳定轴的转动角速度 $\dot{\boldsymbol{\sigma}}$。

反电势的效果应该是阻止电机转子顺着电流产生的力矩方向转动，就是说，当电机转子顺着电流产生的力矩方向转动时，式(2-5-5)～式(2-5-7)中的反电势应是正的，但是由于在上面的讨论中定义的平台稳定轴转动角速度 $\dot{\boldsymbol{\sigma}}$ 在 Y_p 轴的正向，而力矩电机产生的力矩 $\boldsymbol{M}_m$ 在 Y_p 轴的负向，$\dot{\boldsymbol{\sigma}}$ 与 $\boldsymbol{M}_m$ 方向相反，所以反电势 E_a 与 $\dot{\boldsymbol{\sigma}}$ 的大小的关系为

$$E_a=-K_e\dot{\sigma} \tag{2-5-8}$$

综合上述分析，可得整个单轴积分陀螺稳定系统的运动微分方程(方向前文已述)如下：

$$\begin{cases}M_f=J_y\ddot{\sigma}+H\dot{\theta}+M_m\\ J_x\ddot{\theta}+K_d\dot{\theta}=H\dot{\sigma}\\ M_m=K_m(u-E_a)\\ u=K_j\theta\\ E_a=-K_e\dot{\sigma}\end{cases} \tag{2-5-9}$$

在零初始条件下，对上面的方程组取拉氏变换，可得：

$$\begin{cases}M_f(s)=J_ys^2\sigma(s)+Hs\theta(s)+M_m(s)\\ J_xs^2\theta(s)+K_ds\theta(s)=Hs\sigma(s)\\ M_m(s)=K_m[u(s)-E_a(s)]\\ u(s)=K_j\theta(s)\\ E_a(s)=-K_es\sigma(s)\end{cases} \tag{2-5-10}$$

考虑到放大器环节中还有校正网络，假定其传递函数为 $W_j(s)$，则上面的力矩电机控制电压方程可以改为

$$u(s)=K_jW_j(s)\theta(s) \tag{2-5-11}$$

修改式(2-5-10)并整理，有

$$\begin{cases}\sigma(s)=[M_f(s)-Hs\theta(s)-M_m(s)]/J_ys^2\\ \theta(s)=H\sigma(s)/K_d(T_gs+1)\\ M_m(s)=K_m[u(s)-E_a(s)]\\ u(s)=K_jW_j(s)\theta(s)\\ E_a(s)=-K_es\sigma(s)\end{cases} \tag{2-5-12}$$

式中，$T_g=J_x/K_d$，为积分陀螺仪的时间常数。

根据方程组(2-5-12)，可以画出系统的函数方框图，如图 2-5-7 所示。

在积分陀螺稳定系统中，由于系统的反应速度快，平台稳定轴的转动实际上很慢，力矩电机的转速很小，因此电机的反电势可以忽略不计。另外，由于积分陀螺稳定系统中使用的陀螺仪动量矩很小，陀螺仪进动产生的陀螺力矩对干扰力矩的抵消作用很微弱，对系统进行分析时也可以忽略，这样图 2-5-7 可以简化为图 2-5-8。从系统函数方框图可以清楚地看出稳定回路抵消干扰力矩的过程。

1) 平台稳定轴上常值干扰力矩造成的稳定角误差

根据图 2-5-8 可以得出单轴积分陀螺稳定系统干扰力矩 $M_f(s)$ 到稳定角误差 $\sigma(s)$ 的传递函数：

$$\frac{\sigma(s)}{M_f(s)}=\frac{K_d(T_gs+1)}{J_yK_ds^2(T_gs+1)+K_mK_jHW_j(s)} \tag{2-5-13}$$

于是：

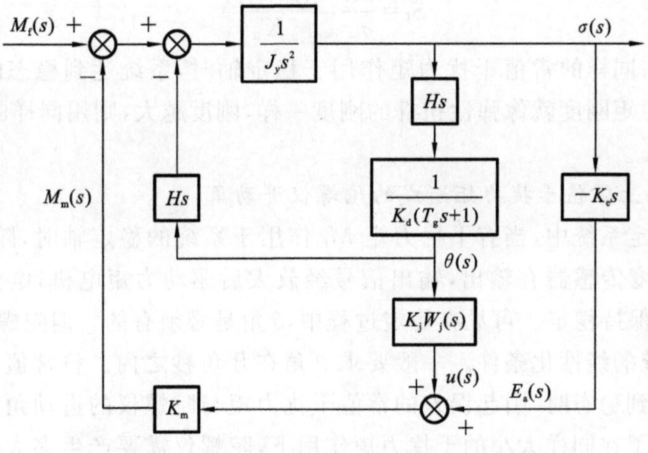

图 2-5-7 单轴积分陀螺稳定系统函数方框图

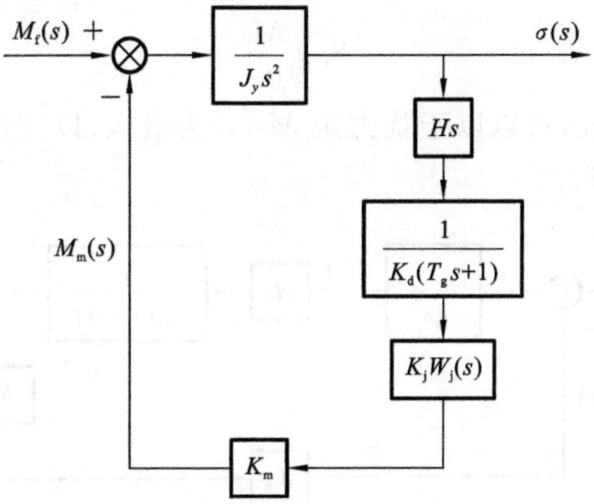

图 2-5-8 单轴积分陀螺稳定系统简化方框图

$$\sigma(s)=\frac{K_d(T_g s+1)}{J_y K_d s^2(T_g s+1)+K_m K_j H W_j(s)} M_f(s) \tag{2-5-14}$$

干扰力矩为常值时：

$$M_f(t)=M_f \tag{2-5-15}$$

$$M_f(s)=M_f/s \tag{2-5-16}$$

运用拉氏变换中的终值定理，可求出稳态时的稳定角误差 σ_{ss}：

$$\sigma_{ss}=\lim_{s\to 0} s\sigma(s)=\lim_{s\to 0}\frac{K_d M_f}{K_m K_j H W_j(s)} \tag{2-5-17}$$

选择校正网络的参数，可以使 $\lim_{s\to 0} W_j(s)=1$，此时有

$$\sigma_{ss}=\frac{K_d}{K_m K_j H} M_f \tag{2-5-18}$$

从以上分析可以看出，有常值干扰力矩作用于稳定轴时，系统达到稳态时是存在稳态角误差的，因而是一有差系统。稳定角误差 σ_{ss} 与稳定轴上受到的常值干扰力矩的大小成正比，但比例系数仅与系统结构参数有关。将常值干扰力矩 M_f 与稳定角误差 σ_{ss} 的比值称为力矩刚度：

$$S_f=\frac{M_f}{\sigma_{ss}}=\frac{K_m K_j H}{K_d} \tag{2-5-19}$$

力矩刚度越大，同样的常值干扰力矩作用于稳定轴时，系统达到稳态时的稳态角误差越小，反之则越大。力矩刚度就像弹性扭杆的刚度一样，刚度越大，则用同样的力矩扭动扭杆时，能扭动的角度越小。

2）平台稳定轴上常值干扰力矩造成的陀螺仪进动角

在积分陀螺稳定系统中，当有干扰力矩 M_f 作用于系统的稳定轴时，陀螺仪会产生进动，进动角 $\theta\neq 0$ 时，角度传感器有输出，输出信号经放大后驱动力矩电机，电机产生稳定力矩与 M_f 平衡，于是平台保持稳定。可见在稳定过程中，θ 角是必须有的。但陀螺进动角 θ 又不能太大，否则会破坏系统的线性化条件。一般要求 θ 角在几角秒之内。将常值干扰力矩作用于系统稳定轴且系统达到稳态时，引起误差的常值干扰力矩与陀螺仪的进动角的比值称为稳态刚度。稳态刚度表明了在同样大小的干扰力矩作用下，陀螺仪需要产生多大的进动角才能产生相应的稳定力矩以平衡干扰力矩。设常值干扰力矩为 M_f，当系统达到稳态时陀螺仪的进动角为 θ_{ss}，则稳态刚度 S_i 为

$$S_i=\frac{M_f}{\theta_{ss}} \tag{2-5-20}$$

为求得稳态刚度表达式，可以以干扰力矩 $M_f(s)$ 为输入、以陀螺仪的进动角度 θ 为输出，将图 2-5-8 改画为图 2-5-9。

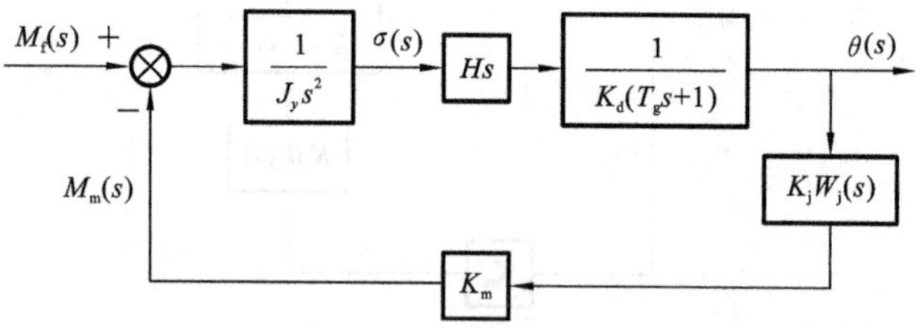

图 2-5-9　以干扰力矩为输入、以陀螺仪的进动角度为输出的函数方框图

根据图 2-5-9，可以求出 $M_f(s)$ 到 $\theta(s)$ 的传递函数：

$$\frac{\theta(s)}{M_f(s)}=\frac{H}{J_y K_d s^2(T_g s+1)+K_m K_j H W_j(s)} \tag{2-5-21}$$

于是：

$$\theta(s)=\frac{H}{J_y K_d s^2(T_g s+1)+K_m K_j H W_j(s)}M_f(s) \tag{2-5-22}$$

若 $M_f(t)=M_f$，则 $M_f(s)=M_f/s$。与求稳定角误差 σ_{ss} 类似，运用拉氏变换中的终值定理，可求出稳态时的陀螺仪进动角 θ_{ss}（仍假定 $\lim\limits_{s\to 0}W_j(s)=1$）：

$$\theta_{ss}=\lim_{s\to 0}s\theta(s)=\frac{1}{K_m K_j}M_f \tag{2-5-23}$$

故稳态刚度为

$$S_i=\frac{M_f}{\theta_{ss}}=K_j K_m \tag{2-5-24}$$

可见，稳态刚度就是从陀螺仪进动角到形成稳定力矩的放大倍数。要提高系统的稳态刚度就需要增大放大倍数。力矩刚度和稳态刚度是陀螺稳定系统的重要设计指标。

2.6　单轴陀螺稳定平台程序设计

2.6.1　程序设计

单轴积分陀螺稳定系统具有结构简单的特点。本节结合 2.5 节内容，进行以下实验。（本节所对应程序详见配套的数字资源）

假设有一单轴积分陀螺稳定系统（液浮积分陀螺仪），其参数如下：

动量矩 $H=10^5\ \mathrm{g\cdot cm^2/s}$；

阻尼系数 $K_d=1.67\ \mathrm{dyn\cdot cm\cdot s}$；

绕输出轴转动惯量 $J_x=10^2\ \mathrm{g\cdot cm^2}$；

绕稳定轴转动惯量 $J_y=3\times10^5\ \mathrm{g\cdot cm^2}$；

力矩电机力矩系数 $K_m=430\ \mathrm{dyn\cdot cm/V}$；

角度传感器和放大器的综合放大系数 $K_j=633\ \mathrm{V/rad}$。

试求：

(1) 稳态刚度、力矩刚度；

(2) 观察 500 s 内平台稳定角误差 σ 的变化情况，其中干扰力矩 M_f 的大小设置为 1；

(3) 观察 500 s 内平台进动角 θ 的变化情况，其中干扰力矩 M_f 的大小设置为 1。

注：$1\ \mathrm{dyn}=1\ \mathrm{g\cdot cm/s^2}=10^{-5}\ \mathrm{N}$，$g$ 取 $9.8\ \mathrm{m/s^2}$。

SIMULINK 实验步骤如下：

(1) 定义动量矩、阻尼系数、力矩电机力矩系数和综合放大系数等变量；根据式(2-5-24)编写程序，求解稳态刚度；根据式(2-5-19)编写程序，求解力矩刚度。求解程序如图 2-6-1 所示。

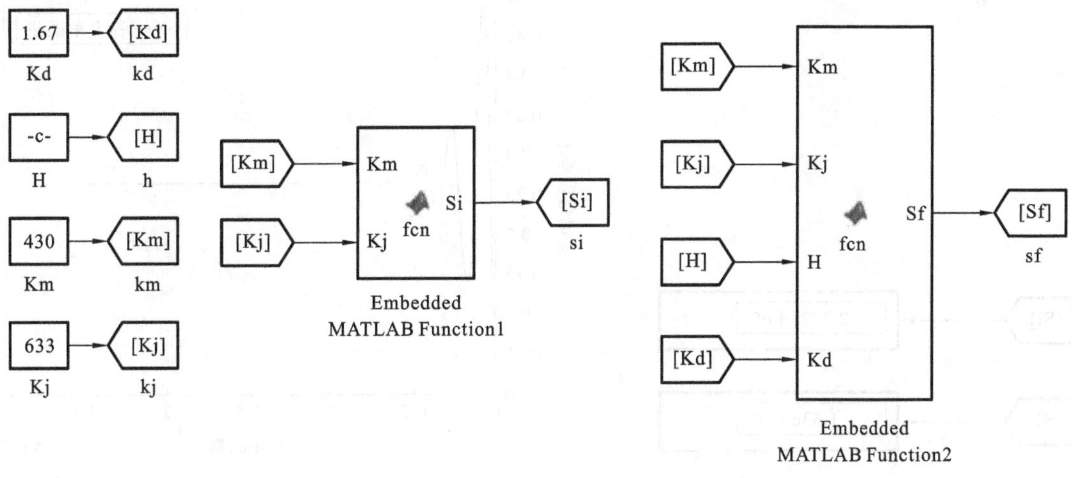

图 2-6-1　稳态刚度、力矩刚度求解程序

(2) 根据图 2-5-8 和图 2-5-9 于 SIMULINK 中进行建模，设置采样时间为 500 s，每秒采样次数为 50，得到如图 2-6-2 所示的 SIMULINK 程序框图（注意须进行单位的统一）。

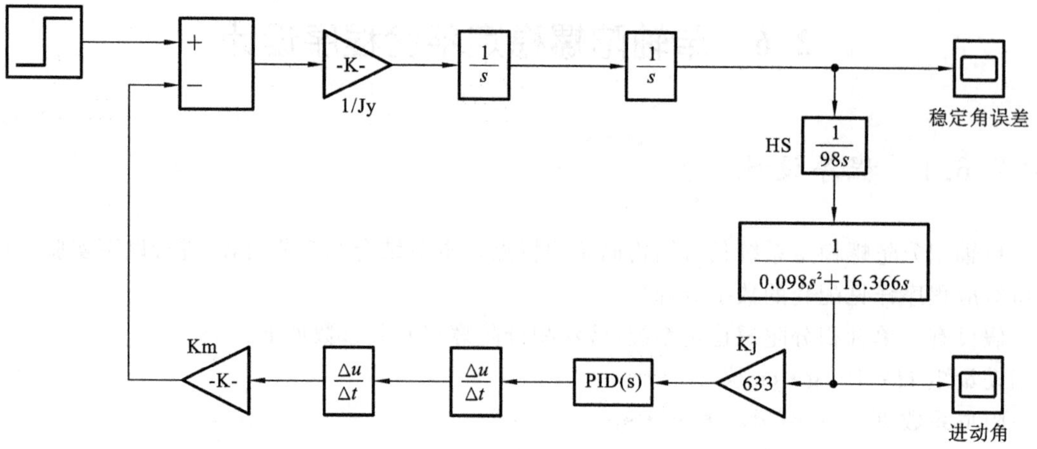

图 2-6-2 稳定角误差 σ 和进动角 θ 求解程序

对应的主要代码如下：

```
Si=Kj*Km;  %稳态刚度
Sf=(Km*Kj*H)/Kd;  %力矩刚度
```

2.6.2 仿真结果

根据 2.6.1 节的 SIMULINK 程序，进行稳态刚度、力矩刚度的计算，并观察平台稳定角误差 σ 和进动角 θ 的变化情况。

(1) 稳态刚度和力矩刚度如图 2-6-3 所示。

(2) 500 s 内平台稳定角误差 σ 的变化如图 2-6-4 所示。

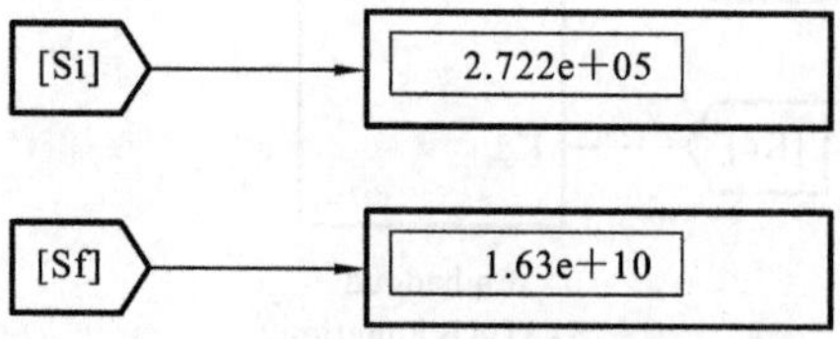

图 2-6-3 稳态刚度和力矩刚度求解结果

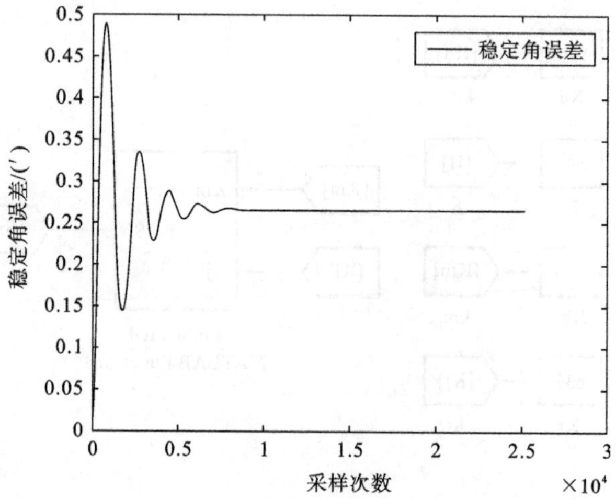

图 2-6-4 平台稳定角误差 σ 变化曲线

(3) 500 s 内平台进动角 θ 的变化如图 2-6-5 所示。

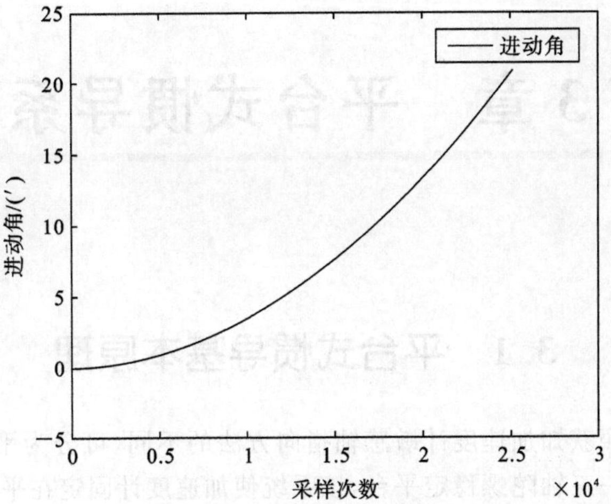

图 2-6-5　平台进动角 θ 变化曲线

第 3 章　平台式惯导系统

3.1　平台式惯导基本原理

惯性导航系统按照获知加速度计敏感轴指向方法的不同，可分为平台式惯导和捷联式惯导。平台式惯导中有一三轴陀螺稳定平台，该系统使加速度计固定在平台上，其敏感轴与平台稳定轴平行，进而使三根稳定轴对导航坐标系进行模拟，导航坐标系轴的指向是可知的。本节首先介绍平台式惯导基本原理，然后引出影响其性能的关键因素，最后介绍相关改进方法。

3.1.1　平台式惯导介绍

图 3-1-1 为平台式惯导的组成结构示意图。平台式惯导系统由三轴陀螺稳定平台（含陀螺仪）、加速度计、导航计算机、控制显示器等部分组成。

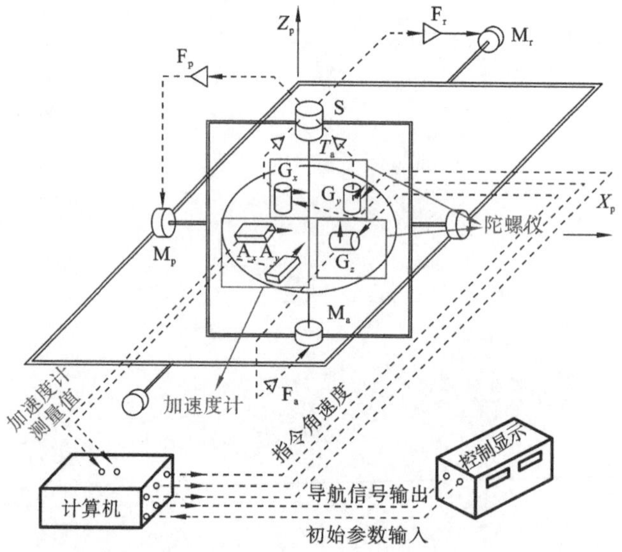

图 3-1-1　平台式惯导的组成结构示意图

加速度计放置在平台上，其输出的比力信号由惯导计算机采集，计算机一方面计算载体的实时运动参数和导航参数，另一方面还计算对平台实施控制的指令角速度，指令角速度经数模变换转换为指令电流，输入给三个陀螺仪的力矩器，以使平台跟踪所选定的导航坐标系。平台式惯导的组成及各部分之间的信号传递关系如图 3-1-2 所示。由图可见，平台式惯导包括以下几个部分。

(1) 加速度计:用来测量沿平台稳定轴的比力分量。

(2) 稳定平台:模拟一个导航坐标系,为加速度计提供一个测量和安装基准。在平台的三根轴上均装有角度发送器,用以提供载体的姿态信息。平台为跟踪所模拟的导航坐标系,要按照导航坐标系相对惯性空间相同的规律转动,平台通过接收修正指令来完成这种转动。惯导平台可以用三个单自由度陀螺仪(或两个二自由度陀螺仪)作为角速度(或角位置)敏感元件。

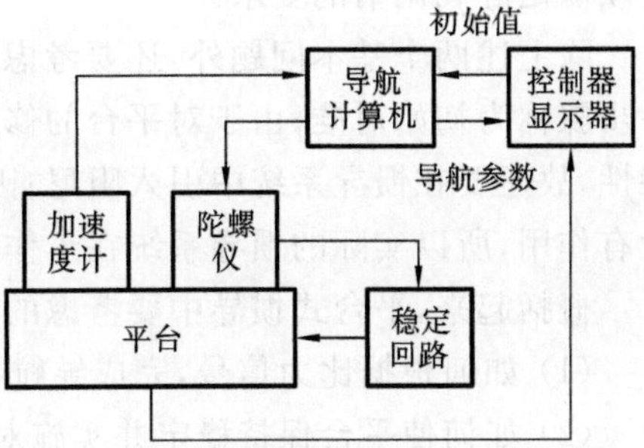

图 3-1-2 平台式惯导的组成及各部之间的信号传递关系

(3) 导航计算机:采集加速度计的输出信号,进行导航定位计算,同时,计算对三轴稳定平台的指令角速度。

(4) 控制显示部件:显示导航参数,向导航计算机提供初始参数和系统需要的其他参数。

(5) 电源:提供各部件所需的电源。

平台式惯导实现定位的基本原理并不复杂,但在实施过程中有很多问题需要解决。从定位的角度来说,首先要解决的问题有如下两个。

1. 如何根据加速度计输出的比力进行导航定位计算

平台式惯导中,加速度计的敏感轴固定在平台的稳定轴轴向上,测得的载体加速度信息体现为比力在平台坐标系三个轴向上的分量 f_x^p、f_y^p 和 f_z^p。要根据比力提取载体相对地球的相对加速度。不同的平台式惯导,根据比力进行导航计算的算法也不一样,但是,算法肯定要满足牛顿力学中的运动规律。在惯导中将根据加速度计输出的比力计算载体速度、位置的公式编排称为力学编排,相应的编排方程,称为力学编排方程。不同类型的平台式惯导,由于平台模拟的导航坐标系各不相同,力学编排方程也是不同的。

2. 如何使平台保持稳定并实施对平台的精确控制

要准确获知加速度计敏感轴指向,构造高精度的陀螺稳定平台是平台式惯导的核心问题之一。由于惯导误差的积累性,极其微小的平台误差也会导致较大的系统误差。例如,在当地水平惯导中,当平台准确保持水平时,沿平台水平轴向的加速度计不会敏感到重力加速度分量,但是当平台有 1′的倾斜角时,就会引入重力加速度分量 $2.91\times10^{-4}g$,一小时后,由此引起的定位误差可达 10 n mile。可见,系统对平台的精度要求非常高。稳定平台用陀螺仪作为平台角运动敏感元件,为敏感平台绕三个轴向的角运动,可以使用三个单自由度陀螺仪,也可使用两个二自由度陀螺仪。平台的三根稳定轴确定了一个平台坐标系 $OX_pY_pZ_p$,平台的任务就是使平台坐标系模拟某一个导航坐标系(如当地地理坐标系)。显然,稳定平台要有三条稳定回路,每条稳定回路稳定平台的一根轴。

为使平台模拟某种导航坐标系,就必须使平台在起始时刻对准该导航坐标系,在此基础上,再给平台上的陀螺仪施加相应的指令信号,使平台与所选定的导航坐标系以完全相同的角速度相对惯性空间转动,从而精确地跟踪该导航坐标系。指令角速度可分解为三个坐标轴向上的角速度分量,计算其数值时,需要载体的速度等信息,而它只能由导航计算机在处理加速度信号后计算获得。这样就形成了平台的修正回路,回路通道是:平台→加速度计→导航计算机→平台指令角速度→陀螺仪→平台。显然,修正回路有三条。对于当地水平惯导系统,为使平台的水平方向不受载体运动加速度的影响,保持平台的水平精度,两条水平修正回路的参数必须满足舒勒调谐的要求。

除上述两个基本问题外，还要考虑：在系统工作前，必须使平台对准选定的导航坐标系，这一步骤称为初始对准；由于对平台的修正构成了闭环回路，系统的误差会呈现出不衰减的振荡特性，故还要在惯导系统中引入阻尼；因为阻尼只能克服振荡性误差，对常值的、积累性的误差没有作用，所以实际的惯导系统在工作时还需要进行适时的校正。

概括起来，平台式惯导中要考虑的主要问题如下。

(1) 如何根据比力信号，完成导航参数及平台指令角速度的计算，即如何进行力学编排。

(2) 如何使平台保持稳定并实施对平台的精确控制，对水平平台要考虑如何使修正回路满足舒勒调谐条件。

(3) 如何进行精确的初始对准。

通过前文的学习，已能够分析解决问题(1)。下面针对平台的稳定性及回路修正问题进行详细分析。

3.1.2 三轴陀螺稳定平台介绍

实际平台式惯性导航系统中使用的平台都是三轴平台。有的惯性导航系统要求其三轴平台相对惯性空间稳定，即平台工作于几何稳定状态；有的惯性导航系统要求其三轴平台在保持稳定的同时还要跟踪某个导航坐标系，即平台工作于空间积分状态。三轴平台可以看作由三个单轴陀螺稳定平台组合而成，前文介绍的单轴平台的工作原理、系统的基本组成和传递函数、系统的性能指标等内容都适用于三轴平台。

但三轴平台不是三个单轴平台简单的叠加，三轴平台由于其结构和工作原理方面的特点，在实现平台的稳定和修正两种工作状态时，有许多特殊问题，如陀螺仪信号的合理分配、基座转动角速度到平台的耦合与隔离、三轴平台的环架锁定等。

以三环式三轴平台为例，其一般都采用环架式结构。不同载体上使用的平台，环架结构可能也不一样。三环式结构是三环式三轴平台的基本结构，舰船用惯导、平台罗经中使用的三轴平台都是这种结构形式，如图 3-1-3 所示。

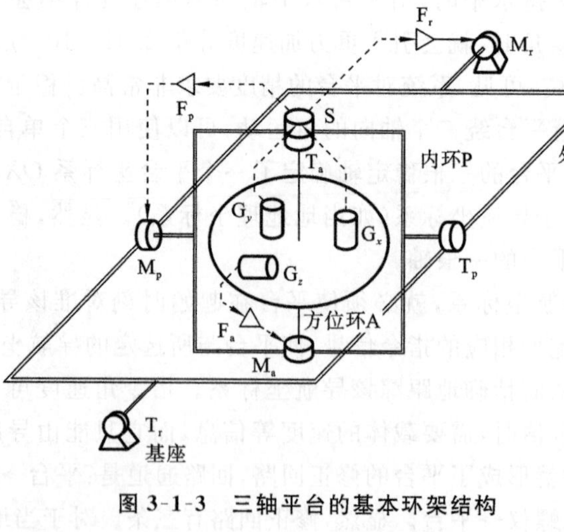

图 3-1-3 三轴平台的基本环架结构

(1) 三个平衡环:外环R(又称横摇平衡环、横滚平衡环,R表示roll——横摇)、内环P(又称纵摇平衡环、俯仰平衡环,P表示pitch——纵摇)、方位环A(A表示azimuth——方位)。方位环实际上就是被稳定对象——台体,物理上不一定是"环"的形式。环架结构保证了方位环可相对内环转动,内环可相对外环转动,外环支承于平台基座上,可相对基座转动。三个环架转动轴分别称为方位轴、内环轴(或纵摇轴、俯仰轴)、外环轴(或横摇轴、横滚轴)。平台在载体上安装时,一般使平台外环轴与载体纵轴(如舰船的艏艉线)一致,使平台内环轴与载体的横轴一致。

(2) 三个力矩电机M_r、M_p、M_a:外环轴力矩电机M_r(也记为M_y)的定子固定在基座上,转子轴与外环轴固连;内环轴力矩电机M_p(也记为M_x)的定子固定在外环上,转子轴与内环轴固连;方位环力矩电机M_a(也记为M_z)的定子固定在内环上,转子轴与方位轴固连。三个力矩电机是稳定系统的执行元件,可以驱动环架组件相对其支承体转动。

(3) 三个单自由度陀螺仪G_x、G_y、G_z(也可以是两个二自由度陀螺仪):固定在平台台体上,安装时要保证陀螺仪G_z的输入轴与方位轴平行,陀螺仪G_x、G_y的输入轴在一个平面上且与方位轴垂直。

(4) 信号分配器S:主要对陀螺信号进行分配,也称为坐标变换器。

(5) 稳定回路:从陀螺仪角度传感器的输出经信号分配器变换、放大器放大、校正等环节到驱动力矩电机的三条稳定回路。

(6) 输入电路:向陀螺仪提供指令电流信号的输入电路。

(7) 修正回路:若要平台模拟一种非惯性坐标系(如地理坐标系),则需要构建平台的修正回路。

(8) 载体姿态角输出元件:在平台的方位轴、纵摇轴、横摇轴上分别装有角度传感器T_a、T_p、T_r(如感应同步器、多极旋转变压器等),分别用于输出载体的航向角、纵摇角和横摇角。

除上述组成结构外,三轴平台还有减振基座、输电装置、温度控制系统等。

为便于对三轴平台进行数学分析,我们定义以下坐标系。

(1) 平台坐标系$OX_pY_pZ_p$,简称p系。该坐标系与平台方位环(即台体)固连,Z_p轴沿方位轴向上,X_p、Y_p轴在一个平面上,均与Z_p轴垂直,构成右手直角坐标系。当平台模拟当地地理坐标系时,X_p轴指东,Y_p轴指北。X_p、Y_p、Z_p轴与安装固定于台体上的三个陀螺仪G_x、G_y、G_z的输入轴方向平行,如图3-1-4(a)所示,图中三个陀螺仪上的箭头代表陀螺仪的输入轴方向。

(2) 内环坐标系$OX_{pi}Y_{pi}Z_{pi}$(下标pi表示pitch),简称pi系。该坐标系与平台内环固连,Z_{pi}轴为平台方位轴(同Z_p轴),X_{pi}轴沿平台内环轴(纵摇轴)指向平台右侧,Y_{pi}轴与X_{pi}、Z_{pi}轴垂直构成右手直角坐标系,如图3-1-4(b)所示。

(3) 外环坐标系$OX_rY_rZ_r$,简称r系。该坐标系与平台外环固连,X_r轴沿平台内环轴指向平台右侧(同X_{pi}轴),Y_r轴沿平台外环轴(横摇轴)指向平台前方,Z_r轴与X_r、Y_r轴垂直构成右手直角坐标系,如图3-1-5(a)所示。由于外环平面与内环平面不一定垂直,Z_r轴与方位轴指向并非始终一致。

(4) 电机坐标系$OX_mY_mZ_m$(下标m表示motor),简称m系。因为沿方位轴Z_p、内环轴X_{pi}、外环轴Y_r各装有一个力矩电机,故$OX_{pi}Y_rZ_p$组成了力矩电机坐标系,记为$OX_mY_mZ_m$,如图3-1-5(b)所示。要注意的是,电机坐标系不一定是正交坐标系。

(5) 基座(载体)坐标系$OX_bY_bZ_b$(下标b表示base),简称b系。该坐标系与载体基座固

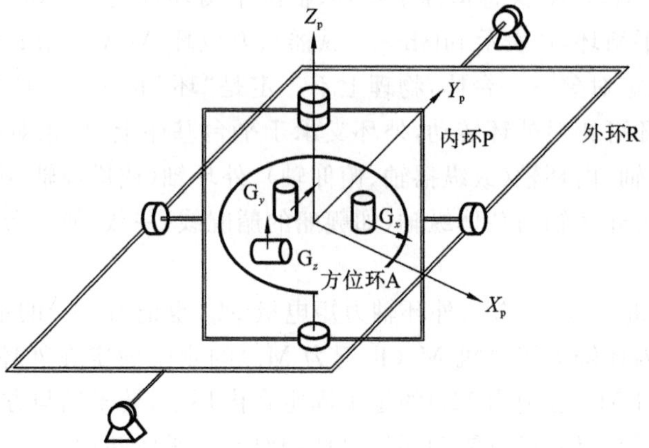

(a)

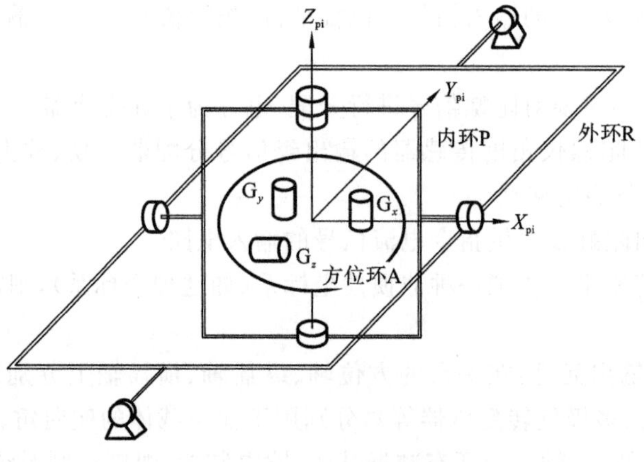

(b)

图 3-1-4 平台坐标系 $OX_pY_pZ_p$ 与内环坐标系 $OX_{pi}Y_{pi}Z_{pi}$

连，Y_b 轴为载体纵轴（同 Y_r 轴），X_b 轴沿载体横向轴向右，Z_b 轴与 X_b、Y_b 轴垂直构成右手直角坐标系，如图 3-1-5(a)所示。

这几个坐标系的相互关系如下：

b 系绕 Y_b 轴正向转动角度 θ_r 到 r 系（见图 3-1-6(a)）；

r 系绕 X_r 轴正向转动角度 θ_p 到 pi 系（见图 3-1-6(b)）；

pi 系绕 Z_{pi} 轴正向转动角度 θ_a 到 p 系（见图 3-1-6(c)）。

或者说：

p 系绕 Z_p 轴负向转动角度 θ_a 到 pi 系；

pi 系绕 X_{pi} 轴负向转动角度 θ_p 到 r 系；

r 系绕 Y_r 轴负向转动角度 θ_r 到 b 系。

当平台水平且指北时，θ_a、θ_r、θ_p 三个角度分别为载体的航向角（以正北为准，顺时针方向为正）、纵摇角（载体头部低下为正）和横摇角（载体绕艏向左倾为正）。在平台的三根环架轴上均装有角度传感器，用以输出三个姿态角。当内环相对外环的转角 θ_p、方位环相对内环的转角 θ_a 均等于零时，外环坐标系、内环坐标系及方位环坐标系的同名轴重合，此时称平台处于中立位置。

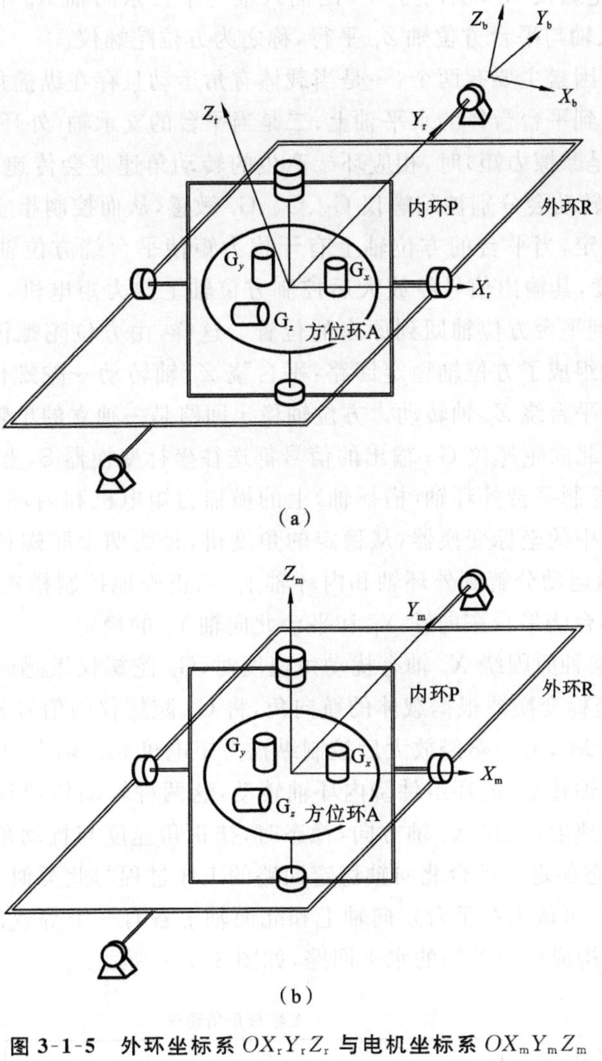

图 3-1-5　外环坐标系 $OX_rY_rZ_r$ 与电机坐标系 $OX_mY_mZ_m$

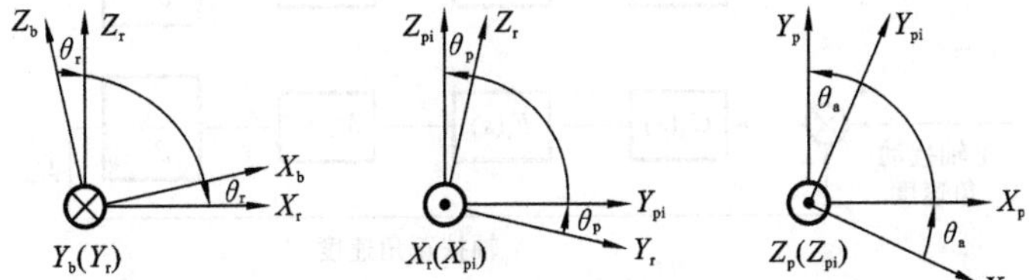

图 3-1-6　几种坐标系之间的关系

3.1.3　平台式惯导修正回路原理

对于采用三个单自由度积分陀螺仪的指北方位惯导，三个单自由度陀螺仪均放置于三轴稳定平台台体上，输入轴互相垂直。陀螺仪 G_N（也记为 G_y）的输入轴与平台北向轴 Y_p 平行，称之为北向陀螺仪；陀螺仪 G_E（也记为 G_x）的输入轴与平台东向轴 X_p 平行，称之为东向陀螺仪；陀螺仪 G_z 的输入轴与平台方位轴 Z_p 平行，称之为方位陀螺仪。

影响平台稳定的因素主要有两个：一是当载体有角运动且存在纵摇角时，平台基座的转动会通过刚性约束传递到平台台体的水平轴上；二是当平台的支承轴（外环轴、内环轴和方位轴）上有干扰力矩（主要是摩擦力矩）时，相应环架产生的转动角速度会传递到平台台体上。平台绕 X_p、Y_p、Z_p 轴向的转动会分别被陀螺仪 G_E、G_N、G_z 敏感，从而控制相应的稳定回路工作。

先看方位轴的稳定，当平台的方位轴上有干扰力矩使平台绕方位轴转动时，方位陀螺仪 G_z 敏感此转动角速度，其输出信号经放大后控制方位轴上的力矩电机，力矩电机产生稳定力矩抵消干扰力矩，直到平台方位轴回到原来的位置。这样，由方位陀螺仪 G_z、放大器、平台方位轴上的力矩电机就组成了方位轴稳定回路：平台绕 Z_p 轴转动→陀螺仪 G_z→放大器 F_z（即 F_a）→力矩电机 M_z→平台绕 Z_p 轴转动。方位轴稳定回路是一独立的单轴积分陀螺稳定系统。

东向陀螺仪 G_E、北向陀螺仪 G_N 输出的信号都送往坐标变换器 S，坐标变换器输出的两路信号经放大后，分别控制平台外环轴（横摇轴）上的横摇力矩电机和内环轴（纵摇轴）上的纵摇力矩电机。三轴平台中的坐标变换器，从稳定的角度讲，是将两个陀螺仪 G_E、G_N 所敏感的平台绕 X_p、Y_p 轴上的角运动分解到外环轴和内环轴上，以正确地控制横摇力矩电机 M_r 和纵摇力矩电机 M_p，实现平台绕平台东向轴 X_p 和平台北向轴 Y_p 的稳定。

例如，平台由于某种原因绕 X_p 轴有扰动角速度时，G_E 陀螺仪敏感此转动，其输出的信号送往坐标变换器 S，坐标变换器根据载体的航向角，将 G_E 陀螺仪的信号分为两路，一路经放大后控制横摇力矩电机 M_r，另一路经放大后控制纵摇力矩电机 M_p，两个力矩电机产生的力矩使平台外环组件绕外环轴转动、内环组件绕内环轴转动，这两种转动传递到平台台体上，其合成的角速度就是扶正角速度，也在 X_p 轴方向，稳态时，扶正角速度与扰动角速度等值反向，故平台可绕 X_p 轴保持动态稳定。平台北向轴稳定回路的工作过程与此类似。

有了坐标变换器，可认为在平台东向轴上和北向轴上各有一个等效的放大器 F_x、F_y 和力矩电机 M_x、M_y，从而构成两个等效的水平回路，如图 3-1-7 所示。

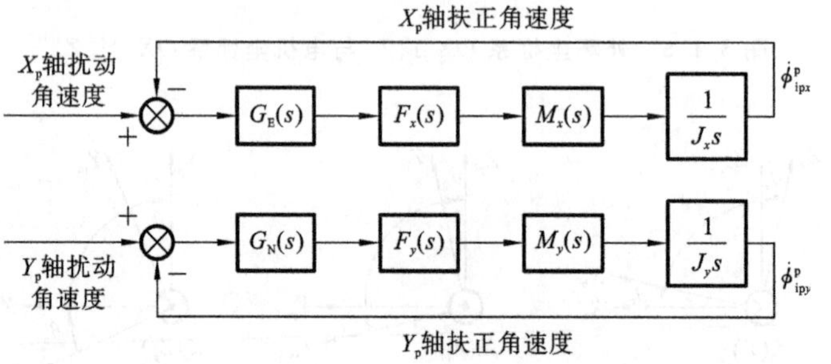

图 3-1-7　两个等效的独立水平稳定回路

等效的东向轴稳定回路：平台绕 X_p 轴转动→陀螺仪 G_E→等效放大器 F_x→等效力矩电机 M_x→平台绕 X_p 轴转动。

等效的北向轴稳定回路：平台绕 Y_p 轴转动→陀螺仪 G_N→等效放大器 F_y→等效力矩电机 M_y→平台绕 Y_p 轴转动。

这样，平台的东向轴稳定回路和北向轴稳定回路都可以看成独立的单轴积分陀螺稳定系统，更便于分析。

指北方位惯导平台跟踪的是当地地理坐标系。地理坐标系相对惯性空间的转动角速度在 t 系上的分量表达式如下：

$$\boldsymbol{\omega}_{it}^{t}=\begin{bmatrix}\omega_{itx}^{t}\\ \omega_{ity}^{t}\\ \omega_{itz}^{t}\end{bmatrix}=\begin{bmatrix}-\dfrac{V_y^t}{R_M}\\ \omega_{ie}\cos\varphi+\dfrac{V_x^t}{R_N}\\ \omega_{ie}\sin\varphi+\dfrac{V_x^t}{R_N}\tan\varphi\end{bmatrix}\tag{3-1-1}$$

式中，R_M、R_N 分别为载体所在子午圈、卯酉圈的曲率半径。

若不对平台的三个陀螺施加控制信号，平台的三根轴将相对惯性空间保持稳定，平台处于几何稳定状态。为跟踪地理坐标系，必须对平台进行修正。修正的方法是按地理坐标系相对惯性空间的运动规律控制平台相对惯性空间的转动，即施加给平台三个陀螺的指令角速度 $\boldsymbol{\omega}_{ip}^{p}$ 要与地理坐标系相对惯性空间的转动角速度 $\boldsymbol{\omega}_{it}^{t}$ 相等。

$$\boldsymbol{\omega}_{ip}^{p}=\begin{bmatrix}\omega_{ipx}^{p}\\ \omega_{ipy}^{p}\\ \omega_{ipz}^{p}\end{bmatrix}=\begin{bmatrix}\omega_{itx}^{t}\\ \omega_{ity}^{t}\\ \omega_{itz}^{t}\end{bmatrix}=\begin{bmatrix}-\dfrac{V_y^t}{R_M}\\ \omega_{ie}\cos\varphi+\dfrac{V_x^t}{R_N}\\ \omega_{ie}\sin\varphi+\dfrac{V_x^t}{R_N}\tan\varphi\end{bmatrix}\tag{3-1-2}$$

平台跟踪地理坐标系时，必须在起始时进行水平对准与方位对准，使平台坐标系的三根轴与当地地理坐标系的三根轴重合，这一步骤称为惯导平台的初始对准。关于初始对准的方法这里暂不研究，本章后续还要专门讨论。完成初始对准后，在平台保持稳定的基础上，按照式(3-1-2)向平台三个稳定回路中的陀螺仪力矩器施加适当的指令电流来对平台进行修正，平台就可以保持水平指北。

对平台的修正包括东向轴修正、北向轴修正和方位轴修正，因而有三条修正回路。注意，东向轴修正回路控制的是平台南北轴的水平，而北向轴修正回路控制的是平台东西轴的水平，故有些资料将其分别称为北向水平修正回路和东向水平修正回路。这里以平台的东向轴(X_p)修正为例说明修正的具体过程：装在平台上的北向加速度计 A_N 测量出沿 Y_p 轴的比力信号并传送给计算机，补偿掉有害加速度后，可得载体的北向加速度 $\dot{V}_y^t$，计算机通过积分计算出载体的北向速度 V_y^t；再按式(3-1-2)求出平台绕东向轴 X_p 的指令角速度 $\boldsymbol{\omega}_{ip}^{p}$，此指令角速度以指令电流的形式送入东向陀螺仪 G_E 的力矩器，使陀螺绕其输出轴进动，进动角度通过陀螺的角度传感器输出，控制平台的东向轴稳定回路，使平台绕东向轴转动；平台绕东向轴的转动，会改变平台南北向的水平，进而改变加速度计对重力加速度 $\boldsymbol{g}$ 的敏感量，影响北向加速度计的输出。由此可见，修正过程是一闭环过程，平台的东向轴修正回路可描述如下：

加速度计 A_N →载体的北向速度 V_y^t→指令角速度 $\boldsymbol{\omega}_{ip}^{p}$→陀螺仪 G_E→东向轴稳定回路
→重力加速度 $\boldsymbol{g}$→加速度计 A_N

在三条修正回路中，要注意的是，修正是在稳定的基础上进行的，修正过程中包含了稳定过程。稳定回路要平台轴静止，修正回路则要其转动，其实两者并不矛盾。因为稳定回路是快速反应系统(否则就无法抑制干扰)，而修正的指令角速度却非常小、变化极为缓慢，在修正的缓慢过程中，可认为平台是一直处于稳定状态的，不过稳定的目标位置是修正指令确定的。

对于用两个二自由度陀螺仪构成三轴平台的指北方位惯导，平台上装有两个二自由度陀

螺仪 G_{EZ} 和 G_{NZ}，其中 G_{EZ} 的两根敏感轴分别指向并控制平台的 X_p 轴和 Z_p 轴，G_{NZ} 的一根敏感轴指向并控制平台的 Y_p 轴，另一根轴是冗余的，通过一方位锁定回路跟踪平台的 Z_p 轴。

指北方位惯导平台法线就是地垂线，平台要精确地保持水平，其水平修正回路必须满足舒勒调谐的条件。平台有两条水平修正回路，即东向轴修正回路与北向轴修正回路，工作原理基本相同。下面以平台东向轴修正回路为例分析回路实现舒勒调谐的条件。

北向加速度计 A_N、东向陀螺仪 G_E、东向轴稳定回路（由 G_E、等效东向轴放大器 F_x、等效东向轴力矩电机 M_x 以及平台本身构成）再加上计算机就构成了东向轴修正回路，同时这一回路也是一个单通道的惯导系统，因为载体的纬度可以从这一回路输出，如图 3-1-8 所示。

假定载体沿地球子午线向正北航行，初始时刻平台是水平的。载体航行时可以有纵摇，但没有横摇和偏航（因为这里只考虑东向轴修正回路）。平台南北轴的水平误差角为 ϕ_x，其符号规定：ϕ_x 为正时，地理坐标系 $OX_tY_tZ_t$ 绕 X_t 轴正向转动 ϕ_x 角就到达平台坐标系 $OX_pY_pZ_p$（见图 3-1-9）。

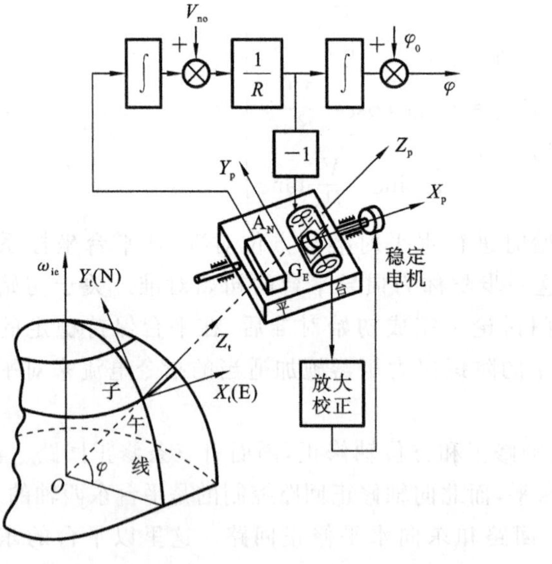

图 3-1-8　指北方位平台东向轴修正回路

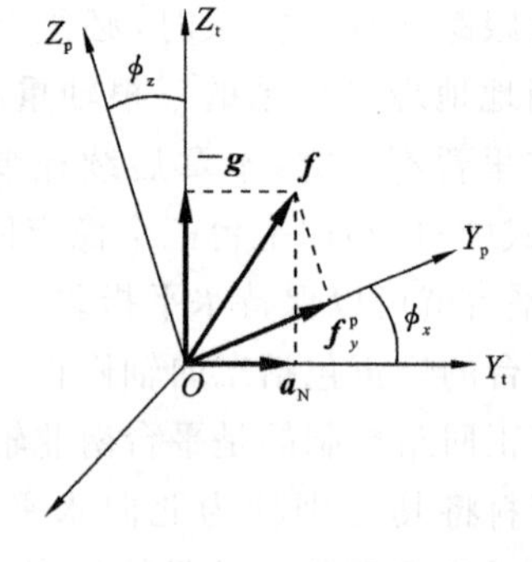

图 3-1-9　加速度计 A_N 输出的比力分量 f_y^p

为得出回路方框图，下面将回路分为几部分，分别列写出各部分的方程。

1. 加速度计 A_N 输出的比力分量 f_y^p

加速度计 A_N 输出的是沿平台坐标系 Y_p 轴向上的比力分量 f_y^p。为简化问题，再假定地球没有自转，加速度计处的引力加速度 $\boldsymbol{G}$ 就是当地重力加速度 $\boldsymbol{g}$，如果平台始终保持水平，重力加速度 $\boldsymbol{g}$ 不会被加速度计敏感，即对加速度计的输出无影响，这是所希望的。但平台存在误差角 ϕ_x 时，加速度计会敏感到 $\boldsymbol{g}$ 的分量。

假定载体的北向加速度为 $\boldsymbol{a}_N$，地球没有自转时，根据比力的定义：

$$\boldsymbol{f}=\boldsymbol{a}_N-\boldsymbol{G}=\boldsymbol{a}_N-\boldsymbol{g} \tag{3-1-3}$$

其输出的是比力矢量 $\boldsymbol{f}=\boldsymbol{a}_N-\boldsymbol{g}$ 在平台 Y_p 轴上的投影 f_y^p（参见图 3-1-9），则

$$f_y^p=a_N\cos\phi_x-g\sin\phi_x \tag{3-1-4}$$

当 ϕ_x 为小角度时：

$$f_y^p\approx a_N-g\phi_x \tag{3-1-5}$$

加速度计是以电流、电压等物理量的形式输出比力的，因此实际输出可表示为 $K_a f_y^p$，K_a 为加速度计的刻度系数。

2. 平台东向轴修正指令角速度的形成

对 f_y^p 积分可计算出北向速度 v_y^t，假定积分系数为 K_u，则

$$v_y^t = K_u \int_0^t K_a f_y^p \mathrm{d}t \tag{3-1-6}$$

由 v_y^t 可计算控制平台绕 X_p 轴转动的指令角速度：

$$\omega_{ipx}^p = -\frac{v_y^t}{R_M} \tag{3-1-7}$$

另外，由 v_y^t 可计算纬度的变化率，结合初始纬度则可得到载体的瞬时纬度。

对式(3-1-7)求拉氏变换，可得：

$$\omega_{ipx}^p(s) = -\frac{v_y^t(s)}{R_M} = -\frac{K_a K_u}{R_M s} f_y^p(s) = -\frac{K_a K_u}{R_M s}[a_N(s) - g\phi_x(s)] \tag{3-1-8}$$

3. 从指令角速度到平台绕 X_p 轴的转动角度

对陀螺仪 G_E 力矩器的指令力矩正比于指令角速度：

$$M_\lambda = K_c \omega_{ipy}^p \tag{3-1-9}$$

式中，K_c 为从指令角速度到力矩器输出的传递系数。

对于陀螺稳定系统，当向陀螺仪施加指令力矩，稳定系统进入稳态时，其稳定轴相对惯性空间的转动角速度等于指令角速度，即指令力矩与陀螺动量矩之比，所以，对陀螺仪 G_E 施矩后，平台绕 X_p 轴的转动角速度为

$$\dot{\phi}_a = \frac{M_\lambda}{H} \tag{3-1-10}$$

取拉氏变换：

$$\phi_a(s) = \frac{M_\lambda(s)}{Hs} \tag{3-1-11}$$

4. 地理坐标系的转动及平台误差角的产生

在载体运动过程中，地理坐标系绕其 X_t 轴的转动角加速度 $\dot{\phi}_b$ 为

$$\dot{\phi}_b = \frac{a_N}{R_M} \tag{3-1-12}$$

取拉氏变换：

$$\phi_b(s) = \frac{a_N(s)}{R_M s^2} \tag{3-1-13}$$

平台的误差角 ϕ_x 是在载体运动过程中，平台绕其 X_p 轴相对惯性空间的转动角度 ϕ_a 与地理坐标系绕其 X_t 轴相对惯性空间的转动角度 ϕ_b 之差：

$$\phi_x = \phi_a - \phi_b \tag{3-1-14}$$

综合式(3-1-8)、式(3-1-11)、式(3-1-13)和式(3-1-14)可画出平台东向轴修正回路方框图，如图 3-1-10 所示。

由图 3-1-10 可以看出，当载体有加速度 $\boldsymbol{a}_N$ 时，有两条并联的前向通道，一条表示地垂线相对惯性空间的转动角度，另一条代表平台跟踪地垂线实际转动的角度，如果两者不一致，将产生平台误差角 ϕ_x，此误差角又通过加速度计对重力加速度分量的敏感反馈至加速度计输入端，构成反馈回路。这是一负反馈系统。可以把两条并联的前向通道的负号移到反馈回路里，

这样就可以看得更清楚，如图 3-1-11 所示。

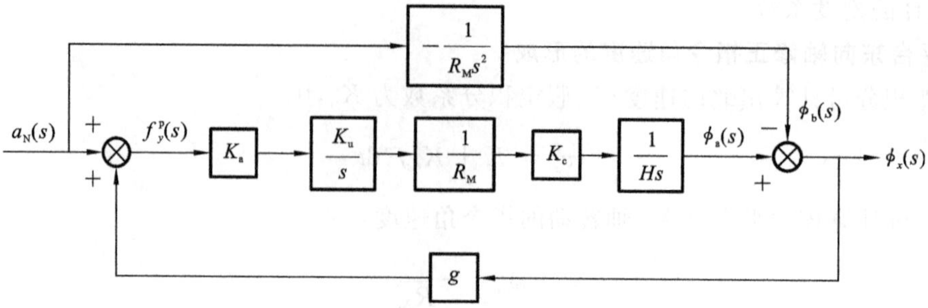

图 3-1-10　平台东向轴修正回路方框图

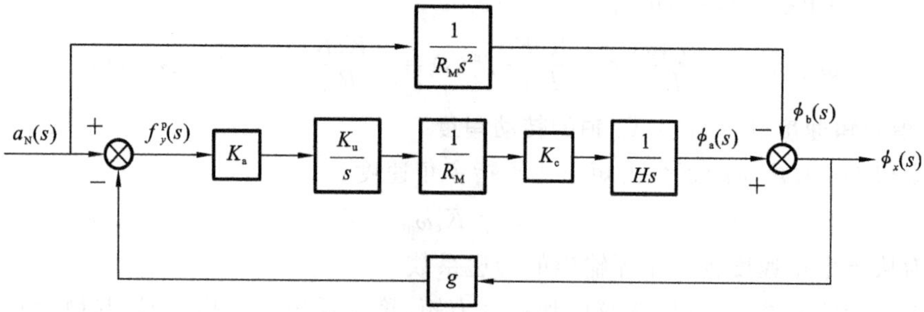

图 3-1-11　平台东向轴修正回路等效方框图

从图 3-1-11 可以明显地看出，如果使两条并联前向通道的传递函数相等，即满足条件：

$$\frac{K_a K_u K_c}{H}=1 \tag{3-1-15}$$

则无论加速度 a_N 为多少，平台绕 X_p 轴相对惯性空间的转动角度将始终与当地垂线相对惯性空间的转动角度相等，只要有准确的初始对准，使 $\phi_x(0)=0$，则平台将始终保持水平。这样就实现了平台水平与干扰量 a_N 无关。此时，系统方框图变为图 3-1-12 的形式。

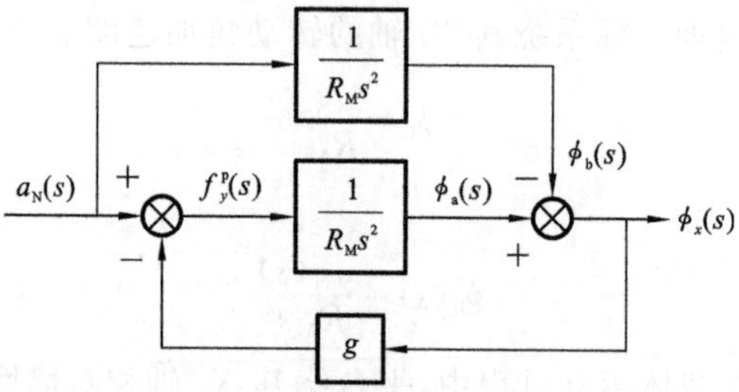

图 3-1-12　实现舒勒调谐的平台东向轴修正回路方框图

据图 3-1-12，有

$$s\phi_x(s)=[a_N(s)-g\phi_x(s)]\frac{1}{R_M s}-\frac{a_N(s)}{R_M s}=-\frac{g}{R_M s}\phi_x(s) \tag{3-1-16}$$

还原成微分方程即为

$$\ddot{\phi}_x+\frac{g}{R_M}\phi_x=0 \tag{3-1-17}$$

显然这是一个二阶无阻尼振荡系统，系统的固有振荡频率就是舒勒角频率 $\omega_x=\sqrt{g/R_M}$，相应的振荡周期为 84.4 min。式(3-1-15)就是平台东向轴修正回路的舒勒调谐条件。

从对平台的指令角速度看，水平修正回路实现舒勒调谐的条件就是使平台绕任一水平轴的指令角速度与地理坐标系绕相同轴的转动角速度相等，即 $\boldsymbol{\omega}_{\mathrm{ip}}^{\mathrm{p}}=\boldsymbol{\omega}_{\mathrm{it}}^{\mathrm{p}}$。

3.2　平台式惯导修正回路程序设计

3.2.1　程序设计

3.1 节以平台东向轴修正回路为例，对惯导修正回路的原理及实现进行了分析介绍。本节结合 3.1 节内容，进行以下实验。(本节所对应程序详见配套的数字资源)

根据图 3-2-1 所示惯导系统东向修正回路原理框图，于 SIMULINK 中进行仿真实验。

仿真条件设置：仿真步长设置为 1 s，加速度计误差为 0，陀螺仪常值漂移为 0.01(°)/h，重力加速度为 9.8 m/s²，地球半径 $R=6378137$ m。

实验步骤如下：

根据仿真参数及图 3-2-1 所示原理框图，于 SIMULINK 中搭建仿真系统，如图 3-2-2 所示。

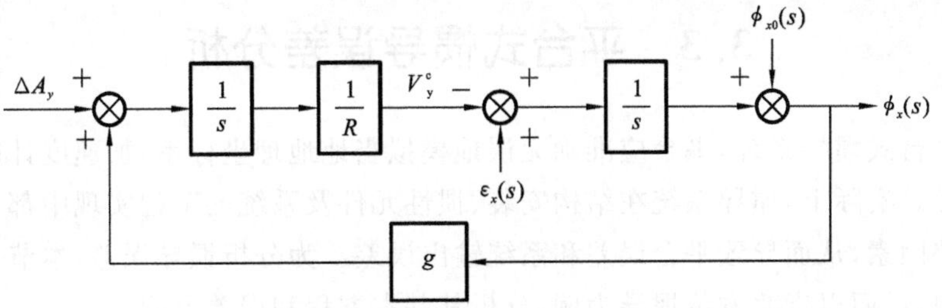

图 3-2-1　惯导系统东向轴修正回路原理框图

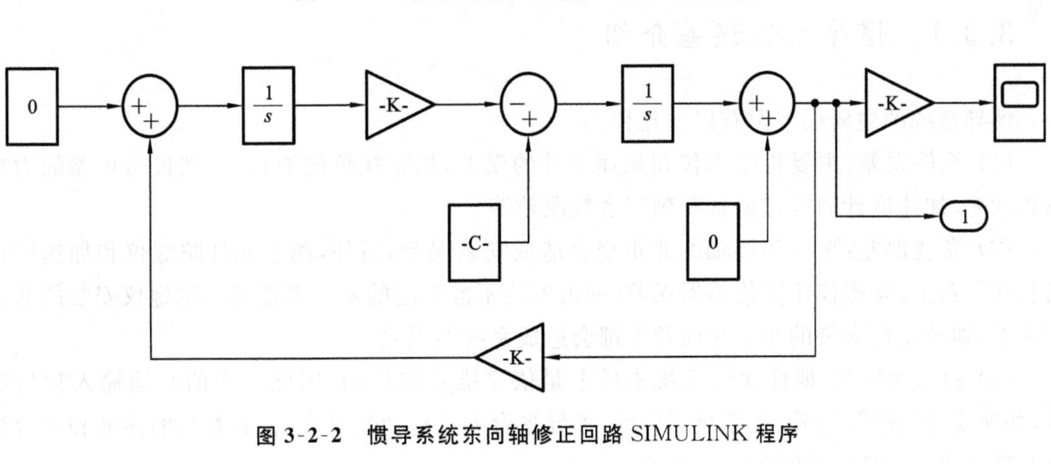

图 3-2-2　惯导系统东向轴修正回路 SIMULINK 程序

3.2.2　仿真结果

仿真结果如图 3-2-3 所示，采样间隔设置为 120 s。

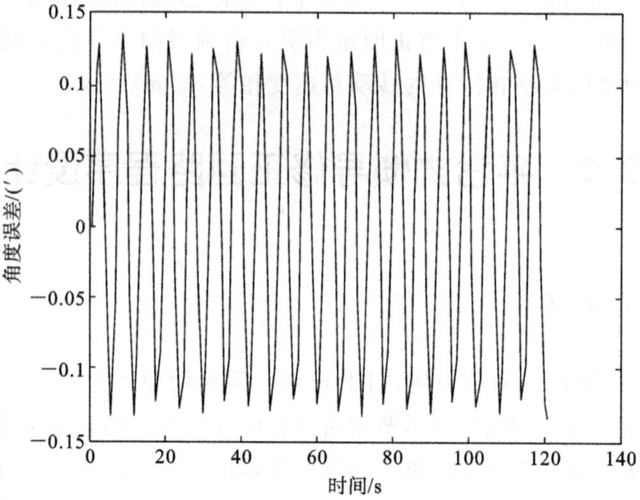

图 3-2-3　惯导系统东向轴修正回路平台误差角

仿真结果图反映了当陀螺常值漂移为 0.01(°)/h、加速度计误差为 0 时，平台误差角的变化。由图可知，舒勒周期振荡存在，且为主要的误差源。

3.3　平台式惯导误差分析

理想的平台式惯导系统，平台应准确无误地模拟当地地理坐标系，加速度计应准确无误地输出比力信号。实际上，惯导系统在结构安装、惯性元件及系统的工程实现中都不可避免地存在着多种误差因素，从而导致平台误差和系统输出误差。为分析惯导误差，本节首先介绍惯导的几种误差源，进而以指北方位惯导为例，分析其基本方程和误差方程。

3.3.1　惯导系统误差介绍

惯导系统的主要误差源有以下几种。

(1) 元件误差：主要指陀螺仪和加速度计的误差，如陀螺仪的漂移、陀螺仪力矩器的力矩系数误差、加速度计的零位偏置和刻度系数误差等。

(2) 安装误差：平台环架轴的非正交会造成安装误差，另外，测量元件陀螺仪和加速度计安装在平台上，陀螺仪角度传感器误差(如由安装不准引起的零位误差等)、陀螺仪安装的非正交误差、加速度计安装的非正交误差等都会造成系统的误差。

(3) 初始值误差：惯性导航系统本质上是依靠推算定位的，因此工作前必须输入初始参数，如速度、位置等，另外，在系统工作前，惯导平台要进行初始对准，初始参数的误差和平台初始对准误差都会造成系统的输出误差。

(4) 载体运动干扰误差：例如由于惯导平台修正回路不能完全满足舒勒调谐条件，或工作在阻尼状态，载体的加速度对系统会产生干扰误差。

(5) 计算机误差：如计算机的舍入误差、计算机输入输出接口装置的转换误差等。

(6) 其他误差：如用地球参考椭球描述地球形状的近似误差，补偿有害加速度时忽略二阶小量造成的误差等。

后面将会看到，严格按照力学编排方程、满足舒勒调谐条件的指北方位惯导，若看成一自动控制系统的话，系统是一临界稳定系统，即系统的运动是没有阻尼的，惯导误差是周期性的不衰减振荡，我们把这种惯导称为无阻尼惯导。本节以无阻尼指北方位惯导系统为例，对一些主要的误差源造成的惯导误差进行分析，基本方法是：

(1) 在考虑主要误差源条件下，建立能描述惯导实际输出的惯导基本方程；

(2) 从基本方程出发，建立描述惯导输出参数误差和平台误差的惯导误差方程；

(3) 立足于惯导误差方程，分析误差。

如果不考虑误差源，按照控制方程计算出的导航参数就是正确的结果。但实际的惯导，由于误差源的存在，会产生惯导系统的误差。惯导误差主要表现在两个方面：

(1) 平台误差，即平台坐标系不能准确地模拟地理坐标系而产生的误差角；

(2) 计算机计算的导航参数（载体速度、位置）和指令角速度存在的误差。

显而易见，这两种误差之间有着互为因果的联系。

3.3.2　惯导系统基本方程

惯导的基本方程是从运动学的角度出发，在考虑惯导主要误差源（陀螺仪误差、加速度计误差、初始条件误差）的情况下，建立的能描述惯导实际输出导航参数（载体速度、位置）的方程和平台运动方程。基本方程反映的是惯导实际输出与输入（载体的真实运动参数）及误差源之间的关系。简单地说，惯导的基本方程就是惯导的数学模型。惯导基本方程是分析惯导的基础，例如，可以利用基本方程对实际的惯导系统进行计算机模拟，将模拟的惯导输出再与理想的输出（无误差情况）进行对比，就可以确定惯导的误差。

惯导的误差方程则是直接以系统误差为描述对象，反映误差变化规律的方程。

理想情况下，描述指北方位惯导的平台坐标系 $OX_pY_pZ_p$ 应该始终与当地地理坐标系 $OX_tY_tZ_t$ 完全重合，但是由于各种误差源的存在，平台总会有误差。平台误差可以用平台坐标系相对地理坐标系的三个欧拉角 ϕ_x、ϕ_y、ϕ_z 来描述，欧拉角形成过程规定如下（见图 3-3-1）：

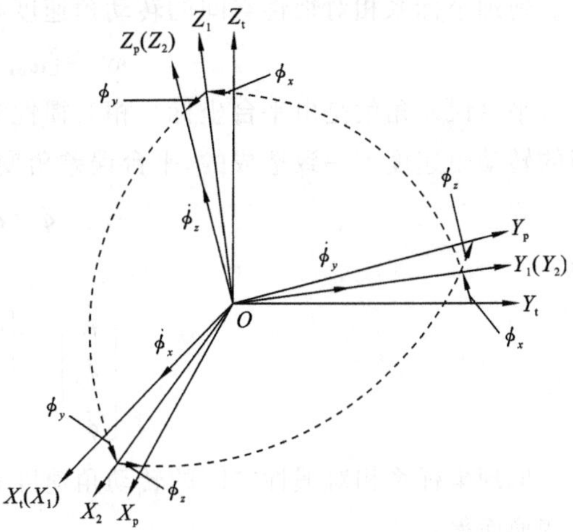

图 3-3-1　平台误差角的定义

$$OX_tY_tZ_t \xrightarrow[\phi_x]{\text{绕 } X_t} OX_1Y_1Z_1 \xrightarrow[\phi_y]{\text{绕 } Y_1} OX_2Y_2Z_2 \xrightarrow[\phi_z]{\text{绕 } Z_2} OX_pY_pZ_p$$

通常所说的姿态角误差多数是指欧拉角误差，为不引起混淆，一般称作失准角。在本书中，姿态角误差与失准角等价，具体可参阅严恭敏老师编著的《捷联惯导算法与组合导航原理》一书。

由于指北方位惯导的平台 X_p 轴指东，存在 ϕ_x 时平台北向轴就不水平了，因此 ϕ_x 称为北向水平误差角。同理，ϕ_y 称为东向水平误差角，而 ϕ_z 称为方位误差角。平台正常工作时，ϕ_x、ϕ_y 和 ϕ_z 均为小角度，参考图 3-3-1，忽略二阶小量时，可以填写出从地理坐标系到平台坐标系的方向余弦表（见表 3-3-1）并得到方向余弦矩阵：

$$\boldsymbol{C}_{\mathrm{t}}^{\mathrm{p}}=\begin{bmatrix} 1 & \phi_z & -\phi_y \\ -\phi_z & 1 & \phi_x \\ \phi_y & -\phi_x & 1 \end{bmatrix} \tag{3-3-1}$$

表 3-3-1　从地理坐标系到平台坐标系的方向余弦表

坐标轴	X_{t} 轴	Y_{t} 轴	Z_{t} 轴
X_{p} 轴	1	ϕ_z	$-\phi_y$
Y_{p} 轴	$-\phi_z$	1	ϕ_x
Z_{p} 轴	ϕ_y	$-\phi_x$	1

在惯导工作过程中，平台误差角也是在变化的，三个误差角的变化率分别为$\dot{\phi}_x$、$\dot{\phi}_y$ 和$\dot{\phi}_z$，可以用一个列向量表示：

$$\dot{\boldsymbol{\phi}}=[\dot{\phi}_x \quad \dot{\phi}_y \quad \dot{\phi}_z]^{\mathrm{T}} \tag{3-3-2}$$

平台坐标系相对惯性空间的实际转动角速度矢量 $\boldsymbol{\omega}_{\mathrm{ip}}$ 在平台坐标系上的投影可表示为列向量：

$$\boldsymbol{\omega}_{\mathrm{ip}}^{\mathrm{p}}=[\omega_{\mathrm{ip}x}^{\mathrm{p}} \quad \omega_{\mathrm{ip}y}^{\mathrm{p}} \quad \omega_{\mathrm{ip}z}^{\mathrm{p}}]^{\mathrm{T}} \tag{3-3-3}$$

地理坐标系相对惯性空间的转动角速度 $\boldsymbol{\omega}_{\mathrm{it}}$ 在平台坐标系上的投影可表示为列向量：

$$\boldsymbol{\omega}_{\mathrm{it}}^{\mathrm{p}}=[\omega_{\mathrm{it}x}^{\mathrm{p}} \quad \omega_{\mathrm{it}y}^{\mathrm{p}} \quad \omega_{\mathrm{it}z}^{\mathrm{p}}]^{\mathrm{T}} \tag{3-3-4}$$

平台误差角就是由平台坐标系相对惯性空间的实际转动角速度与地理坐标系相对惯性空间的转动角速度不一致造成的，平台误差角变化率：

$$\dot{\boldsymbol{\phi}}=\boldsymbol{\omega}_{\mathrm{ip}}^{\mathrm{p}}-\boldsymbol{\omega}_{\mathrm{it}}^{\mathrm{p}} \tag{3-3-5}$$

即

$$\begin{bmatrix} \dot{\phi}_x \\ \dot{\phi}_y \\ \dot{\phi}_z \end{bmatrix}=\begin{bmatrix} \omega_{\mathrm{ip}x}^{\mathrm{p}} \\ \omega_{\mathrm{ip}y}^{\mathrm{p}} \\ \omega_{\mathrm{ip}z}^{\mathrm{p}} \end{bmatrix}-\begin{bmatrix} \omega_{\mathrm{it}x}^{\mathrm{p}} \\ \omega_{\mathrm{it}y}^{\mathrm{p}} \\ \omega_{\mathrm{it}z}^{\mathrm{p}} \end{bmatrix} \tag{3-3-6}$$

地理坐标系相对惯性空间的转动角速度 $\boldsymbol{\omega}_{\mathrm{it}}$ 在平台坐标系上的投影 $\boldsymbol{\omega}_{\mathrm{it}}^{\mathrm{p}}$ 可以由 $\boldsymbol{\omega}_{\mathrm{it}}^{\mathrm{t}}$ 经 $\boldsymbol{C}_{\mathrm{t}}^{\mathrm{p}}$ 坐标变换而得：

$$\boldsymbol{\omega}_{\mathrm{it}}^{\mathrm{p}}=\boldsymbol{C}_{\mathrm{t}}^{\mathrm{p}}\boldsymbol{\omega}_{\mathrm{it}}^{\mathrm{t}}=\boldsymbol{C}_{\mathrm{t}}^{\mathrm{p}}\begin{bmatrix} \omega_{\mathrm{it}x}^{\mathrm{t}} \\ \omega_{\mathrm{it}y}^{\mathrm{t}} \\ \omega_{\mathrm{it}z}^{\mathrm{t}} \end{bmatrix} \tag{3-3-7}$$

将式(3-3-1)代入，有

$$\begin{cases} \omega_{\mathrm{it}x}^{\mathrm{p}}=\omega_{\mathrm{it}x}^{\mathrm{t}}+\phi_z\omega_{\mathrm{it}y}^{\mathrm{t}}-\phi_y\omega_{\mathrm{it}z}^{\mathrm{t}} \\ \omega_{\mathrm{it}y}^{\mathrm{p}}=-\phi_z\omega_{\mathrm{it}x}^{\mathrm{t}}+\omega_{\mathrm{it}y}^{\mathrm{t}}+\phi_x\omega_{\mathrm{it}z}^{\mathrm{t}} \\ \omega_{\mathrm{it}z}^{\mathrm{p}}=\phi_y\omega_{\mathrm{it}x}^{\mathrm{t}}-\phi_x\omega_{\mathrm{it}y}^{\mathrm{t}}+\omega_{\mathrm{it}z}^{\mathrm{t}} \end{cases} \tag{3-3-8}$$

平台相对惯性空间的实际转动角速度 $\boldsymbol{\omega}_{ip}$ 是在三个轴向上陀螺稳定系统控制下产生的，它受控于系统对平台沿三根稳定轴的指令角速度 ω_x^c、ω_y^c、ω_z^c。若稳定系统能够准确地实现指令角速度，应该有 $\omega_{ipx}^p=\omega_x^c$，$\omega_{ipy}^p=\omega_y^c$，$\omega_{ipz}^p=\omega_z^c$，但是由于陀螺仪存在漂移，陀螺漂移会"带动"平台一起漂移。另外，陀螺仪力矩器的力矩系数误差、计算机的 A/D 转换误差等，对系统的影响都相当于陀螺漂移，因此平台的实际转动角速度中除有上述受控的成分外，还有等效陀螺漂移量 ε_x、ε_y、ε_z，于是有

$$\begin{cases}\omega_{ipx}^p=\omega_x^c+\varepsilon_x\\ \omega_{ipy}^p=\omega_y^c+\varepsilon_y\\ \omega_{ipz}^p=\omega_z^c+\varepsilon_z\end{cases}\tag{3-3-9}$$

将式(3-3-8)及式(3-3-9)代入式(3-3-6)，得

$$\begin{cases}\dot{\phi}_x=\omega_x^c-\omega_{itx}^t+\phi_y\omega_{itz}^t-\phi_z\omega_{ity}^t+\varepsilon_x\\ \dot{\phi}_y=\omega_y^c-\omega_{ity}^t-\phi_x\omega_{itz}^t+\phi_z\omega_{itx}^t+\varepsilon_y\\ \dot{\phi}_z=\omega_z^c-\omega_{itz}^t+\phi_x\omega_{ity}^t-\phi_y\omega_{itx}^t+\varepsilon_z\end{cases}\tag{3-3-10}$$

其中，惯导实际计算的指令角速度为

$$\begin{cases}\omega_x^c=-\dfrac{V_y^c}{R_M}\\ \omega_y^c=\omega_{ie}\cos\varphi_c+\dfrac{V_x^c}{R_N}\\ \omega_z^c=\omega_{ie}\cos\varphi_c+\dfrac{V_x^c}{R_N}\tan\varphi_c\end{cases}\tag{3-3-11}$$

可见，在微分方程组(3-3-10)中，指令角速度分量与系统输出的导航参数有关，$\boldsymbol{\omega}_{it}$ 的分量又取决于载体的真实运动参数。另外，等效陀螺漂移量 ε_x、ε_y、ε_z 作为误差源，也出现在方程中。所以，方程组(3-3-10)建立了平台误差角与载体实际运动参数、惯导的输出参数以及平台漂移误差之间的联系，描述了平台相对地理坐标系的运动，称之为平台运动基本方程。而式(3-3-11)称为指令角速度基本方程。

惯导系统的速度、位置基本方程如下。

1. 速度基本方程

由于平台坐标系不能准确地对准地理坐标系，加速度计敏感的比力分量不是严格地沿地理坐标系轴向的，而是沿平台坐标系轴向。但是惯导系统自身不能测量平台误差角，计算机只能"认为"平台坐标系已跟踪地理坐标系并进行导航计算。根据这种思路，可以推导在平台有误差角的情况下惯导实际输出的载体速度方程。

将由载体运动造成的比力矢量 $\boldsymbol{f}$ 在地理坐标系三个轴向上的投影表示为列向量 $\boldsymbol{f}^t$：

$$\boldsymbol{f}^t=[f_x^t \quad f_y^t \quad f_z^t]^T\tag{3-3-12}$$

加速度计实际敏感的比力分量是比力矢量 $\boldsymbol{f}$ 在平台坐标系轴向上的分量 $\boldsymbol{f}^p$：

$$\boldsymbol{f}^p=[f_x^p \quad f_y^p \quad f_z^p]^T\tag{3-3-13}$$

显然两者之间应满足如下关系：

$$\boldsymbol{f}^p=\boldsymbol{C}_t^p\boldsymbol{f}^t\tag{3-3-14}$$

结合式(3-3-1)，同时考虑到比力矢量 $\boldsymbol{f}$ 在 Z_p 轴向的分量 $f_z^p\approx g$，可得

$$\begin{cases} f_x^{p}=f_x^{t}+\phi_z f_y^{t}-\phi_y g \\ f_y^{p}=f_y^{t}-\phi_z f_x^{t}+\phi_x g \end{cases} \tag{3-3-15}$$

实际的加速度计还存在误差，记东向加速度计 A_E、北向加速度计 A_N 的误差分别为 ΔA_x、ΔA_y，则两加速度计的输出 A_x、A_y 分别为各自敏感的比力分量加上各自的误差：

$$\begin{cases} A_x=f_x^{p}+\Delta A_x=f_x^{t}+\phi_z f_y^{t}-\phi_y g+\Delta A_x \\ A_y=f_y^{p}+\Delta A_y=f_y^{t}-\phi_z f_x^{t}+\phi_x g+\Delta A_y \end{cases} \tag{3-3-16}$$

交叉耦合项 $\phi_z f_y^{t}$、$\phi_z f_x^{t}$ 通常为小量，忽略后有：

$$\begin{cases} A_x=f_x^{t}-\phi_y g+\Delta A_x \\ A_y=f_y^{t}+\phi_x g+\Delta A_y \end{cases} \tag{3-3-17}$$

惯导只能根据加速度的实际输出和控制方程中的速度计算公式计算载体速度：

$$\begin{cases} \dot{V}_x^{c}=A_x+\left(2\omega_{ie}\sin\varphi_c+\dfrac{V_x^{c}}{R_N}\tan\varphi_c\right)V_y^{c} \\ \dot{V}_y^{c}=A_y-\left(2\omega_{ie}\sin\varphi_c+\dfrac{V_x^{c}}{R_N}\tan\varphi_c\right)V_x^{c} \end{cases} \tag{3-3-18}$$

将式(3-3-17)代入上式，可得到惯导实际输出速度的表达式：

$$\begin{cases} \dot{V}_x^{c}=f_x^{t}+\left(2\omega_{ie}\sin\varphi_c+\dfrac{V_x^{c}}{R_N}\tan\varphi_c\right)V_y^{c}-\phi_y g+\Delta A_x \\ \dot{V}_y^{c}=f_y^{t}-\left(2\omega_{ie}\sin\varphi_c+\dfrac{V_x^{c}}{R_N}\tan\varphi_c\right)V_x^{c}+\phi_x g+\Delta A_y \end{cases} \tag{3-3-19}$$

这就是反映惯导实际输出速度的速度基本方程。

2. 位置基本方程

实际输出位置的计算只依赖于计算速度 V_x^{c}、V_y^{c}，位置基本方程的形式不变：

$$\begin{cases} \dot{\varphi}_c=\dfrac{V_y^{c}}{R_M} \\ \dot{\lambda}_c=\dfrac{V_x^{c}}{R_N}\sec\varphi_c \end{cases} \tag{3-3-20}$$

综合上述式(3-3-10)、式(3-3-11)、式(3-3-19)、式(3-3-20)四组方程，就构成了整个指北方位惯导的基本方程，即

$$\begin{cases} \dot{\phi}_x=\omega_x^{c}-\omega_{itx}^{t}+\phi_y\omega_{itz}^{t}-\phi_z\omega_{ity}^{t}+\varepsilon_x \\ \dot{\phi}_y=\omega_y^{c}-\omega_{ity}^{t}-\phi_x\omega_{itz}^{t}+\phi_z\omega_{itx}^{t}+\varepsilon_y \\ \dot{\phi}_z=\omega_z^{c}-\omega_{itz}^{t}+\phi_x\omega_{ity}^{t}-\phi_y\omega_{itx}^{t}+\varepsilon_z \end{cases} \tag{3-3-21a}$$

$$\begin{cases} \dot{V}_x^{c}=f_x^{t}+\left(2\omega_{ie}\sin\varphi_c+\dfrac{V_x^{c}}{R_N}\tan\varphi_c\right)V_y^{c}-\phi_y g+\Delta A_x \\ \dot{V}_y^{c}=f_y^{t}-\left(2\omega_{ie}\sin\varphi_c+\dfrac{V_x^{c}}{R_N}\tan\varphi_c\right)V_x^{c}+\phi_x g+\Delta A_y \end{cases} \tag{3-3-21b}$$

$$\begin{cases} \dot{\varphi}_c=\dfrac{V_y^{c}}{R_M} \\ \dot{\lambda}_c=\dfrac{V_x^{c}}{R_N}\sec\varphi_c \end{cases} \tag{3-3-21c}$$

$$\begin{cases}\omega_x^c = -\dfrac{V_y^c}{R_M} \\ \omega_y^c = \omega_{ie}\cos\varphi_c + \dfrac{V_x^c}{R_N} \\ \omega_z^c = \omega_{ie}\cos\varphi_c + \dfrac{V_x^c}{R_N}\tan\varphi_c\end{cases} \tag{3-3-21d}$$

初始条件为

$$\begin{cases}\phi_x(0) = \phi_{x0} \\ \phi_y(0) = \phi_{y0} \\ \phi_z(0) = \phi_{z0} \\ V_x^c(0) = V_{x0} \\ V_y^c(0) = V_{y0} \\ \varphi_c(0) = \varphi_{c0} \\ \lambda_c(0) = \lambda_{c0}\end{cases} \tag{3-3-22}$$

当载体运动时，比力分量 f_x^t、f_y^t 和地理坐标系的转动角速度 $\boldsymbol{\omega}_{it}^t = [\omega_{itx}^t \quad \omega_{ity}^t \quad \omega_{itz}^t]^T$ 都要发生变化。若已知误差源，则利用惯导的基本方程，可以计算出平台误差角（ϕ_x、ϕ_y、ϕ_z）和惯导实际输出的速度（V_x^c、V_y^c）以及位置（λ_c、φ_c）的瞬时值。

根据基本方程可以画出指北方位惯导系统的方框图，如图 3-3-2 所示。图中 a_{bx}、a_{by} 称为有害加速度，有

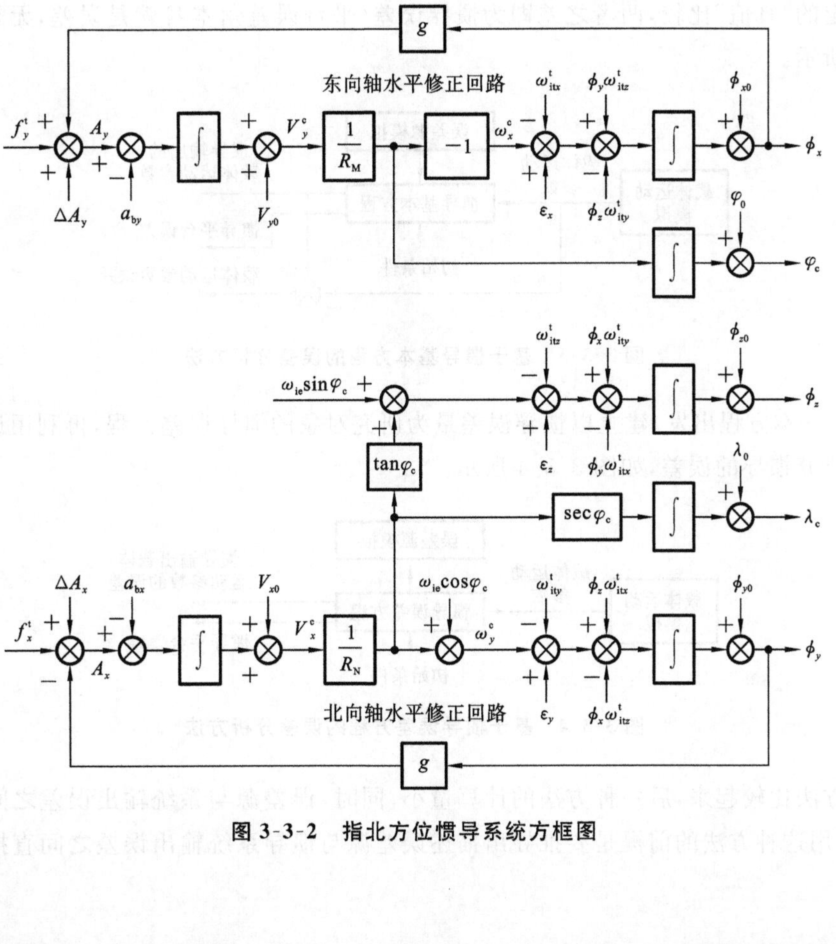

图 3-3-2　指北方位惯导系统方框图

$$\begin{cases} a_{bx} = -\left(2\omega_{ie}\sin\varphi_c + \dfrac{V_x^c}{R_N}\tan\varphi_c\right)V_y^c \\ a_{by} = \left(2\omega_{ie}\sin\varphi_c + \dfrac{V_x^c}{R_N}\tan\varphi_c\right)V_x^c \end{cases} \tag{3-3-23}$$

从指北方位惯导系统方框图中，可以清楚地看出加速度计误差 ΔA_x、ΔA_y 及陀螺漂移量 ε_x、ε_y、ε_z 对系统输出的影响，同时能够清楚地看到有两个局部反馈回路：一个是东向轴水平修正回路，另一个是北向轴水平修正回路。前者直接影响东向轴水平误差角，后者直接影响北向轴水平误差角。加速度计误差 ΔA_y、陀螺漂移量 ε_x 通过东向轴水平修正回路影响系统输出。加速度计误差 ΔA_x、陀螺漂移量 ε_y 通过北向轴水平修正回路影响系统输出。而方位陀螺漂移量 ε_z 通过平台方位误差角 ϕ_z 影响系统输出。

3.3.3 惯导系统误差方程

根据无阻尼指北方位惯导的基本方程，我们可以分析惯导系统的误差，例如分析某个陀螺仪的漂移对系统的影响、某个加速度计的零位偏置误差对系统的影响、某个导航参数初始值误差对系统的影响，等等。具体分析误差的方法有以下两种。

（1）直接利用基本方程的误差仿真分析方法：假定载体在运动，先确定出载体“运动”时的正确的比力分量 f_x^t、f_y^t 和相应的地理坐标系转动角速度 $\boldsymbol{\omega}_{it}^t = [\omega_{itx}^t \quad \omega_{ity}^t \quad \omega_{itz}^t]^T$；然后考虑误差源，以基本方程为模型，模拟出惯导的实际输出（计算位置、计算速度、平台误差角），再将此输出与假定的“真值”比较，两者之差即为惯导误差（平台误差角本身就是误差，无须比较），如图 3-3-3 所示。

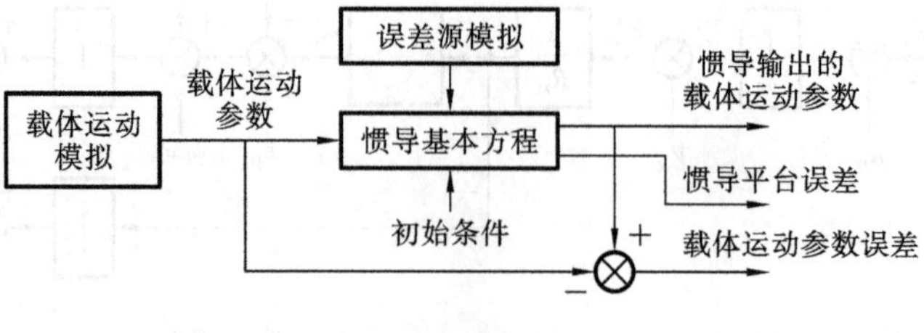

图 3-3-3 基于惯导基本方程的误差分析方法

（2）从基本方程出发，建立以惯导误差量为研究对象的惯导误差方程，再利用误差方程来直接仿真研究惯导的误差，如图 3-3-4 所示。

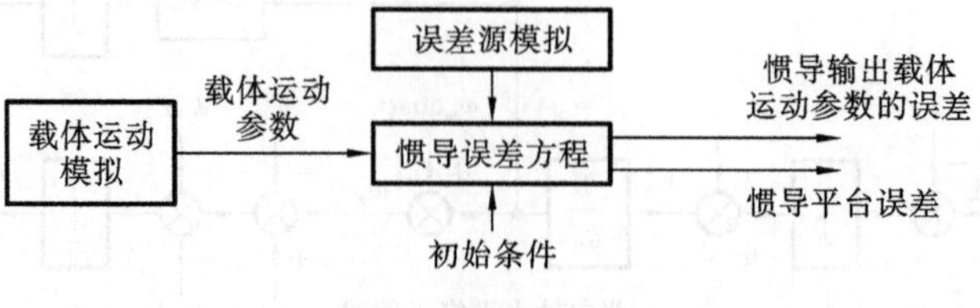

图 3-3-4 基于惯导误差方程的误差分析方法

两种方法比较起来，后一种方法的计算量小，同时，误差源与系统输出误差之间的关系更清楚，但运用这种方法的前提是要推导出描述误差源与惯导系统输出误差之间直接关系的方程，即误差方程。下面就来建立静基座指北方位惯导的误差方程。

先定义误差量：

$$\begin{cases}\delta\varphi=\varphi_c-\varphi\\ \delta\lambda=\lambda_c-\lambda\\ \delta V_x=V_x^c-V_x^t\\ \delta V_y=V_y^c-V_y^t\end{cases}\tag{3-3-24}$$

以上四个误差量加上平台误差角 ϕ_x、ϕ_y、ϕ_z 共七个量，可较全面地反映惯导系统误差。

1. 速度误差方程

载体的真实速度 V_x^t、V_y^t 满足：

$$\begin{cases}\dot{V}_x^t=f_x^t+\left(2\omega_{ie}\sin\varphi+\dfrac{V_x^t}{R_N}\tan\varphi\right)V_y^t\\ \dot{V}_y^t=f_y^t-\left(2\omega_{ie}\sin\varphi+\dfrac{V_x^t}{R_N}\tan\varphi\right)V_x^t\end{cases}\tag{3-3-25}$$

惯导实际计算出来的载体速度则由速度基本方程式(3-3-19)确定，将两组方程两边对应相减，并且为简化计算，忽略地球曲率半径的差异，即认为地球为圆球体，有 $R_N=R_M=R$（显然这对误差分析来说没有多少影响），这样可得：

$$\begin{cases}\delta\dot{V}_x=\dot{V}_x^c-\dot{V}_x^t=\left(2\omega_{ie}\sin\varphi_c+\dfrac{V_x^c}{R}\tan\varphi_c\right)V_y^c-\left(2\omega_{ie}\sin\varphi+\dfrac{V_x^t}{R}\tan\varphi\right)V_y^t-\phi_y g+\Delta A_x\\ \delta\dot{V}_y=\dot{V}_y^c-\dot{V}_y^t=-\left(2\omega_{ie}\sin\varphi_c+\dfrac{V_x^c}{R}\tan\varphi_c\right)V_x^c+\left(2\omega_{ie}\sin\varphi+\dfrac{V_x^t}{R}\tan\varphi\right)V_x^t+\phi_x g+\Delta A_y\end{cases}\tag{3-3-26}$$

式(3-3-26)中两个方程右边前两项的差可以利用全微分的方法表示成误差量。我们以第一个方程中右边前两项之差为例说明具体方法，令

$$f_1(V_x^t,V_y^t,\varphi)=\left(2\omega_{ie}\sin\varphi+\frac{V_x^t}{R}\tan\varphi\right)V_y^t\tag{3-3-27}$$

则

$$f_1(V_x^c,V_y^c,\varphi_c)=\left(2\omega_{ie}\sin\varphi_c+\frac{V_x^c}{R}\tan\varphi_c\right)V_y^c\tag{3-3-28}$$

那么

$$\begin{aligned}&\left(2\omega_{ie}\sin\varphi_c+\frac{V_x^c}{R}\tan\varphi_c\right)V_y^c-\left(2\omega_{ie}\sin\varphi+\frac{V_x^t}{R}\tan\varphi\right)V_y^t\\ &=f_1(V_x^c,V_y^c,\varphi_c)-f_1(V_x^t,V_y^t,\varphi)\\ &=f_1(V_x^t+\delta V_x,V_y^t+\delta V_y,\varphi+\delta\varphi)-f_1(V_x^t,V_y^t,\varphi)\\ &\approx\frac{\mathrm{d}f_1}{\mathrm{d}V_x^t}\delta V_x+\frac{\mathrm{d}f_1}{\mathrm{d}V_y^t}\delta V_y+\frac{\mathrm{d}f_1}{\mathrm{d}\varphi}\delta\varphi\\ &=\frac{V_y^t}{R}\tan\varphi\cdot\delta V_x+\left(2\omega_{ie}\sin\varphi+\frac{V_x^t}{R}\tan\varphi\right)\delta V_y+\left(2\omega_{ie}V_y^t\cos\varphi+\frac{V_x^tV_y^t}{R}\sec^2\varphi\right)\delta\varphi\end{aligned}\tag{3-3-29}$$

用同样的方法可得：

$$\begin{aligned}&-\left(2\omega_{ie}\sin\varphi_c+\frac{V_x^c}{R}\tan\varphi_c\right)V_x^c+\left(2\omega_{ie}\sin\varphi+\frac{V_x^t}{R}\tan\varphi\right)V_x^t\\ &\approx-2\left(\omega_{ie}\sin\varphi+\frac{V_x^t}{R}\tan\varphi\right)\delta V_x-\left[2\omega_{ie}V_x^t\cos\varphi+\frac{(V_x^t)^2}{R}\sec^2\varphi\right]\delta\varphi\end{aligned}\tag{3-3-30}$$

将上面两式代入式(3-3-26)可得速度误差方程：

$$\begin{cases}\delta\dot{V}_x=\dfrac{V_y^t}{R}\tan\varphi\cdot\delta V_x+\left(2\omega_{ie}\sin\varphi+\dfrac{V_x^t}{R}\tan\varphi\right)\delta V_y+\left(2\omega_{ie}V_y^t\cos\varphi+\dfrac{V_x^tV_y^t}{R}\sec^2\varphi\right)\delta\varphi-\phi_y g+\Delta A_x\\ \delta\dot{V}_y=-2\left(\omega_{ie}\sin\varphi+\dfrac{V_x^t}{R}\tan\varphi\right)\delta V_x-\left[2\omega_{ie}V_x^t\cos\varphi+\dfrac{(V_x^t)^2}{R}\sec^2\dot{\varphi}\right]\delta\varphi+\phi_x g+\Delta A_y\end{cases}$$

(3-3-31)

2. 位置误差方程

载体的真实位置(λ,φ)由式(3-3-32)确定：

$$\begin{cases}\dot{\lambda}=\dfrac{V_x^t}{R_N\cos\varphi}\\ \dot{\varphi}=\dfrac{V_y^t}{R_M}\end{cases}\tag{3-3-32}$$

而惯导实际计算出来的载体位置由位置基本方程式(3-3-20)确定，将两组方程两边对应相减，同样采用全微分的方法，并认为 $R_N=R_M=R$，可得：

$$\begin{cases}\delta\dot{\varphi}=\dfrac{\delta V_y}{R}\\ \delta\dot{\lambda}=\dfrac{1}{R}\sec\varphi\cdot\delta V_x+\dfrac{V_x^t}{R}\sec\varphi\cdot\tan\varphi\cdot\delta\varphi\end{cases}\tag{3-3-33}$$

3. 平台误差角方程

平台运动基本方程式(3-3-10)描述的就是平台误差角的变化规律，也就是误差方程。为更直接地揭示平台误差角与速度误差、位置误差之间的相互影响关系，可将方程展开。运用全微分方法求出式(3-3-10)中三个方程右边的前两项之差：

$$\begin{cases}\omega_x^c-\omega_{itx}^t=-\dfrac{V_y^c}{R}-\left(-\dfrac{V_y^t}{R}\right)\approx-\dfrac{\delta V_y}{R}\\ \omega_y^c-\omega_{ity}^t=\omega_{ie}\cos\varphi_c+\dfrac{V_x^c}{R}-\left(\omega_{ie}\cos\varphi+\dfrac{V_x^t}{R}\right)\approx-\omega_{ie}\sin\varphi\cdot\delta\varphi+\dfrac{\delta V_x}{R}\\ \omega_z^c-\omega_{itz}^t=\omega_{ie}\sin\varphi_c+\dfrac{V_x^c}{R}\tan\varphi_c-\left(\omega_{ie}\sin\varphi+\dfrac{V_x^t}{R}\tan\varphi\right)\approx\left(\omega_{ie}\cos\varphi+\dfrac{V_x^t}{R}\sec^2\varphi\right)\delta\varphi+\dfrac{1}{R}\tan\varphi\cdot\delta V_x\end{cases}$$

(3-3-34)

将上式代回式(3-3-10)，并结合式(3-1-1)，可得：

$$\begin{cases}\dot{\phi}_x=-\dfrac{\delta V_y}{R}+\left(\omega_{ie}\sin\varphi+\dfrac{V_x^t}{R}\tan\varphi\right)\phi_y-\left(\omega_{ie}\cos\varphi+\dfrac{V_x^t}{R}\right)\phi_z+\varepsilon_x\\ \dot{\phi}_y=\dfrac{\delta V_x}{R}-\omega_{ie}\sin\varphi\cdot\delta\varphi-\left(\omega_{ie}\sin\varphi+\dfrac{V_x^t}{R}\tan\varphi\right)\phi_x-\dfrac{V_y^t}{R}\phi_z+\varepsilon_y\\ \dot{\phi}_z=\dfrac{\tan\varphi}{R}\cdot\delta V_x+\left(\omega_{ie}\cos\varphi+\dfrac{V_x^t}{R}\sec^2\varphi\right)\delta\varphi+\left(\omega_{ie}\cos\varphi+\dfrac{V_x^t}{R}\right)\phi_x+\dfrac{V_y^t}{R}\phi_y+\varepsilon_z\end{cases}\tag{3-3-35}$$

4. 指北方位惯导误差方程

综合式(3-3-31)、式(3-3-33)、式(3-3-35)三组误差方程，可得到动基座情况下指北方位惯导系统的误差方程：

$$\begin{cases}\delta\dot{V}_x=\dfrac{V_y^t}{R}\tan\varphi\cdot\delta V_x+\left(2\omega_{ie}\sin\varphi+\dfrac{V_x^t}{R}\tan\varphi\right)\delta V_y+\left(2\omega_{ie}V_y^t\cos\varphi+\dfrac{V_x^tV_y^t}{R}\sec^2\varphi\right)\delta\varphi-\phi_y g+\Delta A_x\\ \delta\dot{V}_y=-2\left(\omega_{ie}\sin\varphi+\dfrac{V_x^t}{R}\tan\varphi\right)\delta V_x-\left[2\omega_{ie}V_y^t\cos\varphi+\dfrac{(V_x^t)^2}{R}\sec^2\varphi\right]\delta\varphi+\phi_x g+\Delta A_y\end{cases}$$

(3-3-36a)

$$\begin{cases}\delta\dot{\varphi}=\dfrac{\delta V_y}{R}\\ \delta\dot{\lambda}=\dfrac{1}{R}\sec\varphi\cdot\delta V_x+\dfrac{V_x^{\mathrm{t}}}{R}\tan\varphi\sec\varphi\cdot\delta\varphi\end{cases}\tag{3-3-36b}$$

$$\begin{cases}\dot{\phi}_x=-\dfrac{\delta V_y}{R}+\left(\omega_{\mathrm{ie}}\sin\varphi+\dfrac{V_x^{\mathrm{t}}}{R}\tan\varphi\right)\phi_y-\left(\omega_{\mathrm{ie}}\cos\varphi+\dfrac{V_x^{\mathrm{t}}}{R}\right)\phi_z+\varepsilon_x\\ \dot{\phi}_y=\dfrac{\delta V_x}{R}-\omega_{\mathrm{ie}}\sin\varphi\cdot\delta\varphi-\left(\omega_{\mathrm{ie}}\sin\varphi+\dfrac{V_x^{\mathrm{t}}}{R}\tan\varphi\right)\phi_x-\dfrac{V_y^{\mathrm{t}}}{R}\phi_z+\varepsilon_y\\ \dot{\phi}_z=\dfrac{\tan\varphi}{R}\cdot\delta V_x+\left(\omega_{\mathrm{ie}}\cos\varphi+\dfrac{V_x^{\mathrm{t}}}{R}\sec^2\varphi\right)\delta\varphi+\left(\omega_{\mathrm{ie}}\cos\varphi+\dfrac{V_x^{\mathrm{t}}}{R}\right)\phi_x+\dfrac{V_y^{\mathrm{t}}}{R}\phi_y+\varepsilon_z\end{cases}\tag{3-3-36c}$$

初始条件为

$$\begin{cases}\delta V_x(0)=V_x^{\mathrm{c}}(0)-V_x^{\mathrm{t}}(0)=\delta V_{x0}\\ \delta V_y(0)=V_y^{\mathrm{c}}(0)-V_y^{\mathrm{t}}(0)=\delta V_{y0}\\ \delta\varphi(0)=\varphi_{\mathrm{c}}(0)-\varphi(0)=\delta\varphi_0\\ \delta\lambda(0)=\lambda_{\mathrm{c}}(0)-\lambda(0)=\delta\lambda_0\\ \phi_x(0)=\phi_{x0}\\ \phi_y(0)=\phi_{y0}\\ \phi_z(0)=\phi_{z0}\end{cases}\tag{3-3-37}$$

惯导的误差方程式(3-3-36)，反映了惯导误差与载体的运动参数(V_x^{t}、V_y^{t}、φ、λ)及误差源(ε_x、ε_y、ε_z、ΔA_x、ΔA_y 及初始误差)之间的直接关系。从上面的误差方程中可以看出，经度误差 $\delta\lambda$ 对其他六个误差量没有影响，而其他六个误差量有相互影响，因此可以将误差分为两组，先分析除 $\delta\lambda$ 以外的其他六个误差量，再根据纬度误差和东向速度误差计算经度误差。

5. 静基座误差方程

在动基座情况下指北方位惯导系统的误差方程中，系数项是时变的，解算比较复杂，计算量大。为分析惯导系统误差变化的基本特性，可以在静基座条件下进行。

在静基座条件下，$V_x^{\mathrm{t}}=0$，$V_y^{\mathrm{t}}=0$，式(3-3-36)可简化为式(3-3-38)和式(3-3-39)：

$$\delta\dot{\lambda}=\frac{1}{R}\sec\varphi\cdot\delta V_x\tag{3-3-38}$$

$$\begin{cases}\delta\dot{V}_x=2\omega_{\mathrm{ie}}\sin\varphi\cdot\delta V_y-\phi_y g+\Delta A_x\\ \delta\dot{V}_y=-2\omega_{\mathrm{ie}}\sin\varphi\cdot\delta V_x+\phi_x g+\Delta A_y\\ \delta\dot{\varphi}=\dfrac{1}{R}\delta V_y\\ \dot{\phi}_x=-\dfrac{1}{R}\delta V_y+\omega_{\mathrm{ie}}\sin\varphi\cdot\phi_y-\omega_{\mathrm{ie}}\cos\varphi\cdot\phi_z+\varepsilon_x\\ \dot{\phi}_y=\dfrac{\delta V_x}{R}-\omega_{\mathrm{ie}}\sin\varphi\cdot\delta\varphi-\omega_{\mathrm{ie}}\sin\varphi\cdot\phi_x+\varepsilon_y\\ \dot{\phi}_z=\dfrac{\tan\varphi}{R}\cdot\delta V_x+\omega_{\mathrm{ie}}\cos\varphi\cdot\delta\varphi+\omega_{\mathrm{ie}}\cos\varphi\cdot\phi_x+\varepsilon_z\end{cases}\tag{3-3-39}$$

以上两式就是静基座条件下系统的误差方程，可画出误差方框图，如图 3-3-5 所示。

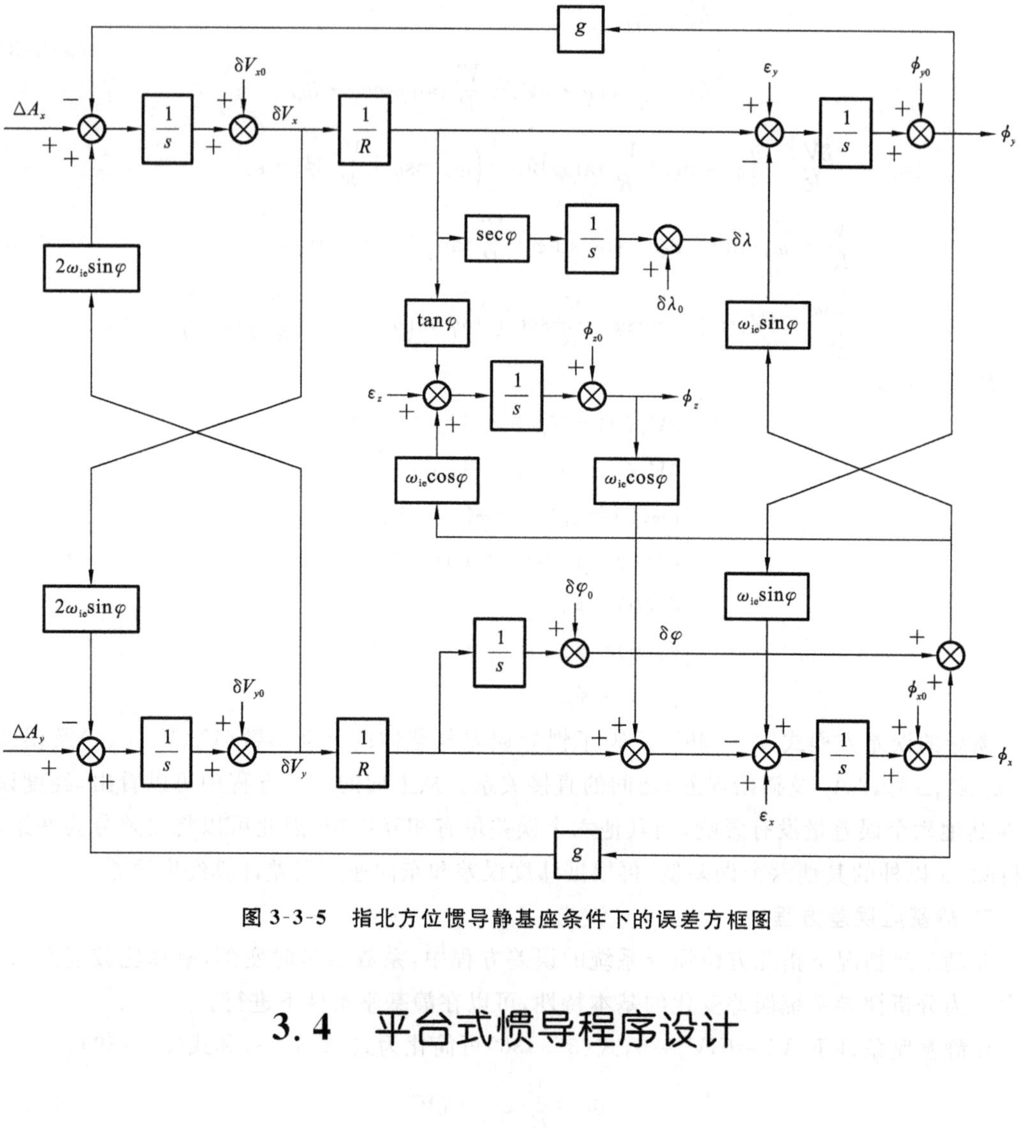

图 3-3-5　指北方位惯导静基座条件下的误差方框图

3.4　平台式惯导程序设计

3.4.1　程序设计

3.3 节以指北方位惯导系统为例，对其基本方程和误差方程进行了介绍分析。本节结合 3.3 节内容，进行以下实验。（本节所对应程序详见配套的数字资源）

根据图 3-3-5 所示指北方位惯导静基座条件下的误差方框图，搭建 SIMULINK 模型，进行仿真实验。

仿真条件设置：步长设置为 1 s，东向、北向加速度计误差为 $10^{-4}g$，东向、北向、天向陀螺仪常值漂移为 0.01(°)/h，重力加速度 $g=9.8\ \text{m/s}^2$，地球半径 $R=6378137$ m，初始速度误差为 0.5 m/s，东向、北向、天向初始失准角分别为 3′、3′、5′，纬度、经度初始误差分别为 3′、5′。

实验步骤如下：

根据仿真参数及图 3-3-5，于 SIMULINK 中搭建仿真系统，如图 3-4-1 所示。

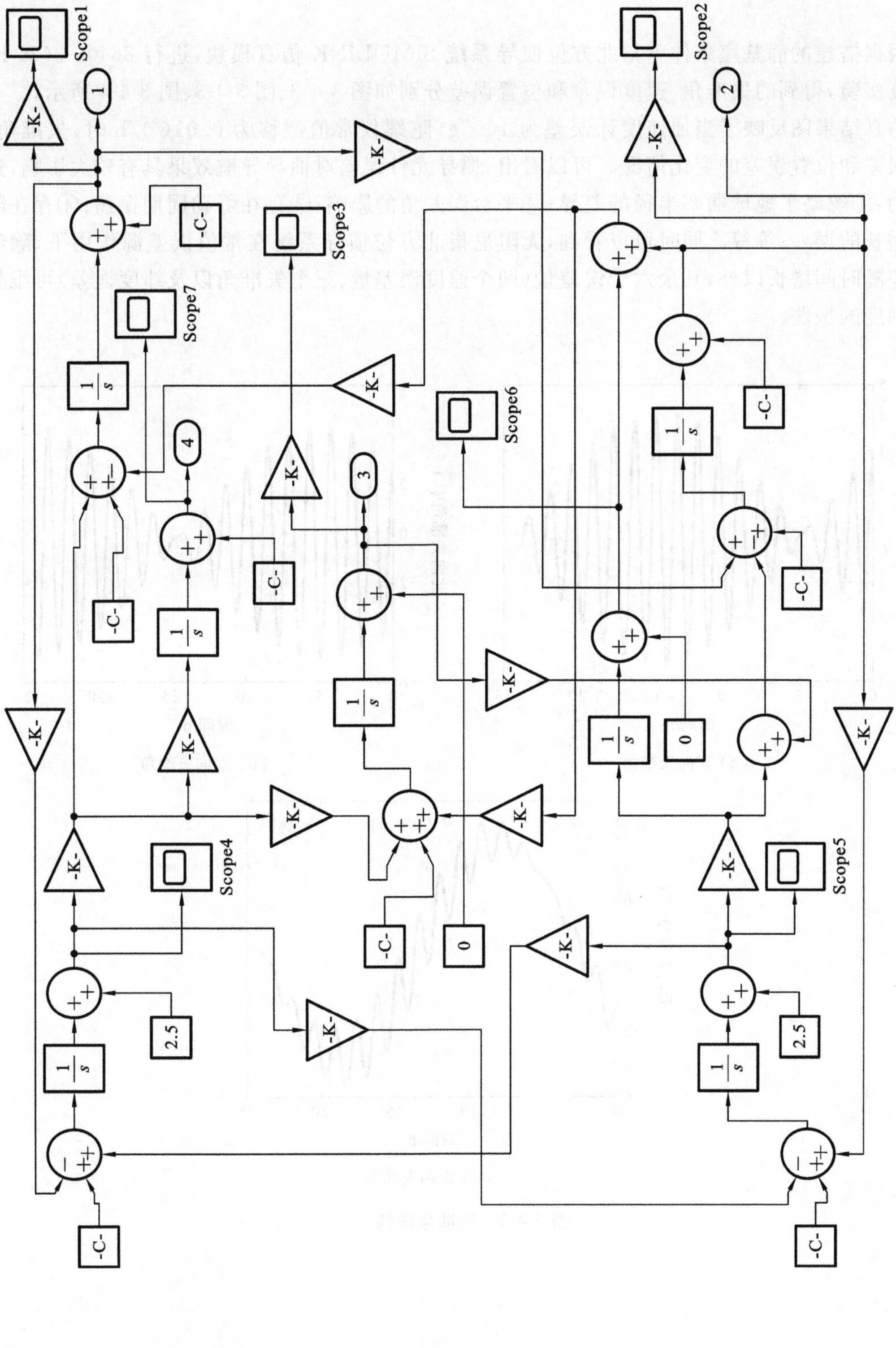

图 3-4-1　静基座条件下指北方位惯导系统误差SIMULINK程序

3.4.2　仿真结果

根据搭建的静基座条件下指北方位惯导系统 SIMULINK 仿真模块，进行 86400 s(24 h)的仿真实验，得到的失准角、速度误差和位置误差分别如图 3-4-2、图 3-4-3、图 3-4-4 所示。

仿真结果图反映了当加速度计误差为 $10^{-4}g$，陀螺仪常值漂移为 0.01(°)/h 时，失准角、速度误差和位置误差的变化情况。可以看出，惯导元件误差对惯导导航效果具有较大影响，这是因为：①忽略了地球曲率半径的差异；②平台误差角的影响；③存在舒勒周期振荡；④存在随时间增长的误差；等等。同时可以看到，无阻尼指北方位惯导系统在常值误差源作用下，除经度误差随时间增长以外，其余六个误差量(两个速度误差量、三个失准角以及纬度误差)可维持限定幅度的振荡。

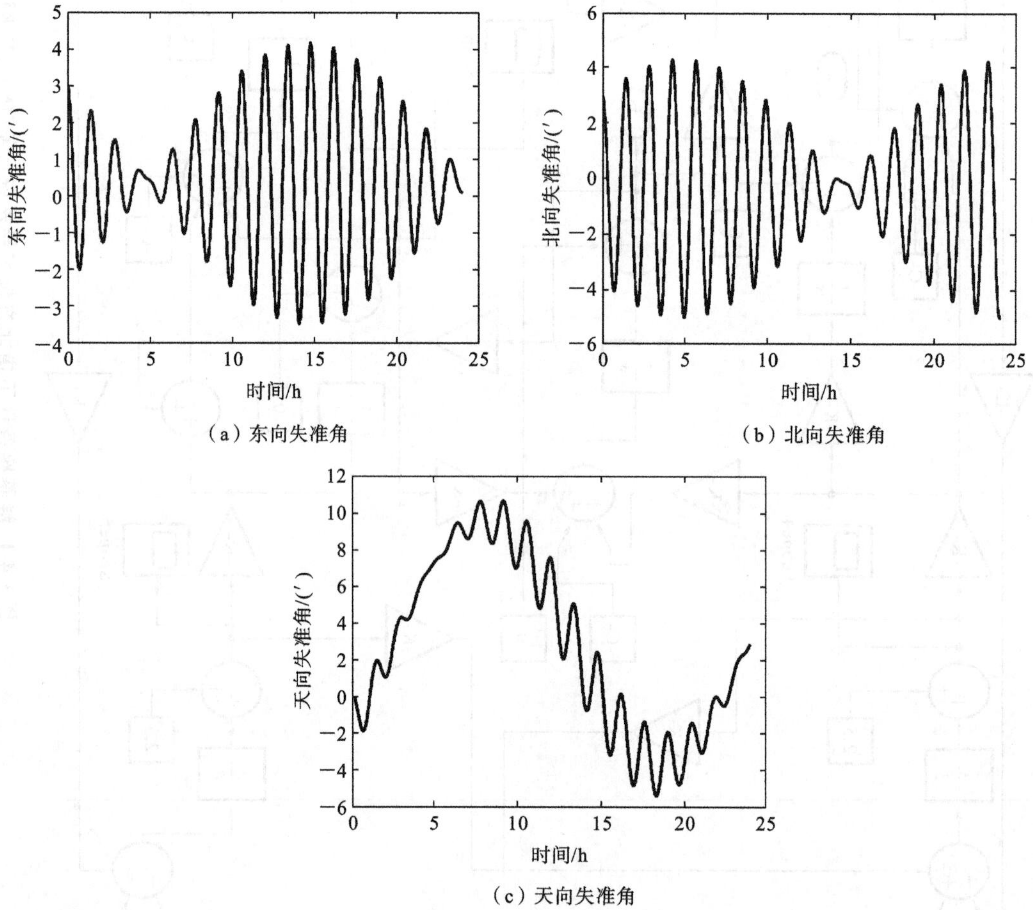

(a) 东向失准角　　(b) 北向失准角

(c) 天向失准角

图 3-4-2　失准角曲线

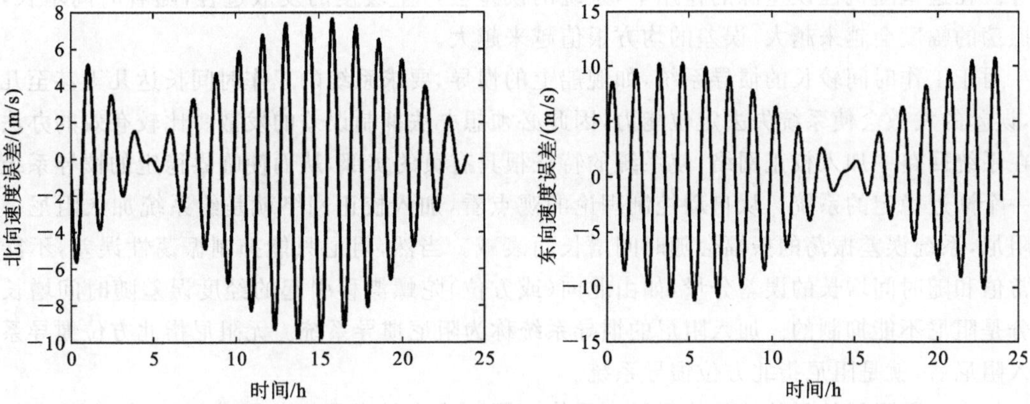

（a）北向速度误差　　（b）东向速度误差

图 3-4-3　速度误差

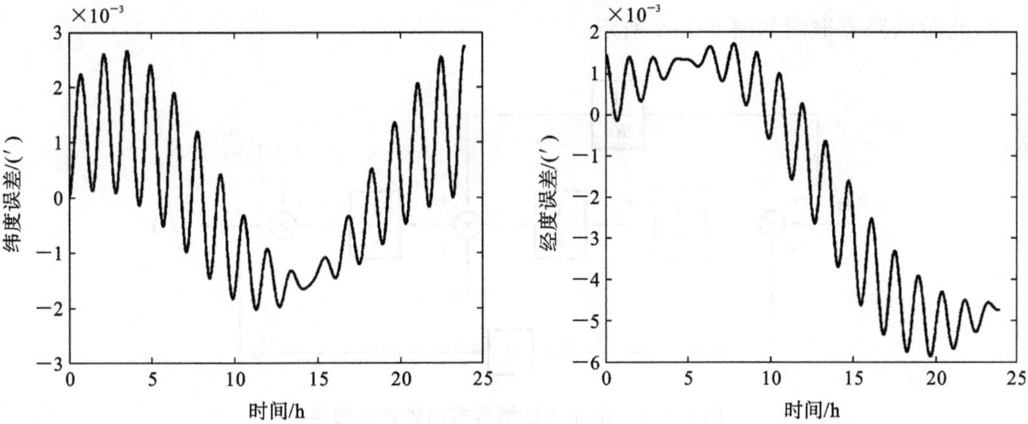

（a）纬度误差　　（b）经度误差

图 3-4-4　位置误差

3.5　水平阻尼原理

3.3 节以无阻尼指北方位惯导系统为例进行误差分析，可以看到，无阻尼指北方位惯导系统是一临界稳定系统，系统的误差具有周期振荡性，而且振幅是不衰减的。有了阻尼，系统误差振荡的振幅会随时间增长而衰减。本节将介绍单通道和三通道指北方位惯导加入水平阻尼的目的和方法，之后分析加入外速度补偿的水平阻尼惯导，以实现对惯导系统的进一步补偿。

3.5.1　单通道惯导的水平阻尼

对于常值误差源，如果能够预先测定的话，是有办法补偿的。如常值陀螺漂移，可以通过向陀螺仪力矩器施矩的方法加以补偿，加速度计的零位偏置误差则可以在惯导计算机的程序编排中进行补偿。但是在实际惯导系统中，影响系统的许多因素是随机性的，如随机性陀螺漂移等。在这些随机性误差源的作用下，系统的误差会产生缓慢的发散过程，随着时间增长，误差振荡的幅度会越来越大，误差的均方根值越来越大。

对于工作时间较长的惯导系统，如舰船上的惯导，要求系统的工作时间长达几天甚至几个月，误差的发散会使系统失去定位能力，因此必须想办法抑制误差的发散。比较有效的办法就是在系统回路中加入校正网络，使系统的特征根具有负的实部，从而使临界稳定的惯导系统变成一个渐近稳定的系统。从自动控制理论的观点看，加入校正网络就是给系统加入阻尼。有了阻尼，系统误差振荡的振幅会随时间增长而衰减。当然，阻尼只能抑制振荡性误差，不能抑制常值和随时间增长的误差分量，如由北向（或方位）陀螺漂移引起的经度误差随时间增长的部分是阻尼不能抑制的。加入阻尼的惯导系统称为阻尼惯导系统。无阻尼指北方位惯导系统加入阻尼后，就是阻尼指北方位惯导系统。

加入水平阻尼的目的就是使惯导水平修正回路成为具有阻尼的回路，使系统误差中的舒勒周期振荡成分衰减下来。水平阻尼的实现方法就是在水平修正回路中加一校正网络。

以单通道惯导东向轴修正回路为例，说明实现水平阻尼的校正网络的引入方法。在图3-5-1所示的单通道惯导水平修正回路（即舒勒回路）中，在两个积分环节之间加上校正网络 $H_y(s)$，此时回路方框图如图 3-5-2 所示。

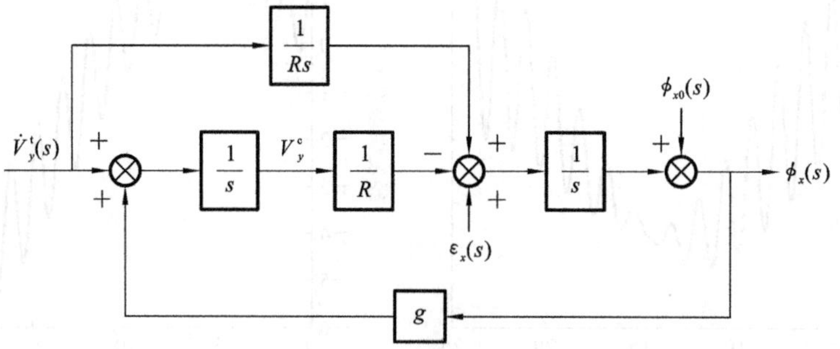

图 3-5-1 指北方位惯导东向轴修正回路

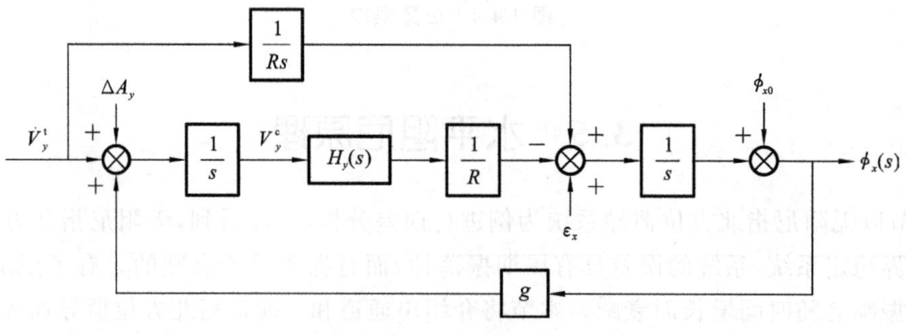

图 3-5-2 单通道水平阻尼方框图

当 $H_y(s)=1$ 时，方框图所示就是无阻尼的情况，此时回路完全满足舒勒调谐条件，载体的加速度对平台的水平误差角 ϕ_x 没有影响。选取适当的校正网络，可以使单通道系统具有阻尼，使由加速度计误差 ΔA_y、等效东向陀螺漂移 ε_x 及初始误差角 ϕ_{x0} 引起的周期性振荡水平误差角衰减下来，但此时由于 $H_y(s)\neq 1$，系统的无干扰条件，即舒勒调谐条件就不能满足了，载体的机动会使系统产生水平误差。因此，用于实现水平阻尼的校正网络选取的原则是，既要使系统具有阻尼性质，又要使 $H_y(s)$ 尽可能接近于 1，以尽量减小阻尼带来的不利影响。闭环系统的阻尼系数 ξ 越大，阻尼效果越好。但从水平回路满足舒勒调谐条件方面考虑，阻尼系数越小越好，综合考虑，一般选取 $\xi=0.5$ 左右。

在无阻尼系统中引入校正网络，使系统具有阻尼特性，变成稳定的系统，从自动控制的角度看，就是对系统进行校正。

最简单的校正网络可采用下面的形式：

$$H_y(s)=1+\frac{2\xi}{\omega_s}s \tag{3-5-1}$$

式中，ω_s 表示舒勒振荡频率。

无阻尼时，系统的环路增益（即开环传递函数）为

$$G(s)=\frac{g}{Rs^2}=\frac{\omega_s^2}{s^2} \tag{3-5-2}$$

系统的特征方程为

$$\Delta=1+G(s)=1+\frac{\omega_s^2}{s^2}=0 \tag{3-5-3}$$

即

$$s^2+\omega_s^2=0 \tag{3-5-4}$$

引入校正网络后，闭环系统的特征方程可以根据梅森增益公式直接列写：

$$\Delta=1+G(s)H_y(s)=0 \tag{3-5-5}$$

即

$$s^2+\omega_s^2H_y(s)=0 \tag{3-5-6}$$

结合式(3-5-1)，有

$$s^2+2\xi\omega_s s+\omega_s^2=0 \tag{3-5-7}$$

可见，闭环系统仍为二阶系统，式(3-5-1)中的 ξ 就是校正后闭环系统的阻尼比，选择 $\xi=0.5$ 即可，但这是一个纯微分网络，对噪声比较敏感，工程上不宜采用。

一般情况下，$H_y(s)$ 具有比较复杂的形式，式(3-5-7)不一定是二阶的，可以是高阶的。但可以将高阶系统等效成二阶系统，使等效系统的阻尼比为 0.5 左右。此时要用解析的方法获取 $H_y(s)$ 的形式和参数是非常困难的。比较适用的方法是利用自控原理中的频率特性法来设计校正网络。

单通道无阻尼水平回路是一临界稳定的二阶系统，其开环传递函数 $G(s)$ 的对数频率特性 $G(\mathrm{j}\omega)$ 如图 3-5-3 所示。对数幅频特性为一条斜率为 −40 分贝/十倍频程的直线，与零分贝线

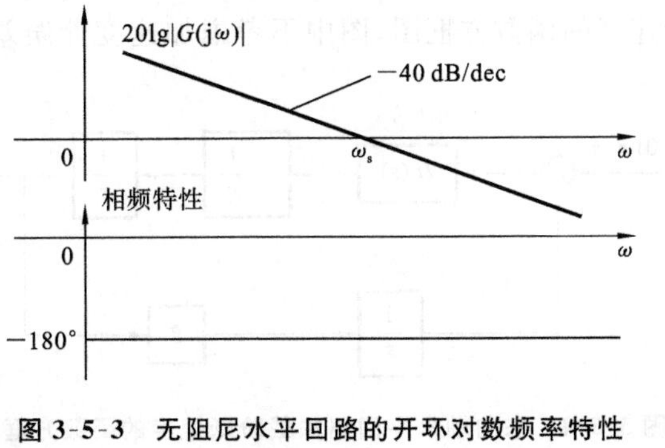

图 3-5-3　无阻尼水平回路的开环对数频率特性

交于 ω_s 点。相频特性也是一条直线，具有 $-180°$ 的相移，系统的相位裕度为 0。这表明系统处于临界稳定状态。

加入校正网络后，系统的开环传递函数为

$$G(s)H_y(s)=\frac{\omega_s^2}{s^2}H_y(s) \tag{3-5-8}$$

开环频率特性为 $G(\mathrm{j}\omega)H_y(\mathrm{j}\omega)$。为使系统稳定，必须在 $\omega=\omega_s$ 附近，由 $H_y(\mathrm{j}\omega)$ 提供正相移。如何判断系统的阻尼系数为 0.5 呢？我们知道，对于二阶系统，闭环增益的相对谐振峰 M_r 与阻尼系数 ξ 具有下列关系：

$$\begin{cases} M_r=\dfrac{1}{2\xi\sqrt{1-\xi^2}} & (\xi\leqslant 0.7) \\ \xi=\sqrt{\dfrac{1-\sqrt{1-\dfrac{1}{M_r^2}}}{2}} & (M_r\geqslant 1) \end{cases} \tag{3-5-9}$$

当 M_r 为 1 dB 时（相应放大倍数为 1.12），$\xi=0.5$。对于高阶系统，可以将其等效成二阶系统，上述关系也近似成立。这样，我们可以在初步确定校正网络后，用 Nichols 图作出闭环增益和相位曲线。如果加入校正网络后，闭环增益的相对谐振峰为 1 dB，说明系统的等效阻尼系数约为0.5。若不合适，则要重新选择校正网络参数，反复尝试，直至校正网络参数满足要求为止。为使校正网络的不利影响尽量小，在保证等效阻尼比 $\xi=0.5$ 的前提下，在高频和低频处应使 $H_y(\mathrm{j}\omega)$ 的增益为 0 dB（这里高频和低频均是相对舒勒角频率而言的）。

注意：上面所说的闭环增益可以是从陀螺漂移到水平误差角的闭环增益，也可以是从加速度计零位误差到水平误差角的闭环增益等。在同一回路中，从不同的输入点到输出点的闭环增益可能不同，但各闭环增益的相对谐振峰是一样的。

用反复试探的方法，可以得到多种能满足要求的网络 $H_y(s)$，例如：

$$H_1(s)=\frac{(s+8.80\times10^{-4})(s+1.97\times10^{-2})^2}{(s+4.41\times10^{-3})(s+8.80\times10^{-3})^2} \tag{3-5-10}$$

$$H_2(s)=\frac{(s+8.5\times10^{-4})(s+9.412\times10^{-2})}{(s+8.0\times10^{-3})(s+1.0\times10^{-2})} \tag{3-5-11}$$

对校正网络引入系统后的效果，应该从两个方面考察：一是考察其阻尼效果，即在同样的随机干扰源作用下系统稳态误差的幅度越小越好；二是考察其对系统的不利影响，即系统对载体加速度的敏感程度越小越好。

引入阻尼后，系统对载体加速度的敏感性可以用计算机模拟的方法来考察：给系统加上一阶跃速度激励（相当于加初始速度），看水平误差角在过渡过程中的变化幅度情况。图 3-5-4 是东向轴水平回路加载阶跃速度的函数方框图，图中不考虑加速度计误差和陀螺漂移以及载体的运动，只考虑初始速度。

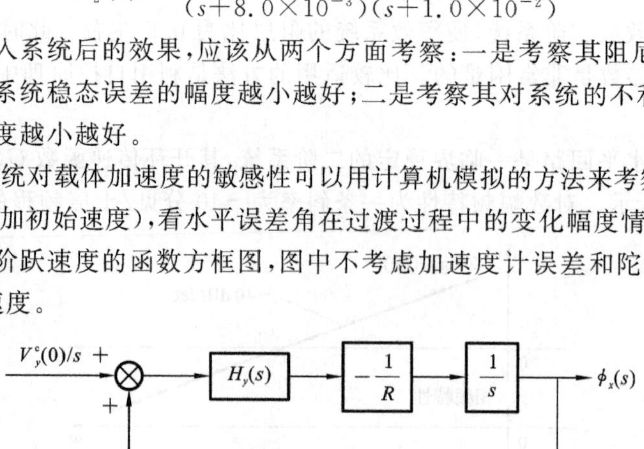

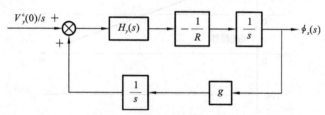

图 3-5-4　东向轴水平回路加载阶跃速度的函数方框图

3.5.2　三通道惯导的水平阻尼

前面介绍了单通道惯导的水平阻尼。实际的惯导系统有两条水平回路和一条方位回路，且彼此之间存在耦合，因此为三通道惯导。在三通道指北方位惯导系统中对两条水平修正回路加入水平阻尼时，两条回路中都要引入校正网络。具体方法是，在计算出北向速度 V_y^c 后，加入用于东向轴修正回路阻尼的校正网络 $H_y(s)$；在计算出东向速度 V_x^c 后，加入用于北向轴水平修正回路阻尼的校正网络 $H_x(s)$。阻尼的实现，实际上体现在惯导计算机的程序编排中，因为校正网络的传递函数模型实际上就是描述网络输入量与输出量之间关系的微分方程，在计算机中用解微分方程的方法，就可以实现“校正网络”的作用。根据这种思路，参照无阻尼指北方位惯导的控制方框图，容易画出有水平阻尼时惯导的控制方框图，如图 3-5-5 所示。

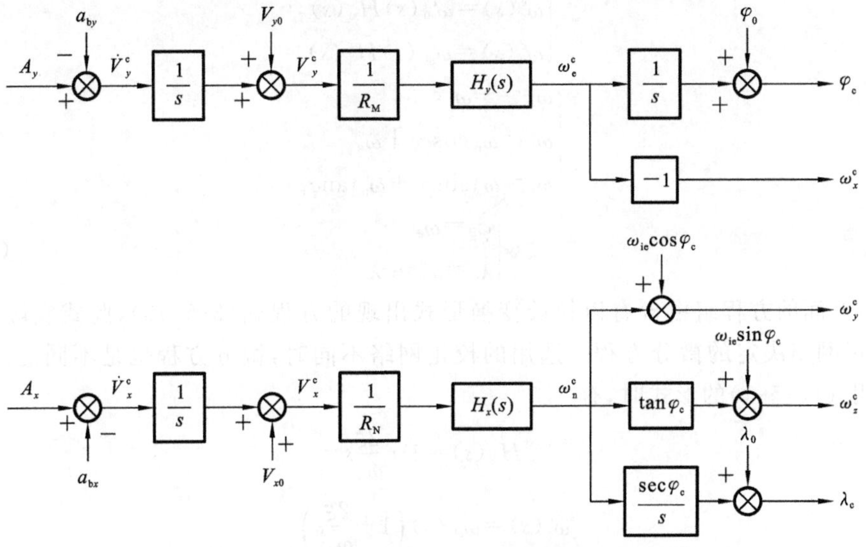

图 3-5-5　有水平阻尼时指北方位惯导的控制方框图

与无阻尼惯导一样，有水平阻尼时的惯导也可用控制方程、基本方程和误差方程从不同的角度来描述。

控制方程是惯导计算机要实际进行计算的方程，计算机的输入量是平台上加速度计的输出 A_x、A_y，计算机的输出量是载体运动参数（计算的速度 V_x^c、V_y^c、经度 φ_c 和纬度 λ_c）及对平台的指令角速度 ω_x^c、ω_y^c、ω_z^c。有水平阻尼时，计算机还要进行实现所需“校正网络”的有关计算。

为突出校正网络的作用，引入中间变量 ω_{e0}^c、ω_{n0}^c 和 ω_e^c、ω_n^c，分别表示无阻尼和有水平阻尼两种情况下，计算出的由载体相对地球运动引起的平台坐标系绕东向轴负向和北向轴的转动角速度：

$$\begin{cases} \omega_{e0}^c(t)=\dfrac{V_y^c(t)}{R_M} \\ \omega_{n0}^c(t)=\dfrac{V_x^c(t)}{R_N} \end{cases} \tag{3-5-12}$$

$$\begin{cases}\omega_{\mathrm{e}}^{\mathrm{c}}(s)=\omega_{\mathrm{e0}}^{\mathrm{c}}(s)H_y(s)\\ \omega_{\mathrm{n}}^{\mathrm{c}}(s)=\omega_{\mathrm{n0}}^{\mathrm{c}}(s)H_x(s)\end{cases}\tag{3-5-13}$$

在无阻尼惯导的控制方程的基础上，考虑了校正网络后，可以列写出有水平阻尼时指北方位惯导的控制方程如下：

$$\begin{cases}\dot{V}_x^{\mathrm{c}}=A_x+\left(2\omega_{\mathrm{ie}}\sin\varphi_{\mathrm{c}}+\dfrac{V_x^{\mathrm{c}}}{R_{\mathrm{N}}}\tan\varphi_{\mathrm{c}}\right)V_y^{\mathrm{c}}\\ \dot{V}_y^{\mathrm{c}}=A_y-\left(2\omega_{\mathrm{ie}}\sin\varphi_{\mathrm{c}}+\dfrac{V_x^{\mathrm{c}}}{R_{\mathrm{N}}}\tan\varphi_{\mathrm{c}}\right)V_x^{\mathrm{c}}\end{cases}\tag{3-5-14a}$$

$$\begin{cases}\omega_{\mathrm{e0}}^{\mathrm{c}}=\dfrac{V_y^{\mathrm{c}}}{R_{\mathrm{M}}}\\ \omega_{\mathrm{n0}}^{\mathrm{c}}=\dfrac{V_x^{\mathrm{c}}}{R_{\mathrm{N}}}\\ \omega_{\mathrm{e}}^{\mathrm{c}}(s)=\omega_{\mathrm{e0}}^{\mathrm{c}}(s)H_y(s)\\ \omega_{\mathrm{n}}^{\mathrm{c}}(s)=\omega_{\mathrm{n0}}^{\mathrm{c}}(s)H_x(s)\end{cases}\tag{3-5-14b}$$

$$\begin{cases}\omega_x^{\mathrm{c}}=-\omega_{\mathrm{e}}^{\mathrm{c}}\\ \omega_y^{\mathrm{c}}=\omega_{\mathrm{ie}}\cos\varphi_{\mathrm{c}}+\omega_{\mathrm{n}}^{\mathrm{c}}\\ \omega_z^{\mathrm{c}}=\omega_{\mathrm{ie}}\sin\varphi_{\mathrm{c}}+\omega_{\mathrm{n}}^{\mathrm{c}}\tan\varphi_{\mathrm{c}}\end{cases}\tag{3-5-14c}$$

$$\begin{cases}\dot{\varphi}_{\mathrm{c}}=\omega_{\mathrm{e}}^{\mathrm{c}}\\ \dot{\lambda}_{\mathrm{c}}=\omega_{\mathrm{n}}^{\mathrm{c}}\sec\lambda_{\mathrm{c}}\end{cases}\tag{3-5-14d}$$

注意，上面的方程组中含有以拉氏变换形式出现的方程式(3-5-13)，此式实际上代表了一组由校正网络决定的微分方程。选用的校正网络不同时，微分方程也是不同的。例如，当 $H_y(s)$ 采用式(3-5-1)的形式时，有

$$H_y(s)=1+\frac{2\xi}{\omega_{\mathrm{s}}}s\tag{3-5-15}$$

$$\omega_{\mathrm{e}}^{\mathrm{c}}(s)=\omega_{\mathrm{e0}}^{\mathrm{c}}(s)\left(1+\frac{2\xi}{\omega_{\mathrm{s}}}s\right)\tag{3-5-16}$$

对应的微分方程为

$$\omega_{\mathrm{e}}^{\mathrm{c}}(t)=\omega_{\mathrm{e0}}^{\mathrm{c}}(t)+\frac{2\xi}{\omega_{\mathrm{s}}}\dot{\omega}_{\mathrm{e0}}^{\mathrm{c}}(t)\tag{3-5-17}$$

在实际惯导中总存在误差源(如加速度计误差 ΔA_x、ΔA_y 及等效陀螺漂移 ε_x、ε_y、ε_z)，平台也存在误差角 ϕ_x、ϕ_y、ϕ_z。和无阻尼惯导一样，也可以用基本方程来描述有水平阻尼时的平台误差角和惯导输出的载体运动参数。在无阻尼系统的基本方程的基础上，改变指令角速度和载体位置的计算方程，就可以得到有水平阻尼时的惯导基本方程如下：

$$\begin{cases}\dot{\phi}_x=\omega_x^{\mathrm{c}}-\omega_{\mathrm{it}x}^{\mathrm{t}}+\phi_y\omega_{\mathrm{it}z}^{\mathrm{t}}-\phi_z\omega_{\mathrm{it}y}^{\mathrm{t}}+\varepsilon_x\\ \dot{\phi}_y=\omega_y^{\mathrm{c}}-\omega_{\mathrm{it}y}^{\mathrm{t}}-\phi_x\omega_{\mathrm{it}z}^{\mathrm{t}}+\phi_z\omega_{\mathrm{it}x}^{\mathrm{t}}+\varepsilon_y\\ \dot{\phi}_z=\omega_z^{\mathrm{c}}-\omega_{\mathrm{it}z}^{\mathrm{t}}+\phi_x\omega_{\mathrm{it}y}^{\mathrm{t}}-\phi_y\omega_{\mathrm{it}x}^{\mathrm{t}}+\varepsilon_z\end{cases}\tag{3-5-18a}$$

$$\begin{cases}\dot{V}_x^{\mathrm{c}}=f_x^{\mathrm{t}}+\left(2\omega_{\mathrm{ie}}\sin\varphi_{\mathrm{c}}+\dfrac{V_x^{\mathrm{c}}}{R_{\mathrm{N}}}\tan\varphi_{\mathrm{c}}\right)V_y^{\mathrm{c}}-\phi_y g+\Delta A_x\\ \dot{V}_y^{\mathrm{c}}=f_y^{\mathrm{t}}-\left(2\omega_{\mathrm{ie}}\sin\varphi_{\mathrm{c}}+\dfrac{V_x^{\mathrm{c}}}{R_{\mathrm{N}}}\tan\varphi_{\mathrm{c}}\right)V_x^{\mathrm{c}}+\phi_x g+\Delta A_y\end{cases}\tag{3-5-18b}$$

$$\begin{cases}\omega_{e0}^{c}=\dfrac{V_{y}^{c}}{R_{M}} \\ \omega_{n0}^{c}=\dfrac{V_{x}^{c}}{R_{N}} \\ \omega_{e}^{c}(s)=\omega_{e0}^{c}(s)H_{y}(s) \\ \omega_{n}^{c}(s)=\omega_{n0}^{c}(s)H_{x}(s)\end{cases} \tag{3-5-18c}$$

$$\begin{cases}\omega_{x}^{c}=-\omega_{e}^{c} \\ \omega_{y}^{c}=\omega_{ie}\cos\varphi_{c}+\omega_{n}^{c} \\ \omega_{z}^{c}=\omega_{ie}\sin\varphi_{c}+\omega_{n}^{c}\tan\varphi_{c}\end{cases} \tag{3-5-18d}$$

$$\begin{cases}\dot{\varphi}_{c}=\omega_{e}^{c} \\ \dot{\lambda}_{c}=\omega_{n}^{c}\sec\varphi_{c}\end{cases} \tag{3-5-18e}$$

初始条件为

$$\begin{cases}\phi_{x}(0)=\phi_{x0} \\ \phi_{y}(0)=\phi_{y0} \\ \phi_{z}(0)=\phi_{z0} \\ V_{x}^{c}(0)=V_{x0}^{c} \\ V_{y}^{c}(0)=V_{y0}^{c} \\ \varphi_{c}(0)=\varphi_{c0} \\ \lambda_{c}(0)=\lambda_{c0}\end{cases} \tag{3-5-19}$$

当载体运动时，比力分量 f_x^t、f_y^t 和地理坐标系的转动角速度 $\boldsymbol{\omega}_{it}^{t}=[\omega_{itx}^{t}\quad \omega_{ity}^{t}\quad \omega_{itz}^{t}]^{T}$ 都要发生变化。若已知误差源，则利用上述有水平阻尼时的惯导基本方程，可以计算出平台误差角(ϕ_x、ϕ_y、ϕ_z)和惯导实际输出的速度(V_x^c、V_y^c)以及位置(λ_c、φ_c)的瞬时值。

在有阻尼的情况下惯导误差同样可以用误差方程描述。下面推导在静基座条件下的误差方程(近似认为地球为圆球体，$R_N=R_M=R$)。

定义新的误差量 $\delta\omega_e$、$\delta\omega_n$：

$$\begin{cases}\delta\omega_{e}=\omega_{e}^{c}-\dfrac{V_{y}^{t}}{R} \\ \delta\omega_{n}=\omega_{n}^{c}-\dfrac{V_{x}^{t}}{R}\end{cases} \tag{3-5-20}$$

取拉氏变换有：

$$\begin{cases}\delta\omega_{e}(s)=\omega_{e}^{c}(s)-\dfrac{V_{y}^{t}(s)}{R}=\dfrac{V_{y}^{c}(s)}{R}H_{y}(s)-\dfrac{V_{y}^{t}(s)}{R} \\ \delta\omega_{n}(s)=\omega_{n}^{c}(s)-\dfrac{V_{x}^{t}(s)}{R}=\dfrac{V_{x}^{c}(s)}{R}H_{x}(s)-\dfrac{V_{x}^{t}(s)}{R}\end{cases} \tag{3-5-21}$$

在静基座条件下，$V_y^t=0$，$V_x^t=0$，$V_y^c=\delta V_y$，$V_x^c=\delta V_x$，故有：

$$\begin{cases}\delta\omega_{e}(s)=\dfrac{\delta V_{y}(s)}{R}H_{y}(s) \\ \delta\omega_{n}(s)=\dfrac{\delta V_{x}(s)}{R}H_{x}(s)\end{cases} \tag{3-5-22}$$

有阻尼时，速度的计算值不变，故速度误差方程与无阻尼时相同，为

$$\begin{cases}\delta\dot{V}_x=2\omega_{ie}\sin\varphi\cdot\delta V_y-\phi_y g+\Delta A_x\\ \delta\dot{V}_y=-2\omega_{ie}\sin\varphi\cdot\delta V_x+\phi_x g+\Delta A_y\end{cases}\tag{3-5-23}$$

静基座时位置误差为

$$\begin{cases}\delta\dot{\varphi}=\dot{\varphi}_c-\dot{\varphi}_t=\omega_e^c-\dfrac{V_y^t}{R}=\delta\omega_e\\ \delta\dot{\lambda}=\dot{\lambda}_c-\dot{\lambda}_t=\omega_n^c\sec\varphi_c-\dfrac{V_x^t}{R}\sec\varphi=\delta\omega_n\sec\varphi_c\end{cases}\tag{3-5-24}$$

利用基本方程还可推导出静基座时平台误差角方程为

$$\begin{cases}\dot{\phi}_x=-\delta\omega_e+\omega_{ie}\sin\varphi\cdot\phi_y-\omega_{ie}\cos\varphi\cdot\phi_z+\varepsilon_x\\ \dot{\phi}_y=\delta\omega_n-\omega_{ie}\sin\varphi\cdot\delta\varphi-\omega_{ie}\sin\varphi\cdot\phi_x+\varepsilon_y\\ \dot{\phi}_z=\delta\omega_n\tan\varphi+\omega_{ie}\cos\varphi\cdot\delta\varphi+\omega_{ie}\cos\varphi\cdot\phi_x+\varepsilon_z\end{cases}\tag{3-5-25}$$

综合式(3-5-22)～式(3-5-25)，就是有水平阻尼时静基座条件下的惯导误差方程，列写如下：

$$\begin{cases}\delta\dot{V}_x=2\omega_{ie}\sin\varphi\cdot\delta V_y-\phi_y g+\Delta A_x\\ \delta\dot{V}_y=-2\omega_{ie}\sin\varphi\cdot\delta V_x+\phi_x g+\Delta A_y\end{cases}\tag{3-5-26a}$$

$$\begin{cases}\delta\omega_e(s)=\dfrac{\delta V_y(s)}{R}H_y(s)\\ \delta\omega_n(s)=\dfrac{\delta V_x(s)}{R}H_x(s)\end{cases}\tag{3-5-26b}$$

$$\begin{cases}\delta\dot{\varphi}=\delta\omega_e\\ \delta\dot{\lambda}=\delta\omega_n\sec\varphi_c\end{cases}\tag{3-5-26c}$$

$$\begin{cases}\dot{\phi}_x=-\delta\omega_e+\omega_{ie}\sin\varphi\cdot\phi_y-\omega_{ie}\cos\varphi\cdot\phi_z+\varepsilon_x\\ \dot{\phi}_y=\delta\omega_n-\omega_{ie}\sin\varphi\cdot\delta\varphi-\omega_{ie}\sin\varphi\cdot\phi_x+\varepsilon_y\\ \dot{\phi}_z=\delta\omega_n\tan\varphi+\omega_{ie}\cos\varphi\cdot\delta\varphi+\omega_{ie}\cos\varphi\cdot\phi_x+\varepsilon_z\end{cases}\tag{3-5-26d}$$

初始条件为

$$\begin{cases}\delta V_x(0)=V_x^c(0)-V_x^t(0)=\delta V_{x0}\\ \delta V_y(0)=V_y^c(0)-V_y^t(0)=\delta V_{y0}\\ \delta\varphi(0)=\varphi_c(0)-\varphi(0)=\delta\varphi_0\\ \delta\lambda(0)=\lambda_c(0)-\lambda(0)=\delta\lambda_0\\ \phi_x(0)=\phi_{x0}\\ \phi_y(0)=\phi_{y0}\\ \phi_z(0)=\phi_{z0}\end{cases}\tag{3-5-27}$$

式(3-5-26)和式(3-5-27)也可以表示成拉氏变换形式：

$$\begin{cases}s\delta V_x(s)-\delta V_{x0}=2\omega_{ie}\sin\varphi\cdot\delta V_y(s)-\phi_y(s)g+\Delta A_x(s)\\ s\delta V_y(s)-\delta V_{y0}=-2\omega_{ie}\sin\varphi\cdot\delta V_x(s)+\phi_x(s)g+\Delta A_y(s)\end{cases}\tag{3-5-28a}$$

$$\begin{cases}\delta\omega_e(s)=\dfrac{\delta V_y(s)}{R}H_y(s)\\ \delta\omega_n(s)=\dfrac{\delta V_x(s)}{R}H_x(s)\end{cases}\tag{3-5-28b}$$

$$\begin{cases}s\delta\varphi(s)-\delta\varphi_0=\delta\omega_e(s)\\ s\delta\lambda(s)-\delta\lambda_0=\delta\omega_n(s)\sec\varphi_c\end{cases}\tag{3-5-28c}$$

$$\begin{cases} s\phi_x(s)-\phi_{x0}=-\delta\omega_e(s)+\omega_{ie}\sin\varphi\cdot\phi_y(s)-\omega_{ie}\cos\varphi\cdot\phi_z(s)+\varepsilon_x(s) \\ s\phi_y(s)-\phi_{y0}=\delta\omega_n(s)-\omega_{ie}\sin\varphi\cdot\delta\varphi(s)-\omega_{ie}\sin\varphi\cdot\phi_x(s)+\varepsilon_y(s) \\ s\phi_z(s)-\phi_{z0}=\delta\omega_n(s)\tan\varphi+\omega_{ie}\cos\varphi\cdot\delta\varphi(s)+\omega_{ie}\cos\varphi\cdot\phi_x(s)+\varepsilon_z(s) \end{cases} \quad (3\text{-}5\text{-}28d)$$

根据式(3-5-28)可画出有水平阻尼时的静基座惯导误差方框图，如图 3-5-6 所示。

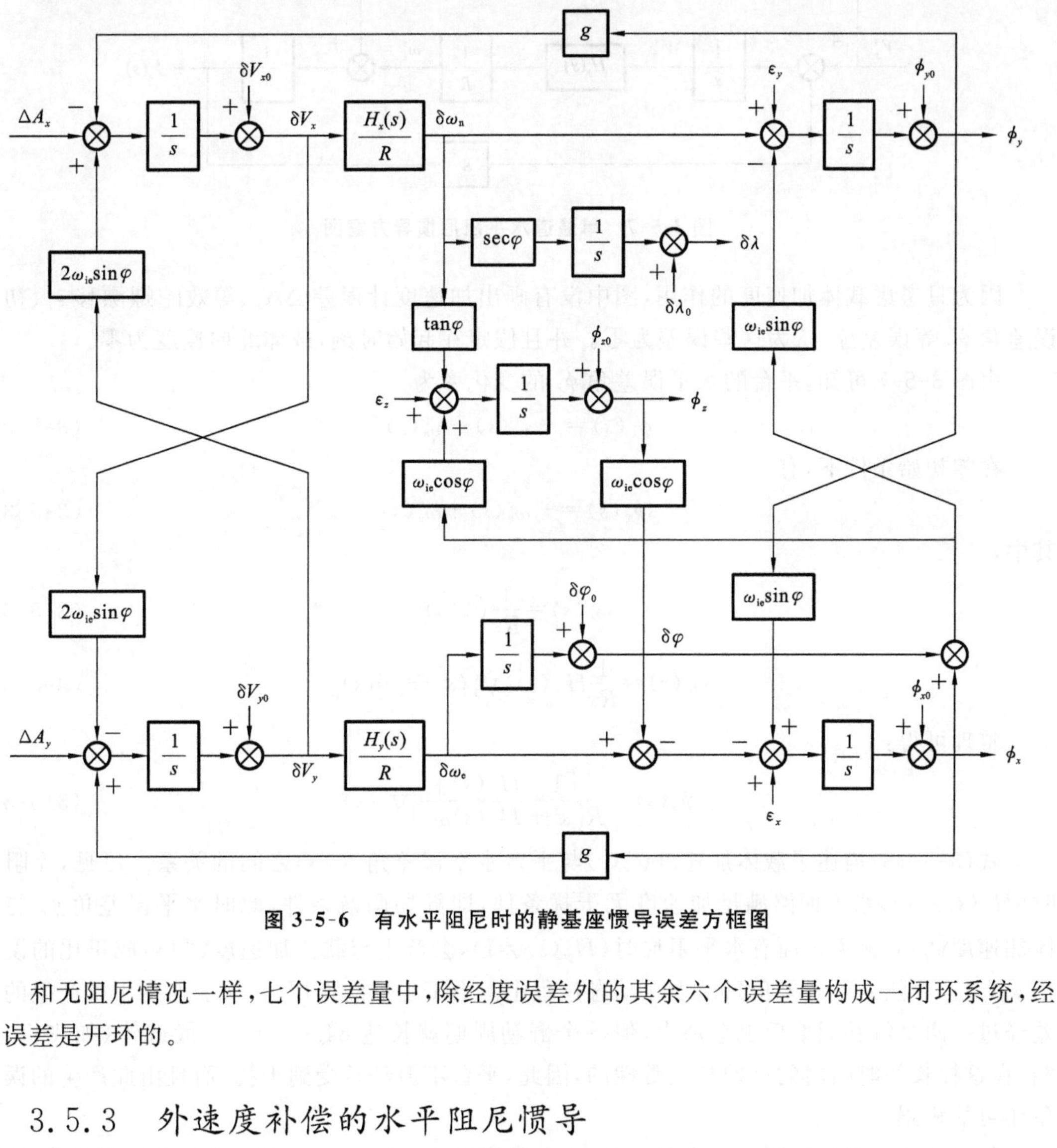

图 3-5-6　有水平阻尼时的静基座惯导误差方框图

和无阻尼情况一样，七个误差量中，除经度误差外的其余六个误差量构成一闭环系统，经度误差是开环的。

3.5.3　外速度补偿的水平阻尼惯导

水平阻尼可以使惯导误差中的舒勒周期振荡分量衰减下来，但同时又破坏了水平修正回路的加速度无干扰条件，即舒勒调谐条件，当载体有相对运动加速度时，会使平台出现水平误差，并由此而引起系统的其他误差。为克服这种误差，一种方法是及时地进行惯导工作状态的切换：当载体(如舰船)以恒定速度、航向航行时，使惯导系统工作在阻尼状态；而当载体机动航行时，及时地将惯导系统切换到无阻尼的工作状态。另一种更有效的方法是，在加入水平阻尼的同时，引入外部速度信息，对载体加速度引起的系统误差进行补偿。这种方法称为外速度补偿，进行外速度补偿的水平阻尼惯导简称为外水平阻尼惯导。相应地，没有进行外速度补偿的水平阻尼惯导称为内水平阻尼惯导。下面我们分析外速度补偿的机理。

以有水平阻尼的单通道惯导(东向轴修正回路)为例,其等效原理方框图如图 3-5-7 所示。

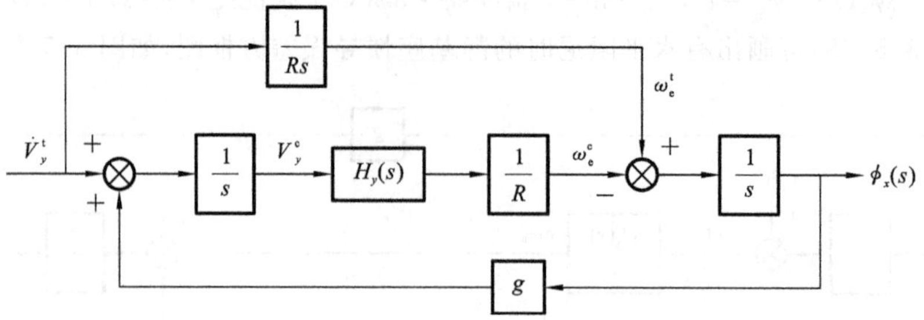

图 3-5-7 单通道水平阻尼惯导方框图

因为只考虑载体加速度的作用,图中没有画出加速度计误差 ΔA_x、等效陀螺漂移 ε_x、初始误差角 ϕ_{x0} 等误差源,认为这些误差为零。并且假定在起始时刻,载体北向速度为零。

由图 3-5-7 可知,平台的水平误差角 ϕ_x 的变化率为

$$\dot{\phi}_x(s)=-\omega_e^c(s)+\omega_e^t(s) \tag{3-5-29}$$

在零初始条件下,有

$$s\phi_x(s)=-\omega_e^c(s)+\omega_e^t(s) \tag{3-5-30}$$

其中,

$$\omega_e^t(s)=\frac{1}{Rs}\dot{V}_y^t(s) \tag{3-5-31}$$

$$\omega_e^c(s)=\frac{1}{Rs}H_y(s)[\dot{V}_y^t(s)+g\phi(s)] \tag{3-5-32}$$

整理可得:

$$\phi_x(s)=\frac{[1-H_y(s)]}{R[s^2+H_y(s)\omega_s^2]}\dot{V}_y^t(s) \tag{3-5-33}$$

式(3-5-33)描述了载体加速度$\dot{V}_y^t(s)$与平台水平误差角 $\phi_x(s)$之间的关系。可见,无阻尼时($H_y(s)=1$),水平回路满足加速度无干扰条件,即舒勒调谐条件,此时水平误差角 ϕ_x 与载体加速度$\dot{V}_y^t(s)$无关。而有水平阻尼时($H_y(s)\neq 1$),会产生与载体加速度$\dot{V}_y^t(s)$成正比的误差角 $\phi_x(s)$。当然这一误差角只出现在动态过程中。由于阻尼的作用,一次加速度干扰产生的误差经过一两个舒勒周期后也会消失,但一个舒勒周期就长达 84.4 min,一般载体(如飞机、舰船)在这样长的时间内的机动是经常性的,因此,平台不但经常受到干扰,而且由此产生的误差角还可能积累。

如果载体上有其他测定速度的设备,而且精度较高,如电磁计程仪、多普勒计程仪等,则可将其测出的载体速度输入给惯导系统,将这种速度称为外速度,记为 V_{ry}。外速度也总会有误差,记外速度误差为 δV_{ry},外速度误差变化率为 $\delta\dot{V}_{ry}$。

$$V_{ry}=V_y^t+\delta V_{ry} \tag{3-5-34}$$

如图 3-5-8 所示,外速度 $V_{ry}(s)$经网络 $1-H_y(s)$加入系统中,就可以实现外速度补偿。图 3-5-8 也可画成图 3-5-9 的形式,两者是等效的。

由图 3-5-8 有:

$$s\phi_x(s)=-\omega_e^c(s)+\omega_e^t(s) \tag{3-5-35}$$

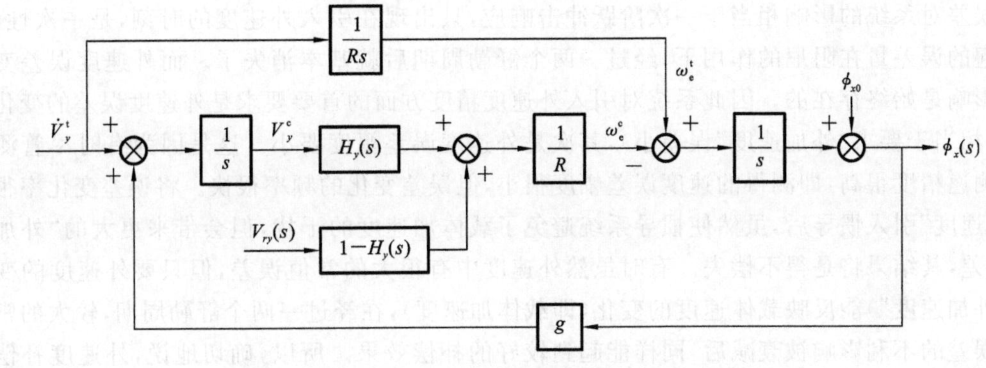

图 3-5-8　有外速度补偿的单通道水平阻尼惯导方框图

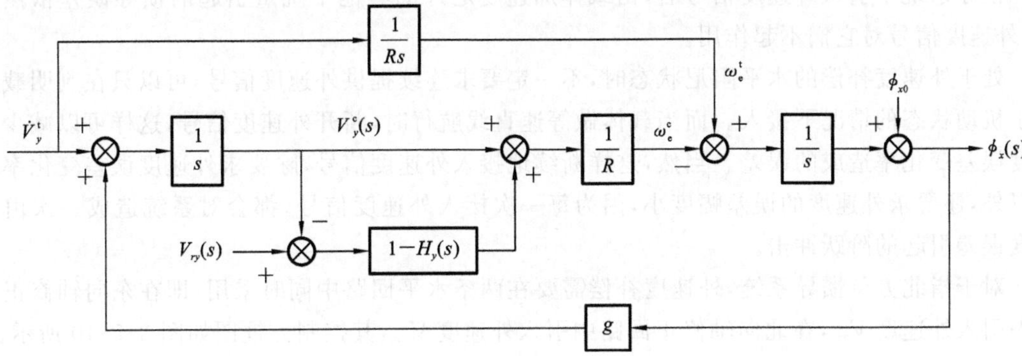

图 3-5-9　有外速度补偿的单通道水平阻尼惯导等效方框图

其中 $\omega_e^t(s)$同式(3-5-31)，而

$$\omega_e^c(s)=\frac{1}{Rs}\{H_y(s)[\dot{V}_y^t(s)+g\phi(s)]+[1-H_y(s)]sV_{ry}(s)\} \tag{3-5-36}$$

将式(3-5-35)进行整理可得：

$$\phi_x(s)=\frac{[1-H_y(s)]s}{R[s^2+H_y(s)\omega_s^2]}\cdot\delta V_{ry}(s) \tag{3-5-37}$$

根据拉氏变换微分定理，有：

$$\delta\dot{V}_{ry}(s)=s\cdot\delta V_{ry}(s)-\delta V_{ry}(0) \tag{3-5-38}$$

即

$$s\cdot\delta V_{ry}(s)=\delta\dot{V}_{ry}(s)+\delta V_{ry}(0) \tag{3-5-39}$$

将式(3-5-39)代入式(3-5-37)，有：

$$\phi_x(s)=\frac{[1-H_y(s)]}{R[s^2+H_y(s)\omega_s^2]}\cdot\delta\dot{V}_{ry}(s)+\frac{[1-H_y(s)]}{R[s^2+H_y(s)\omega_s^2]}\cdot\delta V_{ry}(0) \tag{3-5-40}$$

这表明，进行外速度补偿后，水平误差角只与外速度有关(外速度误差变化率以及外速度初始误差)，而与载体加速度无关。

从物理意义上说，引入外速度到惯导系统中，是给系统增加了一条补偿通道，当载体有加速度时，补偿由阻尼网络所造成的平台指令角速度的误差。虽然外速度误差对系统会造成影响，但一般来说要比载体加速度直接造成的影响小，引入外速度补偿可提高惯导系统的精度。

引入外速度后，影响系统水平误差角的是外速度误差变化率和初始外速度误差。初始外速度误差对系统的影响相当于一次阶跃冲击响应，只出现在引入外速度的时刻，是一次性的，其引起的误差量在阻尼的作用下，经过一两个舒勒周期后就基本消失了。而外速度误差变化率的影响是始终存在的。因此系统对引入外速度精度方面的首要要求是外速度误差的变化率要小（相当于要求“外加速度”误差小），其次是外速度误差幅度要小。这是因为有时尽管测量设备测速精度很高，即测得的速度误差幅度很小，但误差变化的频率很快。将误差变化率很大的“外速度”引入惯导后，虽然使惯导系统避免了载体加速度的干扰，但会带来更大的“外加速度”误差，其结果将是得不偿失。有时虽然外速度中有很大的常值误差，但只要外速度的变化（即“外加速度”）能反映载体速度的变化（即载体加速度），在经过一两个舒勒周期，较大的常值速度误差的不利影响被衰减后，同样能起到较好的补偿效果。所以，确切地说，外速度补偿应该称为“加速度补偿”。

惯导系统中引入外速度信号后，由载体加速度之外的其他干扰量引起的惯导误差依然如旧，外速度信号对它们不起作用。

处于外速度补偿的水平阻尼状态时，不一定要求连续提供外速度信号，可以只在判明载体处于机动状态的情况下接入。而当载体做等速直线航行时，断开外速度信号，这样可以减少外速度误差变化率造成的误差。当然，这样断续地接入外速度信号，除要求外速度误差变化率要小以外，还要求外速度的误差幅度小，因为每一次接入外速度信号，都会对系统造成一次由外速度误差引起的阶跃冲击。

对于指北方位惯导系统，外速度补偿需要在两条水平回路中同时采用，即在东向轴修正回路中引入外速度 V_{ry}，在北向轴修正回路中引入外速度 V_{rx}，其控制方框图如图 3-5-10 所示。

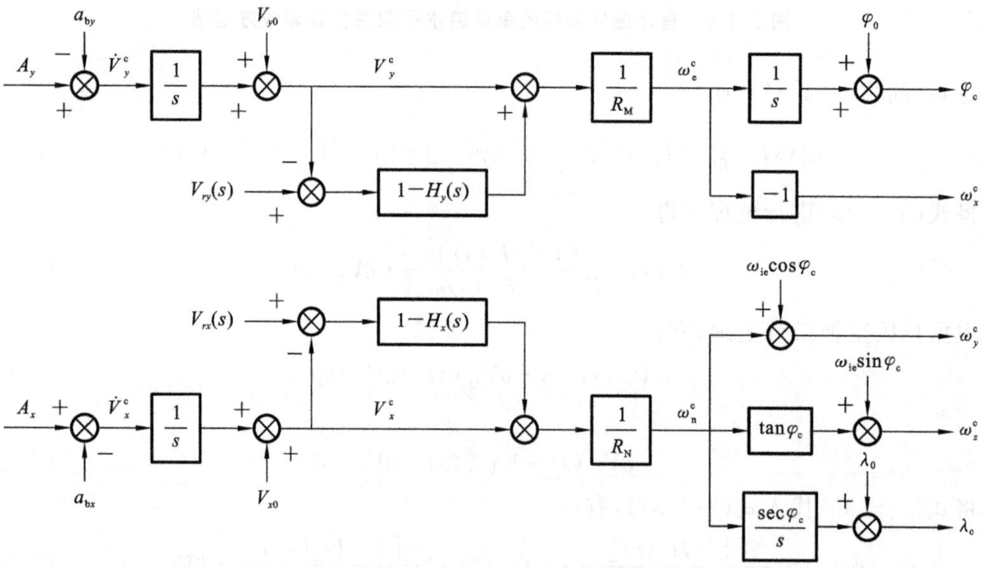

图 3-5-10　外速度补偿指北方位水平阻尼惯导控制方框图

将 3.5.2 节中的水平阻尼惯导的控制方程和基本方程中有关 ω_e^c、ω_n^c 的部分做相应的更改，即可得到有外速度补偿时的惯导控制方程和基本方程。现将基本方程列写如下：

$$\begin{cases}\dot{\phi}_x=\omega_x^c-\omega_{itx}^t+\phi_y\omega_{itz}^t-\phi_z\omega_{ity}^t+\varepsilon_x\\ \dot{\phi}_y=\omega_y^c-\omega_{ity}^t-\phi_x\omega_{itz}^t+\phi_z\omega_{itx}^t+\varepsilon_y\\ \dot{\phi}_z=\omega_z^c-\omega_{itz}^t+\phi_x\omega_{ity}^t-\phi_y\omega_{itx}^t+\varepsilon_z\end{cases}\tag{3-5-41a}$$

$$\begin{cases}\dot{V}_x^c = f_x^t + \left(2\omega_{ie}\sin\varphi_c + \dfrac{V_x^c}{R_N}\cdot\tan\varphi_c\right)V_y^c - \phi_y g + \Delta A_x \\ \dot{V}_y^c = f_y^t - \left(2\omega_{ie}\sin\varphi_c + \dfrac{V_x^c}{R_N}\cdot\tan\varphi_c\right)V_x^c + \phi_x g + \Delta A_y\end{cases} \tag{3-5-41b}$$

$$\begin{cases}\omega_e^c(s) = \dfrac{1}{R_M}\{V_y^c H_y(s) + V_{ry}[1 - H_y(s)]\} \\ \omega_n^c(s) = \dfrac{1}{R_M}\{V_x^c H_x(s) + V_{rx}[1 - H_x(s)]\}\end{cases} \tag{3-5-41c}$$

$$\begin{cases}\dot{\varphi}_c = \omega_e^c \\ \dot{\lambda}_c = \omega_n^c \sec\varphi_c\end{cases} \tag{3-5-41d}$$

$$\begin{cases}\omega_x^c = -\omega_e^c \\ \omega_y^c = \omega_{ie}\cos\varphi_c + \omega_n^c \\ \omega_z^c = \omega_{ie}\sin\varphi_c + \omega_n^c\tan\varphi_c\end{cases} \tag{3-5-41e}$$

由基本方程同样可以推导出有外速度补偿时的惯导误差方程，以利于误差分析，其具体方法可参照无外速度补偿时的情况。

3.6　平台式惯导水平阻尼程序设计

3.6.1　程序设计

3.5.1 节和 3.5.2 节对内阻尼惯性导航系统进行了理论分析，3.5.3 节则对外阻尼惯性导航系统进行了分析。为了进一步理解内、外阻尼的作用，本节进行以下两个实验。（本节所对应程序详见配套的数字资源）

实验 1: 搭建内阻尼指北方位惯导 SIMULINK 模型，进行仿真实验。

仿真条件设置：仿真步长设置为 1 s，东向、北向加速度计误差为 $10^{-4}g$，东向、北向、天向陀螺常值漂移为 0.01(°)/h，重力加速度为 9.8 m/s^2，地球半径为 $R=6378137$ m，初始速度误差为 0.5 m/s，东向、北向、天向初始失准角分别为 3′、3′、5′，纬度、经度初始误差分别为 3′、5′，水平阻尼网络选取为 $H_2(s)$，见式(3-5-11)。

实验 2: 搭建外阻尼指北方位惯导 SIMULINK 模型，进行仿真实验，仿真条件与实验 1 相同。

实验步骤如下：

(1) 内阻尼指北方位惯导误差变化实验。

根据仿真参数及图 3-5-4 所示原理框图，于 SIMULINK 中搭建仿真系统，如图 3-6-1 所示。图 3-6-1 中 Pole1 和 Pole2 的表达式均为

$$\frac{(s+0.00085)*(s+0.09412)}{(s+0.008)*(s+0.01)} \tag{3-6-1}$$

(2) 外阻尼指北方位惯导误差变化实验。

根据仿真参数及图 3-5-10 所示原理框图，于 SIMULINK 中搭建仿真系统，如图 3-6-2 所示。图 3-6-2 中 Pole1 和 Pole2 的表达式均为

$$\frac{(s+0.00008073)}{(s+0.008)*(s+0.01)} \tag{3-6-2}$$

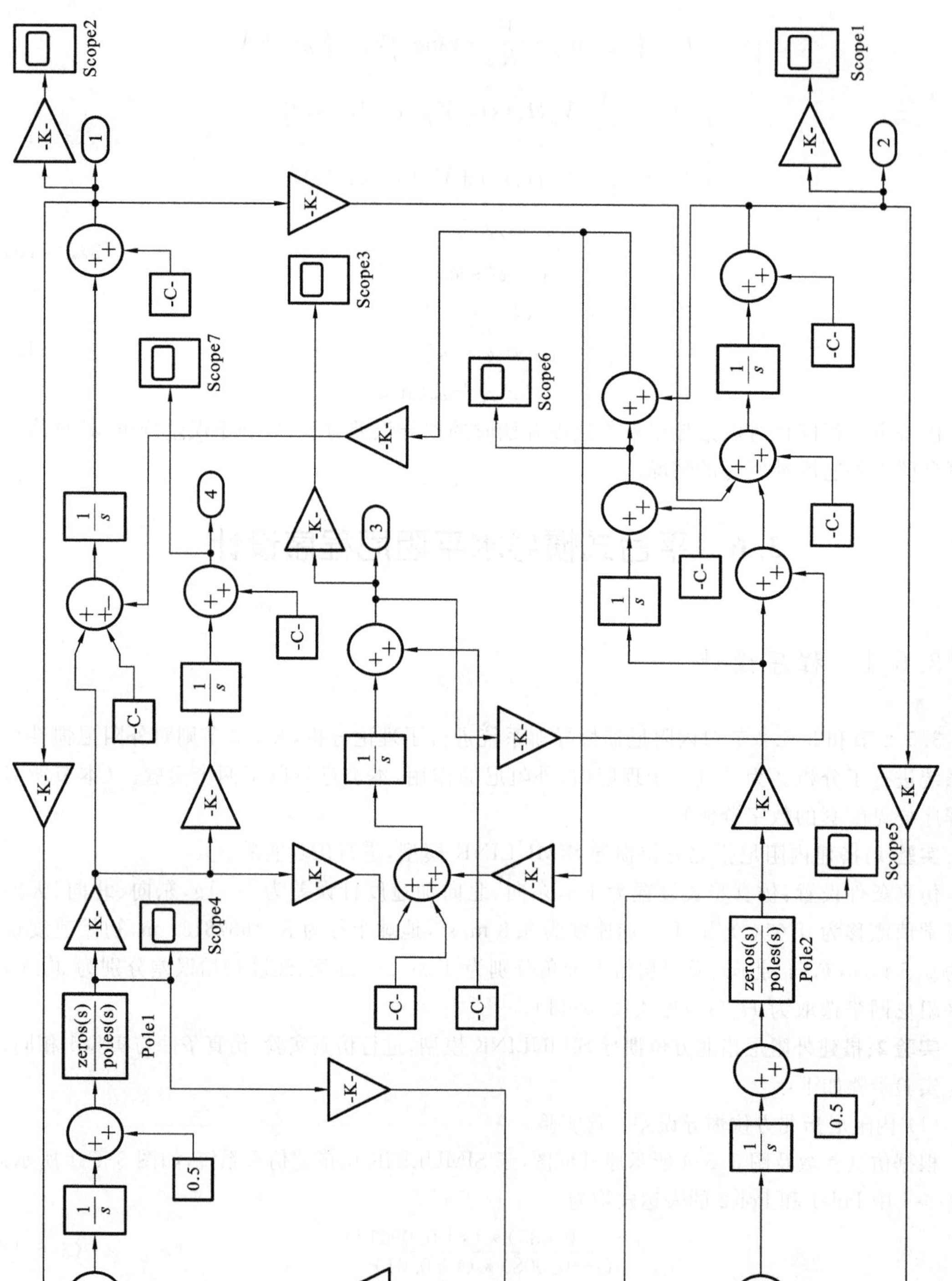

图 3-6-1　平台式内阻尼指北方位惯导SIMULINK程序

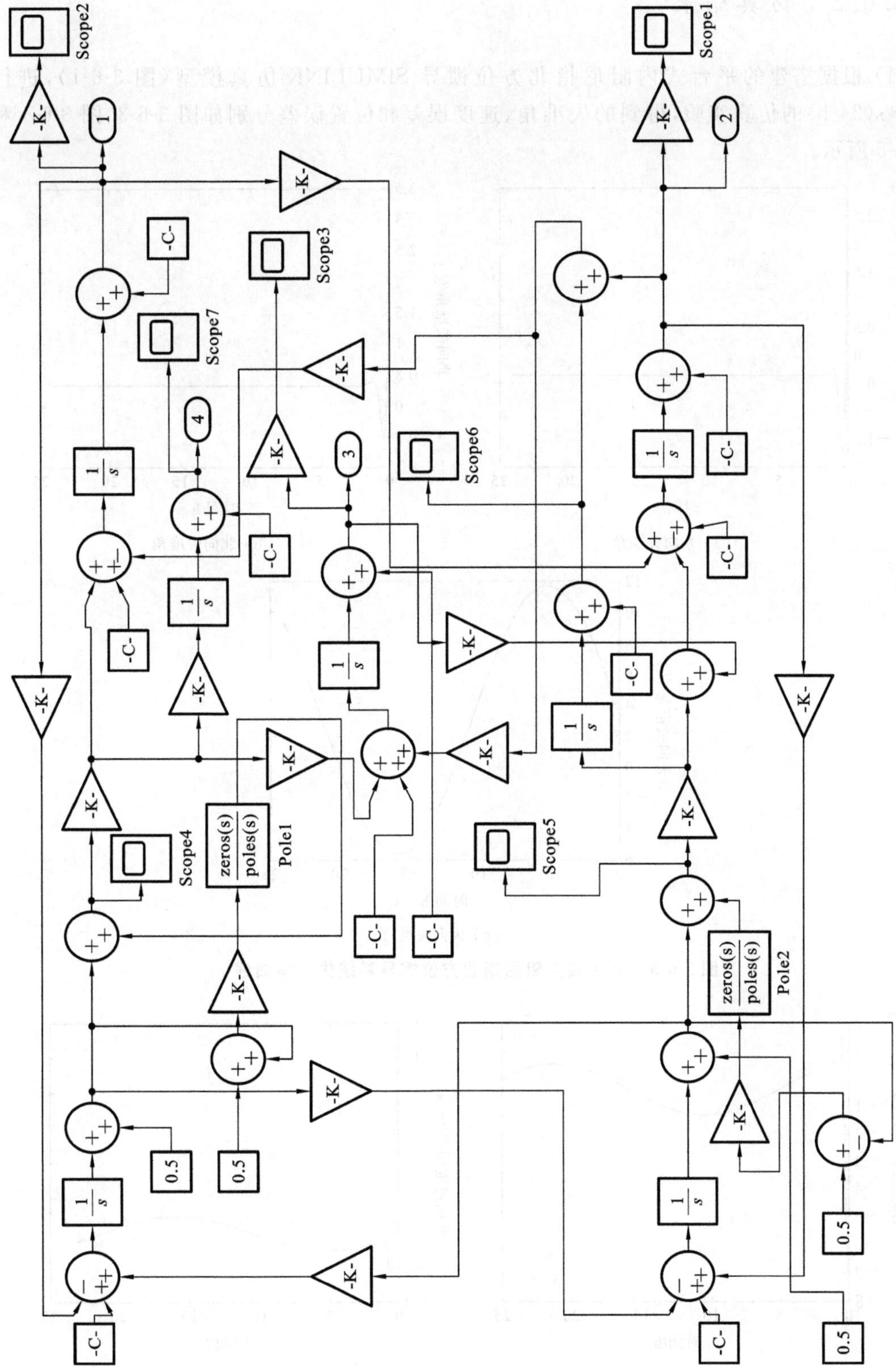

图 3-6-2　平台式外阻尼指北方位惯导SIMULINK程序

3.6.2 仿真结果

(1) 根据搭建的平台式内阻尼指北方位惯导 SIMULINK 仿真模型(图 3-6-1),进行 86400 s(24 h)的仿真实验,得到的失准角、速度误差和位置误差分别如图 3-6-3、图 3-6-4 和图 3-6-5 所示。

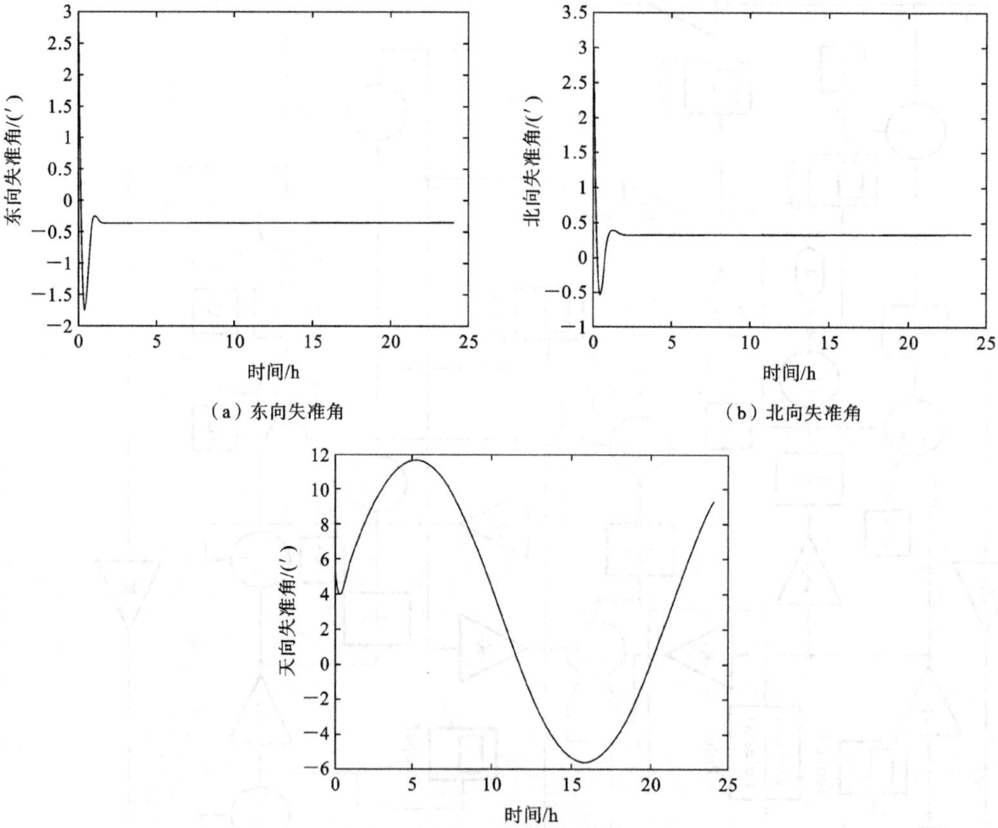

(a) 东向失准角　　(b) 北向失准角

(c) 天向失准角

图 3-6-3　平台式内阻尼指北方位惯导系统失准角曲线

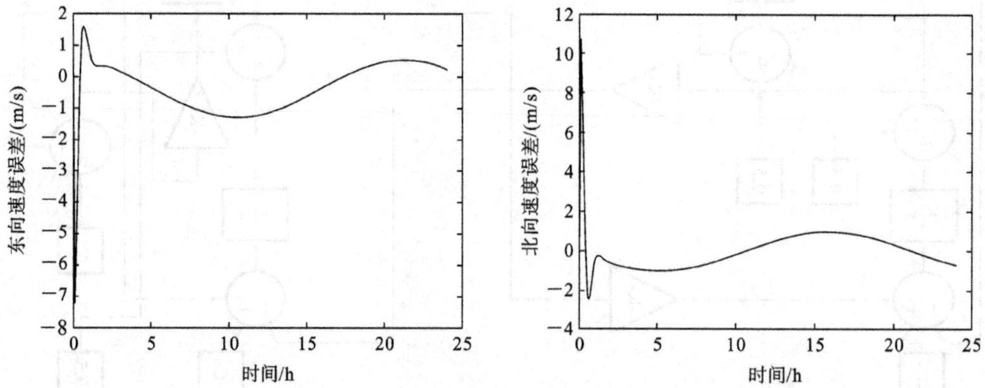

(a) 东向速度误差　　(b) 北向速度误差

图 3-6-4　平台式内阻尼指北方位惯导系统速度误差

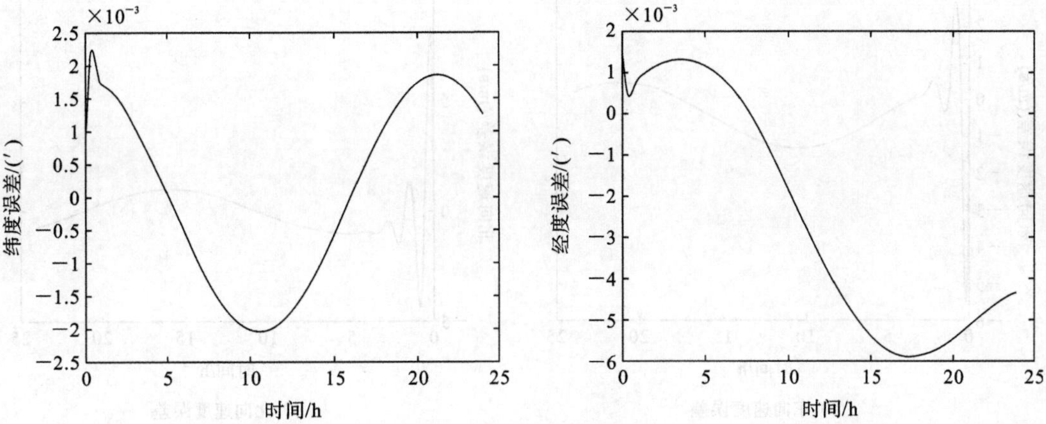

（a）纬度误差　　（b）经度误差

图 3-6-5　平台式内阻尼指北方位惯导系统位置误差

(2) 根据搭建的平台式外阻尼指北方位惯导 SIMULINK 仿真模型(图 3-6-2)，进行 86400 s(24 h)的仿真实验，得到的失准角、速度误差和位置误差分别如图 3-6-6、图 3-6-7 和图 3-6-8 所示。

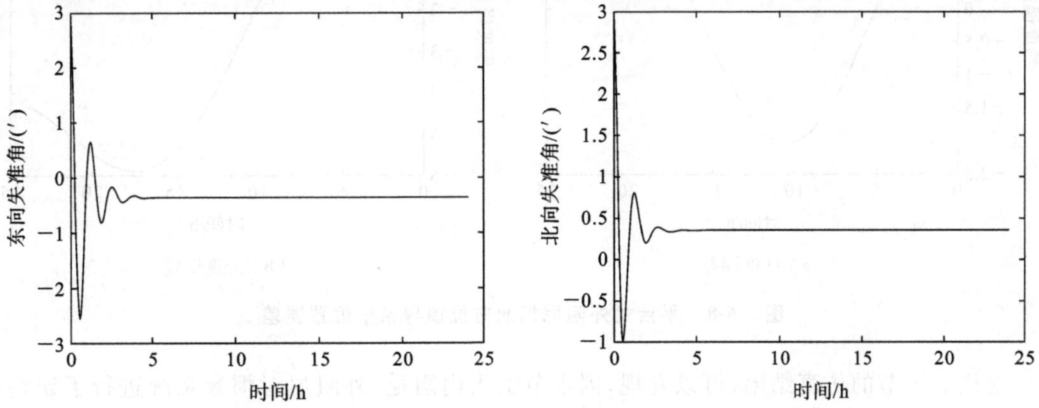

（a）东向失准角　　（b）北向失准角

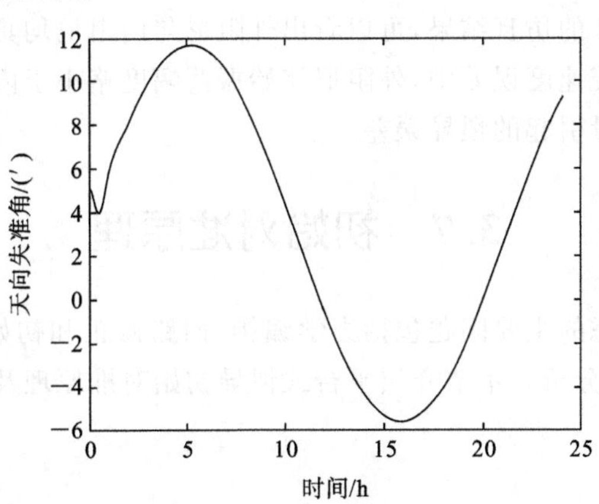

（c）天向失准角

图 3-6-6　平台式外阻尼指北方位惯导系统失准角曲线

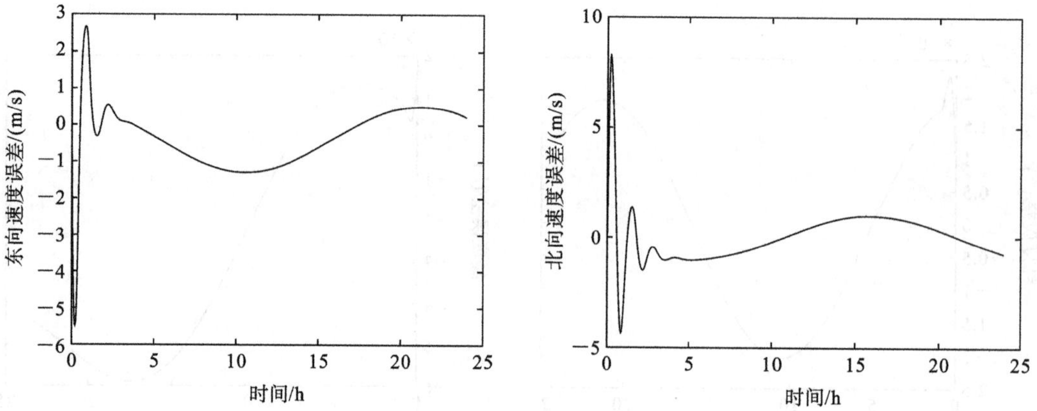

(a) 东向速度误差　　(b) 北向速度误差

图 3-6-7　平台式外阻尼指北方位惯导系统速度误差

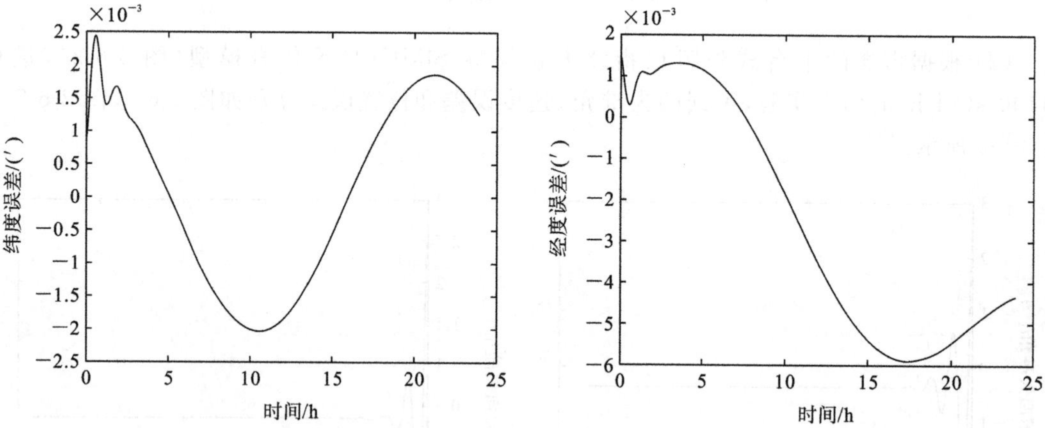

(a) 纬度误差　　(b) 经度误差

图 3-6-8　平台式外阻尼指北方位惯导系统位置误差

对比 3.4 节的仿真结果，可以发现，因本节引入内阻尼、外阻尼对惯导系统进行了误差补偿，误差振荡产生了衰减，精度大大提高。

对比实验 1 和实验 2 的仿真结果，可以看出外阻尼与内阻尼均具有改进效果。平台式内、外阻尼指北方位惯导系统速度误差中，外阻尼初始振荡幅度略小于内阻尼，这是因为外阻尼仅补偿由载体加速度干扰量引起的惯导误差。

3.7　初始对准原理

平台式惯导中要考虑的主要问题包括力学编排、回路修正和初始对准。前文已对力学编排、回路修正进行了介绍分析。本节介绍平台式惯导初始对准原理及其方法。

3.7.1　概述

惯性导航系统输出的载体速度、位置是根据加速度计的输出积分而来的。要进行积分运算，首先必须设置积分的初始条件，如初始速度、初始位置。另外，惯导中加速度计的测量基准（即敏感轴指向）由平台轴确定，指北方位惯导系统在进入导航工作状态之前，必须使平台坐标系与地理坐标系指向一致，包括水平方向上的一致和方位指向上的一致。否则平台的误差会引起加速度计的测量误差。所以惯导系统在进入导航工作状态之前，必须进行以下工作：

（1）确定并向系统输入载体的初始速度、初始位置；

（2）将惯导平台三根轴的指向调整成与当地地理坐标系三根轴的指向一致。

这些工作称为惯导的初始对准。

输入初始位置、初始速度的问题比较简单。在静基座条件下（例如当装有惯导的舰船在码头停靠时），载体速度为零，位置就是当地的地理位置，是已知的。动基座下的初始位置、初始速度只能由外界提供。给定系统的初始位置和初始速度的操作过程很简单，将这些初始数据通过控制台送入惯导计算机即可。而平台的初始对准则比较复杂，一般情况下，平台启动时，既不水平，也没有确定的方位，其三根轴的指向与地理系有较大的差异。如何将平台在系统进入导航工作状态前，调整到与地理坐标系指向一致是初始对准的主要任务。

平台初始对准的方法有两种，一是引入外部参考基准，如通过光学或机电的方法，将外部基准坐标系引入平台，使平台坐标系和外部基准坐标系重合。当然，这一外部基准坐标系必须是符合精度要求的。二是利用惯导系统自身的惯性器件（加速度计、陀螺仪）能敏感地球重力加速度 $\boldsymbol{g}$ 和地球自转角速度 $\boldsymbol{\omega}_{ie}$ 的特点，组成闭环回路，达到自动调平和寻北的目的。这种方法称为自主式对准，有时两种对准方法也可结合使用。本节主要讨论自主式对准方法。

为使平台的对准既快捷又精度高，平台的初始对准过程分为粗对准和精对准两个阶段。粗对准阶段要求尽快将平台调整到某一精度范围，在这一阶段，快速性是主要指标（一般要求几分钟内完成粗对准）；精对准在粗对准的基础上进行，在这一阶段，精度是主要指标（一般要求水平误差角小于 $10''$，方位误差角小于 $5'$）。精对准结束时的平台精度就是系统进入导航状态的平台初始精度。

另外，由于系统中惯性元件误差（如陀螺仪漂移误差和加速度计误差）是惯导的主要误差源，其中陀螺漂移中的逐次启动常值分量以及陀螺仪中力矩器的力矩系数误差（后者对系统的影响相当于陀螺漂移）可以通过一定的方法进行测量。为补偿陀螺漂移，提高系统精度，有一种方案是在精对准过程中测定陀螺漂移并对陀螺仪力矩器的力矩系数进行标定。

在设计初始对准方案时，以往一般以经典控制理论为理论基础，采用频率法。近年来，运用卡尔曼滤波的状态空间法也在初始对准中获得应用。

3.7.2 平台粗对准

粗对准一般要求水平误差角小于 $30'$，方位误差角小于 $1°$，有的要求还要更高，粗对准分为水平粗对准和方位粗对准。

水平粗对准的参照基准是当地垂线，当平台的法线与当地垂线重合时，平台就是水平的。而当地垂线方向就是重力加速度矢量的方向。根据加速度计原理，平台不水平时，沿平台水平轴安装的两个加速度计所敏感的比力中含有重力加速度 $\boldsymbol{g}$ 的分量。在不考虑载体运动加速度和有害加速度时，平台上东向及北向加速度计 A_E、A_N 的输出 A_x、A_y 与平台水平误差角 ϕ_x、ϕ_y 之间的关系为

$$\begin{cases} A_x = -g\sin\phi_y \\ A_y = g\sin\phi_x \end{cases} \tag{3-7-1}$$

这说明加速度计 A_E、A_N 的输出是否为零可作为平台是否水平的判据。再进一步，可利用这两个加速度计的输出来形成指令电流，控制平台绕两根水平轴（X_p、Y_p）的转动，直到平台到达水平为止，水平粗对准就是采用了上述思路。下面以平台绕 X_p 轴的水平粗对准为例进行说明。

X_p 轴水平粗对准的对准回路如图 3-7-1 所示，当平台 Y_p 轴不在水平面上时，加速度计 A_N 可敏感水平误差角 ϕ_x。将加速度计 A_N 输出的电信号放大后作为指令电流，加到控制平台 X_p 轴的陀螺仪 G_E 的力矩器上，陀螺转子在力矩器作用下绕其输出轴进动，形成指令角速度。陀螺仪 G_E 输出轴上的角度传感器输出的信号，经坐标变换、放大，控制平台水平轴稳定系统中的力矩电机，使平台向水平误差角 ϕ_x 减小的方向转动。ϕ_x 变化后，又会改变加速度计 A_N 的输出，从而构成一闭环对准回路。当 ϕ_x 减小到使加速度计 A_N 的输出为零时，对准就完成了。

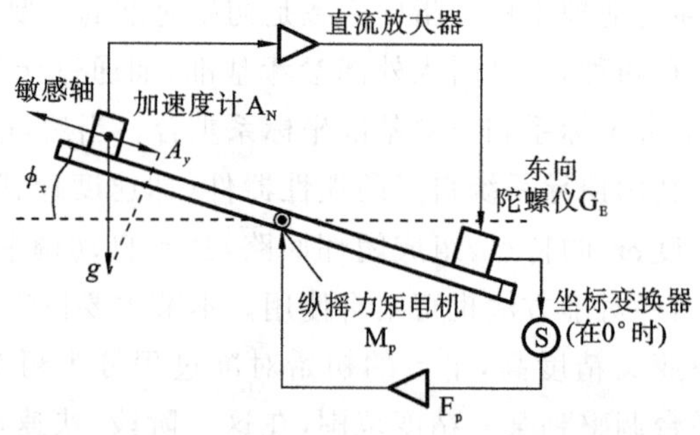

图 3-7-1　由北向加速度计和东向陀螺仪组成的水平粗对准回路

图 3-7-1 所示的为平台方位轴角度传感器输出为 0°时的情况，此时陀螺仪 G_E 的敏感轴与平台纵摇轴平行，坐标变换的结果相当于 G_E 直接控制平台纵摇轴向的伺服放大器 F_p、力矩电机 M_p。一般情况下，陀螺仪 G_E 的输出经坐标变换后会产生两路控制信号，同时控制平台纵摇轴向上和横摇轴向上的力矩电机，但两个力矩电机产生的平台转动角速度必然在 X_p 轴向，这是由三轴平台中坐标变换器的设计所保证的。所以在一般情况下，粗对准回路与图 3-7-1 所示回路是等效的。

图 3-7-2 是 X_p 轴水平粗对准回路的方框图。图中：K_a 为加速度计 A_N 的刻度系数；K 为放大系数，其中含有直流放大器的放大倍数、从电流到形成对 X_p 轴稳定回路修正指令角速度的变换系数；$1/s$ 表示从指令角速度到平台实际转动角度之间的等效传递函数。图中没有画出载体加速度和有害加速度，也没有画出陀螺漂移，因为粗对准时间较短，而且粗对准对精度要求不高，它们的影响可忽略。但加速度计零位误差会直接影响水平精度，是要考虑的。

由图 3-7-2 可看出，水平粗对准回路是一阶惯性环节。若加速度计误差为常值误差，$\Delta A_y(s)=\dfrac{1}{s}\Delta A_y$，则 X_p 轴水平误差角 ϕ_x 的拉氏变换式为

$$\phi_x(s)=\frac{-\dfrac{K_a K}{s}}{1+\dfrac{gK_a K}{s}}\Delta A_y(s)+\frac{1}{1+\dfrac{gK_a K}{s}}\phi_{x0}(s)$$

$$= -\frac{1/s}{s(T_E s+1)}\Delta A_y + \frac{T_E}{T_E s+1}\phi_{x0} \tag{3-7-2}$$

式中，$T_E = \dfrac{1}{gK_a K}$为时间常数。

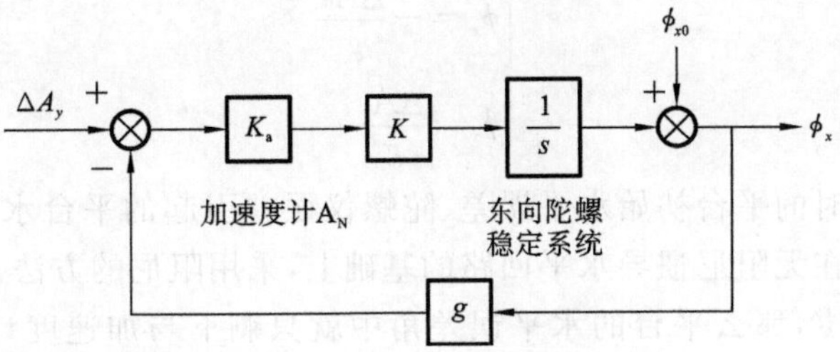

图 3-7-2　X_p 轴水平粗对准回路方框图

对式(3-7-2)取拉氏反变换，可解得

$$\phi_x(t) = -\frac{\Delta A_y}{g}(1-e^{-\frac{1}{T_i}t}) + \phi_{x0}e^{-\frac{1}{T_i}t} \tag{3-7-3}$$

稳态误差角为

$$\phi_{xss} = -\frac{\Delta A_y}{g} \tag{3-7-4}$$

可见，稳态误差角与初始误差角 ϕ_{x0} 无关。

平台 Y_p 轴向的水平粗对准回路与 X_p 轴相似，即通过加速度计 A_E 敏感水平误差角 ϕ_y 并通过 Y_p 轴陀螺稳定系统控制平台绕 Y_p 轴转动，直到平台水平为止。

要快速进行水平粗对准，就要选择较短的时间常数 T_E。一阶惯性环节的过渡过程为(3～5)T_E，若要在几分钟内完成水平粗对准，则 T_E 应为 1～2 min。根据 T_E 可确定参数 K。

方位粗对准的目的是使平台粗略地到达指北的方位。惯导平台的方位粗对准，需要其他指向仪器为惯导提供概略方位，如用舰船上的罗经航向 θ_G 与舰用惯导输出的载体航向 θ_r 之差作为控制量，控制方位陀螺仪的力矩器，并通过方位轴陀螺稳定系统使平台绕方位轴转动，当惯导输出的航向与罗经航向一致时，方位粗对准就完成了。方位粗对准回路的方框图如图 3-7-3 所示。

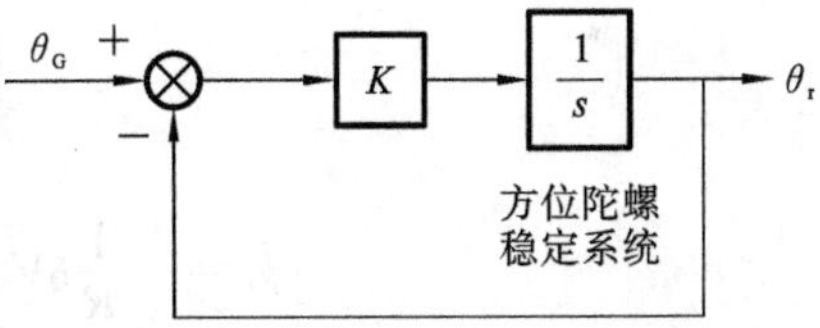

图 3-7-3　方位粗对准回路的方框图

在上面介绍的水平粗对准和方位粗对准回路中，惯导计算机都不参与回路工作，回路由模拟电路实现，而且影响对准精度的许多因素都没有考虑，对准精度不高，故称为粗对准。粗对准强调的是快速性，故水平粗对准和方位粗对准又称为快速模拟调水平和快速模拟调方位。

3.7.3　平台精对准

3.7.3.1　罗经法初始对准

平台精对准在平台粗对准的基础上进行。精对准分为水平精对准和方位精对准。精对准后，一般要求水平误差角小于 10″，方位误差角小于 5′，对准时间在 30 min 左右。可先进行水平精对准，然后进行方位精对准。精对准可在静基座条件下进行，也可在动基座条件下进行。

1. 水平精对准

在分析无阻尼指北方位惯导系统时，我们看到，在静基座条件下，平台的水平误差角 ϕ_x、ϕ_y 表现为常值分量与舒勒频率等幅振荡误差分量的叠加。其中，常值分量只与加速度计误差有关：

$$\begin{cases}\phi_x=-\dfrac{\Delta A_y}{g}\\ \phi_y=\dfrac{\Delta A_x}{g}\end{cases} \tag{3-7-5}$$

而由精对准开始时的平台初始水平误差、陀螺仪误差引起的平台水平误差分量均是周期性等幅振荡的。如果在无阻尼惯导水平回路的基础上，采用阻尼的方法，使周期性等幅振荡误差分量尽快地衰减为零，那么平台的水平误差角中就只剩下与加速度计误差有关的分量了。这样平台就可以达到较高的水平精度。这种在水平回路中引入阻尼来消除平台水平误差的方法，是水平精对准的常用方法。

上一节分析阻尼惯导系统时，曾讨论过在无阻尼惯导中引入水平阻尼网络来消除振荡性误差的问题，能否将适用于惯导导航工作状态下的水平阻尼网络也用在水平精对准阶段呢？如果仅从消除振荡性水平误差分量的最终结果看，这样是可以的。在水平阻尼网络的作用下，经过一两个振荡周期后，振荡性误差分量基本上就消除了，平台可达到较高的水平精度。但是，导航工作状态下的水平阻尼网络不能改变水平回路的固有振荡频率 ω_s（否则就彻底地破坏了水平回路的舒勒调谐条件），且一两个振荡周期就是两到三个小时。显然，这么长的时间用于初始对准是不合适的，必须单独设计一水平精对准阻尼网络，以使对准速度快、精度高。下面从无阻尼惯导的误差方程入手，进行水平精对准阻尼网络的设计。

在静基座条件下，指北方位惯导系统的误差可由误差方程式(3-3-39)描述。初始对准时，载体的地理位置是已知的，误差方程中与纬度误差有关的项可忽略。为简化设计，忽略速度误差中因补偿有害加速度而引入的交叉耦合项（相当于忽略误差中的傅科周期振荡）$-2\omega_{ie}\sin\varphi\cdot\delta V_x$ 和 $2\omega_{ie}\sin\varphi\cdot\delta V_y$，这样可将式(3-3-39)简化为

$$\begin{cases}\delta\dot{V}_x=-\phi_y g+\Delta A_x\\ \delta\dot{V}_y=\phi_x g+\Delta A_y\end{cases} \tag{3-7-6a}$$

$$\begin{cases}\dot{\phi}_x=-\dfrac{1}{R}\delta V_y+\omega_{ie}\sin\varphi\cdot\phi_y-\omega_{ie}\cos\varphi\cdot\phi_z+\varepsilon_x\\ \dot{\phi}_y=\dfrac{\delta V_x}{R}-\omega_{ie}\sin\varphi\cdot\phi_x+\varepsilon_y\\ \dot{\phi}_z=\dfrac{\tan\varphi}{R}\cdot\delta V_x+\omega_{ie}\cos\varphi\cdot\phi_x+\varepsilon_z\end{cases} \tag{3-7-6b}$$

显然水平误差与方位误差是有相互影响的，进行对准时，将水平对准和方位对准分开进行，可使问题简化。在水平对准过程中，使方位陀螺自锁，即平台在方位上不转动。此时，方位误差角是常值，其对水平误差角的影响可以作为常值误差源来处理（初始方位误差角 ϕ_z 可能较大，这一项不能忽略）。于是可得到平台水平误差方框图，如图 3-7-4 所示。

水平精对准时，水平回路的两水平误差之间的耦合项比其他误差源的影响小，而且在对准过程中随着水平误差的减小，耦合项也是在减小的。进一步忽略 ϕ_x、ϕ_y 之间的交叉耦合项之后，可得到两个独立的水平误差方框图，如图 3-7-5 所示。

两个水平通道是相似的，区别仅在于东向轴修正回路（由北向加速度计和东向陀螺仪组成的水平回路）中有方位误差项，而北向轴修正回路中没有此误差项。下面我们以东向轴修正回

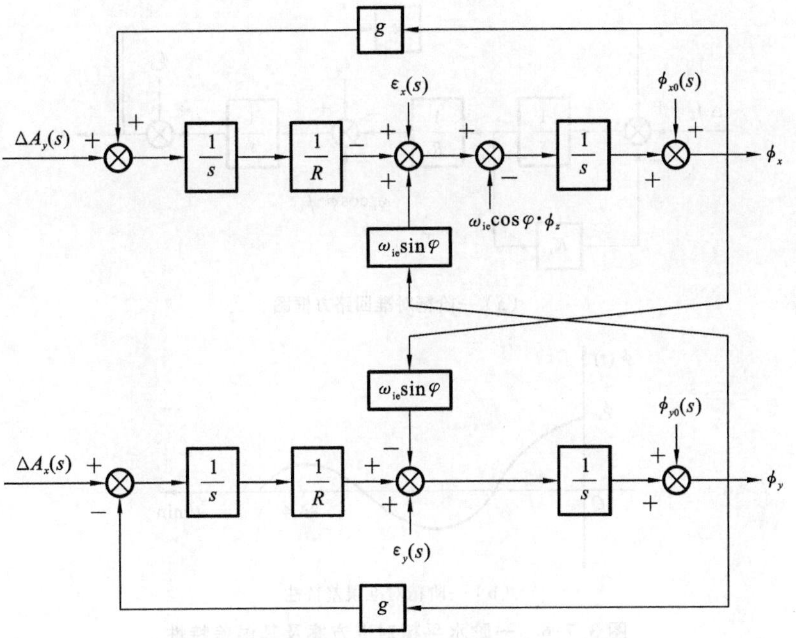

图 3-7-4　静基座下平台水平误差简化方框图

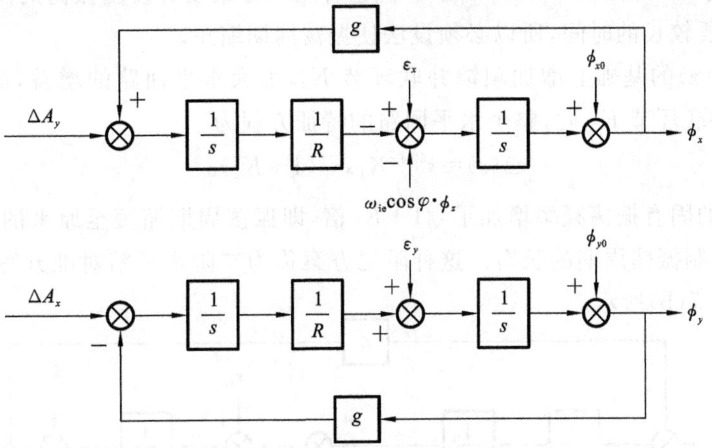

图 3-7-5　静基座下两水平通道误差方框图

路为例来讨论对准中的阻尼网络设计问题。

图 3-7-5 上部所示的东向轴修正回路是无阻尼的。在加速度计误差 ΔA_y、初始误差 ϕ_{x0}、陀螺漂移 ε_x 及方位误差项"$-\omega_{ie}\cos\varphi\cdot\phi_z$"等因素作用下，平台绕 X_p 轴的运动方式是绕平衡位置 $-\Delta A_y/g$ 做舒勒周期振荡。要完成初始对准任务，必须在回路中加入阻尼环节，使振荡衰减下来。

可以把第一个积分环节改造成为一个惯性环节，方法是引出由积分计算出的速度 δV_y，乘以系数 K_1 后反馈至积分器的输入端，如图 3-7-6(a)所示。这种阻尼方案称为一阶水平精对准方案，此时，根据梅森增益公式容易列写出整个水平回路的特征方程为

$$\Delta(s)=s^2+K_1s+\omega_s^2 \tag{3-7-7}$$

显然，只要反馈回路系数 K_1 大于零，回路就具有阻尼，这使得水平误差角中的振荡成分

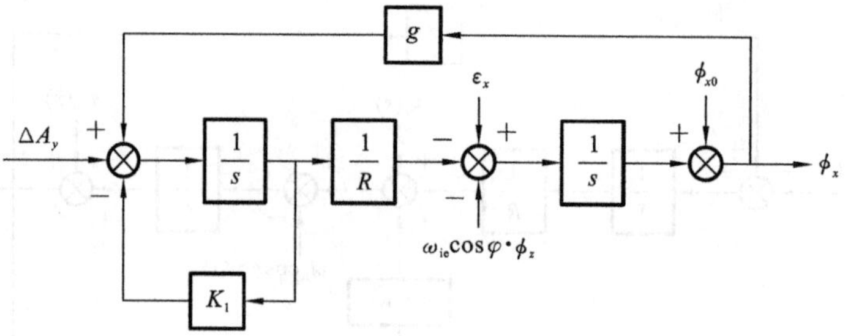

（a）一阶精对准回路方框图

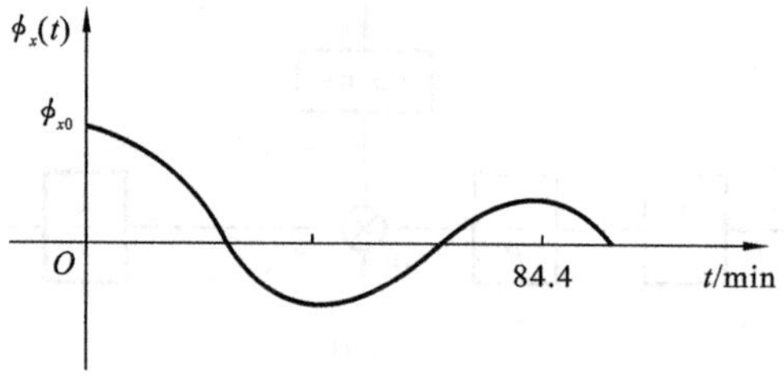

（b）一阶精对准误差特性

图 3-7-6　一阶水平精对准方案及其误差特性

逐步衰减，趋近于零，如图 3-7-6(b)所示。但这种阻尼方案没有改变振荡的周期，要使振荡误差衰减下来，需要较长的时间，所以必须设法使振荡周期缩短。

在图 3-7-6(a)的基础上增加顺馈并联环节 K_2，加大水平回路的增益，如图 3-7-7(a)所示。增加顺馈并联环节 K_2 后，整个水平回路的特征方程为

$$\Delta(s)=s^2+K_1s+(1+K_2)\omega_s^2 \tag{3-7-8}$$

可见，系统的固有振荡频率增加了 $\sqrt{1+K_2}$ 倍，即振荡周期缩短至原来的 $1/\sqrt{1+K_2}$。调节系数 K_2，可控制振荡周期的长短。这种阻尼方案称为二阶水平精对准方案，此时误差角 ϕ_x 的变化如图 3-7-7(b)所示。

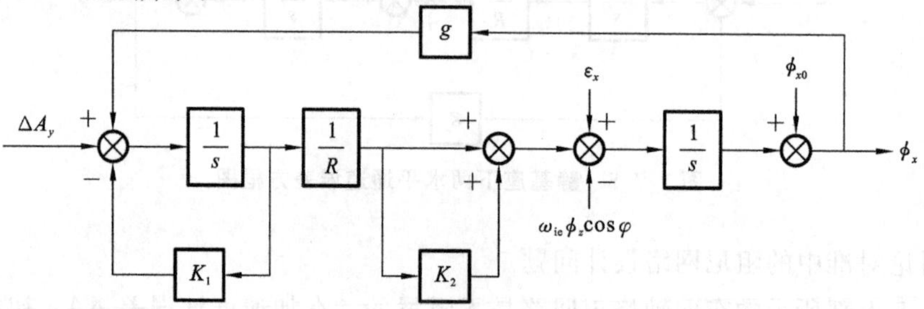

（a）二阶精对准回路方框图

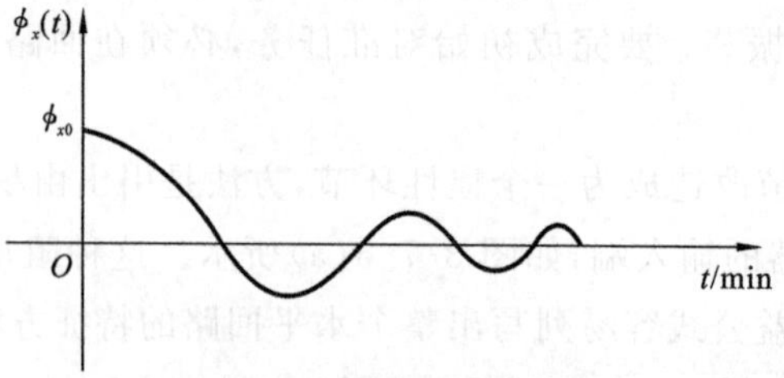

（b）二阶精对准误差特性

图 3-7-7　二阶水平精对准方案及其误差特性

二阶水平精对准方案已经具有了实用性。下面分析在常值误差源作用下，采用这种方案的对准精度。由图 3-7-7(a)可求得：

$$\phi_x(s)=-\frac{1+K_2}{G(s)}\Delta A_y(s)+\frac{R(s+K_1)}{G(s)}[\varepsilon_x(s)-\phi_z(s)\omega_{\text{ie}}\cos\varphi]+\frac{sR(s+K_1)}{G(s)}\phi_{x0}(s) \quad (3\text{-}7\text{-}9)$$

式中，$G(s)=R[s^2+K_1s+(1+K_2)\omega_s^2]$。

运用拉氏变换的终值定理，可得稳态误差为

$$\phi_{xss}(s)=\frac{K_1}{(1+K_2)\omega_s^2}(\varepsilon_x-\phi_z\omega_{\text{ie}}\cos\varphi)-\frac{\Delta A_y}{g} \quad (3\text{-}7\text{-}10)$$

这一结果表明，反馈回路 K_1 带来了新的问题，即使得误差源 ε_x 和 $-\omega_{\text{ie}}\cos\varphi\cdot\phi_z$ 也产生了误差角 ϕ_x 的常值分量（无阻尼时，ε_x、$-\omega_{\text{ie}}\cos\varphi\cdot\phi_z$ 只引起振荡性误差）。选择系数 K_1、K_2 可减小 ε_x、ϕ_z 对精度的影响，但终究不能彻底消除影响。为此，对图 3-7-7(a)所示的二阶水平精对准方案做进一步改进，即采用三阶水平精对准方案，这一方案是在 δV_y 与陀螺力矩器之间再并联一个积分环节 K_3/s，其方框图如图 3-7-8 所示。积分器 K_3/s 相当于一个能量储备环节，通过对 $\delta V_y/R$ 积分产生的输出来抵消误差源 ε_x 和 $-\omega_{\text{ie}}\cos\varphi\cdot\phi_z$，而平台倾角 ϕ_x 所产生的重力加速度分量 $\phi_x g$ 只用来补偿加速度计误差 ΔA_y。这样平台的水平误差角 ϕ_x 就只受 ΔA_y 影响。

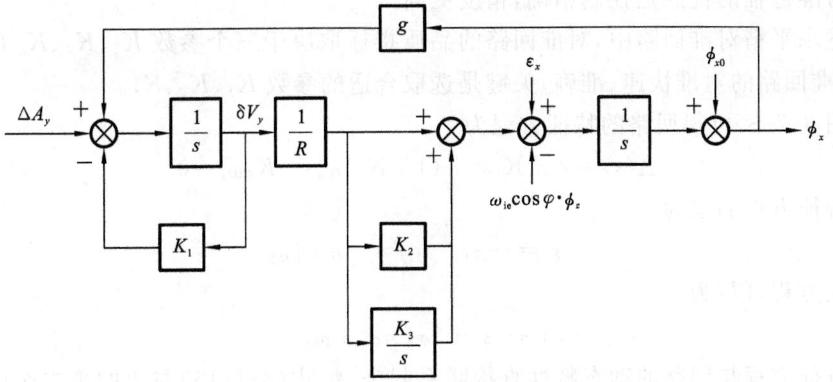

图 3-7-8 三阶水平精对准方案方框图

三阶水平精对准方案方框图可等效为图 3-7-9。

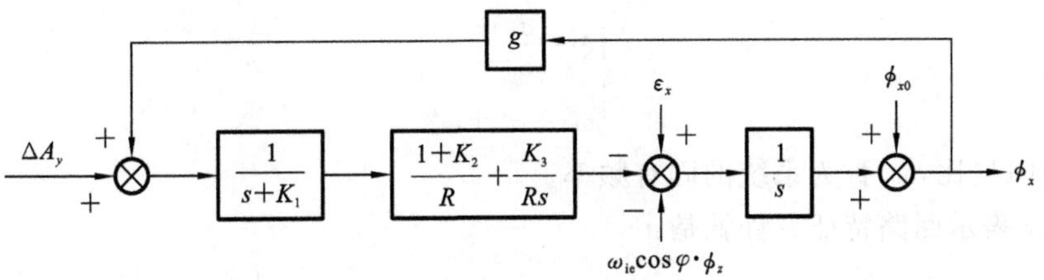

图 3-7-9 三阶水平精对准方案等效方框图

由图 3-7-9 可得：

$$\phi_x(s)=\frac{\frac{1}{s+K_1}\left(\frac{1+K_2}{R}+\frac{K_3}{Rs}\right)\frac{1}{s}}{G(s)}\Delta A_y(s)+\frac{1}{sG(s)}[\varepsilon_x(s)-\phi_z(s)\omega_{\text{ie}}\cos\varphi]+\frac{1}{G(s)}\phi_{x0}(s)$$

(3-7-11)

式中，$G(s)=1+\dfrac{s(1+K_2)+K_3}{s^2(s+K_1)}\omega_s^2$。

同样，运用拉氏变换的终值定理，可得稳态误差为

$$\phi_{xss}(s)=-\frac{\Delta A_y}{g} \tag{3-7-12}$$

可见，采用三阶水平精对准方案后，平台的水平对准精度只与加速度计误差 ΔA_y 有关了。在实际惯导中，平台的水平对准多采用这种方案。由于加速度计零偏对平台水平误差角的影响无法去除，因此，加速度计是保证平台水平精度的关键元件。加速度计误差 ΔA_x、ΔA_y 的主要成分为零偏∇_x、∇_y，一般要求∇_x、∇_y 小于 $10^{-5}g$，过大时则水平误差也较大，例如$\nabla=10^{-4}g$ 时，引起的水平误差角就可达 20″。

精对准方法和 3.7.2 节介绍的粗对准方法相比，两者的相同点在于：① 都是利用加速度计来敏感水平误差角的，即通过水平误差角对加速度计输出的影响来构成对准回路的反馈；② 都是采用向陀螺施矩、通过平台水平轴陀螺稳定系统来控制平台绕水平轴的转动的。两者的区别在于：粗对准回路中没有计算机计算环节，向陀螺施矩的信号是直接将加速度计输出的电信号放大形成的，而精对准回路中向陀螺施矩的信号由惯导计算机计算得出。用计算机控制精对准过程的优点是控制精确，精度更高。

在上述水平精对准回路中，对准回路的品质指标取决于三个参数 K_1、K_2、K_3 的取值。因此，要使对准回路的对准快速、准确，关键是选取合适的参数 K_1、K_2、K_3。

根据图 3-7-8，可得回路的特征方程为

$$\Delta(s)=s^3+K_1s^2+(1+K_2)\omega_s^2s+K_3\omega_s^2=0 \tag{3-7-13}$$

假定特征方程的根为

$$s_1=-\sigma,\quad s_{2,3}=-\sigma\pm j\omega_d \tag{3-7-14}$$

则特征方程可写为

$$(s+\sigma)(s^2+2\sigma s+\sigma^2+\omega_d^2)=0 \tag{3-7-15}$$

为使特征方程与回路的动态特性直接联系起来，将式(3-7-15)左边的第二个因子写成标准形式：

$$s^2+2\sigma s+\sigma^2+\omega_d^2=s^2+2\xi\omega_n s+\omega_n^2 \tag{3-7-16}$$

即

$$\begin{cases}\xi=\dfrac{\sigma}{\omega_n}\\ \omega_n^2=\sigma^2+\omega_d^2\end{cases} \tag{3-7-17}$$

其中，ξ 称为阻尼比，ω_n 称为系统的固有频率。

用 ξ 和 σ 表示回路特征方程就是：

$$\Delta(s)=(s+\sigma)(s^2+2\xi\omega_n s+\omega_n^2)=s^3+3\sigma s^2+\left(2+\frac{1}{\xi^2}\right)\sigma^2s+\frac{\sigma^3}{\xi^2}=0 \tag{3-7-18}$$

比较式(3-7-18)与式(3-7-13)，有：

$$\begin{cases}K_1=3\sigma\\ K_2=\dfrac{\sigma^2}{\omega_s^2}\left(2+\dfrac{1}{\xi^2}\right)-1\\ K_3=\dfrac{\sigma^3}{\omega_s^2\xi^2}\end{cases} \tag{3-7-19}$$

如果 ξ 和 σ 确定了，参数 K_1、K_2、K_3 也就确定了，而前者可根据对水平对准指标的要求确定。根据图 3-7-9 可知，影响水平误差角 ϕ_x 的三种因素是：加速度计零偏 ∇_y、陀螺漂移及平台方位偏差项（ε_x、$-\omega_{ie}\cos\varphi\cdot\phi_z$）、初始偏差 ϕ_{x0}。在同一回路中，三种误差源引起的误差分量的过渡过程时间应该是相同的，过渡过程结束后，加速度计零偏造成的误差角 ϕ_x 趋于常值，后两种误差源造成的误差趋近于零。对初始对准过程的要求（快速性、精度）就是对误差角 ϕ_x 过渡过程的要求。水平对准过程中，平台的初始偏差 ϕ_{x0} 是最大的误差源，它所引起的动态过程最显著，故可以只考虑初始偏差 ϕ_{x0} 引起的过渡过程来确定有关参数。

根据式(3-7-11)及式(3-7-19)，可以求出由初始偏差 ϕ_{x0} 引起的 $\phi_x(t)$ 为

$$\phi_x(t)=\phi_{x0}\mathrm{e}^{-\sigma t}\left[\frac{1+\xi^2}{1-\xi^2}\cos\left(\sqrt{\frac{1-\xi^2}{\xi^2}}\sigma t\right)+\frac{1}{\sqrt{\frac{1-\xi^2}{\xi^2}}}\sin\left(\sqrt{\frac{1-\xi^2}{\xi^2}}\sigma t\right)-\frac{2\xi^2}{1-\xi^2}\right] \tag{3-7-20}$$

由上式可知，如果平台的初始偏差为 $\phi_{x0}=30'$，要求在 10 min 内将平台调整到 $\phi_x<10''$。假定加速度计零位误差为 $10^{-5}g$，它引起的稳态水平误差为 $2''$，扣除此误差，则要求 ϕ_{x0} 引起的 ϕ_x 分量在 10 min 内衰减到 $8''$，即使初始偏差衰减到原来的 1/225。若取 $\xi=0.5$，据式(3-7-19)可算出对 σ 的要求为：当 $t=10$ min 时，$\sigma t=6$，即 $\sigma=0.01\ \mathrm{s}^{-1}$。根据 $\xi=0.5$、$\sigma=0.01\ \mathrm{s}^{-1}$，由式(3-7-19)求出：

$$\begin{cases}K_1=0.03\ \mathrm{s}^{-1}\\K_2=388\\K_3=4.08\times10^{-7}\ \mathrm{s}^{-1}\end{cases} \tag{3-7-21}$$

水平精对准是在惯导计算机的控制下进行的，对准回路中的参数 K_1、K_2、K_3 是由惯导计算机计算实现的。惯导处于导航工作状态时，有统一的阻尼网络模型，可在计算机中采用统一的程序编排，只要选用不同的模型参数，就可使系统处于某种工作状态。实际上，水平精对准回路所采用的阻尼，也可以和导航状态的水平阻尼网络在模型形式上统一起来，只要变换统一模型的参数，就可实现系统的初始对准。

图 3-7-10 为单通道系统的东向轴阻尼回路误差方框图。

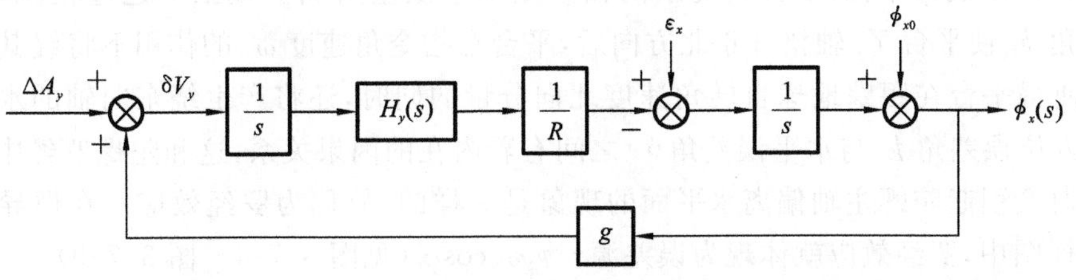

图 3-7-10　单通道系统的东向轴阻尼回路误差方框图

要使水平精对准回路与导航状态水平阻尼网络形式上等效，就需要使

$$\frac{1}{Rs}H_y(s)=\frac{1}{s+K_1}\left[\frac{1+K_2}{R}+\frac{K_3}{Rs}\right] \tag{3-7-22}$$

若 $H_y(s)$ 选择为 $\begin{cases}H_x(s)=\dfrac{A(s+\omega_1)(s+\omega_4)}{(s+\omega_2)(s+\omega_3)}\\H_y(s)=\dfrac{B(s+\omega_5)(s+\omega_8)}{(s+\omega_6)(s+\omega_7)}\end{cases}$ 形式，即

$$H_y(s)=\frac{B(s+\omega_5)(s+\omega_8)}{(s+\omega_6)(s+\omega_7)} \tag{3-7-23}$$

与式(3-7-22)比较，则可得到水平精对准状态下 $H_y(s)$ 的参数选取方法如下：

$$\begin{cases} B=1+K_2 \\ \omega_5=\dfrac{K_3}{1+K_2} \\ \omega_6=K_1 \\ \omega_7=\omega_8=0 \end{cases} \tag{3-7-24}$$

按照上式，根据水平精对准的参数 K_1、K_2、K_3，确定 $H_y(s)$ 的参数，通过惯导计算机的程序编排，就可以实现东向轴水平精对准过程。运用统一的模型，还可方便地进行惯导初始对准过程的计算机仿真。

2. 方位精对准

罗经回路法方位对准利用了惯导中的罗经效应。什么是罗经效应呢？由于对北向陀螺 G_N 施加指令角速度 ω_y^c 的结果是平台绕平台坐标系 Y_p 轴以角速度 ω_y^c 转动，若 Y_p 轴与地理坐标系 Y_t 轴重合，则平台绕 Y_p 轴转动就是绕 Y_t 轴转动，这是平台坐标系跟踪地理坐标系所期望的。但当 Y_p 轴与 Y_t 轴存在方位误差角 ϕ_z 时(方位粗对准后，方位误差角在 1°左右)，Y_p 轴不与 Y_t 轴重合，也不与 X_t 轴垂直。平台绕 Y_p 轴转动的角速度 ω_y^c 在 Y_t 轴正向、X_t 轴负向的分量分别为 $\omega_y^c\cos\phi_z$、$\omega_y^c\sin\phi_z$(见图 3-7-11)。静基座条件下，$\omega_y^c=\omega_{ie}\cos\varphi_c$，此时，平台在指令角速度 ω_y^c 作用下产生的绕 Y_p 轴的转动实际上是两种转动运动的合成：一是平台绕 Y_t 轴的转动，角速度为 $\omega_y^c\cos\phi_z=\omega_{ie}\cos\varphi_c\cos\phi_z\approx\omega_{ie}\cos\varphi_c$，这是平台在 Y_t 轴向跟踪地理坐标系所需要的；二是平台绕 X_t 轴的转动，角速度近似为 $-\phi_z\omega_{ie}\cos\varphi_c$(负号是因为其方向在 X_t 轴负向)，这是由方位误差角 ϕ_z 造成的北向轴指令角速度 ω_y^c 对平台东向轴水平的耦合干扰。由于这种干扰，平台会绕东向轴产生水平误差角 ϕ_x。概括上述过程就是：平台的方位误差角 ϕ_z 使平台 Y_p 轴错开正北方向后，平台在指令角速度 ω_y^c 的作用下将绕其“北向轴”Y_p 转动，使得平台在跟踪地球自转角速度北向分量的同时，还将产生绕东向轴的水平误差角 ϕ_x。可见方位误差角 ϕ_z 与水平误差角 ϕ_x 之间有着内在的因果关系，这和陀螺罗经中陀螺主轴偏离正北时会引起陀螺主轴偏离水平面的现象是一样的，故称为罗经效应。在惯导东向轴水平回路方框图中，罗经效应就体现为误差源 $-\phi_z\omega_{ie}\cos\varphi_c$(见图 3-7-4～图 3-7-9)。

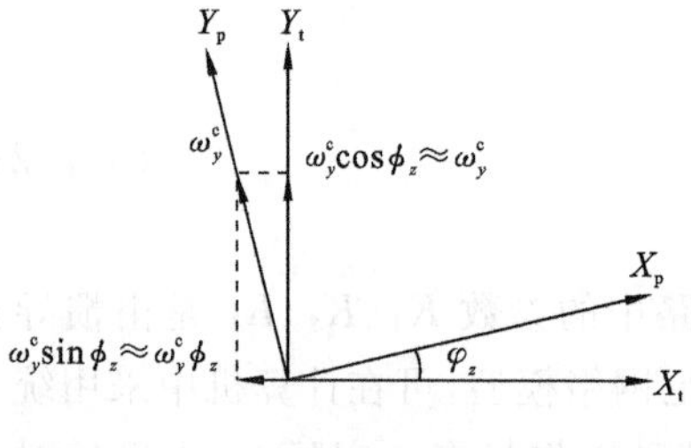

图 3-7-11 指令角速度 ω_y^c 的分解

如何利用罗经效应使得平台在方位上自动对准正北呢？在摆式罗经中，依靠陀螺主轴不水平时重力作用于摆形成摆性力矩，使陀螺绕地垂线方向进动，结果使得陀螺主轴围绕正北运动，再加上阻尼，陀螺主轴最终就指向正北。在摆式罗经中，将上述使陀螺主轴绕正北运动的摆性力矩称为指向力矩，我们可以借鉴这一原理来实现惯导平台的方位指北。惯导中，平台绕方位轴的转动是由方位轴陀螺稳定系统控制的。既然方位误差角 ϕ_z 会使平台产生水平误差角 ϕ_x，我们可以将与水平误差角 ϕ_x 直接相关的物理量转化为指令电流来向方位陀螺施矩，通过方位轴陀螺稳定系统控制平台绕方位轴转动，达到和陀螺罗经中的指向力矩使陀螺绕地垂线方向进动相同的效果。

具体实现时，由于水平误差角 ϕ_x 无法直接测量得到，但在静基座条件下，ϕ_x 会造成北向加

速度计 A_N 输出重力加速度分量 $\phi_x g$，积分后就是北向速度误差 δV_y。由此可见，δV_y 是水平误差角 ϕ_x 的一种间接度量，也就是说，δV_y 是罗经效应项 $-\phi_z\omega_{ie}\cos\varphi_c$ 的表现。静基座时 δV_y 就是加速度计输出的积分计算结果，是可以得到的。所以，一种可行的平台方位对准方案是用 δV_y 为控制信号，经过一专门设计的控制环节 $K(s)$，控制方位陀螺，通过平台方位轴稳定系统改变平台的方位误差角 ϕ_z。可见，δV_y 控制平台方位误差角 ϕ_z，而 ϕ_z 又影响平台的水平误差角 ϕ_x，ϕ_x 又决定 A_N 的输出 A_y，A_y 经积分后再影响到 δV_y，从而形成一具有负反馈的闭环方位对准回路。由于这个过程与陀螺罗经指北的机理相同，故这个回路称为罗经回路。和陀螺罗经一样，为使平台方位稳定指北，在罗经回路中要有阻尼，以使平台方位角误差逐步减小，直到方位对准到所需的精度，这就是方位对准的物理过程。

从二阶水平精对准回路中引出 δV_y 的方位对准方案的方框图如图 3-7-12 所示，图 3-7-13 是其等效方框图。采用这种对准方案，可以在进行方位对准的同时，继续进行水平精对准。为什么不从三阶水平精对准回路中引出 δV_y 呢？这是因为三阶水平精对准回路中的积分环节 K_3/s 所积蓄的能量会将罗经效应项 $-\phi_z\omega_{ie}\cos\varphi_c$ 抵消掉，使 ϕ_z 影响不到水平误差角 ϕ_x，罗经效应也就不存在了。

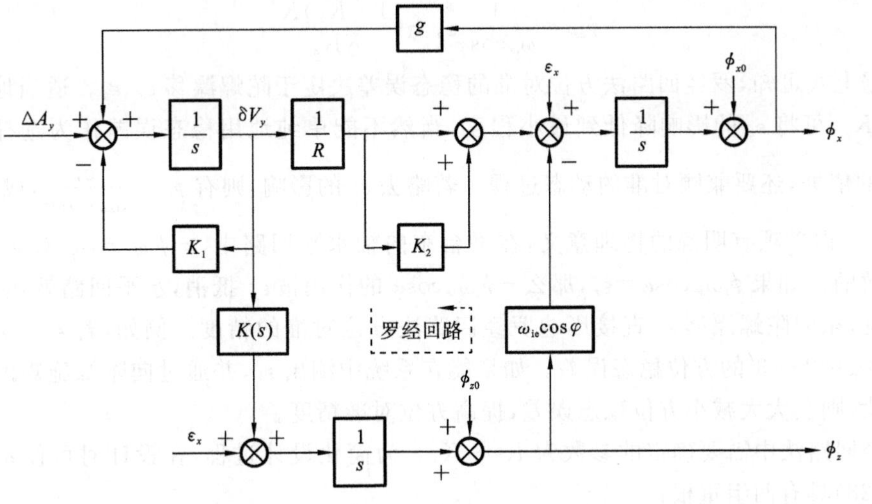

图 3-7-12 罗经回路法方位对准方框图

根据图 3-7-13，不难得到用罗经回路进行方位对准时系统的特征方程为

$$\Delta(s)=s^3+K_1s^2+\omega_s^2(1+K_2)s+g\omega_{ie}\cos\varphi\cdot K(s)=0 \tag{3-7-25}$$

为使特征方程形式简单，将 $K(s)$ 设计成下面的形式：

$$K(s)=\frac{K_3}{\omega_{ie}(s+K_4)\cos\varphi_c} \tag{3-7-26}$$

其中惯性环节 $\dfrac{1}{s+K_4}$ 的作用是增强回路的滤波效果。设计时使 $\varphi_c=\varphi$，这样，将式(3-7-26)代入式(3-7-25)，系统特征方程变成：

$$\Delta(s)=s^3+K_1s^2+\omega_s^2(1+K_2)s+g\frac{K_3}{s+K_4}=0 \tag{3-7-27}$$

即

$$s^4+(K_1+K_4)s^3+[K_1K_4+\omega_s^2(1+K_2)]s^2+\omega_s^2(1+K_2)K_4s+gK_3=0 \tag{3-7-28}$$

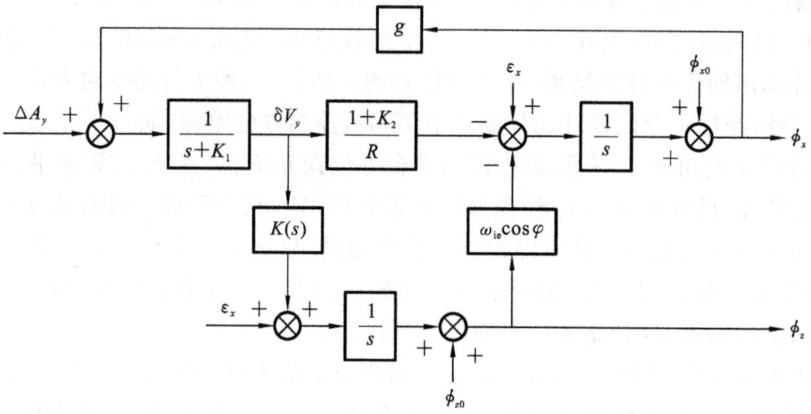

图 3-7-13 罗经回路法方位对准等效方框图

可见，将 $K(s)$ 设计成式(3-7-26)的形式时系统是四阶的。

假定∇_y、ε_x、ε_z 均为常值误差源，利用图 3-7-13，可求得方位对准的稳态误差为

$$\phi_{zss}=\frac{1}{\omega_{ie}\cos\varphi}\varepsilon_x+\frac{(1+K_2)K_4}{RK_3}\varepsilon_z \tag{3-7-29}$$

根据上式可知，罗经回路法方位对准的稳态误差决定于陀螺漂移 ε_x、ε_z。适当地选择参数 K_2、K_3、K_4，可将 ε_z 的影响降低到最小程度，当然不能单纯地用稳态误差作为选择参数 K_2、K_3、K_4 的依据，还要兼顾对准的动态过程。若略去 ε_z 的影响，则有 $\phi_{zss}=\dfrac{\varepsilon_x}{\omega_{ie}\cos\varphi}$，或 $\phi_{zss}\omega_{ie}\cos\varphi=\varepsilon_x$。这一误差项有明确的物理意义，在平台东向轴水平回路中，$-\phi_z\omega_{ic}\cos\varphi$ 对 ϕ_x 的影响和 ε_x 是等效的。如果 $\phi_z\omega_{ie}\cos\varphi=\varepsilon_x$，那么 $-\phi_z\omega_{ie}\cos\varphi$ 的作用被 ε_x 抵消，水平回路就达到平衡了。由此可见，东向陀螺漂移 ε_x 直接影响罗经回路法方位对准的精度。例如，若 $\varepsilon_x=0.01(°)/\mathrm{h}$，则会有 $\phi_{zss}=2'\sim3'$的方位稳态误差。如果能在系统中测出 ε_x，并通过向陀螺施矩的方法对其进行补偿，则会大大减小方位稳态误差，提高方位对准精度。

罗经回路法中需要确定的参数为 $K_1\sim K_4$。为简化设计过程，在设计时可使系统特征方程(3-7-28)具有两组重根：

$$s_{1,2}=s_{3,4}=-\sigma\pm \mathrm{j}\omega_d \tag{3-7-30}$$

这时系统的特征方程可表示为

$$[s^2+2\sigma s+(\sigma^2+\omega_d^2)]^2=0 \tag{3-7-31}$$

式(3-7-31)与式(3-7-28)是同一特征方程的两种表示，显然 $K_1\sim K_4$ 与 σ、ω_d 有着对应关系。可根据系统对方位对准动态过程的要求选择 σ 和 ω_d，进而确定参数 $K_1\sim K_4$。但用 σ、ω_d 表达方位对准的动态过程还不方便，为此将式(3-7-31)表示成标准的二阶系统特征方程的平方：

$$[s^2+2\sigma s+(\sigma^2+\omega_d^2)]^2=(s^2+2\xi\omega_n s+\omega_n^2)^2=0 \tag{3-7-32}$$

式中，ξ 称为系统的阻尼比，ω_n 为自然振荡频率。

根据上式，ξ、ω_n 与特征方程根的参数 σ、ω_d 的关系为

$$\begin{cases}\sigma=\xi\omega_n\\ \omega_d^2=\omega_n^2(1-\xi^2)\end{cases} \tag{3-7-33}$$

此时，系统的特征方程(3-7-31)可用 σ、ξ 表示为

$$s^4+4\sigma s^3+2\sigma\left(2+\frac{1}{\xi^2}\right)s^2+\frac{4\sigma^3}{\xi^2}s+\frac{\sigma^4}{\xi^4}=0 \tag{3-7-34}$$

比较方程(3-7-34)和方程(3-7-28)，方程对应项的系数应该是相同的，于是：

$$\begin{cases}K_1+K_4=4\sigma\\ K_1K_4+\omega_s^2(1+K_2)=2\sigma^2\left(2+\dfrac{1}{\xi^2}\right)\\ \omega_s^2(1+K_2)K_4=\dfrac{4\sigma^3}{\xi^2}\\ gK_3=\dfrac{\sigma^4}{\xi^4}\end{cases} \tag{3-7-35}$$

若设计时使 $K_1=K_4$，则有

$$\begin{cases}K_1=K_4=2\sigma\\ K_2=\dfrac{2\sigma^2}{\xi^2\omega_s^2}-1\\ K_3=\dfrac{\sigma^4}{g\xi^4}\end{cases} \tag{3-7-36}$$

这就是参数 $K_1\sim K_4$ 与反映方位对准回路动态性能的参数 σ、ξ 的关系。根据系统对方位对准的要求，确定参数 σ、ξ，再根据式(3-7-36)即可定出 $K_1\sim K_4$。

确定参数 σ、ξ 的依据是系统对方位对准过渡过程的要求。影响方位误差角的因素有 ∇_y、ε_x、ε_z、ϕ_{z0} 等。其中初始误差 ϕ_{z0} 引起的误差分量在对准过渡过程中最显著，故选择参数 σ、ξ 时，可只分析由 ϕ_{z0} 所引起的误差角 ϕ_z 的变化过程，来考察所选参数的作用效果。

根据图 3-7-13，可求出由 ϕ_{z0} 所引起误差角 ϕ_z 与 ϕ_{z0} 之比为

$$\frac{\phi_z}{\phi_{z0}}=\mathrm{e}^{-\sigma t}\left[a\cos\left(\sqrt{\frac{1-\xi^2}{\xi^2}}\sigma t\right)+b\sin\left(\sqrt{\frac{1-\xi^2}{\xi^2}}\sigma t\right)\right] \tag{3-7-37}$$

其中，

$$a=1-\frac{1}{2(1-\xi^2)}\sigma t \tag{3-7-38}$$

$$b=\frac{3-2\xi^2}{2(1-\xi^2)\sqrt{\dfrac{1-\xi^2}{\xi^2}}}+\frac{1}{2\xi^2\sqrt{\dfrac{1-\xi^2}{\xi^2}}}\sigma t \tag{3-7-39}$$

由式(3-7-37)可知，ξ 一定时，σ 取值越大，误差衰减越快。反过来，可以根据对误差衰减速度的要求，选取 σ 的值。例如，当取 $\xi=0.8$，$\sigma=0.82\times10^{-3}$ 时，对准进行一定时间后，初始方位误差引起的方位误差可衰减到原来的 1/100。此时根据式(3-7-36)可求出：

$$\begin{cases}K_1=K_4=1.64\times10^{-3}\ \mathrm{s}^{-1}\\ K_2=1361\\ K_3=1.13\times10^{-9}\ \mathrm{s}^{-1}\end{cases} \tag{3-7-40}$$

和水平精对准一样，方位精对准回路中的参数 K_1、K_2、K_3、K_4 实际上也是惯导计算机通过计算过程实现的。方位精对准回路也可以和导航状态时的水平阻尼、方位阻尼网络在模型形式上统一起来。这样，方位精对准时的计算机程序编排也可以和五种导航状态下的程序编排统一起来，只要变换统一模型的参数，就可实现系统的方位精对准。

图 3-7-14 所示为全阻尼惯导误差方框图中有关 ϕ_x、ϕ_z 的部分。为与图 3-7-13 进行比较，求得方位精对准回路与阻尼网络之间的关系，将方位精对准回路等效成图 3-7-15 的形式。

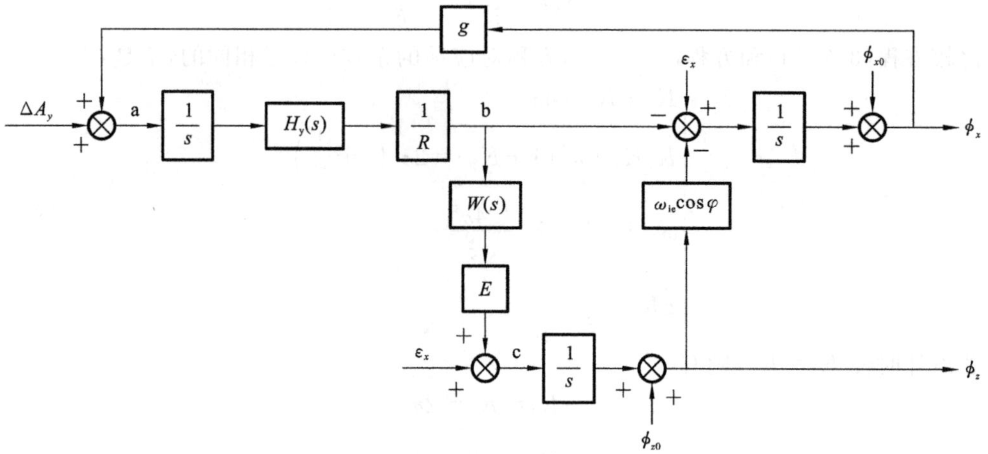

图 3-7-14　全阻尼惯导误差方框图中有关 ϕ_x、ϕ_z 的部分

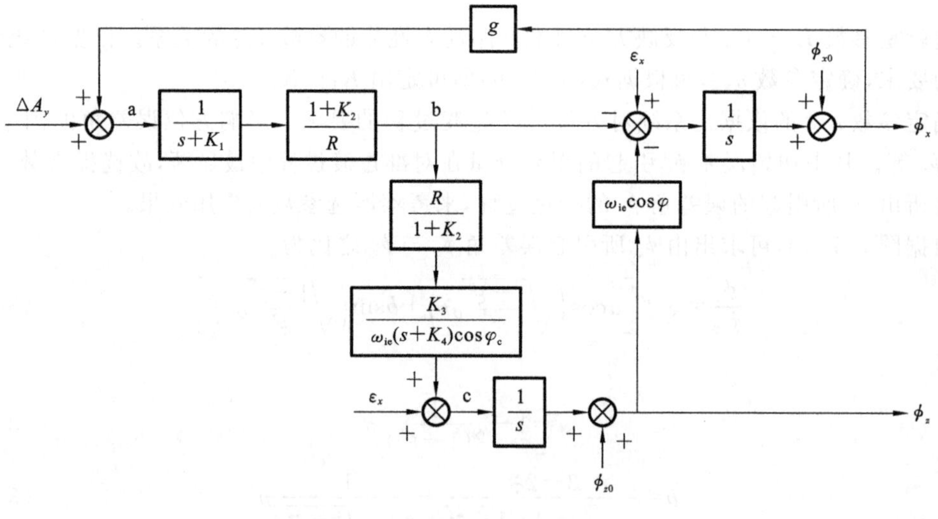

图 3-7-15　方位精对准回路等效方框图

要使方位精对准回路与导航状态全阻尼方式在网络形式上等效，就需要图 3-7-14 中 a、b 之间和 b、c 之间与图 3-7-15 中对应部分等效：

$$\begin{cases} \dfrac{1}{s}H_y(s)\dfrac{1}{R}=\dfrac{1}{s+K_1}\cdot\dfrac{1+K_2}{R} \\ W_z(s)=E\cdot W(s)=\dfrac{R}{1+K_2}\cdot\dfrac{K_3}{\omega_{ie}(s+K_4)\cos\varphi_c} \end{cases} \tag{3-7-41}$$

即

$$\begin{cases} H_y(s)=\dfrac{s(1+K_2)}{s+K_1} \\ W(s)=\dfrac{RK_3}{E\omega_{ie}(1+K_2)\cos\varphi_c\cdot(s+K_4)} \end{cases} \tag{3-7-42}$$

而阻尼网络的统一形式为

$$\begin{cases} H_x(s)=\dfrac{A(s+\omega_1)(s+\omega_4)}{(s+\omega_2)(s+\omega_3)} \\ H_y(s)=\dfrac{B(s+\omega_5)(s+\omega_8)}{(s+\omega_6)(s+\omega_7)} \\ W(s)=\dfrac{Cs}{(s+\omega_9)(s+\omega_{10})} \\ W_y(s)=DW(s) \\ W_z(s)=EW(s) \end{cases} \tag{3-7-43}$$

比较式(3-7-42)和式(3-7-43),可得方位精对准时涉及 $H_y(s)$、$W_z(s)$的参数为

$$\begin{cases} B=1+K_2 \\ \omega_6=K_1 \\ \omega_5=\omega_7=\omega_8=0 \\ E=-\sec\varphi_c \\ C=\dfrac{RK_3}{(1+K_2)\omega_{ie}} \\ \omega_9=K_4 \\ \omega_{10}=0 \end{cases} \tag{3-7-44}$$

用统一的控制方程进行方位精对准时,由于不涉及平台北向轴水平回路,应取消阻尼项 $W_y(s)$,故应使系数 $D=0$。

由于方位精对准不涉及平台北向轴水平回路,因此在方位对准时可继续进行北向轴水平精对准。涉及网络 $H_x(s)$的有关参数(A、$\omega_1\sim\omega_4$)可按照水平精对准的要求取值。

在统一的控制方程中,将有关参数按照方位精对准的要求设置,就可以实现惯导平台方位精对准。同样,运用统一模型可方便地进行惯导方位精对准过程的计算机仿真。

3.7.3.2 卡尔曼滤波初始对准

卡尔曼滤波器就是根据系统中能够测量的量,去估计系统状态量的一套算法,这种算法具有最优的性质,因而称为最优滤波。要运用卡尔曼滤波方法估计系统状态,首先要能列写出反映有关状态(当然要包括希望知道的状态)量之间相互关系的状态方程,以及能反映可测量与状态量之间关系的测量方程。

近年来,现代控制理论的一些方法在惯导中也有了成功的运用,其中之一就是运用现代控制理论中的卡尔曼滤波进行惯导初始对准。运用卡尔曼滤波的初始对准方法在平台粗对准的基础上进行,实施时分为两步。第一步是运用卡尔曼滤波技术将惯导平台的初始误差角 ϕ_x、ϕ_y、ϕ_z 估计出来,同时也尽可能地把惯性器件的误差(陀螺漂移和加速度计零位偏置)估计出来;第二步则是根据估计结果采用对陀螺施矩的方法将平台误差角消除掉,并对惯性器件的误差进行补偿。第二步是容易实现的,所以对平台误差角的估计是这种对准方法的关键。

惯导平台的初始误差角 ϕ_x、ϕ_y、ϕ_z 是待估计量,应作为卡尔曼滤波方程中的状态量。在静基座条件下对准时,载体的速度为零,位置是已知的,在对准的程序编排中不必计算位置与速度,直接采用已知值,因此速度误差及位置误差为零,此时 ϕ_x、ϕ_y、ϕ_z 的方程可由式(3-3-10)简化而来:

$$\begin{cases} \dot{\phi}_x=\omega_x^c-\omega_{itx}^t+\phi_y\omega_{itz}^t-\phi_z\omega_{ity}^t+\varepsilon_x=\phi_y\omega_{itz}^t-\phi_z\omega_{ity}^t+\varepsilon_x \\ \dot{\phi}_y=\omega_y^c-\omega_{ity}^t-\phi_x\omega_{itz}^t+\phi_z\omega_{itx}^t+\varepsilon_y=-\phi_x\omega_{itz}^t+\phi_z\omega_{itx}^t+\varepsilon_y \\ \dot{\phi}_z=\omega_z^c-\omega_{itz}^t+\phi_x\omega_{ity}^t-\phi_y\omega_{itx}^t+\varepsilon_z=\phi_x\omega_{ity}^t-\phi_y\omega_{itx}^t+\varepsilon_z \end{cases} \tag{3-7-45}$$

根据式(1-3-28),有：

$$\begin{cases}\dot{\phi}_x=\omega_{ie}\sin\varphi\cdot\phi_y-\omega_{ie}\cos\varphi\cdot\phi_z+\varepsilon_x\\ \dot{\phi}_y=-\omega_{ie}\sin\varphi\cdot\phi_x+\varepsilon_y\\ \dot{\phi}_z=\omega_{ie}\cos\varphi\cdot\phi_x+\varepsilon_z\end{cases} \tag{3-7-46}$$

从上式看出,待估计的平台误差角 ϕ_x、ϕ_y、ϕ_z 与陀螺漂移有关。为建立一阶微分方程组形式的卡尔曼滤波器状态方程,可以将陀螺漂移 ε_x、ε_y、ε_z 也作为系统的一种状态,列写出其一阶状态方程(在卡尔曼滤波中这种方法叫状态扩维法)。陀螺漂移是一种随机变量,一般包括三种分量:一阶马尔可夫过程、随机常数(偏置)和白噪声。对转子结构的陀螺来说,漂移中的一阶马尔可夫过程分量的时间常数一般为 2～4 h。这对一二十分钟的初始对准来讲,可近似为随机常数,而且陀螺中一阶马尔可夫过程分量的量值一般要比偏置小得多,所以,在初始对准中常将陀螺漂移的模型简化为偏置,故有：

$$\begin{cases}\dot{\varepsilon}_x=0\\ \dot{\varepsilon}_y=0\\ \dot{\varepsilon}_z=0\end{cases} \tag{3-7-47}$$

现在列写测量方程。如果用两个加速度计的输出 A_x、A_y 作为卡尔曼滤波器的测量值,并认为加速度计的输出误差 ΔA_x、ΔA_y 主要是零位偏置∇_x、∇_y 和白噪声 w_{Ax}、w_{Ay},根据式(3-3-16)有：

$$\begin{cases}A_x=-\phi_y g+\Delta A_x=-\phi_y g+\nabla_x+w_{Ax}\\ A_y=\phi_x g+\Delta A_y=\phi_x g+\nabla_y+w_{Ay}\end{cases} \tag{3-7-48}$$

由于偏置∇_x、∇_y 也是未知量,同样可将其作为系统的状态量,其微分方程为

$$\begin{cases}\dot{\nabla}_x=0\\ \dot{\nabla}_y=0\end{cases} \tag{3-7-49}$$

式(3-7-46)、式(3-7-47)、式(3-7-49)所示的三组方程式就初步组成了卡尔曼滤波器的状态方程,式(3-7-48)就是其测量方程。联合起来写成矩阵形式就是：

$$\begin{cases}\dot{\boldsymbol{X}}=\boldsymbol{F}\boldsymbol{X}\\ \boldsymbol{Z}=\boldsymbol{H}\boldsymbol{X}+\boldsymbol{V}\end{cases} \tag{3-7-50}$$

式中,

$$\boldsymbol{X}=[\phi_x \quad \phi_y \quad \phi_z \quad \varepsilon_x \quad \varepsilon_y \quad \varepsilon_z \quad \nabla_x \quad \nabla_y]^{\mathrm{T}} \tag{3-7-51}$$

$$\boldsymbol{F}=\begin{bmatrix}0 & \Omega_z & -\Omega_n & 1 & 0 & 0 & 0 & 0\\ -\Omega_z & 0 & 0 & 0 & 1 & 0 & 0 & 0\\ \Omega_n & 0 & 0 & 0 & 0 & 1 & 0 & 0\\ & & & \boldsymbol{0}_{5\times 8} & & & & \end{bmatrix} \tag{3-7-52}$$

$$\boldsymbol{Z}=[A_x \quad A_y]^{\mathrm{T}} \tag{3-7-53}$$

$$\boldsymbol{H}=\begin{bmatrix}0 & -g & 0 & 0 & 0 & 0 & 1 & 0\\ g & 0 & 0 & 0 & 0 & 0 & 0 & 1\end{bmatrix} \tag{3-7-54}$$

$$\boldsymbol{V}=[w_{Ax} \quad w_{Ay}] \tag{3-7-55}$$

式(3-7-52)中,$\Omega_n=\omega_{ie}\cos\varphi$、$\Omega_z=\omega_{ie}\sin\varphi$。

由于系统系数矩阵 $\boldsymbol{F}$ 和测量系数矩阵 $\boldsymbol{H}$ 均为常值矩阵,因此式(3-7-50)代表的系统是线性定常系统,而且没有系统噪声。上面矩阵方程中的系统状态方程是连续型的,为便于在计算机中进行卡尔曼滤波递推计算,需要将系统状态方程转化为离散形式。离散化的方法是根据

确定的滤波周期 T 计算系统的状态转移矩阵 $\boldsymbol{\Phi}$。由于是定常系统，$\boldsymbol{\Phi}$ 也是定常的，只需要计算一次，不必在每个滤波周期都计算。

$\boldsymbol{\Phi}$ 是一指数矩阵，可通过下列拉氏反变换计算：

$$\boldsymbol{\Phi}=\mathrm{e}^{\boldsymbol{F}T}=L^{-1}\{[s\boldsymbol{I}-\boldsymbol{F}T]^{-1}\} \tag{3-7-56}$$

计算机中更适合的算法是通过幂级数展开取有限项的方法：

$$\boldsymbol{\Phi}=\mathrm{e}^{\boldsymbol{F}T}\approx\boldsymbol{I}+\boldsymbol{F}T+\frac{\boldsymbol{F}^2T^2}{2!}+\frac{\boldsymbol{F}^3T^3}{3!}+\cdots+\frac{\boldsymbol{F}^nT^n}{n!} \tag{3-7-57}$$

上式中项数 n 的取值视精度要求而定，一般为 5～10。

计算出状态转移矩阵 $\boldsymbol{\Phi}$，连续的滤波模型就可转化为离散的滤波模型：

$$\begin{cases}\boldsymbol{X}_k=\boldsymbol{\Phi}\boldsymbol{X}_{k-1}\\ \boldsymbol{Z}_k=\boldsymbol{H}\boldsymbol{X}_k+\boldsymbol{V}_k\end{cases} \tag{3-7-58}$$

有了离散化滤波模型，就可以按照下面的卡尔曼滤波的递推计算公式实时地对系统的状态进行估计：

$$\begin{cases}\hat{\boldsymbol{X}}_{k|k-1}=\boldsymbol{\Phi}_{k,k-1}\hat{\boldsymbol{X}}_{k-1}\\ \boldsymbol{P}_{k|k-1}=\boldsymbol{\Phi}_{k,k-1}\boldsymbol{P}_{k-1}\boldsymbol{\Phi}_{k,k-1}^{\mathrm{T}}+\boldsymbol{\Gamma}_{k,k-1}\boldsymbol{Q}_{k-1}\boldsymbol{\Gamma}_{k,k-1}^{\mathrm{T}}\\ \boldsymbol{K}_k=\boldsymbol{P}_{k|k-1}\boldsymbol{H}_k^{\mathrm{T}}(\boldsymbol{H}_k\boldsymbol{P}_{k|k-1}\boldsymbol{H}_k^{\mathrm{T}}+\boldsymbol{R}_k)^{-1}\\ \hat{\boldsymbol{X}}_k=\hat{\boldsymbol{X}}_{k|k-1}+\boldsymbol{K}_k[\boldsymbol{Z}_k-\boldsymbol{H}_k\hat{\boldsymbol{X}}_{k|k-1}]\\ \boldsymbol{P}_k=(\boldsymbol{I}-\boldsymbol{K}_k\boldsymbol{H}_k)\boldsymbol{P}_{k|k-1}(\boldsymbol{I}-\boldsymbol{K}_k\boldsymbol{H}_k)^{\mathrm{T}}+\boldsymbol{K}_k\boldsymbol{R}_k\boldsymbol{K}_k^{\mathrm{T}}\\ \quad=(\boldsymbol{I}-\boldsymbol{K}_k\boldsymbol{H}_k)\boldsymbol{P}_{k|k-1}\end{cases} \tag{3-7-59}$$

对定常的对准滤波模型式(3-7-58)来说，卡尔曼滤波的递推计算公式(3-7-59)中的一些系数矩阵为零或常值：

$$\begin{cases}\boldsymbol{\Phi}_{k,k-1}=\boldsymbol{\Phi}\\ \boldsymbol{Q}_k=\boldsymbol{0}\\ \boldsymbol{R}_k=\boldsymbol{R}\\ \boldsymbol{H}_k=\boldsymbol{H}\end{cases} \tag{3-7-60}$$

滤波前还要确定滤波初始条件，状态初始值 $\boldsymbol{X}(0)$ 可认为是零均值的随机变量，因此可取状态估计的初始值为

$$\hat{\boldsymbol{X}}_0=\boldsymbol{0} \tag{3-7-61}$$

初始估计均方误差矩阵 $\boldsymbol{P}_0$ 的非零元素取为相应状态变量的方差：

$$\begin{cases}\boldsymbol{P}_0^{11}(0)=E\{\phi_x^2\},\quad \boldsymbol{P}_0^{22}(0)=E\{\phi_y^2\},\quad \boldsymbol{P}_0^{33}(0)=E\{\phi_z^2\}\\ \boldsymbol{P}_0^{44}(0)=E\{\varepsilon_x^2\},\quad \boldsymbol{P}_0^{55}(0)=E\{\varepsilon_y^2\},\quad \boldsymbol{P}_0^{66}(0)=E\{\varepsilon_z^2\}\\ \boldsymbol{P}_0^{77}(0)=E\{\nabla_x^2\},\quad \boldsymbol{P}_0^{88}(0)=E\{\nabla_y^2\}\end{cases} \tag{3-7-62}$$

噪声强度矩阵 $\boldsymbol{R}$ 的取值为

$$\boldsymbol{R}=\mathrm{diag}\{E\{w_{\mathrm{A}x}^2\},E\{w_{\mathrm{A}y}^2\}\} \tag{3-7-63}$$

选定滤波初始值后，计算机根据卡尔曼滤波的程序编排，在每个滤波周期根据测量值 $\boldsymbol{Z}_k$（即得到的加速度计输出值）对八个状态量进行估计，得到对状态变量的估计值 $\hat{\boldsymbol{X}}_k$。滤波过程中计算的估计均方误差矩阵 $\boldsymbol{P}_k$ 对角线元素的平方根 $\sqrt{\boldsymbol{P}_k^{ii}}$，代表的就是相应状态变量 $\boldsymbol{X}_i$ 估计值的误差均方差，其量值实际上就是估计精度。

3.8 平台式惯导初始对准程序设计

3.8.1 程序设计

3.7 节对平台式惯导中需考虑的主要问题之一——初始对准进行了详细分析，介绍了罗经法和卡尔曼滤波两种初始对准方法。本节结合 3.7 节内容，进行以下实验。

实验 1 于 MATLAB 环境中，进行罗经法初始对准实验。

仿真条件设置：仿真步长设置为 1 s，东向、北向加速度计误差为 $10^{-4}g$，东向、北向、天向陀螺仪常值漂移为 0.01(°)/h，重力加速度为 9.8 m/s²，地球半径为 $R=6378137$ m，初始速度误差为 0.5 m/s，东向、北向、天向初始失准角分别为 3′、3′、5′，纬度、经度初始误差分别为 3′、5′，仿真总时长设置为 21600 s(6 h)。

实验 2 于 MATLAB 环境中，进行卡尔曼滤波初始对准实验。

仿真条件设置：仿真步长设置为 1 s，滤波初始值为 0，状态初始值的方差及加速度计误差中白噪声分量的方差为 $E\{\phi_x^2\}=E\{\phi_y^2\}=10^2(')^2$，$E\{\phi_z^2\}=60^2(')^2$，$E\{\varepsilon_x^2\}=E\{\varepsilon_y^2\}=0.01^2((°)/\mathrm{h})^2$，$E\{\varepsilon_z^2\}=0.03^2((°)/\mathrm{h})^2$，$E\{\nabla_x^2\}=E\{\nabla_y^2\}=(10^{-4}g)^2$，$E\{w_{Ax}^2\}=E\{w_{Ay}^2\}=(10^{-5}g)^2$，仿真总时长设置为 900 s。

实验步骤如下：

1. 罗经法初始对准实验

根据仿真参数及 3.7.3.1 节罗经法初始对准原理框图，于 SIMULINK 中搭建仿真系统，如图 3-8-1 所示。

图 3-8-1 中 Pole1、Pole2 和 Pole3 的表达式分别如下：

$$\frac{389s+0.000000408}{s+0.3} \tag{3-8-1}$$

$$\frac{137.1s}{s+0.00164} \tag{3-8-2}$$

$$\frac{(6378137*0.00000000113)/(137.1*0.00007292115)}{s+0.00164} \tag{3-8-3}$$

2. 卡尔曼滤波初始对准实验

根据 3.7.3.2 节中初始对准数学模型、卡尔曼滤波过程及相关参数，于 SIMULINK 中搭建仿真系统，如图 3-8-2 所示。

3.8.2 仿真结果

(1) 根据搭建的罗经法平台式惯导初始对准 SIMULINK 仿真模型(图 3-8-1)，进行 21600 s(6 h)的仿真实验，得到的失准角如图 3-8-3 所示。

由实验结果可知，方位角振荡(误差)随时间逐渐减小，因此采用罗经法进行初始对准是有效的。

(2) 根据搭建的卡尔曼滤波平台式惯导初始对准 SIMULINK 仿真模型(图 3-8-2)，进行 900 s 的仿真实验，得到的各个均方差如图 3-8-4 所示。

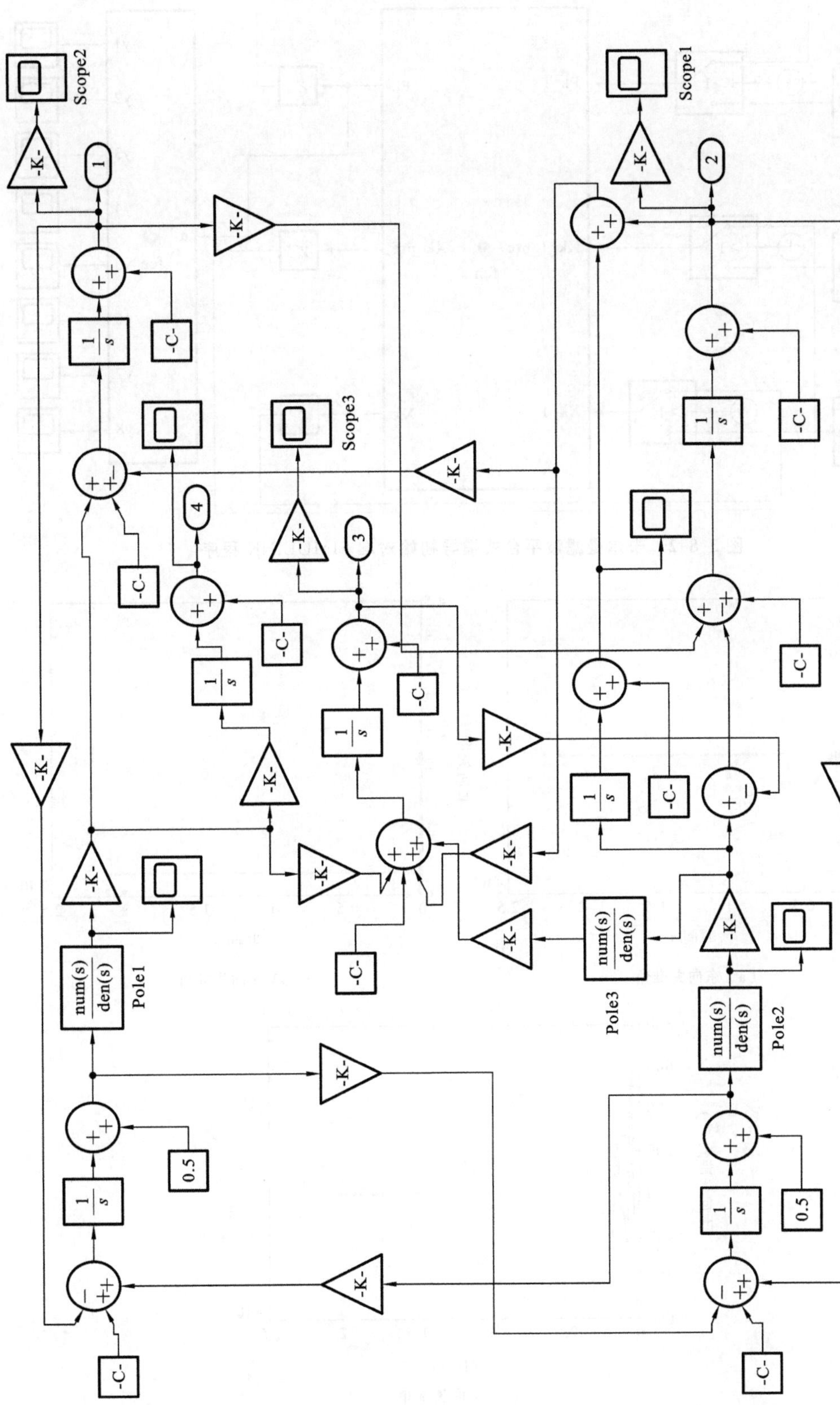

图 3-8-1　罗经法平台式惯导初始对准SIMULINK程序

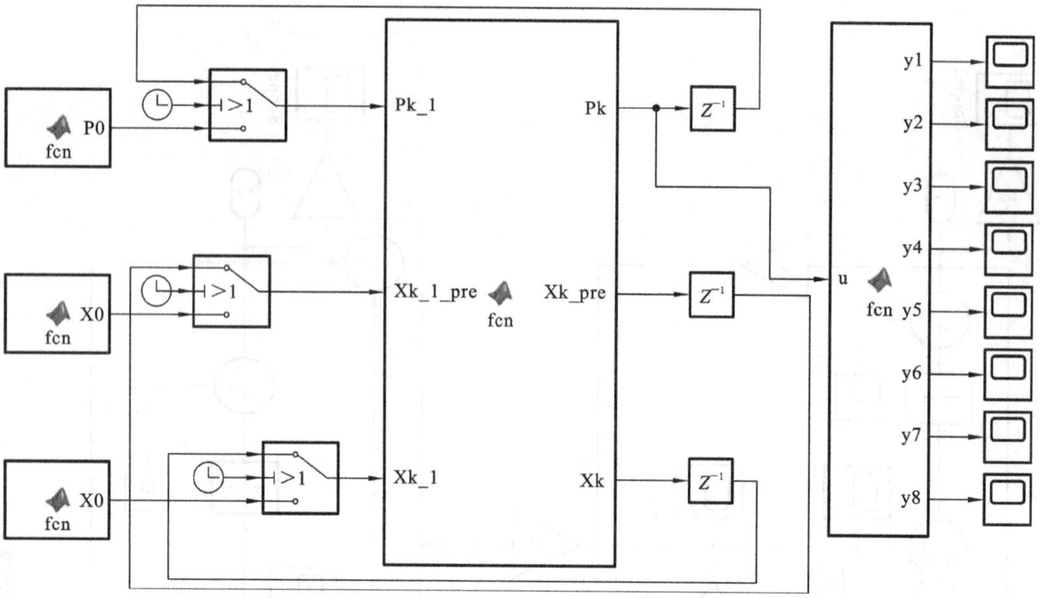

图 3-8-2　卡尔曼滤波平台式惯导初始对准 SIMULINK 程序

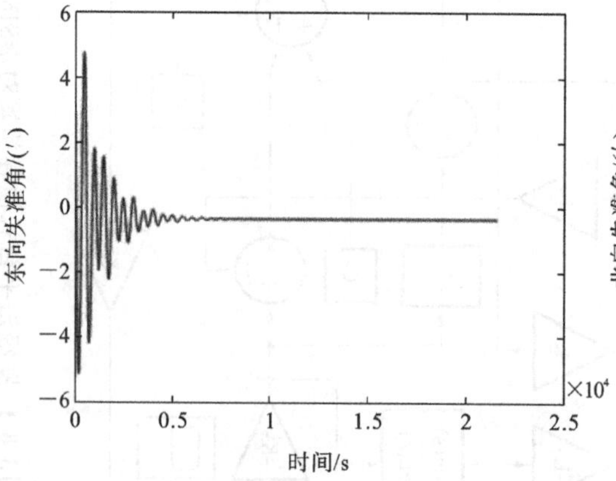

（a）东向失准角

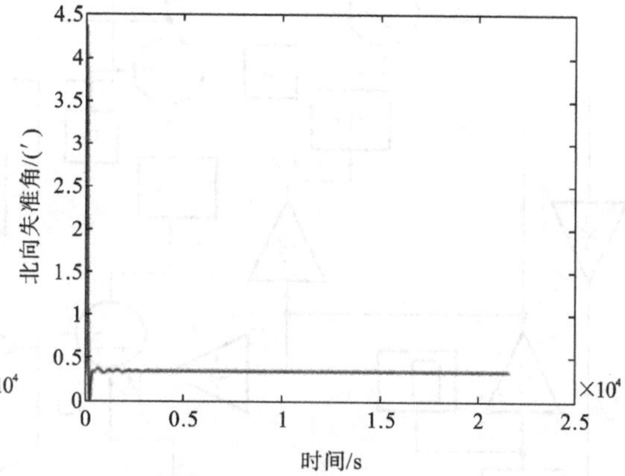

（b）北向失准角

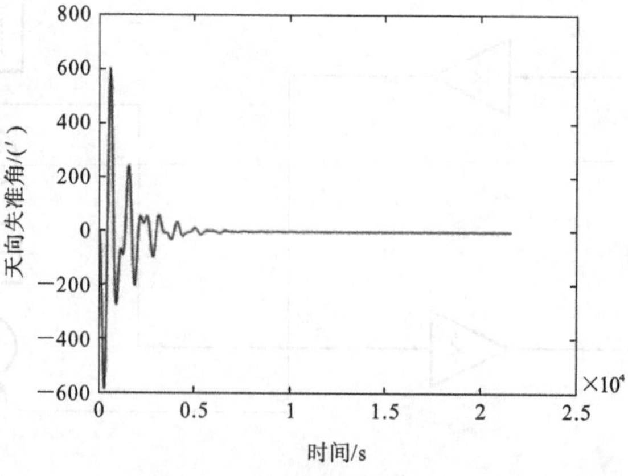

（c）天向失准角

图 3-8-3　罗经法平台式惯导初始对准失准角曲线

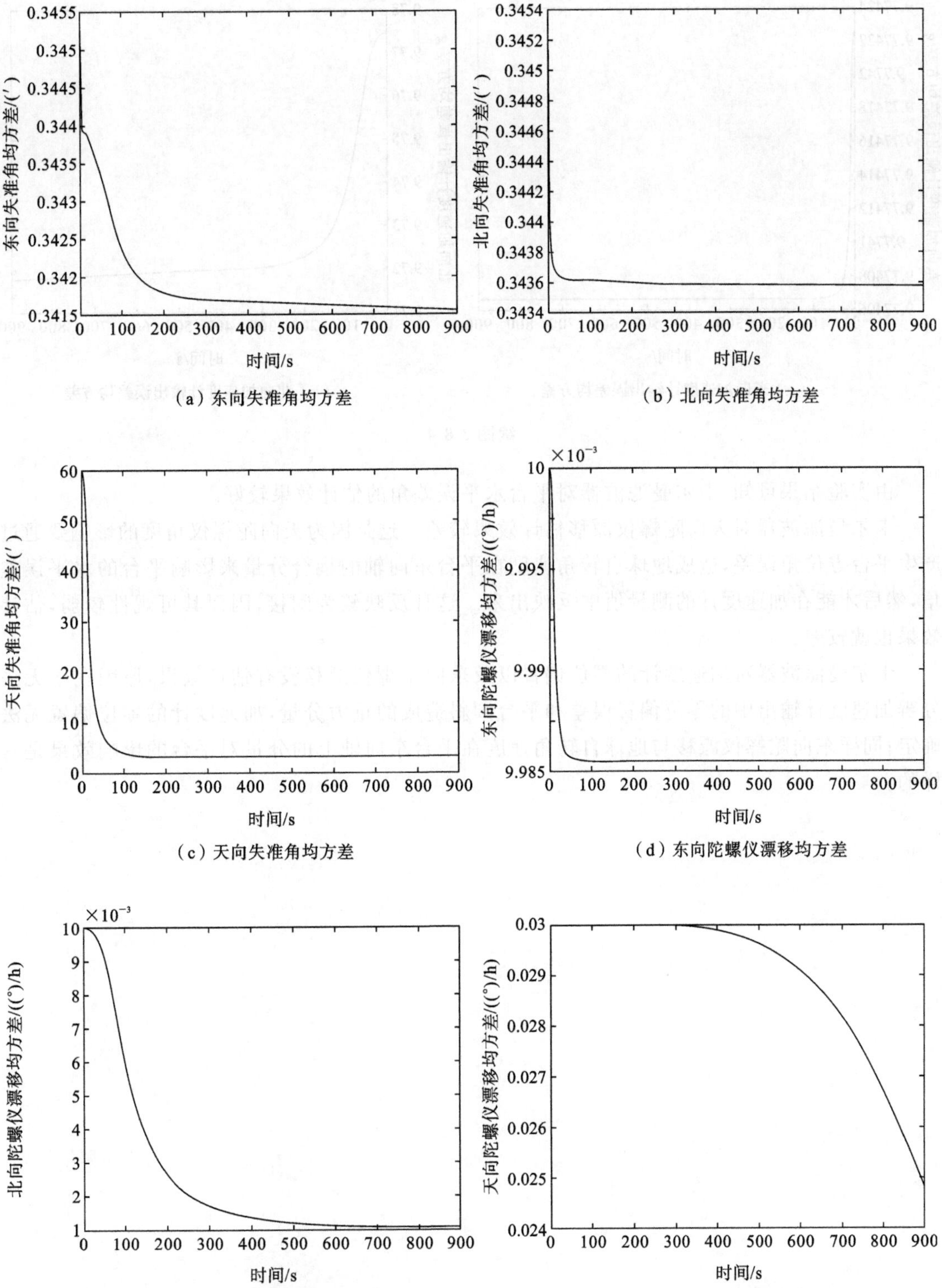

(a) 东向失准角均方差　(b) 北向失准角均方差

(c) 天向失准角均方差　(d) 东向陀螺仪漂移均方差

(e) 北向陀螺仪漂移均方差　(f) 天向陀螺仪漂移均方差

图 3-8-4　卡尔曼滤波平台式惯导初始对准估计的均方差

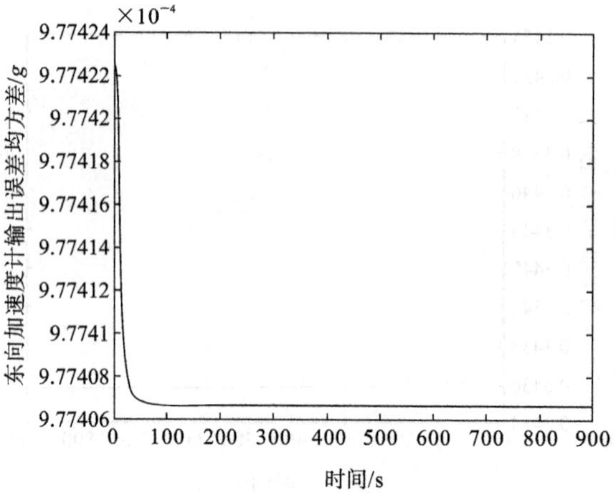

(g) 东向加速度计输出误差均方差

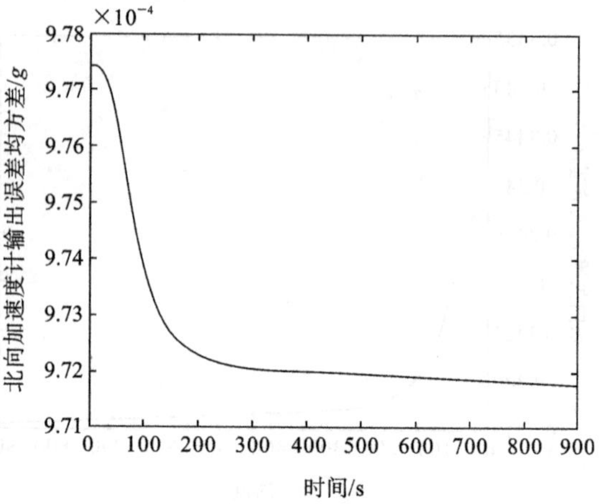

(h) 北向加速度计输出误差均方差

续图 3-8-4

由实验结果可知,卡尔曼滤波器对平台水平误差角的估计效果较好。

卡尔曼滤波器对天向陀螺仪漂移估计效果较差。这是因为天向陀螺仪角度的影响要通过产生平台方位角误差,造成地球自转角速度在平台东向轴的耦合分量来影响平台的水平误差角,然后才能在加速度计的测量值中反映出来。这种反映较为间接,因而其可观性较弱,估计效果也就较差。

卡尔曼滤波器对加速度计的零位偏置以及东向陀螺仪漂移没有估计效果,原因在于无法分辨加速度计输出中的零位偏置误差和平台倾斜造成的重力分量,加速度计的零位偏置无法确定;同样东向陀螺仪漂移与地球自转角速度在平台东向轴上的分量对平台的影响效果是一样的。

第 4 章 捷联式惯导系统

4.1 捷联式惯导基本原理

与平台式惯导系统相比，捷联式惯导系统（strapdown inertial navigation system，SINS）的惯性传感器未安装在机械框架平台上，而是直接与载体固连，因此具有小而轻、易于维护的特点，且消除了稳定平台稳定过程中的各种误差。捷联惯导已成为新世纪惯性技术发展的一种大趋势。本节介绍捷联式惯导系统的工作原理。

4.1.1 捷联惯导惯性系机械编排

在捷联式惯导系统中，并不存在实际的物理惯性平台，陀螺仪和加速度计直接安装在载体上，如图 4-1-1 所示。“strapdown”在英文中就有“捆绑”的意思。陀螺仪送出沿载体系的角速度信息，经计算机姿态矩阵解算可得到航向和姿态角参数。加速度计送出的沿载体系的加速度信息经坐标转换后变成沿导航系的加速度信息，经计算机两次积分可得到载体位置参数。因为所有导航参数均由计算机解算得到，所以称之为解析式惯导系统。

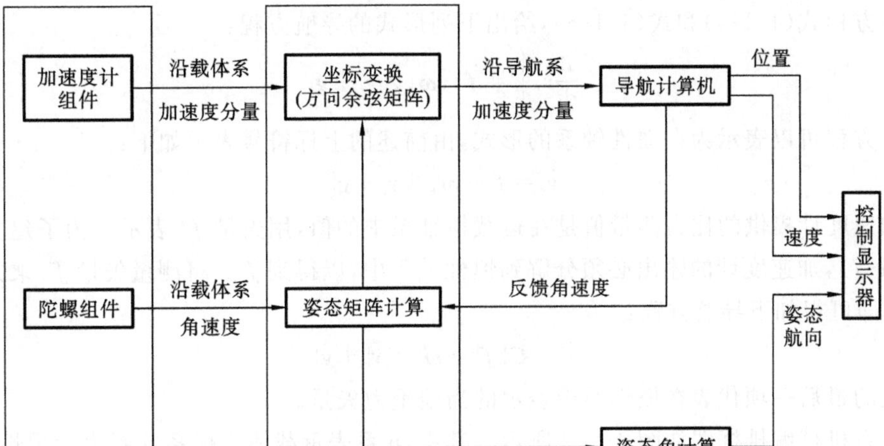

图 4-1-1 捷联式惯导系统原理框图

这类惯导系统由于取消了物理惯性平台，因此具有体积小、成本低、启动时间短等优点。但由于陀螺仪和加速度计的工作环境较恶劣，系统精度受到了限制，此外，计算机的解算量也较大。

根据捷联计算方法的不同，捷联导航系统可以由不同形式的机械编排，继而可由此得到导航方程的进一步表达式。

由科氏定理可得惯性速度的地速表达式：

$$\left.\frac{\mathrm{d}}{\mathrm{d}t}\boldsymbol{r}\right|_{\mathrm{i}}=\left.\frac{\mathrm{d}}{\mathrm{d}t}\boldsymbol{r}\right|_{\mathrm{e}}+\boldsymbol{\omega}_{\mathrm{ie}}\times\boldsymbol{r} \tag{4-1-1}$$

对上式求导，且$\left.\frac{\mathrm{d}}{\mathrm{d}t}\boldsymbol{r}\right|_{\mathrm{e}}=\boldsymbol{v}_{\mathrm{e}}$，可得

$$\left.\frac{\mathrm{d}^2}{\mathrm{d}t^2}\boldsymbol{r}\right|_{\mathrm{i}}=\left.\frac{\mathrm{d}}{\mathrm{d}t}\boldsymbol{v}_{\mathrm{e}}\right|_{\mathrm{i}}+\left.\frac{\mathrm{d}}{\mathrm{d}t}[\boldsymbol{\omega}_{\mathrm{ie}}\times\boldsymbol{r}]\right|_{\mathrm{i}} \tag{4-1-2}$$

将式(4-1-1)所列的科氏方程用于式(4-1-2)等号右边的第二项，则有

$$\left.\frac{\mathrm{d}^2}{\mathrm{d}t^2}\boldsymbol{r}\right|_{\mathrm{i}}=\left.\frac{\mathrm{d}}{\mathrm{d}t}\boldsymbol{v}_{\mathrm{e}}\right|_{\mathrm{i}}+\boldsymbol{\omega}_{\mathrm{ie}}\times\boldsymbol{v}_{\mathrm{e}}+\boldsymbol{\omega}_{\mathrm{ie}}\times[\boldsymbol{\omega}_{\mathrm{ie}}\times\boldsymbol{r}] \tag{4-1-3}$$

在得到的上列方程中，假定地球的转速为常值，因此$\frac{\mathrm{d}}{\mathrm{d}t}\boldsymbol{\omega}_{\mathrm{ie}}=0$。结合式(4-1-3)，并重新整理后得到：

$$\left.\frac{\mathrm{d}}{\mathrm{d}t}\boldsymbol{v}_{\mathrm{e}}\right|_{\mathrm{i}}=\boldsymbol{f}-\boldsymbol{\omega}_{\mathrm{ie}}\times\boldsymbol{v}_{\mathrm{e}}-\boldsymbol{\omega}_{\mathrm{ie}}\times[\boldsymbol{\omega}_{\mathrm{ie}}\times\boldsymbol{r}]+\boldsymbol{g} \tag{4-1-4}$$

在方程(4-1-4)中，$\boldsymbol{f}$ 表示导航系统所受到的比力加速度；$\boldsymbol{\omega}_{\mathrm{ie}}\times\boldsymbol{v}_{\mathrm{e}}$ 是由在旋转地球的表面上的速度引起的加速度，常常称之为科氏加速度；$\boldsymbol{\omega}_{\mathrm{ie}}\times[\boldsymbol{\omega}_{\mathrm{ie}}\times\boldsymbol{r}]$项定义为由地球转动而产生的向心加速度，并且是没有从引力加速度 $\boldsymbol{g}$ 中分离出来的。由万有引力和向心力引起的加速度的总和构成了当地重力矢量，当保持在地球之上时，这个沿铅垂方向上下运动的矢量将指向它自己，这里用符号 $\boldsymbol{g}_1$ 表示，也就是：

$$\boldsymbol{g}_1=\boldsymbol{g}-\boldsymbol{\omega}_{\mathrm{ie}}\times[\boldsymbol{\omega}_{\mathrm{ie}}\times\boldsymbol{r}] \tag{4-1-5}$$

合并方程式(4-1-4)和式(4-1-5)，给出下列形式的导航方程：

$$\left.\frac{\mathrm{d}}{\mathrm{d}t}\boldsymbol{v}_{\mathrm{e}}\right|_{\mathrm{i}}=\boldsymbol{f}-\boldsymbol{\omega}_{\mathrm{ie}}\times\boldsymbol{v}_{\mathrm{e}}+\boldsymbol{g}_1 \tag{4-1-6}$$

这个方程可以表示为在惯性轴系的形式，由前述的上标符号表示如下：

$$\dot{\boldsymbol{v}}_{\mathrm{e}}^{\mathrm{i}}=\boldsymbol{f}^{\mathrm{i}}-\boldsymbol{\omega}_{\mathrm{ie}}^{\mathrm{i}}\times\boldsymbol{v}_{\mathrm{e}}^{\mathrm{i}}+\boldsymbol{g}_1^{\mathrm{i}} \tag{4-1-7}$$

由加速度计提供的比力测量值是在运载体轴系中的值，用矢量 $\boldsymbol{f}^{\mathrm{b}}$ 表示。为了建立导航方程式(4-1-7)，加速度计的输出必须分解到惯性轴系中，以得到 $\boldsymbol{f}^{\mathrm{i}}$。将测量矢量 $\boldsymbol{f}^{\mathrm{b}}$ 乘方向余弦矩阵 $\boldsymbol{C}_{\mathrm{b}}^{\mathrm{i}}$，即可得如下导航方程：

$$\dot{\boldsymbol{v}}_{\mathrm{e}}^{\mathrm{i}}=\boldsymbol{C}_{\mathrm{b}}^{\mathrm{i}}\boldsymbol{f}^{\mathrm{b}}-\boldsymbol{\omega}_{\mathrm{ie}}^{\mathrm{i}}\times\boldsymbol{v}_{\mathrm{e}}^{\mathrm{i}}+\boldsymbol{g}_1^{\mathrm{i}} \tag{4-1-8}$$

方程右边的最后一项代表在惯性系中表示的当地重力矢量。

惯性系机械编排框图如图 4-1-2 所示。其中，b 系表示载体坐标系，i 系表示惯性坐标系，e 系表示地球坐标系，n 系表示当地地理水平导航坐标系。

4.1.2　捷联惯导导航系机械编排

为了绕地球的长距离导航，经常需要的导航信息是在当地的地理轴系或导航轴系内的信息。地球上的位置用纬度(基准面的南北向角度)和经度(基准面的东西向角度)来指示。导航

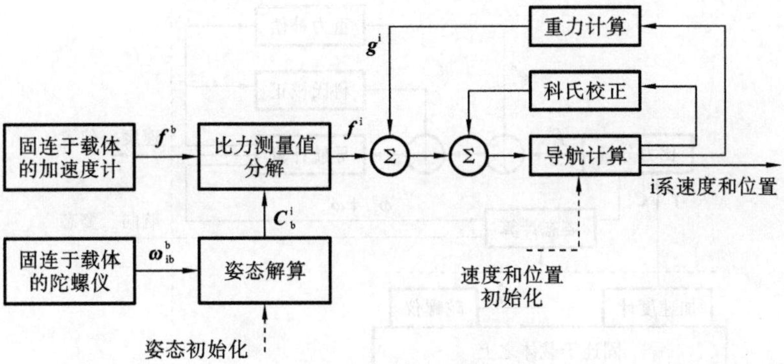

图 4-1-2　惯性系机械编排框图

信息主要指北向速度分量和东向速度分量，经度、纬度和在地球之上的高度。因此，绕地球导航时常需要使用导航系机械编排。

在导航系机械编排中，地速表示成导航坐标系内的 v_e^n。相对于导航轴系的速度 v_e^n 的变化率可表示为其在惯性轴系内的变化率的形式，如下：

$$\left.\frac{\mathrm{d}}{\mathrm{d}t}\boldsymbol{v}_e\right|_n=\left.\frac{\mathrm{d}}{\mathrm{d}t}\boldsymbol{v}_e\right|_i-(\boldsymbol{\omega}_{ie}+\boldsymbol{\omega}_{en})\times\boldsymbol{v}_e \tag{4-1-9}$$

将式(4-1-6)代入可得

$$\left.\frac{\mathrm{d}}{\mathrm{d}t}\boldsymbol{v}_e\right|_n=\boldsymbol{f}-(2\boldsymbol{\omega}_{ie}+\boldsymbol{\omega}_{en})\times\boldsymbol{v}_e+\boldsymbol{g}_l \tag{4-1-10}$$

若表达在导航轴系里，则有

$$\dot{\boldsymbol{v}}_e^n=\boldsymbol{C}_b^n\boldsymbol{f}^b-(2\boldsymbol{\omega}_{ie}^n+\boldsymbol{\omega}_{en}^n)\times\boldsymbol{v}_e^n+\boldsymbol{g}_l^n \tag{4-1-11}$$

其中，$\boldsymbol{C}_b^n$为一个方向余弦矩阵，用于将测得的比力矢量转换到导航轴系中。这个矩阵根据下式传递：

$$\dot{\boldsymbol{C}}_b^n=\boldsymbol{C}_b^n\boldsymbol{\Omega}_{nb}^n \tag{4-1-12}$$

其中，$\boldsymbol{\Omega}_{nb}^n$是 $\boldsymbol{\omega}_{nb}^b$的斜对称形式，即相对于导航系的运载体速率：

$$\boldsymbol{\Omega}_{nb}^n=\begin{bmatrix}0 & -\omega_{nbz}^b & \omega_{nby}^b\\ \omega_{nbz}^b & 0 & -\omega_{nbx}^b\\ -\omega_{nby}^b & \omega_{nbx}^b & 0\end{bmatrix} \tag{4-1-13}$$

该速率通过对测得的运载体速率 $\boldsymbol{\omega}_{ib}^b$和导航系速率分量的估计值 $\boldsymbol{\omega}_{in}$求差即可得到。$\boldsymbol{\omega}_{in}$是地球相对于惯性系的速率和导航系相对于地球的旋转速率之和，即 $\boldsymbol{\omega}_{in}=\boldsymbol{\omega}_{ie}+\boldsymbol{\omega}_{en}$。因此：

$$\boldsymbol{\omega}_{nb}^b=\boldsymbol{\omega}_{ib}^b-\boldsymbol{C}_b^n(\boldsymbol{\omega}_{ie}^n+\boldsymbol{\omega}_{en}^n) \tag{4-1-14}$$

导航系机械编排框图见图 4-1-3。其中，b 系表示载体坐标系，i 系表示惯性坐标系，e 系表示地球坐标系，n 系表示当地地理水平导航坐标系。设东向水平速度和北向水平速度分别为 v_E、v_N，地球相对于惯性系的自转速度为 ω_{ie}，当地地理纬度为 L，则图 4-1-3 中参与姿态解算的角速度 $\boldsymbol{\omega}_{ie}^n+\boldsymbol{\omega}_{en}^n$可表示为

$$\begin{aligned}\boldsymbol{\omega}_{ie}^n+\boldsymbol{\omega}_{en}^n=\boldsymbol{\omega}_{in}^n&=[0\quad \omega_{ie}\cos L\quad \omega_{ie}\sin L]+\left[-\frac{v_N}{R}\quad \frac{v_E}{R}\quad \frac{v_E}{R}\tan L\right]\\&=\left[-\frac{v_N}{R}\quad \omega_{ie}\cos L+\frac{v_E}{R}\quad \omega_{ie}\sin L+\frac{v_E}{R}\tan L\right]\end{aligned} \tag{4-1-15}$$

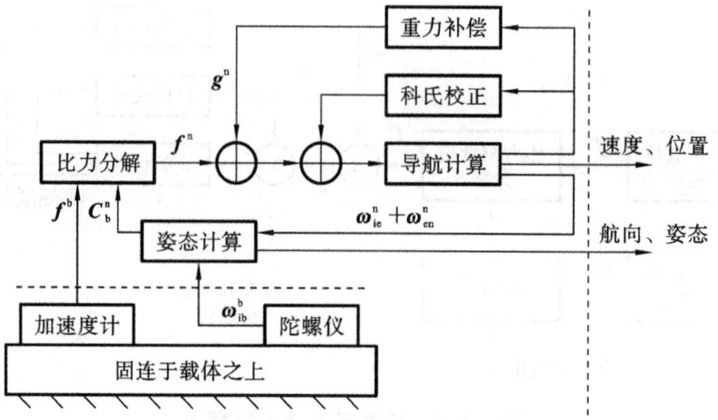

图 4-1-3　导航系机械编排框图

式(4-1-15)中角速度 $\omega_{ie}^n+\omega_{en}^n=\omega_{in}^n$ 表示当地地理水平导航坐标系 n 相对于惯性坐标系 i 的角速度在 n 系中的投影，通常情况下该角速度数值较小。

从式(4-1-11)中可以看出，相对于地球表面的速度的变化率由下列各项构成：

(1) 作用于运载体的比力，通过安装在其上的三个一组的加速度计测量得到；

(2) 校正旋转在地球表面的运载体速度引起的加速度，通常称为科氏加速度；

(3) 对运载体在地球表面运动引起的向心加速度的校正；

(4) 补偿作用于运载体的重力矢量，它包括由地球万有引力引起的重力和由地球旋转引起的运载体向心加速度。

由式(4-1-11)、式(4-1-12)可以分别求出运载体在当地地理坐标系中的速度和姿态角信息，进而由此确定出运载体的位置，实现导航和定位功能。

4.2　捷联式惯导程序设计

4.2.1　程序设计

4.1 节对捷联式惯导系统的基本原理进行了介绍，本节结合其内容，进行以下实验。(本节所对应程序详见配套的数字资源)

结合 4.1 节内容，搭建捷联式惯性导航系统，分别进行姿态解算、速度解算和位置解算。

仿真条件设置：设置载体为静态，重力加速度为 9.8 m/s^2，初始经度设置为 114.5°，纬度设置为 30.5°，初始速度为 0 m/s，初始失准角为 0°，仿真总时长设置为 86400 s(24 h)。

实验步骤如下：

(1) 于 MATLAB 中打开“example. mdl”文件，打开后可见捷联式惯导系统仿真模块，如图 4-2-1 所示。该模块包括陀螺仪和加速度计仿真模块、姿态角仿真模块、速度仿真模块和位置仿真模块四部分。

(2) 双击“gyros&acc”模块，进行初始化参数设置，如图 4-2-2 所示。

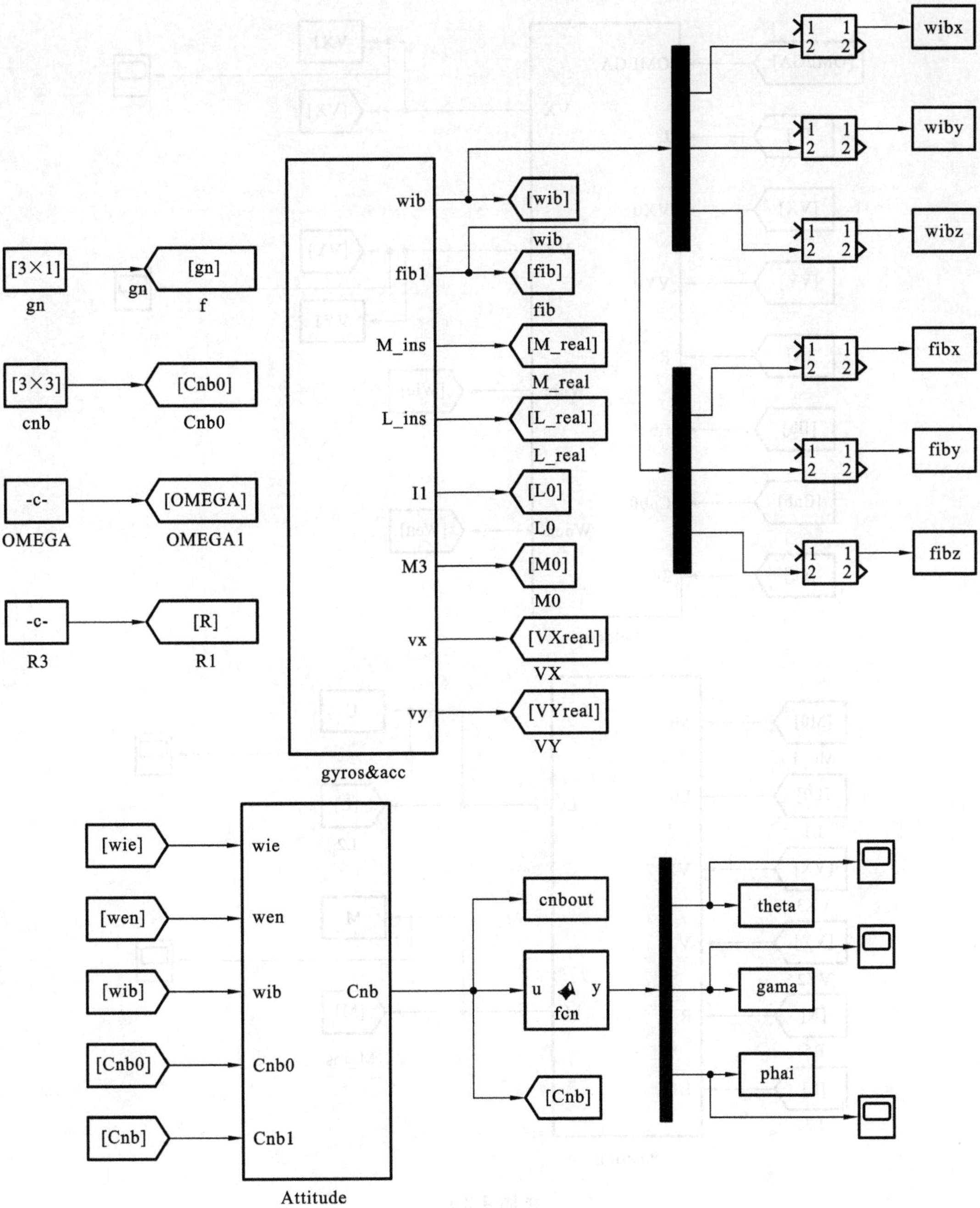

图 4-2-1 捷联式惯导系统仿真模块

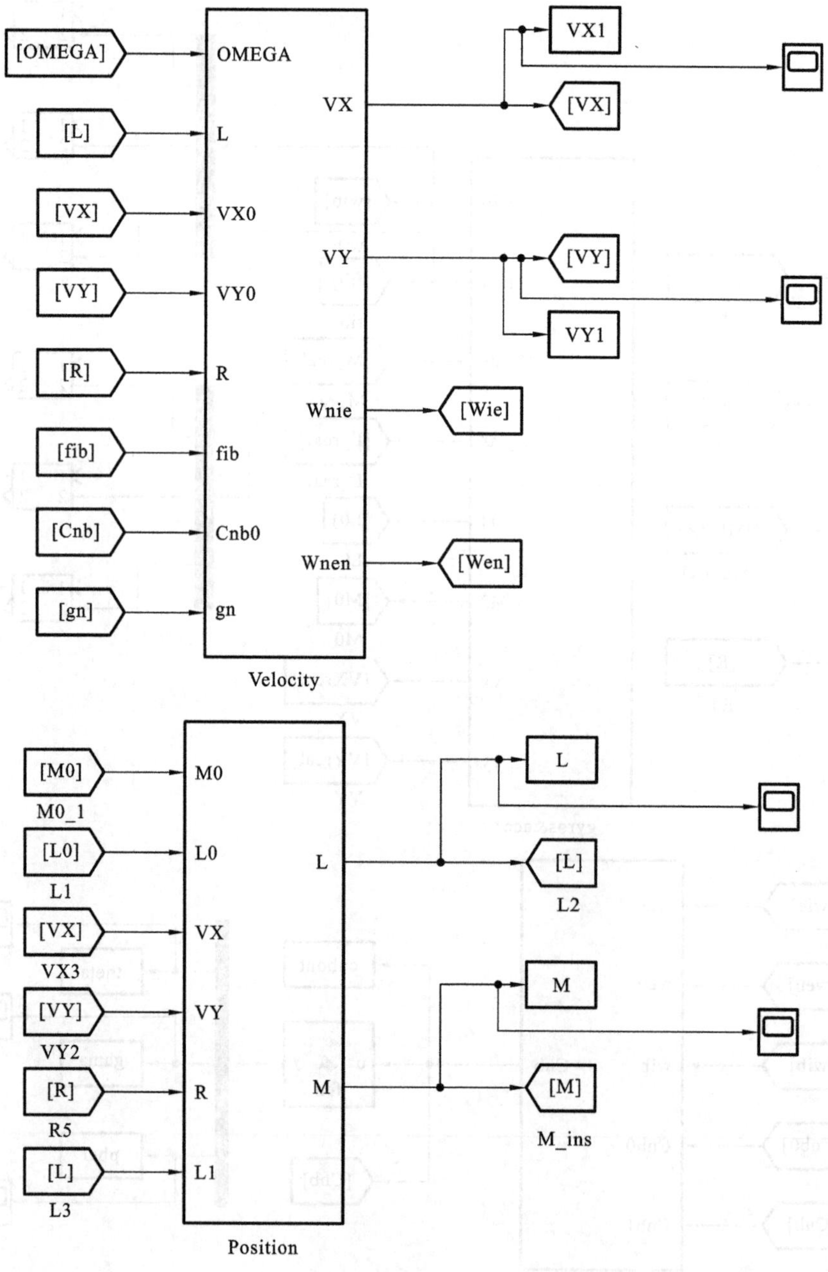
[OMEGA]
OMEGA
[L]
L
[VX]
VX0
[VY]
VY0
[R]
R
[fib]
fib
[Cnb]
Cnb0
[gn]
gn
VX
VY
Wnie
Wnen
Velocity
VX1
[VX]
[VY]
VY1
[Wie]
[Wen]
[M0]
M0_1
M0
[L0]
L1
L0
[VX]
VX3
VX
[VY]
VY2
VY
[R]
R5
R
[L]
L3
L1
L
M
Position
L
[L]
L2
M
[M]
M_ins

续图 4-2-1

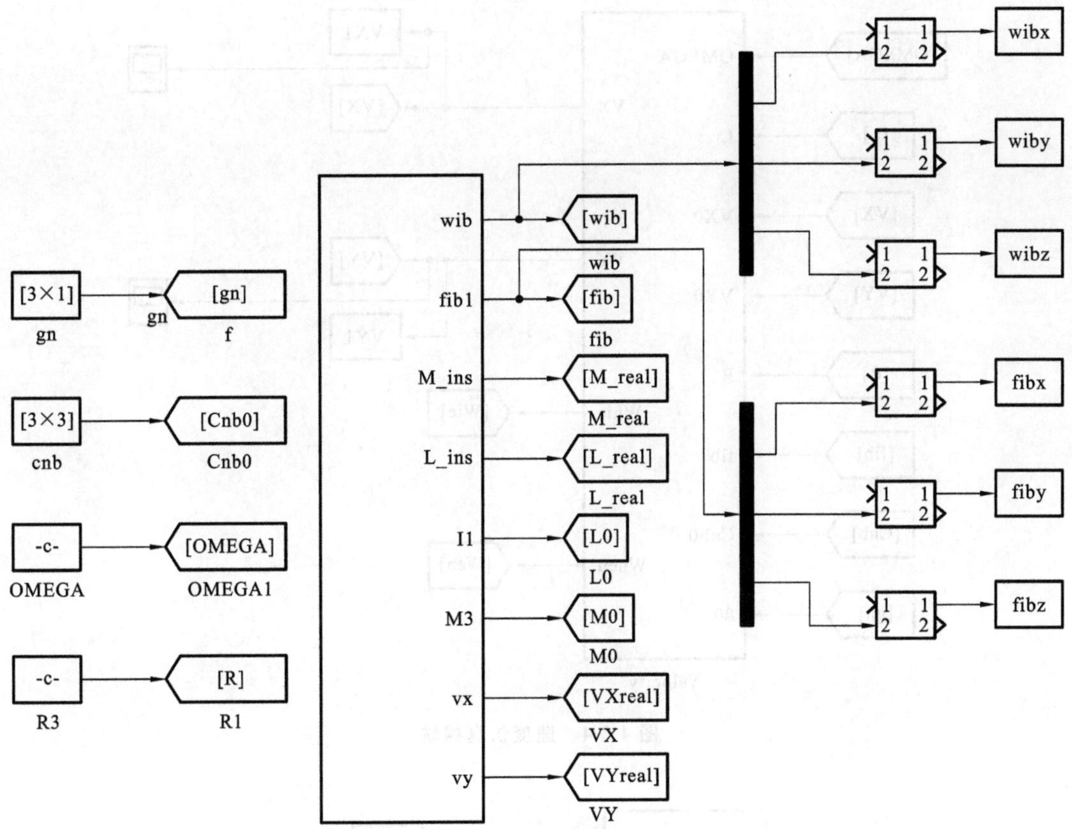

图 4-2-2　陀螺仪和加速度计仿真模块

(3) 双击"Attitude"模块，进行姿态程序设计，如图 4-2-3 所示。

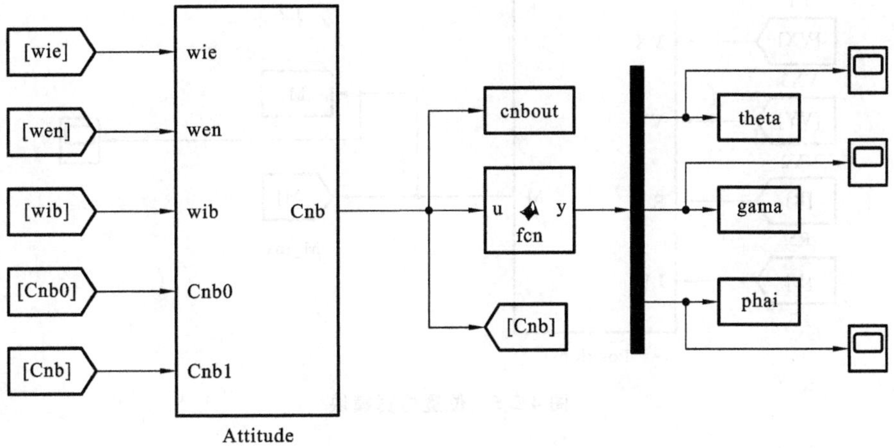

图 4-2-3　姿态角仿真模块

(4) 双击"Velocity"模块，进行速度程序设计，如图 4-2-4 所示。

(5) 双击"Position"模块，进行位置程序设计，如图 4-2-5 所示。

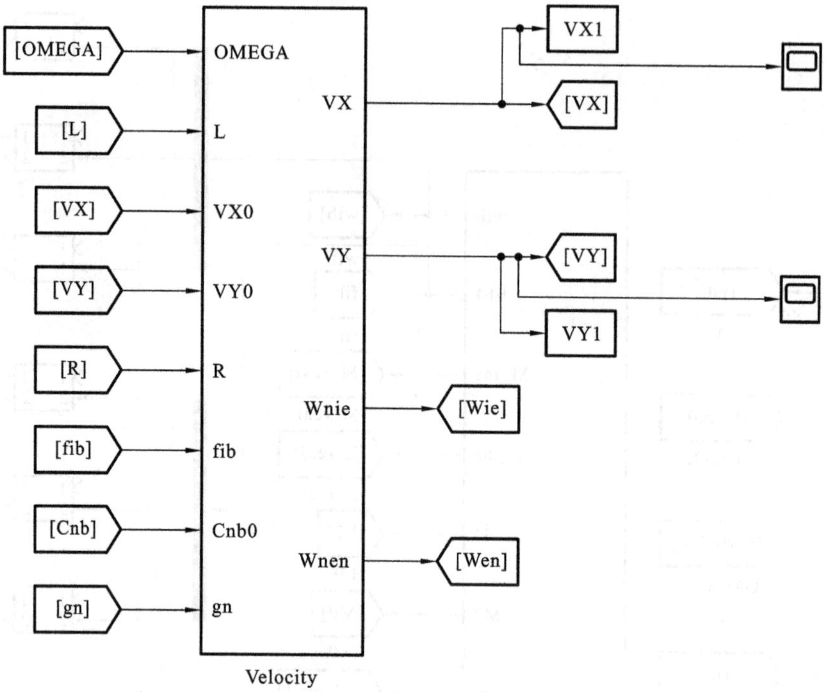

图 4-2-4　速度仿真模块

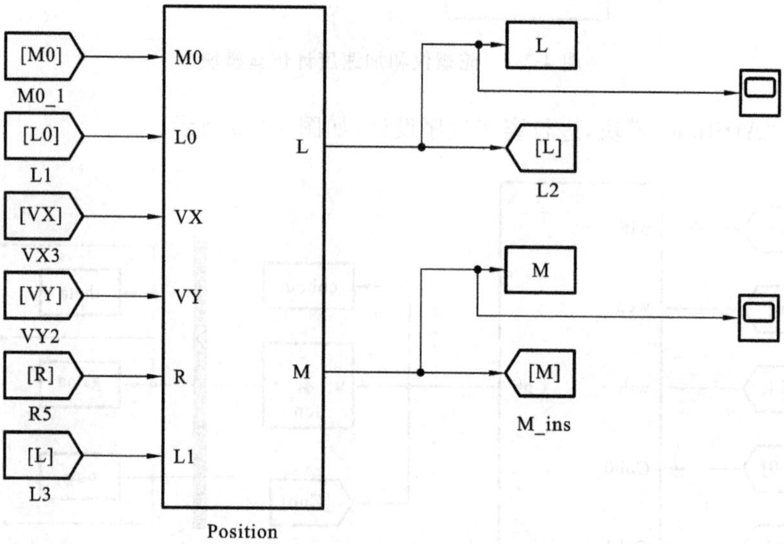

图 4-2-5　位置仿真模块

4.2.2　仿真结果

根据搭建的捷联式惯导 SIMULINK 仿真模块，进行 86400 s(24 h)的仿真实验，得到的失准角、速度和位置分别如图 4-2-6、图 4-2-7 和图 4-2-8 所示。

由实验结果可知，捷联式惯导系统输出的导航信息中存在振荡误差，且由于采用了积分计算，也存在随时间累积的误差，这一点在经度信息上尤为明显。因此，对导航信息进行误差分析和误差修正显得尤为重要。

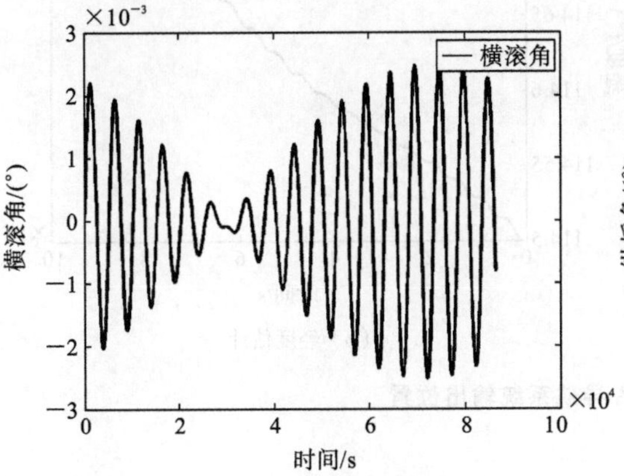

(a) 横滚角估计

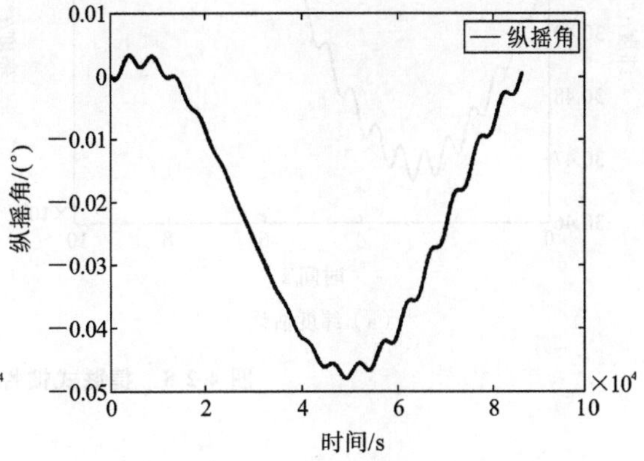

(b) 纵摇角估计

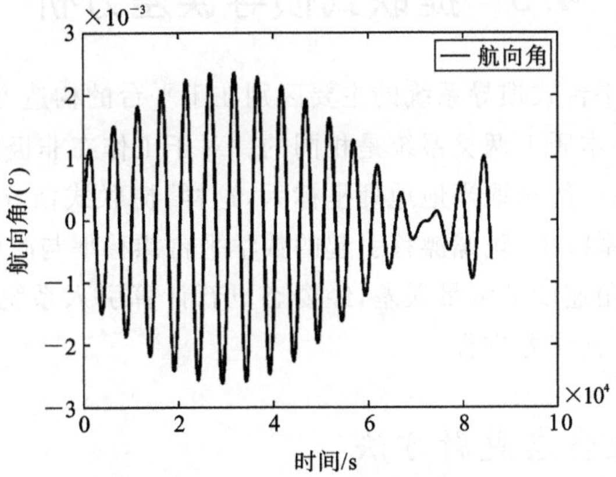

(c) 航向角估计

图 4-2-6 捷联式惯性导航系统输出失准角

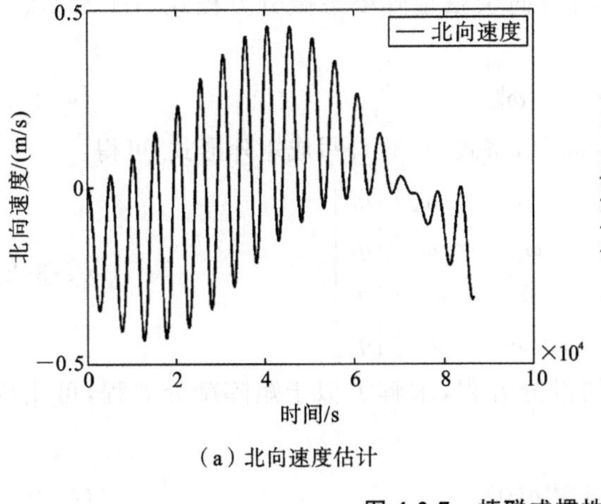

(a) 北向速度估计

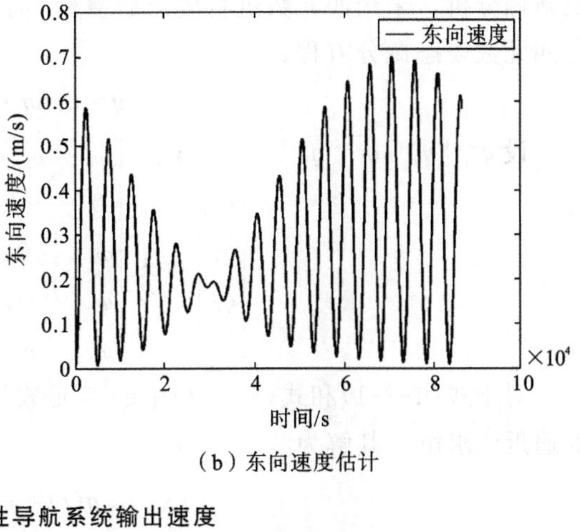

(b) 东向速度估计

图 4-2-7 捷联式惯性导航系统输出速度

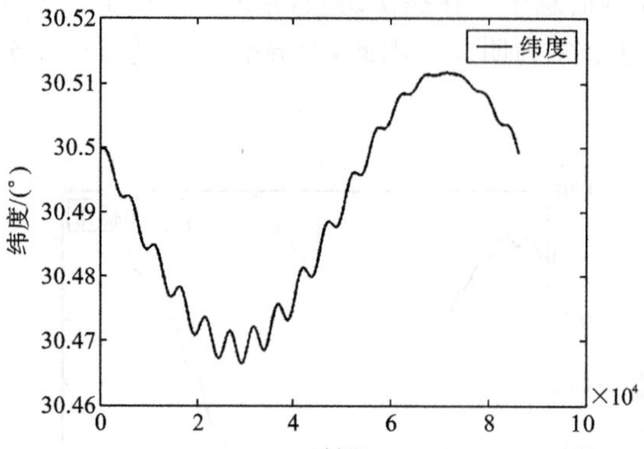

(a) 纬度估计

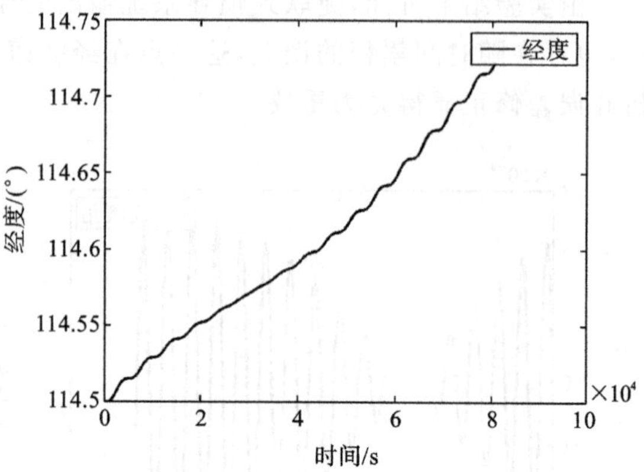

(b) 经度估计

图 4-2-8 捷联式惯性导航系统输出位置

4.3 捷联式惯导误差分析

捷联式惯导系统与平台式惯导系统的主要区别在于平台的构造方式，前者采用数学方式，后者采用物理方式，但在本质上两类系统是相同的。对于工作在非极区的捷联式惯导系统，为了简化运算，导航坐标系一般选取当地地理坐标系，这样，捷联式惯导系统完全等效于指北方位系统。在捷联式惯导系统中，陀螺漂移引起的数学平台漂移率与陀螺漂移的方向相反，刻度系数误差引起对运载体角速度的测量误差，经姿态更新计算引入系统。本节进行捷联式惯导系统的误差分析，并建立其误差方程。

4.3.1 四元数姿态更新方法

前文中的捷联惯导解算方程中，均采用了方向余弦矩阵。实际应用中，较多采用四元数作为姿态解算的数学工具，有关四元数已在 1.1.2 节中介绍，本节仅对如何采用四元数进行姿态更新做分析。采用四元数进行姿态解算时，需将方向余弦矩阵姿态微分方程式(4-1-12)改写为四元数姿态微分方程：

$$\dot{\boldsymbol{q}}=0.5\boldsymbol{q}\cdot\begin{bmatrix}0 & \boldsymbol{\omega}_{nb}^{b}\end{bmatrix}^{T} \tag{4-3-1}$$

设 $\boldsymbol{q}=\begin{bmatrix}q_0 & q_1 & q_2 & q_3\end{bmatrix}^T$，$\boldsymbol{\omega}_{nb}^{b}=\begin{bmatrix}\omega_x & \omega_y & \omega_z\end{bmatrix}^T$，将式(4-3-1)写成矩阵形式，可得：

$$\begin{bmatrix}\dot{q}_0\\ \dot{q}_1\\ \dot{q}_2\\ \dot{q}_3\end{bmatrix}=\frac{1}{2}\begin{bmatrix}0 & -\omega_x & -\omega_y & -\omega_z\\ \omega_x & 0 & \omega_z & -\omega_y\\ \omega_y & -\omega_z & 0 & \omega_x\\ \omega_z & \omega_y & -\omega_x & 0\end{bmatrix}\begin{bmatrix}q_0\\ q_1\\ q_2\\ q_3\end{bmatrix} \tag{4-3-2}$$

对于式(4-3-1)和式(4-3-2)中的四元数的微分方程，求解类似于矩阵微分方程，可用皮卡逼近法求解。其解为

$$\boldsymbol{q}(t)=e^{\frac{1}{2}[\Delta\boldsymbol{\theta}]}\boldsymbol{q}(0) \tag{4-3-3}$$

式中，

$$[\Delta\boldsymbol{\theta}]=\int_{t_1}^{t_2}\boldsymbol{M}^*(\omega_b)\mathrm{d}t=\begin{bmatrix}0 & -\Delta\theta_x & -\Delta\theta_y & -\Delta\theta_z\\ \Delta\theta_x & 0 & \Delta\theta_z & -\Delta\theta_y\\ \Delta\theta_y & -\Delta\theta_z & 0 & \Delta\theta_x\\ \Delta\theta_z & \Delta\theta_y & -\Delta\theta_x & 0\end{bmatrix}\tag{4-3-4}$$

写成三角函数形式：

$$\boldsymbol{q}(t)=\left\{\cos\frac{\Delta\theta_0}{2}\boldsymbol{I}+\frac{\sin\frac{\Delta\theta_0}{2}}{\Delta\theta_0}[\Delta\boldsymbol{\theta}]\right\}\boldsymbol{q}(0)\tag{4-3-5}$$

其中，$\Delta\theta_0$ 的计算方法与方向余弦法中的计算方法一样。

一阶算法：

$$\boldsymbol{q}(n+1)=\left\{\boldsymbol{I}+\frac{1}{2}[\Delta\boldsymbol{\theta}]\right\}\boldsymbol{q}(n)\tag{4-3-6}$$

二阶算法：

$$\boldsymbol{q}(n+1)=\left\{\left(1-\frac{(\Delta\theta_0)^2}{8}\right)\boldsymbol{I}+\frac{1}{2}[\Delta\boldsymbol{\theta}]\right\}\boldsymbol{q}(n)\tag{4-3-7}$$

三阶算法：

$$\boldsymbol{q}(n+1)=\left\{\left(1-\frac{(\Delta\theta_0)^2}{8}\right)\boldsymbol{I}+\left(\frac{1}{2}-\frac{(\Delta\theta_0)^2}{48}\right)[\Delta\boldsymbol{\theta}]\right\}\boldsymbol{q}(n)\tag{4-3-8}$$

四阶算法：

$$\boldsymbol{q}(n+1)=\left\{\left(1-\frac{(\Delta\theta_0)^2}{8}+\frac{(\Delta\theta_0)^4}{384}\right)\boldsymbol{I}+\left(\frac{1}{2}-\frac{(\Delta\theta_0)^2}{48}\right)[\Delta\boldsymbol{\theta}]\right\}\boldsymbol{q}(n)\tag{4-3-9}$$

和方向余弦法类似，在应用中可把四元数的校正分为载体坐标系的转动校正和导航坐标系的转动校正。前者用较高的迭代频率和高阶算法，而后者用较低的迭代频率和低阶算法。四元数法是捷联姿态计算中常用的方法。

和方向余弦矩阵的情况类似，由于计算中的误差，计算的变换四元数的范数不再等于 1，即计算的四元数失去规范性，因此对计算的四元数必须进行周期性规范化处理。

对更新后的四元数进行归一化，即

$$\boldsymbol{q}=\frac{\hat{q}_0+\hat{q}_1\boldsymbol{i}+\hat{q}_2\boldsymbol{j}+\hat{q}_3\boldsymbol{k}}{\sqrt{\hat{q}_0^2+\hat{q}_1^2+\hat{q}_2^2+\hat{q}_3^2}}\tag{4-3-10}$$

4.3.2　姿态误差方程

所谓系统姿态角误差是指运载体相对于系统解算出的当地地理坐标系的姿态角与运载体相对于实际地理坐标系姿态角的差值。姿态角误差方程可由姿态更新的四元数算法得出。

捷联式惯导系统的姿态角误差方程如下：

$$\dot{\boldsymbol{\phi}}^n=-\boldsymbol{\omega}_{in}^n\times\boldsymbol{\phi}^n+\delta\boldsymbol{\omega}_{in}^n-\boldsymbol{C}_b^n\delta\boldsymbol{\omega}_{ib}^b\tag{4-3-11}$$

$$\delta\boldsymbol{\omega}_{ib}^b=(\delta\boldsymbol{K}_G+\delta\boldsymbol{G})\boldsymbol{\omega}_{ib}^b+\boldsymbol{\varepsilon}+\boldsymbol{n}_g\tag{4-3-12}$$

式中，n 表示导航坐标系，b 表示惯性测量单元构成的载体坐标系，i 表示惯性坐标系，e 表示地球坐标系；$\boldsymbol{\phi}^n$ 为计算导航坐标系与真实导航坐标系之间的姿态失准角；$\boldsymbol{C}_b^n$ 为捷联矩阵；$\boldsymbol{\omega}_{ib}^b$ 为陀螺仪的实际角速度输出；$\boldsymbol{\omega}_{in}^n$ 是导航坐标系相对于惯性空间的角速度在导航坐标系中的分量，其表达式如下：

$$\boldsymbol{\omega}_{\text{in}}^{\text{n}}=\begin{bmatrix}-\dfrac{v_{\text{N}}}{R}\\ \omega_{\text{ie}}\cos L+\dfrac{v_{\text{E}}}{R}\\ \omega_{\text{ie}}\sin L+\dfrac{v_{\text{E}}}{R}\tan L\end{bmatrix} \tag{4-3-13}$$

$$\delta\boldsymbol{\omega}_{\text{in}}^{\text{n}}=\begin{bmatrix}-\dfrac{\delta v_{\text{N}}}{R}\\ -\omega_{\text{ie}}\sin L\delta L+\dfrac{\delta v_{\text{E}}}{R}\\ \omega_{\text{ie}}\cos L\delta L+\dfrac{\delta v_{\text{E}}}{R}\tan L+\dfrac{v_{\text{E}}}{R}\sec^2 L\delta L\end{bmatrix} \tag{4-3-14}$$

其中，ω_{ie} 为地球自转角速度，v_{N}、v_{E} 分别为运载体北向、东向速度，L 为当地地理纬度。

$\delta\boldsymbol{K}_{\text{G}i}(i=x,y,z)$ 为陀螺仪的刻度系数误差，有：

$$\delta\boldsymbol{K}_{\text{G}}=\text{diag}[\delta K_{\text{G}x}\quad \delta K_{\text{G}y}\quad \delta K_{\text{G}z}] \tag{4-3-15}$$

$\delta\boldsymbol{G}_i(i=x,y,z)$ 为三个陀螺仪的安装误差角，有：

$$\delta\boldsymbol{G}=\begin{bmatrix}0 & \delta G_z & -\delta G_y\\ -\delta G_z & 0 & \delta G_x\\ \delta G_y & -\delta G_x & 0\end{bmatrix} \tag{4-3-16}$$

$\boldsymbol{\varepsilon}$、$\boldsymbol{n}_{\text{g}}$ 分别为陀螺仪的常值漂移和随机漂移误差。

4.3.3 速度误差方程

当不考虑任何误差时，速度的理想值由式(4-3-17)给出：

$$\dot{\boldsymbol{v}}_{\text{e}}^{\text{n}}=\boldsymbol{C}_{\text{b}}^{\text{n}}\boldsymbol{f}^{\text{b}}-(2\boldsymbol{\omega}_{\text{ie}}^{\text{n}}+\boldsymbol{\omega}_{\text{en}}^{\text{n}})\times\boldsymbol{v}_{\text{e}}^{\text{n}}+\boldsymbol{g}_{\text{l}}^{\text{n}} \tag{4-3-17}$$

而实际系统中总存在各种误差，所以实际的速度计算值应由下述方程确定：

$$\dot{\boldsymbol{v}}_{\text{e}}^{\text{c}}=\tilde{\boldsymbol{C}}_{\text{b}}^{\text{n}}\boldsymbol{f}^{\text{b}}-(2\boldsymbol{\omega}_{\text{ie}}^{\text{c}}+\boldsymbol{\omega}_{\text{en}}^{\text{c}})\times\boldsymbol{v}_{\text{e}}^{\text{c}}+\boldsymbol{g}_{\text{l}}^{\text{c}} \tag{4-3-18}$$

式中，

$$\boldsymbol{v}_{\text{e}}^{\text{c}}=\boldsymbol{v}_{\text{e}}^{\text{n}}+\delta\boldsymbol{v}_{\text{e}}^{\text{n}} \tag{4-3-19}$$

$$\boldsymbol{\omega}_{\text{ie}}^{\text{c}}=\boldsymbol{\omega}_{\text{ie}}^{\text{n}}+\delta\boldsymbol{\omega}_{\text{ie}}^{\text{n}} \tag{4-3-20}$$

$$\boldsymbol{\omega}_{\text{en}}^{\text{c}}=\boldsymbol{\omega}_{\text{en}}^{\text{n}}+\delta\boldsymbol{\omega}_{\text{en}}^{\text{n}} \tag{4-3-21}$$

$$\boldsymbol{g}_{\text{l}}^{\text{c}}=\boldsymbol{g}_{\text{l}}^{\text{n}}+\delta\boldsymbol{g}_{\text{l}}^{\text{n}} \tag{4-3-22}$$

$$\tilde{\boldsymbol{C}}_{\text{b}}^{\text{n}}=\boldsymbol{C}_{\text{b}}^{\text{n}'}\boldsymbol{C}_{\text{b}}^{\text{n}}=(\boldsymbol{I}-\boldsymbol{\phi}^{\text{n}}\times)\boldsymbol{C}_{\text{b}}^{\text{n}} \tag{4-3-23}$$

$$\boldsymbol{\phi}^{\text{n}}\times=\begin{bmatrix}0 & -\varphi_z & \varphi_y\\ \varphi_z & 0 & -\varphi_x\\ -\varphi_y & \varphi_x & 0\end{bmatrix} \tag{4-3-24}$$

其中，φ_x、φ_y、φ_z 为姿态角误差。

忽略 $\delta\boldsymbol{g}_{\text{l}}^{\text{n}}$ 的影响，并略去二阶小量，得

$$\delta\dot{\boldsymbol{v}}^{\text{n}}=\boldsymbol{f}^{\text{n}}\times\boldsymbol{\phi}^{\text{n}}+\boldsymbol{C}_{\text{b}}^{\text{n}}\delta\boldsymbol{f}^{\text{b}}-(2\boldsymbol{\omega}_{\text{ie}}^{\text{n}}+\boldsymbol{\omega}_{\text{en}}^{\text{n}})\times\delta\boldsymbol{v}^{\text{n}}-(2\delta\boldsymbol{\omega}_{\text{ie}}^{\text{n}}+\delta\boldsymbol{\omega}_{\text{en}}^{\text{n}})\times\boldsymbol{v}^{\text{n}} \tag{4-3-25}$$

$$\delta\boldsymbol{f}^{\text{b}}=(\delta\boldsymbol{K}_{\text{A}}+\delta\boldsymbol{A})\boldsymbol{f}^{\text{b}}+\Delta\boldsymbol{A}+\boldsymbol{n}_{\text{a}} \tag{4-3-26}$$

式中，$\delta\boldsymbol{K}_{\text{A}i}$ 和 $\delta\boldsymbol{A}_i(i=x,y,z)$ 分别为加速度计的刻度系数误差和安装误差角。$\Delta\boldsymbol{A}$ 和 $\boldsymbol{n}_{\text{a}}$ 分别为加速度计的常值零位偏置和随机偏置。

$$\delta \boldsymbol{K}_{\mathrm{A}} = \mathrm{diag}[\delta K_{\mathrm{A}x} \quad \delta K_{\mathrm{A}y} \quad \delta K_{\mathrm{A}z}] \tag{4-3-27}$$

$$\delta \boldsymbol{A} = \begin{bmatrix} 0 & \delta A_z & -\delta A_y \\ -\delta A_z & 0 & \delta A_x \\ \delta A_y & -\delta A_x & 0 \end{bmatrix} \tag{4-3-28}$$

$$\begin{cases} \boldsymbol{\omega}_{\mathrm{ie}}^{\mathrm{n}} = \begin{bmatrix} 0 \\ \omega_{\mathrm{ie}} \cos L \\ \omega_{\mathrm{ie}} \sin L \end{bmatrix} \\ \delta \boldsymbol{\omega}_{\mathrm{ie}}^{\mathrm{n}} = \begin{bmatrix} 0 \\ -\omega_{\mathrm{ie}} \sin L \delta L \\ \omega_{\mathrm{ie}} \cos L \delta L \end{bmatrix} \end{cases} \tag{4-3-29}$$

$$\begin{cases} \boldsymbol{\omega}_{\mathrm{en}}^{\mathrm{n}} = \begin{bmatrix} -\dfrac{v_{\mathrm{N}}}{R} \\ \dfrac{v_{\mathrm{E}}}{R} \\ \dfrac{v_{\mathrm{E}}}{R} \tan L \end{bmatrix} \\ \delta \boldsymbol{\omega}_{\mathrm{en}}^{\mathrm{n}} = \begin{bmatrix} -\dfrac{\delta v_{\mathrm{N}}}{R} \\ \dfrac{\delta v_{\mathrm{E}}}{R} \\ \dfrac{v_{\mathrm{E}}}{R} \sec^2 L \delta L + \dfrac{\delta v_{\mathrm{E}}}{R} \tan L \end{bmatrix} \end{cases} \tag{4-3-30}$$

4.3.4 位置误差方程

经纬度的变化率如下式所示：

$$\begin{cases} \dot{L} = \dfrac{v_{\mathrm{N}}}{R} \\ \dot{\lambda} = \dfrac{v_{\mathrm{E}}}{R \cos L} \end{cases} \tag{4-3-31}$$

对上式求微分可得捷联式惯导系统的定位误差方程：

$$\begin{cases} \delta \dot{L} = \dfrac{\delta v_{\mathrm{N}}}{R} \\ \delta \dot{\lambda} = \dfrac{\delta v_{\mathrm{E}}}{R \cos L} + \dfrac{v_{\mathrm{E}}}{R} \sec L \tan L \delta L \end{cases} \tag{4-3-32}$$

4.3.5 静基座误差方程

综合前面所述内容，得到静基座误差方程为

$$\begin{cases} \delta \dot{\lambda} = \delta v_x \sec L / R \\ \delta \dot{v}_x = 2\omega_{\mathrm{ie}} \sin L \delta v_y - \phi_y g + \nabla_x \\ \delta \dot{v}_y = -2\omega_{\mathrm{ie}} \sin L \delta v_x + \phi_x g + \nabla_y \\ \delta \dot{L} = \delta v_y / R \\ \dot{\phi}_x = -\delta v_y / R + \phi_y \omega_{\mathrm{ie}} \sin L - \phi_z \omega_{\mathrm{ie}} \cos L + \varepsilon_x \\ \dot{\phi}_y = \delta v_x / R - \omega_{\mathrm{ie}} \sin L \delta L - \phi_x \omega_{\mathrm{ie}} \sin L + \varepsilon_y \\ \dot{\phi}_z = \delta v_x \tan L / R + \omega_{\mathrm{ie}} \cos L \delta L + \phi_x \omega_{\mathrm{ie}} \cos L + \varepsilon_z \end{cases} \tag{4-3-33}$$

写成状态方程矩阵形式为

$$\begin{bmatrix}\delta\dot{v}_x\\ \delta\dot{v}_y\\ \delta\dot{L}\\ \dot{\phi}_x\\ \dot{\phi}_y\\ \dot{\phi}_z\end{bmatrix}=\begin{bmatrix}0 & 2\omega_{ie}\sin L & 0 & 0 & -g & 0\\ -2\omega_{ie}\sin L & 0 & 0 & g & 0 & 0\\ 0 & 1/R & 0 & 0 & 0 & 0\\ 0 & -1/R & 0 & 0 & \omega_{ie}\sin L & -\omega_{ie}\cos L\\ 1/R & 0 & -\omega_{ie}\sin L & -\omega_{ie}\sin L & 0 & 0\\ \tan L/R & 0 & \omega_{ie}\cos L & \omega_{ie}\cos L & 0 & 0\end{bmatrix}\cdot\begin{bmatrix}\delta v_x\\ \delta v_y\\ \delta L\\ \phi_x\\ \phi_y\\ \phi_z\end{bmatrix}+\begin{bmatrix}\nabla_x\\ \nabla_y\\ 0\\ \varepsilon_x\\ \varepsilon_y\\ \varepsilon_z\end{bmatrix} \tag{4-3-34}$$

进行拉氏变换得到：

$$s\delta\lambda(s)=\frac{\sec L}{R}\delta v_x(s)+\delta\lambda_0 \tag{4-3-35}$$

$$\begin{bmatrix}s\delta v_x(s)\\ s\delta v_y(s)\\ s\delta L(s)\\ s\phi_x(s)\\ s\phi_y(s)\\ s\phi_z(s)\end{bmatrix}=\begin{bmatrix}0 & 2\omega_{ie}\sin L & 0 & 0 & -g & 0\\ -2\omega_{ie}\sin L & 0 & 0 & g & 0 & 0\\ 0 & 1/R & 0 & 0 & 0 & 0\\ 0 & -1/R & 0 & 0 & \omega_{ie}\sin L & -\omega_{ie}\cos L\\ 1/R & 0 & -\omega_{ie}\sin L & -\omega_{ie}\sin L & 0 & 0\\ \tan L/R & 0 & \omega_{ie}\cos L & \omega_{ie}\cos L & 0 & 0\end{bmatrix}\cdot\begin{bmatrix}\delta v_x(s)\\ \delta v_y(s)\\ \delta L(s)\\ \phi_x(s)\\ \phi_y(s)\\ \phi_z(s)\end{bmatrix}+\begin{bmatrix}\delta v_{x0}\\ \delta v_{y0}\\ \delta L_0\\ \phi_{x0}\\ \phi_{y0}\\ \phi_{z0}\end{bmatrix}+\begin{bmatrix}\nabla_x(s)\\ \nabla_y(s)\\ 0\\ \varepsilon_x(s)\\ \varepsilon_y(s)\\ \varepsilon_z(s)\end{bmatrix} \tag{4-3-36}$$

4.3.6 系统误差的周期特性分析

用列矩阵 $\boldsymbol{X}(t)$表示误差列向量，用 $\boldsymbol{F}$ 表示系数矩阵，用 $\boldsymbol{W}(t)$表示误差因素列向量，于是前述误差方程组可写为如下形式。

相应的拉氏变换方程：

$$\dot{\boldsymbol{X}}(t)=\boldsymbol{F}\boldsymbol{X}(t)+\boldsymbol{W}(t) \tag{4-3-37}$$

拉氏变换的解：

$$s\boldsymbol{X}(s)=\boldsymbol{F}\boldsymbol{X}(s)+\boldsymbol{X}_0(s)+\boldsymbol{W}(s) \tag{4-3-38}$$

由于略去导致傅科振荡的两个交叉耦合项可使求解简单，又不妨碍对解的主要特性的了解，故：

$$X(s)=(sI-F)^{-1}[X_0(s)+W(s)] \tag{4-3-39}$$

进而得到系统特征方程为

$$(s^2+\omega_{ie}^2)[(s^2+\omega_S^2)^2+4s^2\omega_{ie}^2\sin^2 L]=0 \tag{4-3-40}$$

考察特征方程的根，可了解系统是否具有周期性，并可找到相应的振荡频率。其中，$\omega_S^2=\dfrac{g}{R}$为舒勒角频率的平方。

由$(s^2+\omega_{ie}^2)=0$得到一组特征根：

$$s_{1,2}=\pm j\omega_{ie} \tag{4-3-41}$$

ω_{ie}为地球自转角频率，相应的振荡周期 $T_e=2\pi/\omega_{ie}=24$ h，称为地转周期。再由下式：

$$(s^2+\omega_S^2)^2+4s^2\omega_{ie}^2\sin^2 L=0 \tag{4-3-42}$$

展开得

$$s^4+2s^2(\omega_S^2+2\omega_{ie}^2\sin^2 L)+\omega_S^4=0 \tag{4-3-43}$$

此式不能求精确解析解，但考虑到 $\omega_S^2\gg\omega_{ie}^2$，因而可近似写成：

$$[s^2+(\omega_S+\omega_{ie}\sin L)^2][s^2+(\omega_S-\omega_{ie}\sin L)^2]=0 \tag{4-3-44}$$

由此得出另两组近似解：

$$\begin{cases}s_{3,4}=\pm j(\omega_S+\omega_{ie}\sin L)\\ s_{5,6}=\pm j(\omega_S-\omega_{ic}\sin L)\end{cases} \tag{4-3-45}$$

系统的特征根全为虚根，说明系统为无阻尼振荡系统，振荡角频率共有三个：

$$\begin{cases}\omega_1=\omega_{ie}\\ \omega_2=\omega_S+\omega_F\\ \omega_3=\omega_S-\omega_F\end{cases} \tag{4-3-46}$$

其中 ω_S 和 ω_F 分别为舒勒角频率和傅科角频率，相应的周期为

$$T_S=2\pi/\omega_S=84.8\ \text{min} \tag{4-3-47}$$

$$T_F=\frac{2\pi}{\omega_F}=\frac{2\pi}{\omega_{ie}\sin L}=34\ \text{h}\quad (L=45^\circ) \tag{4-3-48}$$

由于 $\omega_S\gg\omega_F$，故 ω_2 和 ω_3 数值上相差不大，因此，在误差量的解析表达式中将会出现两个相近频率的线性组合，即

$$x(t)=x_0\sin(\omega_S+\omega_{ic}\sin L)t+x_0\sin(\omega_S-\omega_{ic}\sin L)t \tag{4-3-49}$$

对上式进行和差化积运算，得

$$x(t)=2x_0\cos(\omega_{ie}\sin L)t\cdot\sin(\omega_S t) \tag{4-3-50}$$

结果是舒勒振荡的幅值受到傅科频率的调制。

总之，在惯性导航的误差传播特性中，将包含三种可能的周期变化成分，分别是地转周期 T_e、舒勒周期 T_S 和傅科周期 T_F。

4.4　捷联式惯导误差分析程序设计

4.4.1　程序设计

4.3 节根据捷联式惯导原理对姿态、速度和位置误差方程进行了列写。本节结合其

内容，进行以下实验。（本节所对应程序详见配套的数字资源）

根据捷联式惯导系统的姿态、速度、位置误差方程及静基座误差方框图（图 3-3-5），于 MATLAB 中搭建捷联惯导误差仿真模型。

实验步骤如下：

（1）陀螺仪、加速度计模块仿真，如图 4-4-1 所示。

（2）捷联惯导参数计算模块仿真，如图4-4-2 所示。其中，图(a)为式(4-3-13)中 ω_{in}^{n} 的计算模块；图(b)为式(4-3-29)中 $\delta\omega_{ie}^{n}$ 的计算模块；图(c)为式(4-3-30)中 $\delta\omega_{en}^{n}$ 的计算模块；图(d)为式(4-3-29)中 ω_{ie}^{n} 的计算模块，其余参数计算模块具体见配套的数字资源。

（3）捷联惯导姿态模块仿真，如图 4-4-3 所示。

（4）捷联惯导速度模块仿真，如图 4-4-4 所示。

（5）捷联惯导位置模块仿真，如图 4-4-5 所示。

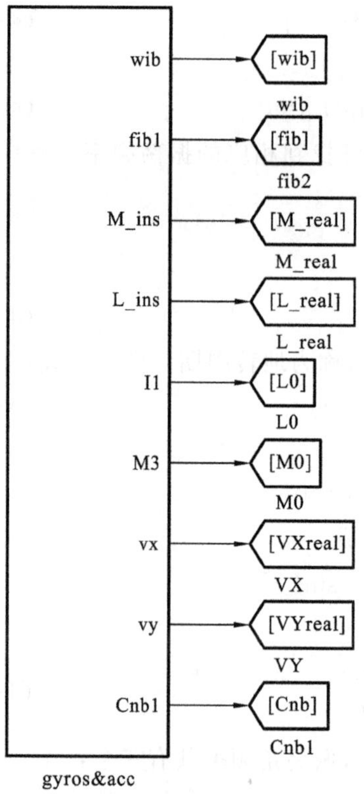

图 4-4-1　捷联惯导陀螺仪、加速度计 SIMULINK 模块

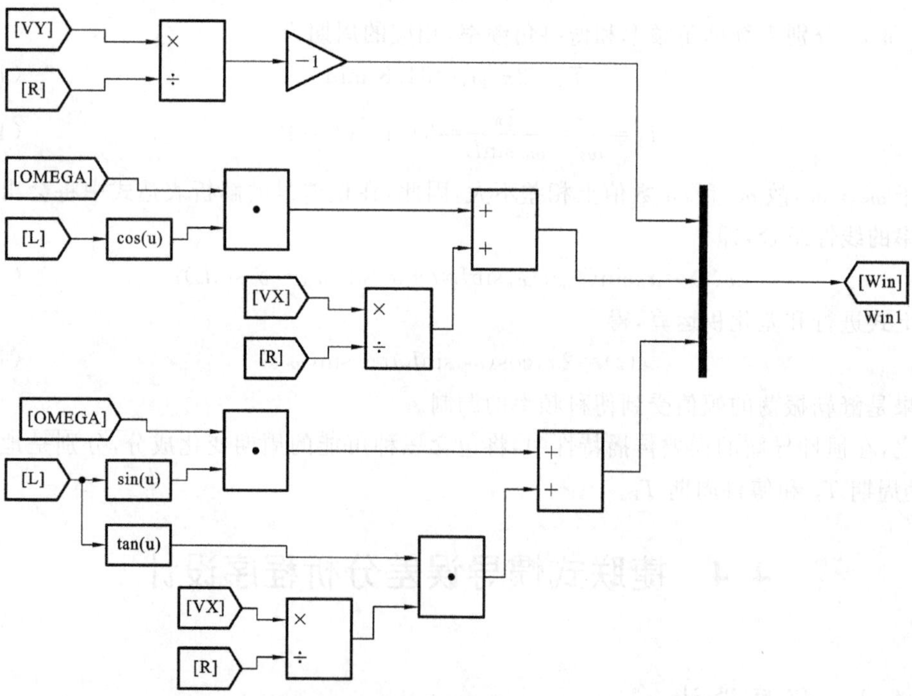

(a) ω_{in}^{n} 的计算模块

图 4-4-2　捷联惯导部分参数计算 SIMULINK 模块

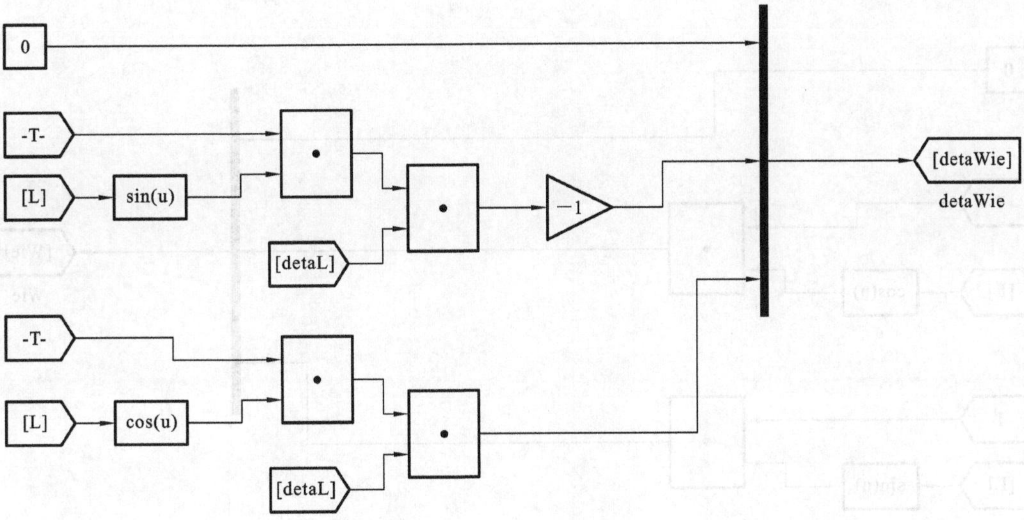

（b）$\delta\boldsymbol{\omega}_{ie}^{n}$的计算模块

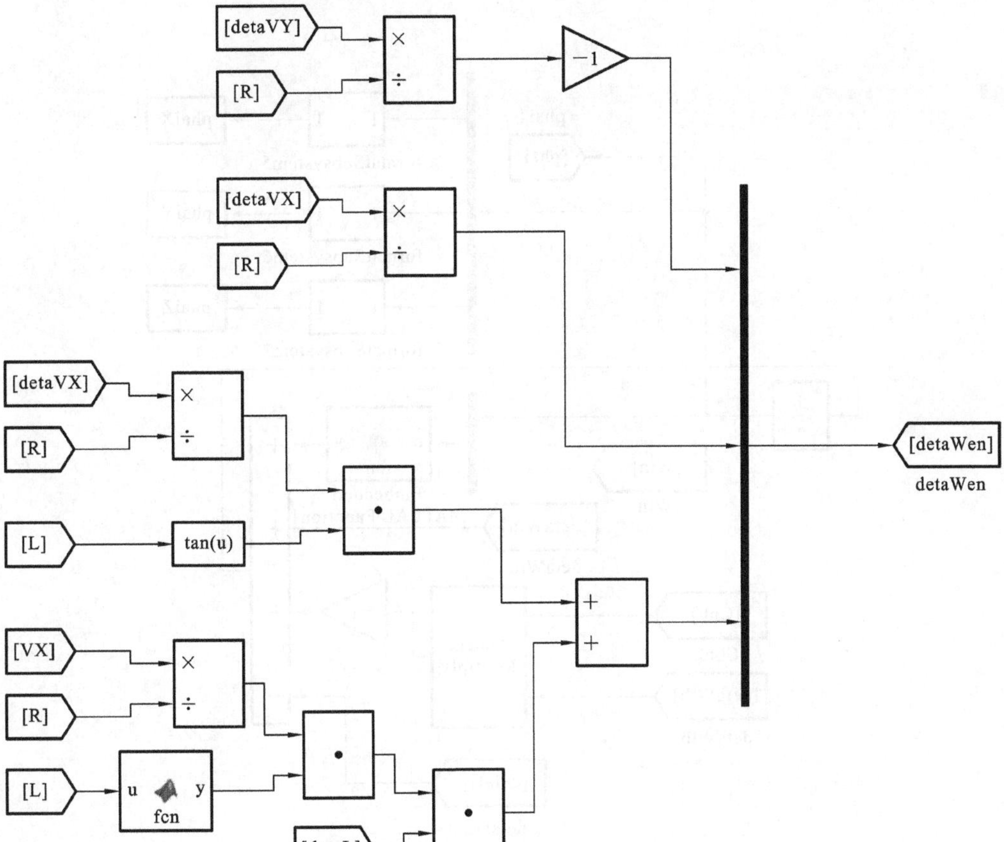

（c）$\delta\boldsymbol{\omega}_{en}^{n}$的计算模块

续图 4-4-2

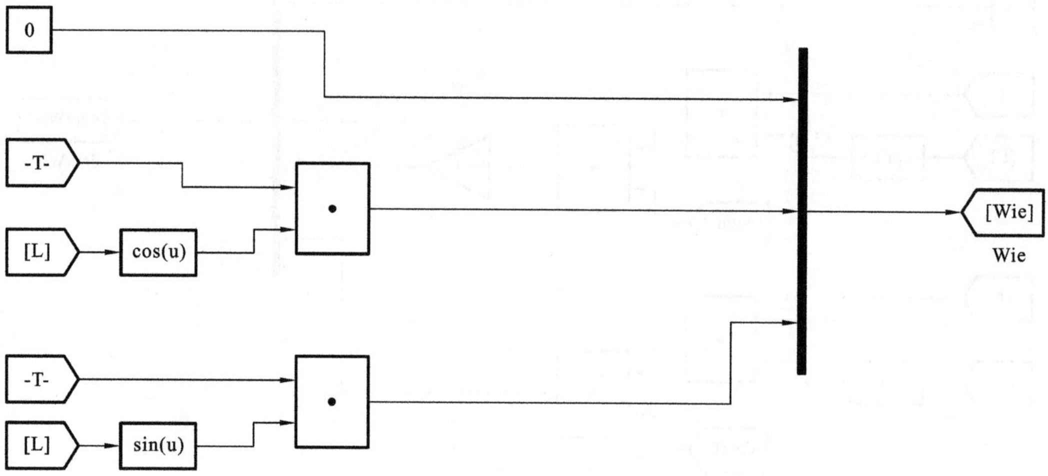

(d) ω_{ie}^{n}的计算模块

续图 4-4-2

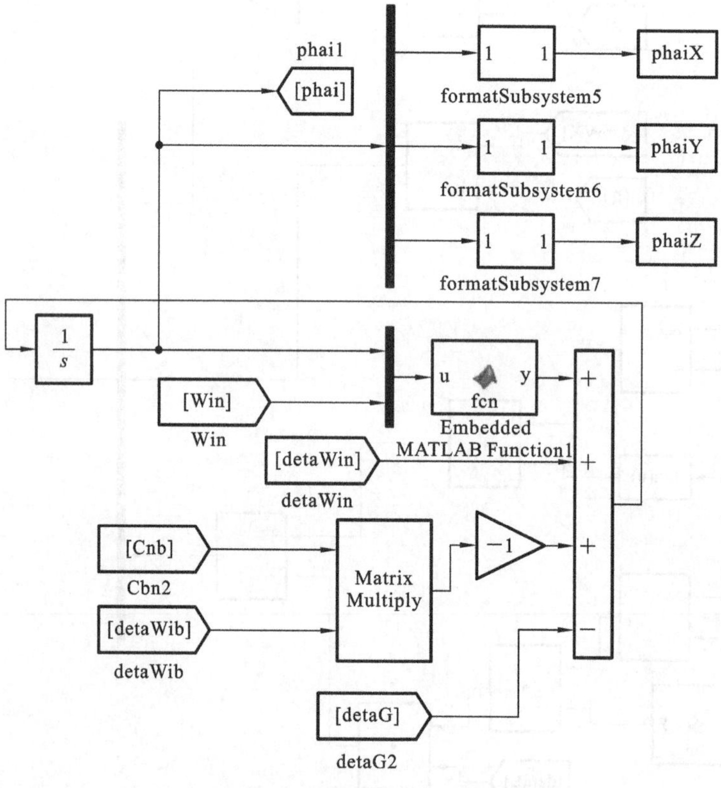

图 4-4-3　捷联惯导姿态误差 SIMULINK 模块

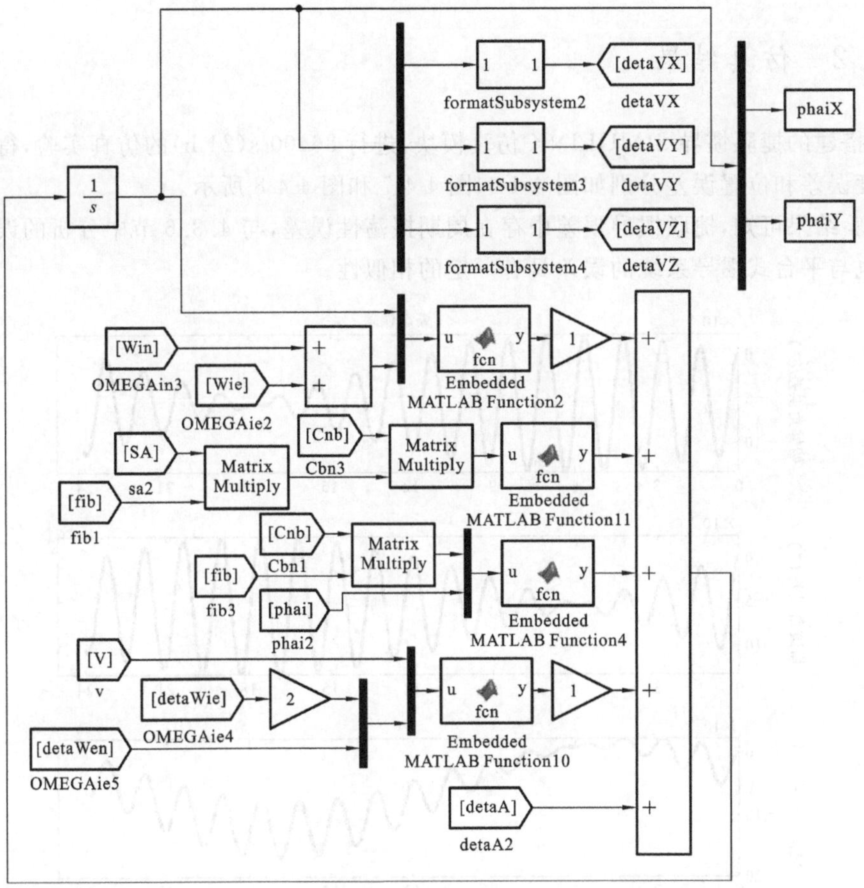

图 4-4-4　捷联惯导速度误差 SIMULINK 模块

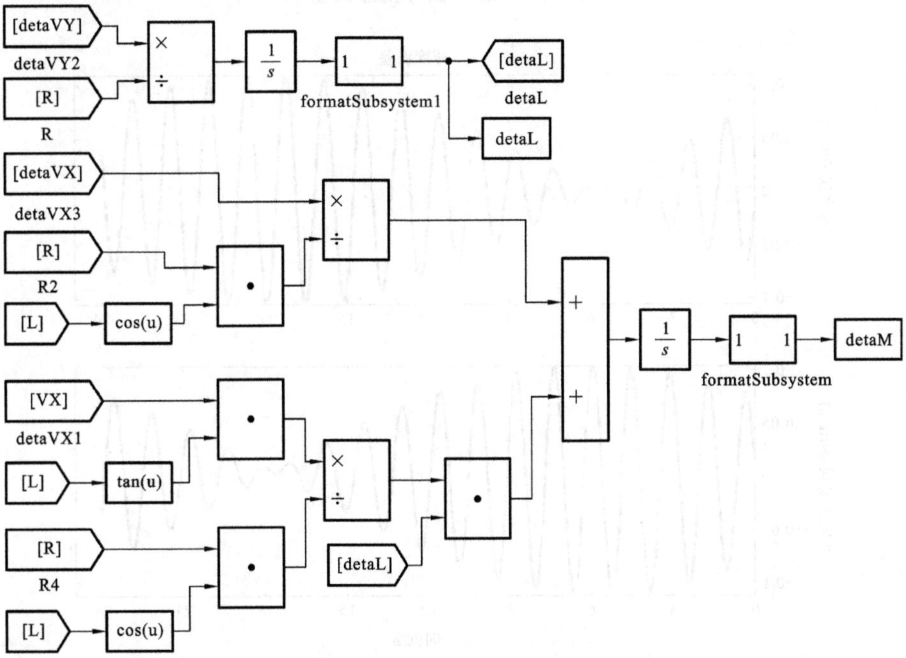

图 4-4-5　捷联惯导位置误差 SIMULINK 模块

4.4.2 仿真结果

根据搭建的捷联惯导 SIMULINK 仿真模块，进行 86400 s(24 h)的仿真实验，得到的姿态误差、速度误差和位置误差分别如图 4-4-6、图 4-4-7 和图 4-4-8 所示。

由实验结果可知，捷联惯导误差中存在周期振荡性误差，与 4.3.6 节中分析的误差周期特性一致，也与平台式惯导系统的误差具有一定的相似性。

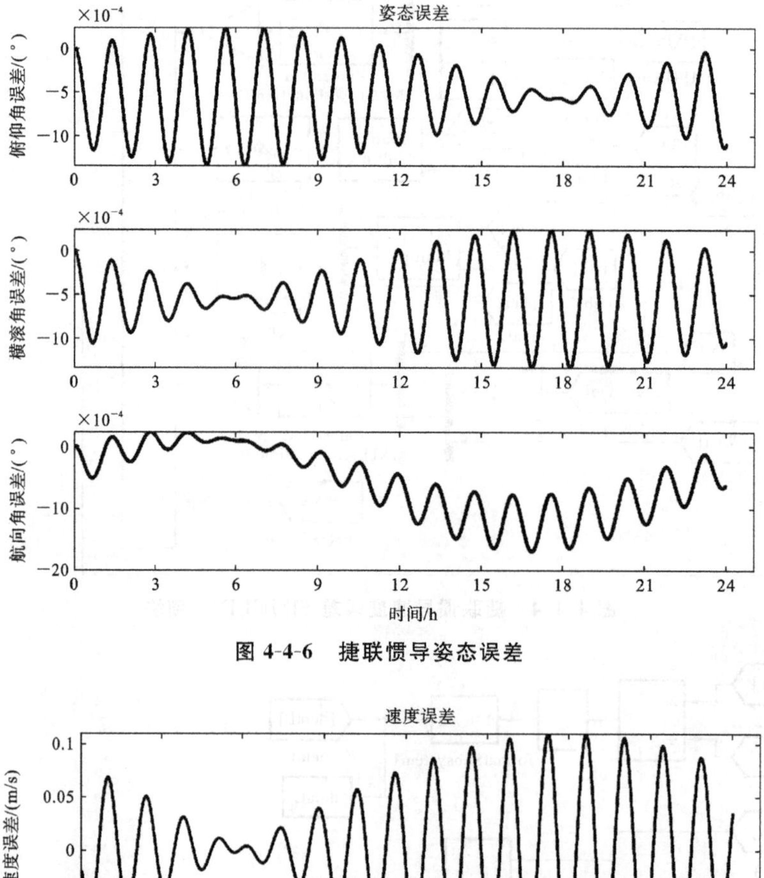

图 4-4-6　捷联惯导姿态误差

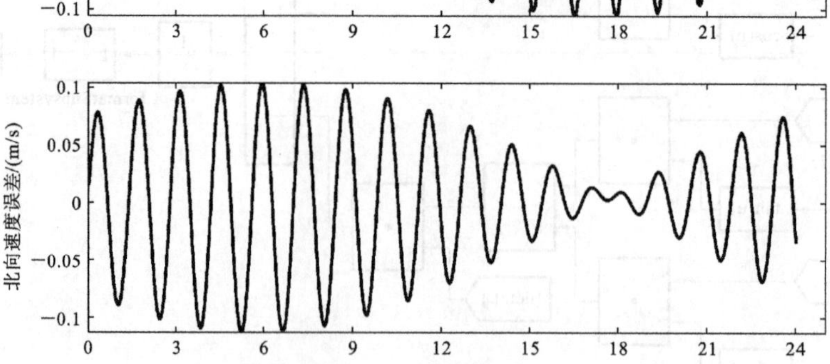

图 4-4-7　捷联惯导速度误差

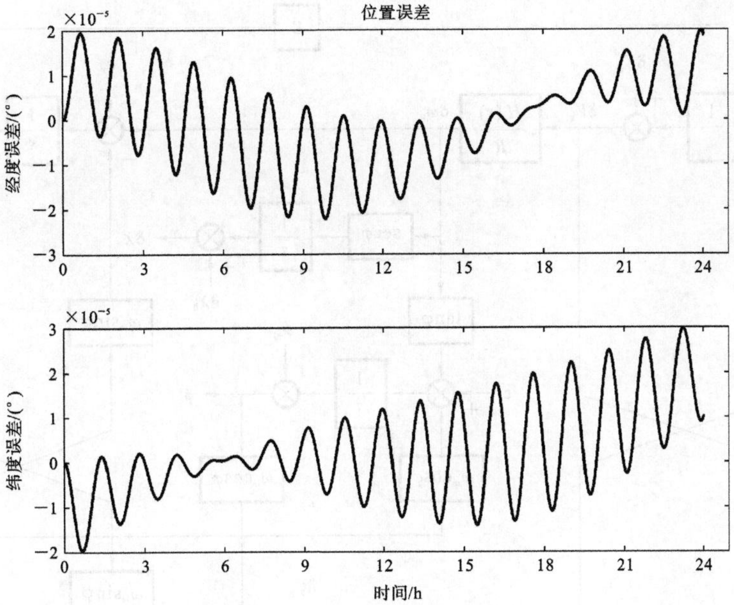

图 4-4-8 捷联惯导位置误差

4.5 水平阻尼原理

由 4.4 节实验结果可知，捷联惯导解算的姿态、速度和位置误差与 3.4 节平台式指北方位惯导系统的误差相似，均为振幅不衰减的、周期振荡性的误差（舒勒周期振荡）。因此，可像 3.5 节一样，通过加入阻尼的方法，使误差随时间增长而衰减。由于前文（3.5 节）已介绍分析了水平阻尼，本节对水平阻尼的原理不再进行赘述，仅对加入水平阻尼后的捷联惯导系统进行分析。

根据 3.5.2 节三通道惯导水平阻尼原理，以及式（4-3-33）所示的无水平阻尼时静基座惯导误差方程、式（3-5-26）所示的有水平阻尼时静基座惯导误差方程和有水平阻尼时静基座惯导误差方框图（见图 4-5-1），可知应将校正网络 $H(s)$ 于 δv_N 和 δv_E 后加入。

式（4-3-14）和式（4-3-30）在加入 $H(s)$ 后，变换为

$$\delta\boldsymbol{\omega}_{in}^{n}=\begin{bmatrix}-\dfrac{H_N(s)\delta v_N}{R}\\-\omega_{ie}\sin L\delta L+\dfrac{H_E(s)\delta v_E}{R}\\\omega_{ie}\cos L\delta L+\dfrac{H_E(s)\delta v_E}{R}\tan L+\dfrac{v_E}{R}\sec^2 L\delta L\end{bmatrix}\tag{4-5-1}$$

$$\left\{\begin{aligned}&\boldsymbol{\omega}_{en}^{n}=\begin{bmatrix}-\dfrac{v_N}{R}\\\dfrac{v_E}{R}\\\dfrac{v_E}{R}\tan L\end{bmatrix}\\&\delta\boldsymbol{\omega}_{en}^{n}=\begin{bmatrix}-\dfrac{H_N(s)\delta v_N}{R}\\\dfrac{H_E(s)\delta v_E}{R}\\\dfrac{v_E}{R}\sec^2 L\delta L+\dfrac{H_E(s)\delta v_E}{R}\tan L\end{bmatrix}\end{aligned}\right.\tag{4-5-2}$$

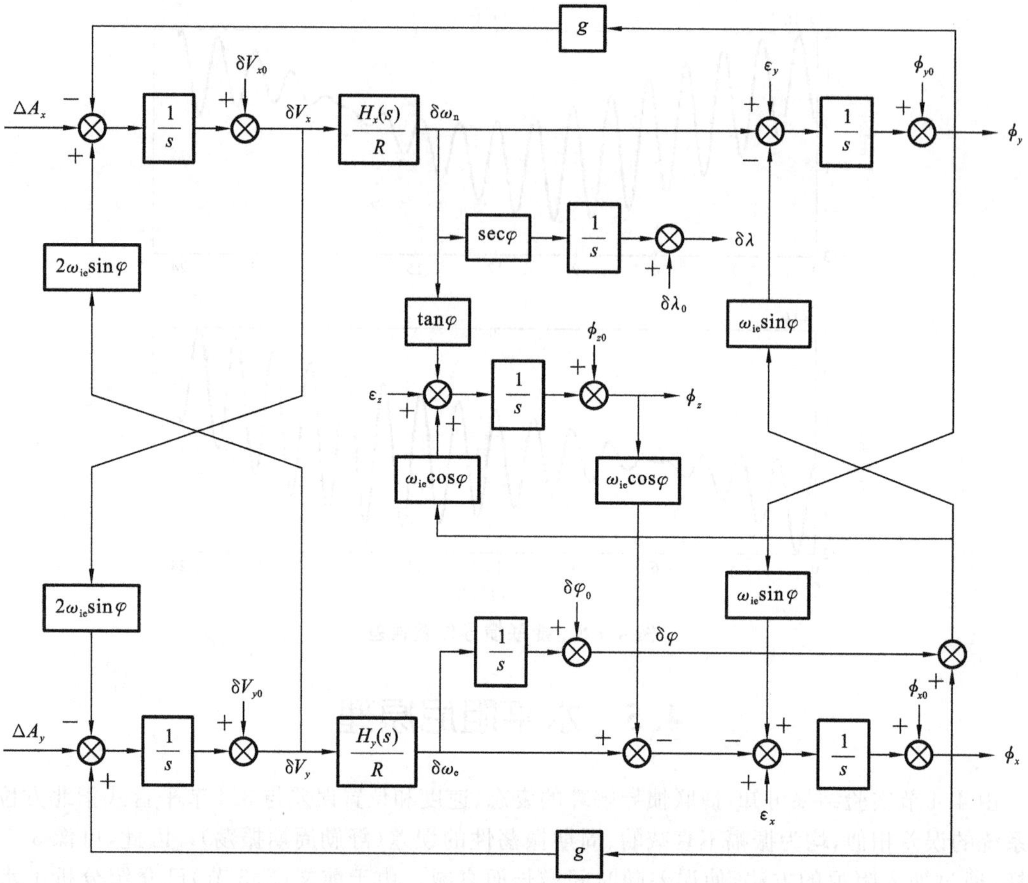

图 4-5-1　有水平阻尼时的静基座惯导误差方框图

式中，$H_N(s)$和 $H_E(s)$分别为北向、东向校正网络。

将式(4-3-14)和式(4-3-30)替换为式(4-5-1)和式(4-5-2)，再将其对应至 4.4 节的 $\delta\boldsymbol{\omega}_{en}^{n}$和 $\delta\boldsymbol{\omega}_{in}^{n}$模型，即可得到加入水平阻尼后的捷联惯导 SIMULINK 仿真模型。

4.6　捷联式惯导水平阻尼程序设计

4.6.1　程序设计

4.5 节介绍了如何在静基座捷联式惯导系统中加入水平阻尼，根据其内容，本节进行以下实验。(本节所对应程序详见配套的数字资源)

根据式(4-5-1)和式(4-5-2)，于 4.4 节的捷联惯导 SIMULINK 仿真系统中加入水平阻尼，仿真参数和条件与 4.4 节相同，进行 86400 s(24 h)的仿真实验，比较校正网络 $H(s)$分别取式(3-5-10)和式(3-5-11)中的 $H_1(s)$和 $H_2(s)$时的结果。

实验步骤如下：

(1) 于 $\delta\boldsymbol{\omega}_{in}^{n}$模块中引入校正网络，其 SIMULINK 程序框图如图 4-6-1 所示。

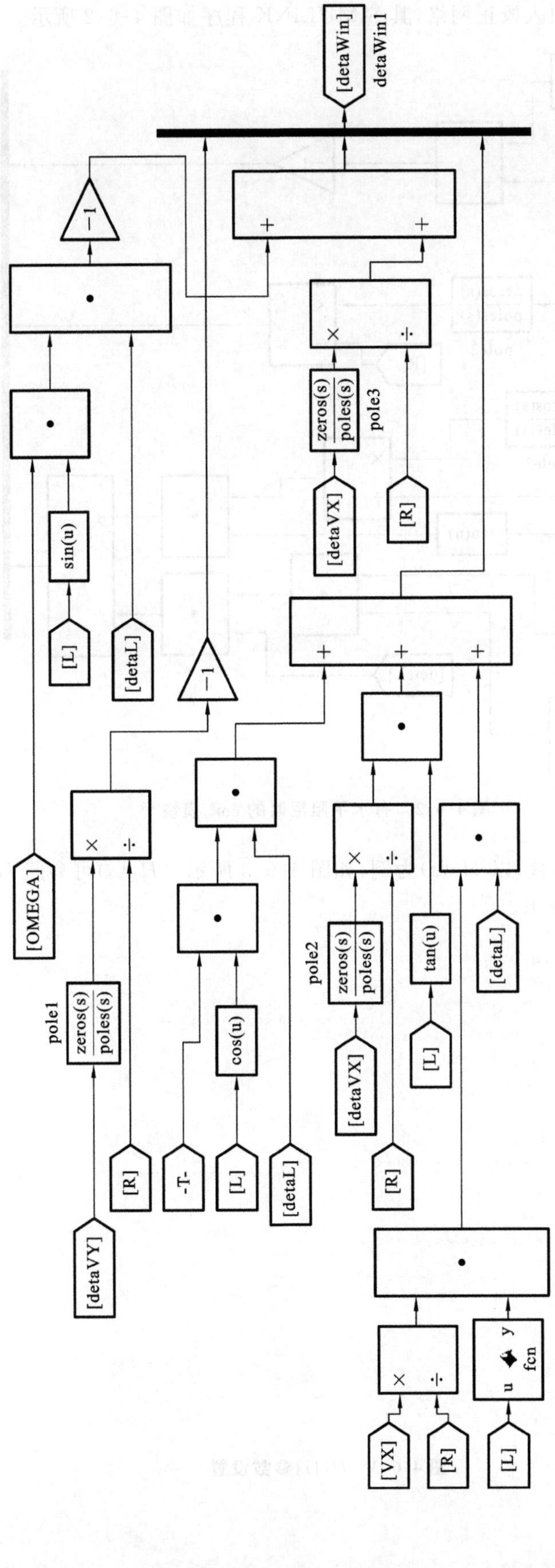

图4-6-1　有水平阻尼时的$\delta\boldsymbol{\omega}_{in}^{n}$模块

(2) 于 $\delta\omega_{en}^{n}$ 模块中引入校正网络，其 SIMULINK 程序如图 4-6-2 所示。

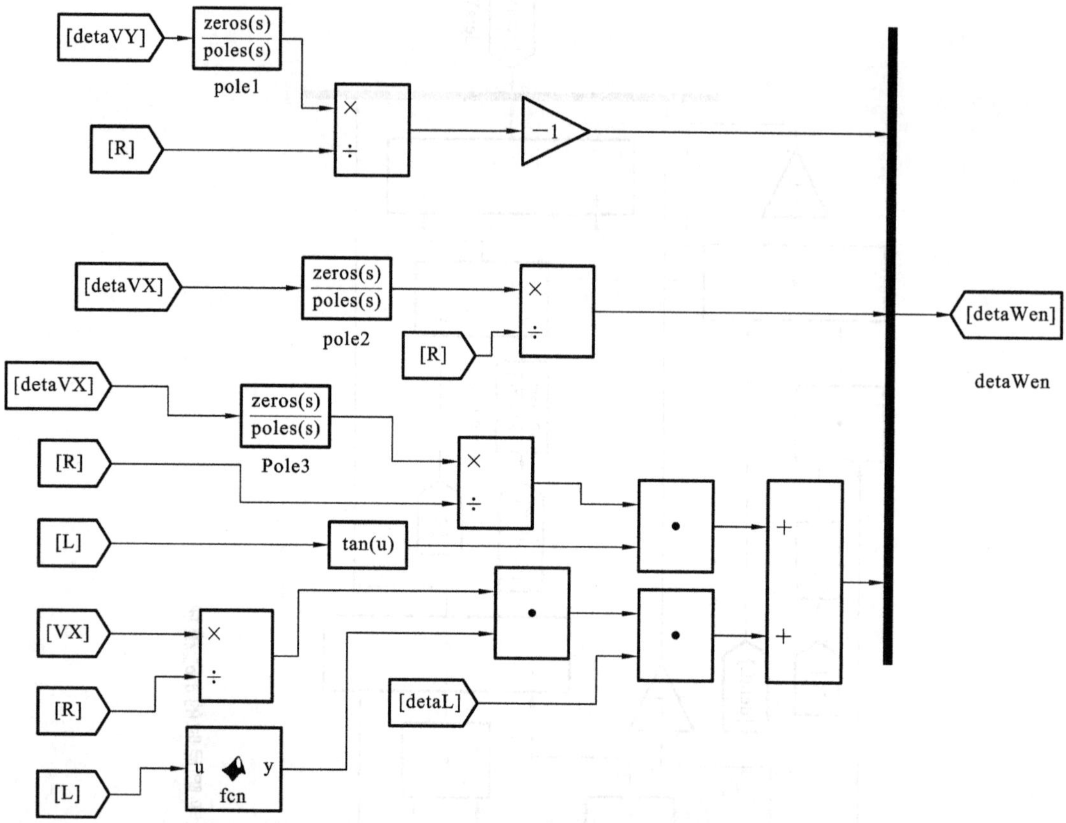

图 4-6-2 有水平阻尼时的 $\delta\omega_{en}^{n}$ 模块

(3) 设置校正网络参数，以 $H_1(s)$ 为例，如图 4-6-3 所示。$H_2(s)$ 可参照 $H_1(s)$ 进行设置，具体程序见配套的数字资源。

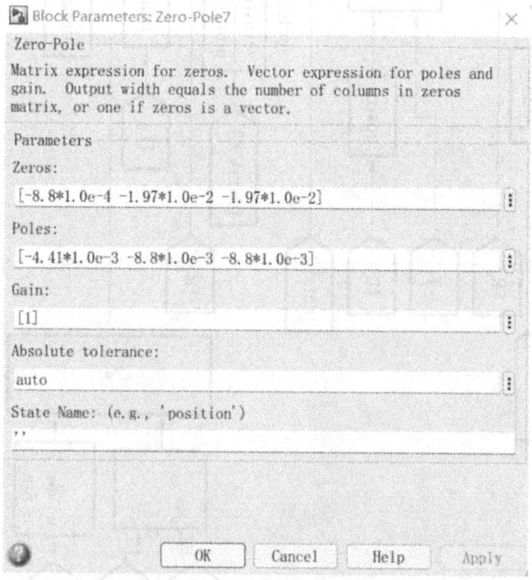

图 4-6-3 $H_1(s)$ 参数设置

4.6.2 仿真结果

根据搭建的有水平阻尼的捷联式惯导 SIMULINK 仿真模块，进行 86400 s(24 h)的仿真实验，其校正网络为 $H_1(s)$和 $H_2(s)$时的导航信息误差分别如图 4-6-4、图 4-6-5 所示。

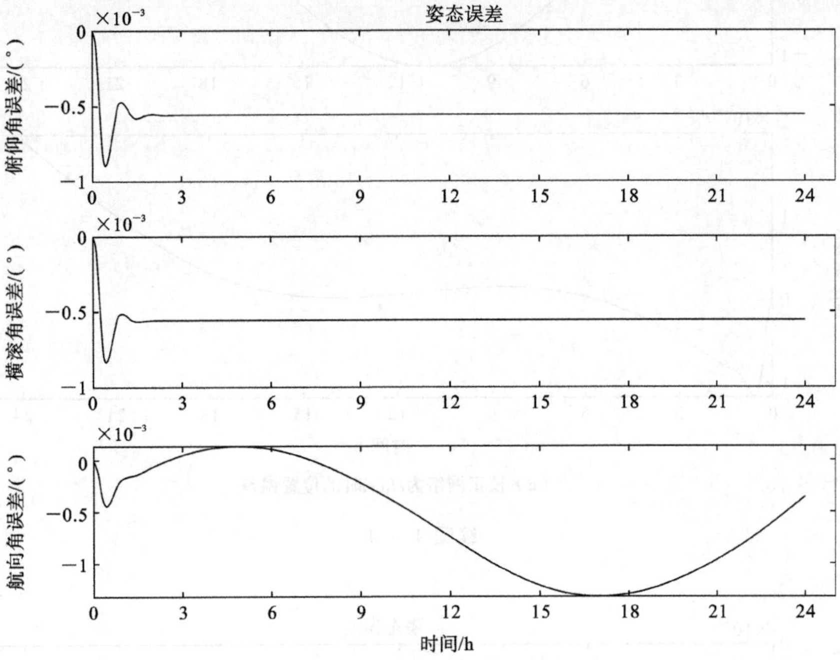

（a）校正网络为$H_1(s)$时的姿态误差

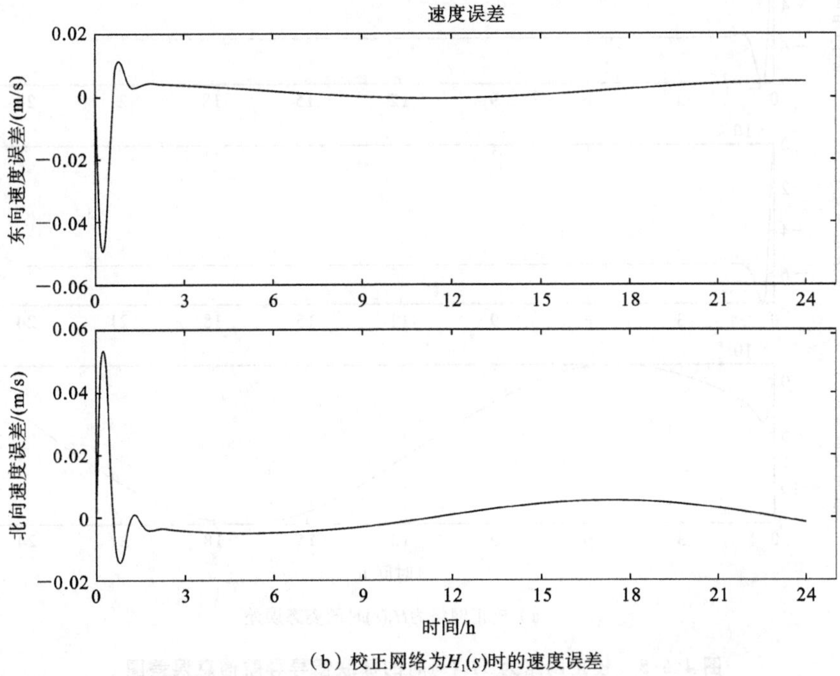

（b）校正网络为$H_1(s)$时的速度误差

图 4-6-4 校正网络为 $H_1(s)$时的捷联惯导导航信息误差图

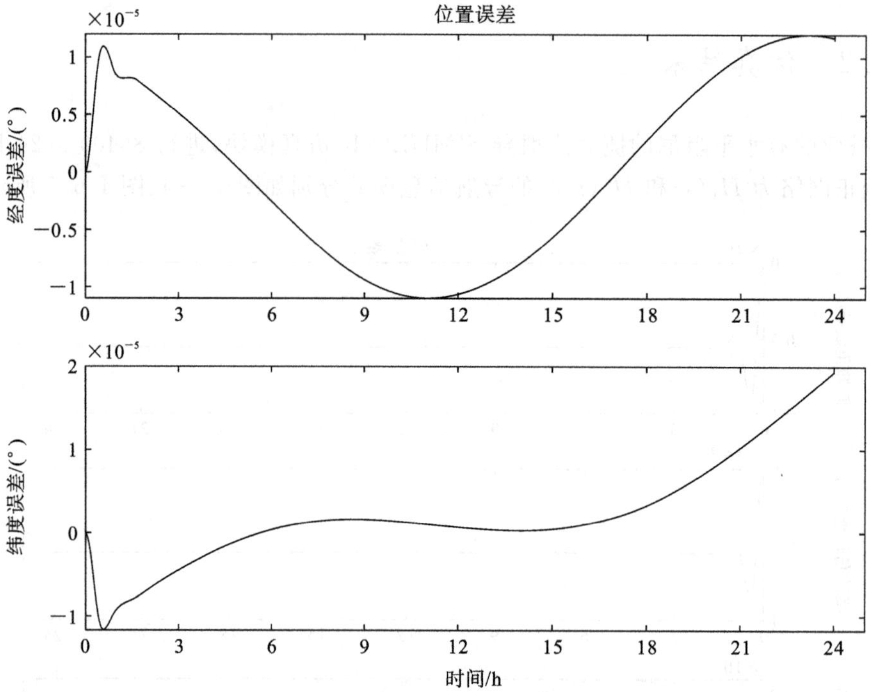

(c) 校正网络为$H_1(s)$时的位置误差

续图 4-6-4

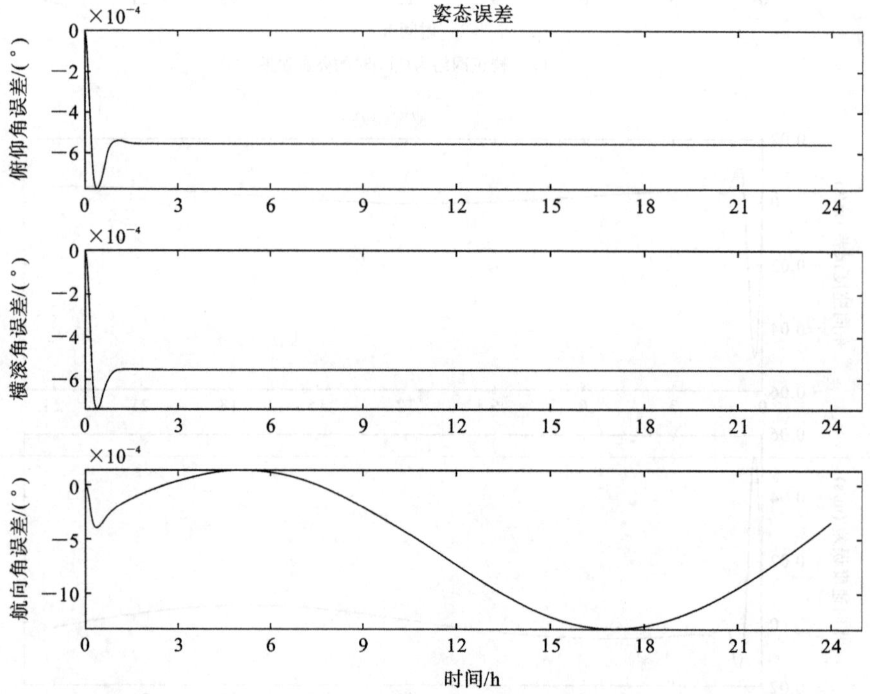

(a) 校正网络为$H_2(s)$时的姿态误差

图 4-6-5　校正网络为 $H_2(s)$ 时的捷联惯导导航信息误差图

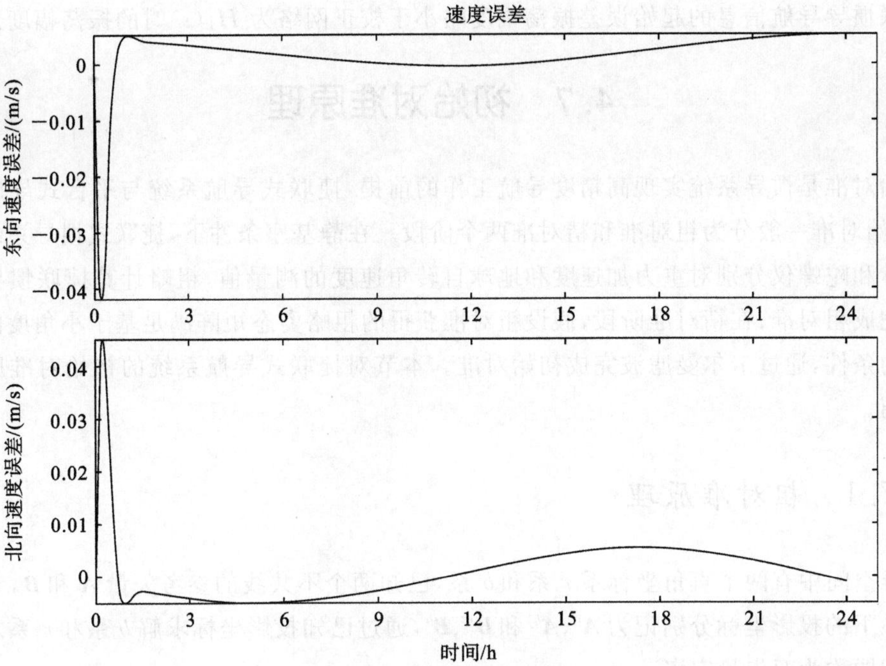

（b）校正网络为$H_2(s)$时的速度误差

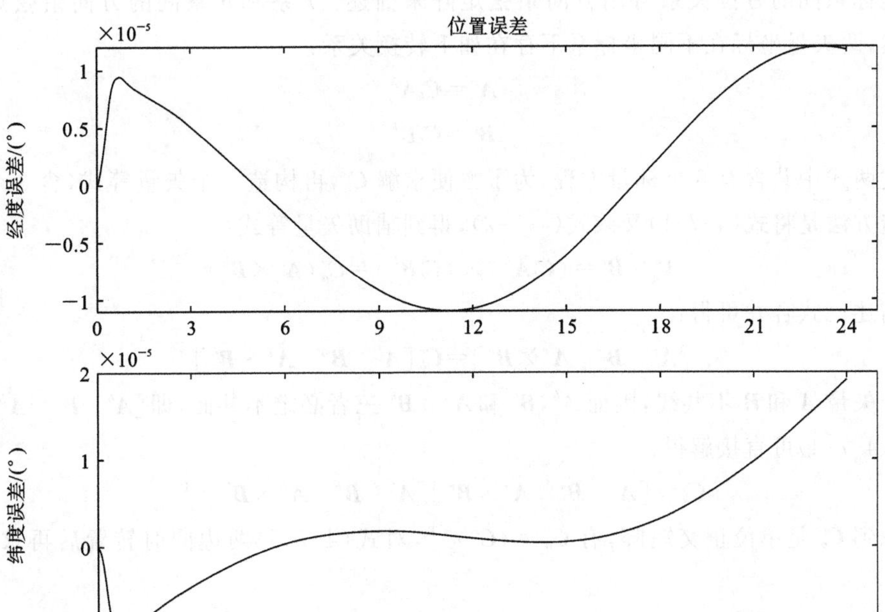

（c）校正网络为$H_2(s)$时的位置误差

续图 4-6-5

由实验结果可知，加入水平阻尼后，捷联式惯导系统的姿态误差、速度误差和位置误差与未加入水平阻尼时相比，得到了极大改善，舒勒周期振荡成分得到了衰减。校正网络为 $H_2(s)$ 时的捷联惯导导航信息的起始误差振荡幅度略小于校正网络为 $H_1(s)$ 时的振荡幅度。

4.7 初始对准原理

初始对准是惯导系统实现高精度导航工作的前提，捷联式导航系统与平台式导航系统一样，其初始对准一般分为粗对准和精对准两个阶段。在静基座条件下，捷联式惯导系统可利用加速度计和陀螺仪分别对重力加速度和地球自转角速度的测量值，粗略计算捷联惯导的姿态矩阵以完成粗对准；在精对准阶段，假设粗对准获得的粗略姿态矩阵满足基于小角度的线性误差模型的条件，通过卡尔曼滤波完成初始对准。本节对捷联式导航系统的初始对准原理进行详细介绍。

4.7.1 粗对准原理

三维空间中有两个直角坐标系 r 系和 b 系，已知两个不共线的参考矢量 $\boldsymbol{A}$ 和 $\boldsymbol{B}$，它们在两个坐标系下的投影坐标分别记为 $\boldsymbol{A}^r$、$\boldsymbol{A}^b$ 和 $\boldsymbol{B}^r$、$\boldsymbol{B}^b$，通过已知投影坐标求解 b 系和 r 系之间的方位关系问题称为双矢量定姿。

两坐标系间的方位关系可用方向余弦矩阵来描述。r 系和 b 系间的方向余弦矩阵记为 $\boldsymbol{C}_b^r$。显然，两矢量坐标在不同坐标系下存在如下转换关系：

$$\boldsymbol{A}^r=\boldsymbol{C}_b^r\boldsymbol{A}^b \tag{4-7-1}$$

$$\boldsymbol{B}^r=\boldsymbol{C}_b^r\boldsymbol{B}^b \tag{4-7-2}$$

上述两式中共含有 6 个标量方程，为了方便求解 $\boldsymbol{C}_b^r$，再构造一个矢量等式(含 3 个标量方程)，构造方法是将式(4-7-1)叉乘式(4-7-2)，得到辅助矢量等式：

$$\boldsymbol{A}^r\times\boldsymbol{B}^r=(\boldsymbol{C}_b^r\boldsymbol{A}^b)\times(\boldsymbol{C}_b^r\boldsymbol{B}^b)=\boldsymbol{C}_b^r(\boldsymbol{A}^b\times\boldsymbol{B}^b) \tag{4-7-3}$$

将前述三式合并可得：

$$[\boldsymbol{A}^r\quad \boldsymbol{B}^r\quad \boldsymbol{A}^r\times\boldsymbol{B}^r]=\boldsymbol{C}_b^r[\boldsymbol{A}^b\quad \boldsymbol{B}^b\quad \boldsymbol{A}^b\times\boldsymbol{B}^b] \tag{4-7-4}$$

由于矢量 $\boldsymbol{A}$ 和 $\boldsymbol{B}$ 不共线，因而 $\boldsymbol{A}^b$，$\boldsymbol{B}^b$ 和 $\boldsymbol{A}^b\times\boldsymbol{B}^b$ 三者必定不共面，即 $[\boldsymbol{A}^b\quad \boldsymbol{B}^b\quad \boldsymbol{A}^b\times\boldsymbol{B}^b]$ 可逆，由式(4-7-4)可直接解得：

$$\boldsymbol{C}_b^r=[\boldsymbol{A}^r\quad \boldsymbol{B}^r\quad \boldsymbol{A}^r\times\boldsymbol{B}^r][\boldsymbol{A}^b\quad \boldsymbol{B}^b\quad \boldsymbol{A}^b\times\boldsymbol{B}^b]^{-1} \tag{4-7-5}$$

考虑到 $\boldsymbol{C}_b^r$ 是单位正交矩阵，有 $\boldsymbol{C}_b^r=(\boldsymbol{C}_b^r)^{-\mathrm{T}}$，对式(4-7-5)两边同时转置后再求逆，不难得到：

$$\boldsymbol{C}_b^r=\begin{bmatrix}(\boldsymbol{A}^r)^{\mathrm{T}}\\(\boldsymbol{B}^r)^{\mathrm{T}}\\(\boldsymbol{A}^r\times\boldsymbol{B}^r)^{\mathrm{T}}\end{bmatrix}^{-1}\begin{bmatrix}(\boldsymbol{A}^b)^{\mathrm{T}}\\(\boldsymbol{B}^b)^{\mathrm{T}}\\(\boldsymbol{A}^b\times\boldsymbol{B}^b)^{\mathrm{T}}\end{bmatrix} \tag{4-7-6}$$

式(4-7-6)就是求解双矢量定姿问题的算法。

解析粗对准主要利用双矢量定姿的方法，通过三个线性无关的向量求解由载体坐标系(b 系)到导航坐标系(n 系)的方向余弦矩阵 $\boldsymbol{C}_{\mathrm{b}}^{\mathrm{n}}$，如下式所示：

$$\boldsymbol{g}^{\mathrm{b}}=\boldsymbol{C}_{\mathrm{n}}^{\mathrm{b}}\boldsymbol{g}^{\mathrm{n}} \tag{4-7-7}$$

$$\boldsymbol{\omega}_{\mathrm{ie}}^{\mathrm{b}}=\boldsymbol{C}_{\mathrm{n}}^{\mathrm{b}}\boldsymbol{\omega}_{\mathrm{ie}}^{\mathrm{n}} \tag{4-7-8}$$

为了求解姿态矩阵 $\boldsymbol{C}_{\mathrm{b}}^{\mathrm{n}}$ 中的 9 个元素，需要构造新的向量来增加方程的数目。以下主要通过理论分析讨论不同的构造辅助方程对解析粗对准精度的影响。

在暂不考虑惯性器件的测量误差的情况下，惯性器件测量的自转角速度和重力加速度分别为 $\boldsymbol{\omega}^{\mathrm{b}}$ 和 $\boldsymbol{f}^{\mathrm{b}}$，各量在导航坐标系的投影和惯性器件测量结果分别为

$$\boldsymbol{\omega}_{\mathrm{ie}}^{\mathrm{n}}=[0 \quad \omega_{\mathrm{ie}}\cos L \quad \omega_{\mathrm{ie}}\sin L]^{\mathrm{T}} \tag{4-7-9}$$

$$\boldsymbol{g}^{\mathrm{n}}=[0 \quad 0 \quad -g]^{\mathrm{T}} \tag{4-7-10}$$

$$(\boldsymbol{g}\times\boldsymbol{\omega}_{\mathrm{ie}})^{\mathrm{n}}=[g\omega_{\mathrm{ie}}\cos L \quad 0 \quad 0]^{\mathrm{T}} \tag{4-7-11}$$

$$((\boldsymbol{g}\times\boldsymbol{\omega}_{\mathrm{ie}})\times\boldsymbol{g})^{\mathrm{n}}=[0 \quad g^2\omega_{\mathrm{ie}}\cos L \quad 0]^{\mathrm{T}} \tag{4-7-12}$$

$$\boldsymbol{\omega}^{\mathrm{b}}=[\omega_x \quad \omega_y \quad \omega_z] \tag{4-7-13}$$

$$\boldsymbol{f}^{\mathrm{b}}=[f_x \quad f_y \quad f_z] \tag{4-7-14}$$

$$\boldsymbol{f}^{\mathrm{b}}\times\boldsymbol{\omega}^{\mathrm{b}}=[f_y\omega_z-f_z\omega_y \quad f_z\omega_x-f_x\omega_z \quad f_x\omega_y-f_y\omega_x] \tag{4-7-15}$$

$$(\boldsymbol{f}^{\mathrm{b}}\times\boldsymbol{\omega}^{\mathrm{b}})\times\boldsymbol{f}^{\mathrm{b}}=\begin{bmatrix}(f_y^2+f_z^2)\omega_x-(f_y\omega_y+f_z\omega_z)f_x\\(f_x^2+f_z^2)\omega_y-(f_x\omega_x+f_z\omega_z)f_y\\(f_x^2+f_y^2)\omega_z-(f_x\omega_x+f_y\omega_y)f_z\end{bmatrix} \tag{4-7-16}$$

将构造的空间向量 $\boldsymbol{A}$ 和 $\boldsymbol{B}$ 分别代入 $\boldsymbol{C}_{\mathrm{b}}^{\mathrm{n}}$ 计算表达式中。

用空间向量 $\boldsymbol{A}$ 计算得到：

$$\boldsymbol{C}_{\mathrm{b}}^{\mathrm{n}}=\begin{bmatrix}(\boldsymbol{g}^{\mathrm{n}})^{\mathrm{T}}\\(\boldsymbol{\omega}_{\mathrm{ie}}^{\mathrm{n}})^{\mathrm{T}}\\(\boldsymbol{g}^{\mathrm{n}}\times\boldsymbol{\omega}_{\mathrm{ie}}^{\mathrm{n}})^{\mathrm{T}}\end{bmatrix}\begin{bmatrix}(\boldsymbol{g}^{\mathrm{b}})^{\mathrm{T}}\\(\boldsymbol{\omega}_{\mathrm{ie}}^{\mathrm{b}})^{\mathrm{T}}\\(\boldsymbol{g}^{\mathrm{b}}\times\boldsymbol{\omega}_{\mathrm{ie}}^{\mathrm{b}})^{\mathrm{T}}\end{bmatrix}=\begin{bmatrix}\dfrac{f_y\omega_z-f_z\omega_y}{g\omega_{\mathrm{ie}}\cos L} & \dfrac{f_z\omega_x-f_x\omega_z}{g\omega_{\mathrm{ie}}\cos L} & \dfrac{f_x\omega_y-f_y\omega_x}{g\omega_{\mathrm{ie}}\cos L}\\ \dfrac{g\omega_x+f_x\omega_{\mathrm{ie}}\sin L}{g\omega_{\mathrm{ie}}\cos L} & \dfrac{g\omega_y+f_y\omega_{\mathrm{ie}}\sin L}{g\omega_{\mathrm{ie}}\cos L} & \dfrac{g\omega_z+f_z\omega_{\mathrm{ie}}\sin L}{g\omega_{\mathrm{ie}}\cos L}\\ -\dfrac{f_x}{g} & -\dfrac{f_y}{g} & -\dfrac{f_z}{g}\end{bmatrix} \tag{4-7-17}$$

用构造选取的空间向量 $\boldsymbol{B}$ 代入计算，得：

$$\begin{aligned}\boldsymbol{C}_{\mathrm{b}}^{\mathrm{n}}&=\begin{bmatrix}(\boldsymbol{g}^{\mathrm{n}})^{\mathrm{T}}\\(\boldsymbol{g}^{\mathrm{n}}\times\boldsymbol{\omega}_{\mathrm{ie}}^{\mathrm{n}})^{\mathrm{T}}\\((\boldsymbol{g}^{\mathrm{n}}\times\boldsymbol{\omega}_{\mathrm{ie}}^{\mathrm{n}})\times\boldsymbol{g}^{\mathrm{n}})^{\mathrm{T}}\end{bmatrix}\begin{bmatrix}(\boldsymbol{g}^{\mathrm{b}})^{\mathrm{T}}\\(\boldsymbol{g}^{\mathrm{b}}\times\boldsymbol{\omega}_{\mathrm{ie}}^{\mathrm{b}})^{\mathrm{T}}\\((\boldsymbol{g}^{\mathrm{b}}\times\boldsymbol{\omega}_{\mathrm{ie}}^{\mathrm{b}})\times\boldsymbol{g}^{\mathrm{b}})^{\mathrm{T}}\end{bmatrix}\\&=\begin{bmatrix}\dfrac{f_y\omega_z-f_z\omega_y}{g\omega_{\mathrm{ie}}\cos L} & \dfrac{f_z\omega_x-f_x\omega_z}{g\omega_{\mathrm{ie}}\cos L} & \dfrac{f_x\omega_y-f_y\omega_x}{g\omega_{\mathrm{ie}}\cos L}\\ \dfrac{(f_x^2+f_y^2+f_z^2)\omega_x-f_x\Delta}{g\omega_{\mathrm{ie}}\cos L} & \dfrac{(f_x^2+f_y^2+f_z^2)\omega_y+f_y\Delta}{g\omega_{\mathrm{ie}}\cos L} & \dfrac{(f_x^2+f_y^2+f_z^2)\omega_z+f_z\Delta}{g\omega_{\mathrm{ie}}\cos L}\\ -\dfrac{f_x}{g} & -\dfrac{f_y}{g} & -\dfrac{f_z}{g}\end{bmatrix}\end{aligned} \tag{4-7-18}$$

其中，$\Delta=f_x\omega_x+f_y\omega_y+f_z\omega_z=\boldsymbol{f}^{\mathrm{b}}\cdot\boldsymbol{\omega}^{\mathrm{b}}=\boldsymbol{g}^{\mathrm{n}}\cdot\boldsymbol{\omega}_{\mathrm{ie}}^{\mathrm{n}}=-g\omega_{\mathrm{ie}}\sin L$，$f_x^2+f_y^2+f_z^2=\boldsymbol{g}^2$。

4.7.2 精对准原理

卡尔曼滤波器应用在初始对准中的思路就是将所需要的变量值看作状态变量，建立系统的状态方程和测量方程，利用卡尔曼滤波，得到各个状态的最优估计值。这实际上是一种数字信号处理方法。

在实际应用中，考虑到系统惯性测量单元的模型和滤波时间，将陀螺仪的误差模型近似为逐次启动漂移和快变漂移；将加速度计误差模型简化为常值零偏和白噪声。在进行卡尔曼滤波时，由于惯性器件偏置量的重复性误差对系统精度的影响最大，因此将陀螺仪和加速度计零偏的常数部分列为状态。所以，初始对准时所用的误差方程为

$$\dot{\boldsymbol{x}}=\boldsymbol{A}\boldsymbol{x}+\boldsymbol{w}=\begin{bmatrix}\boldsymbol{F} & \boldsymbol{T}\\ \boldsymbol{0}_{5\times5} & \boldsymbol{0}_{5\times5}\end{bmatrix}\boldsymbol{x}+\boldsymbol{w} \tag{4-7-19}$$

式中，状态向量 $\boldsymbol{x}=[\delta V_{\mathrm{E}}\quad \delta V_{\mathrm{N}}\quad \phi_{\mathrm{E}}\quad \phi_{\mathrm{N}}\quad \phi_{\mathrm{U}}\quad \nabla_x\quad \nabla_y\quad \varepsilon_x\quad \varepsilon_y\quad \varepsilon_z]^{\mathrm{T}}$，状态噪声 $\boldsymbol{w}\sim N(0,\boldsymbol{Q})$，且 $\boldsymbol{w}=[w_{\delta V_{\mathrm{E}}}\quad w_{\delta V_{\mathrm{N}}}\quad w_{\phi_{\mathrm{E}}}\quad w_{\phi_{\mathrm{N}}}\quad w_{\phi_{\mathrm{U}}}\quad 0\quad 0\quad 0\quad 0\quad 0]^{\mathrm{T}}$。$\boldsymbol{F}$ 和 $\boldsymbol{T}$ 的具体表达式如下：

$$\boldsymbol{F}=\left[\begin{array}{cc:ccc}0 & 2\omega_{\mathrm{ie}}\sin L & 0 & -g & 0\\ -2\omega_{\mathrm{ie}}\sin L & 0 & g & 0 & 0\\ \hdashline 0 & 0 & 0 & \omega_{\mathrm{ie}}\sin L & -\omega_{\mathrm{ie}}\sin L\\ 0 & 0 & -\omega_{\mathrm{ie}}\sin L & c_{22} & c_{23}\\ 0 & 0 & \omega_{\mathrm{ie}}\cos L & c_{32} & c_{33}\end{array}\right] \tag{4-7-20}$$

$$\boldsymbol{T}=\left[\begin{array}{cc:ccc}c_{11} & c_{12} & 0 & 0 & 0\\ c_{21} & c_{22} & 0 & 0 & 0\\ \hdashline 0 & 0 & -c_{11} & -c_{12} & -c_{13}\\ 0 & 0 & -c_{21} & -c_{22} & -c_{23}\\ 0 & 0 & -c_{31} & -c_{32} & -c_{33}\end{array}\right]=\begin{bmatrix}\widetilde{\boldsymbol{C}}_{\mathrm{b}}^{\mathrm{n}} & \boldsymbol{0}_{2\times3}\\ \boldsymbol{0}_{3\times2} & -\boldsymbol{C}_{\mathrm{b}}^{\mathrm{n}}\end{bmatrix} \tag{4-7-21}$$

其中，L 为当地纬度，ω_{ie} 为地球自转角速率。

以捷联式惯导系统速度误差作为观测量，而在静基座条件下，系统速度输出即为速度误差，所以测量方程为

$$\boldsymbol{z}=\boldsymbol{H}\boldsymbol{x}+\boldsymbol{v} \tag{4-7-22}$$

其中，$\boldsymbol{v}\sim N(0,\boldsymbol{R})$，为测量噪声矢量，$\boldsymbol{z}=[\delta V_{\mathrm{E}}\quad \delta V_{\mathrm{N}}]^{\mathrm{T}}$，$\boldsymbol{H}=[\boldsymbol{I}_{2\times2}\quad \boldsymbol{0}_{2\times8}]$。

4.7.3 精对准中失准角对准精度分析

记陀螺仪和加速度计在导航坐标系内的等效漂移分别为 ε^{n} 和 ∇^{n}，则有

$$\begin{cases}\nabla_{\mathrm{E}}^{\mathrm{n}}=c_{11}\nabla_x+c_{12}\nabla_y\\ \nabla_{\mathrm{N}}^{\mathrm{n}}=c_{21}\nabla_x+c_{22}\nabla_y\\ \varepsilon_{\mathrm{E}}^{\mathrm{n}}=c_{11}\varepsilon_x+c_{12}\varepsilon_y+c_{13}\varepsilon_z\\ \varepsilon_{\mathrm{N}}^{\mathrm{n}}=c_{21}\varepsilon_x+c_{22}\varepsilon_y+c_{23}\varepsilon_z\\ \varepsilon_{\mathrm{U}}^{\mathrm{n}}=c_{31}\varepsilon_x+c_{32}\varepsilon_y+c_{33}\varepsilon_z\end{cases} \tag{4-7-23}$$

其中，ε_x，ε_y，ε_z 为陀螺三个轴向的常值漂移，∇_x，∇_y 为两水平加速度计的常值漂移。

由式(4-7-19)可得

$$\phi_E=\frac{1}{g}(\delta\dot{V}_N+2\omega_{ie}\sin L\delta V_E-\nabla_N^n) \tag{4-7-24}$$

$$\phi_N=\frac{1}{g}(-\delta\dot{V}_N+2\omega_{ie}\sin L\delta V_N+\nabla_N^n) \tag{4-7-25}$$

$$\phi_U=\frac{-1}{\omega_{ie}g\cos L}(\delta\ddot{V}_N+3\omega_{ie}\sin L\delta\dot{V}_E+2\omega_{ie}^2\sin^2L\delta V_N-\omega_{ie}\sin L\,\nabla_E^n)+\frac{\varepsilon_E^n}{\omega_{ie}\cos L} \tag{4-7-26}$$

选择 ∇_E，∇_N，ε_E 为不可观测变量，将其置零，则可得上述三个状态变量估计的极限精度为

$$\hat{\phi}_E=\frac{1}{g}(\delta\dot{V}_N+2\omega_{ie}\sin L\delta V_E) \tag{4-7-27}$$

$$\hat{\phi}_N=\frac{1}{g}(-\delta\dot{V}_N+2\omega_{ie}\sin L\delta V_N) \tag{4-7-28}$$

$$\hat{\phi}_U=\frac{-1}{\omega_{ie}g\cos L}(\delta\ddot{V}_N+3\omega_{ie}\sin L\delta\dot{V}_E+2\omega_{ie}^2\sin^2L\delta V_N) \tag{4-7-29}$$

同时，可得三个失准角估计误差：

$$\begin{bmatrix}\delta\phi_E\\ \delta\phi_N\\ \delta\phi_U\end{bmatrix}=\begin{bmatrix}\hat{\phi}_E-\phi_E\\ \hat{\phi}_N-\phi_N\\ \hat{\phi}_U-\phi_U\end{bmatrix}=\begin{bmatrix}\dfrac{-\nabla_N^n}{g}\\ \dfrac{\nabla_E^n}{g}\\ -\dfrac{\varepsilon_E^n}{\omega_{ie}\cos L}+\dfrac{\nabla_E^n}{g}\tan L\end{bmatrix} \tag{4-7-30}$$

另外，由于比力 $f_E^{n'}$ 和 $f_N^{n'}$(带有误差)都是可以直接测量的，所以可得两陀螺常值漂移的估计精度及其估计误差：

$$\hat{\varepsilon}_N^n=\frac{1}{g}(\dot{f}_E^{n'}-\omega_{ie}\sin L f_N^{n'}) \tag{4-7-31}$$

$$\hat{\varepsilon}_U^n=\frac{1}{g\omega_{ie}\cos L}(\ddot{f}_N^{n'}+\omega_{ie}\sin L\dot{f}_E^{n'}+\omega_{ie}^2\cos^2L f_N^{n'}) \tag{4-7-32}$$

$$\begin{bmatrix}\delta\varepsilon_N^n\\ \delta\varepsilon_U^n\end{bmatrix}=\begin{bmatrix}\hat{\varepsilon}_N^n-\varepsilon_N^n\\ \hat{\varepsilon}_U^n-\varepsilon_U^n\end{bmatrix}=\begin{bmatrix}\dfrac{-\nabla_N^n}{g}\omega_{ie}\sin L\\ \dfrac{\nabla_N^n}{g}\omega_{ie}\cos L\end{bmatrix} \tag{4-7-33}$$

由式(4-7-30)和式(4-7-33)可以看出，两水平失准角的估计误差主要由两个水平加速度计的误差引起，而方位失准角估计误差则由东向陀螺和东向加速度计误差引起。两陀螺常值漂移的估计精度除了和加速度计的精度有关外，还与所处地理位置密切相关。

4.7.4　初始对准原理框图

由 4.7.1 节和 4.7.2 节可以得到捷联式惯导初始对准的原理框图，如图 4-7-1 所示。

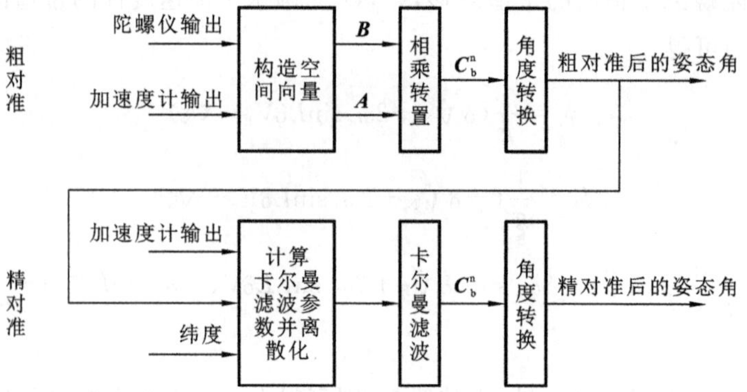

图 4-7-1 捷联式惯导初始对准原理框图

4.8 捷联式惯导初始对准程序设计

4.8.1 程序设计

4.7 节分别对捷联式惯导系统初始对准中粗对准和精对准方法进行了介绍与分析。本节根据 4.7 节内容，进行以下实验。（本节所对应程序详见配套的数字资源）

在 MATLAB 环境中，分别进行捷联式惯导粗对准、精对准实验。

仿真条件设置：设置载体为静态，重力加速度为 9.7803267714 m/s^2，初始纬度设置为 40°，仿真总时长设置为 100 s。

实验步骤如下：

利用真实测得的捷联式惯导六轴数据（三轴陀螺仪＋三轴加速度计），于 MATLAB 中进行初始对准实验，详见数字资源。

（1）运行“example_main. m”程序，加载测得的六轴数据，使其载入“example1. mdl”粗对准仿真模块中。

（2）运行粗对准模块，其主要的程序结构如图 4-8-1 所示。

（3）运行完粗对准模块后，保存粗对准后的姿态角。在粗对准基础上，运行卡尔曼滤波精对准模块“example2. mdl”，其主要的程序结构如图 4-8-2 所示。

4.8.2 仿真结果

根据实际测得的六轴数据及搭建的捷联式惯导初始对准 SIMULINK 仿真模块，进行 100 s 仿真实验，其粗对准姿态角和精对准姿态角分别如图 4-8-3 和图 4-8-4 所示。

由实验结果可知，捷联式惯导精对准采用卡尔曼滤波进行了降噪，比粗对准更为平滑，精度更高。对捷联式惯导初始对准同时采用粗对准、精对准处理，能够在很大程度上起到降低误差的作用。

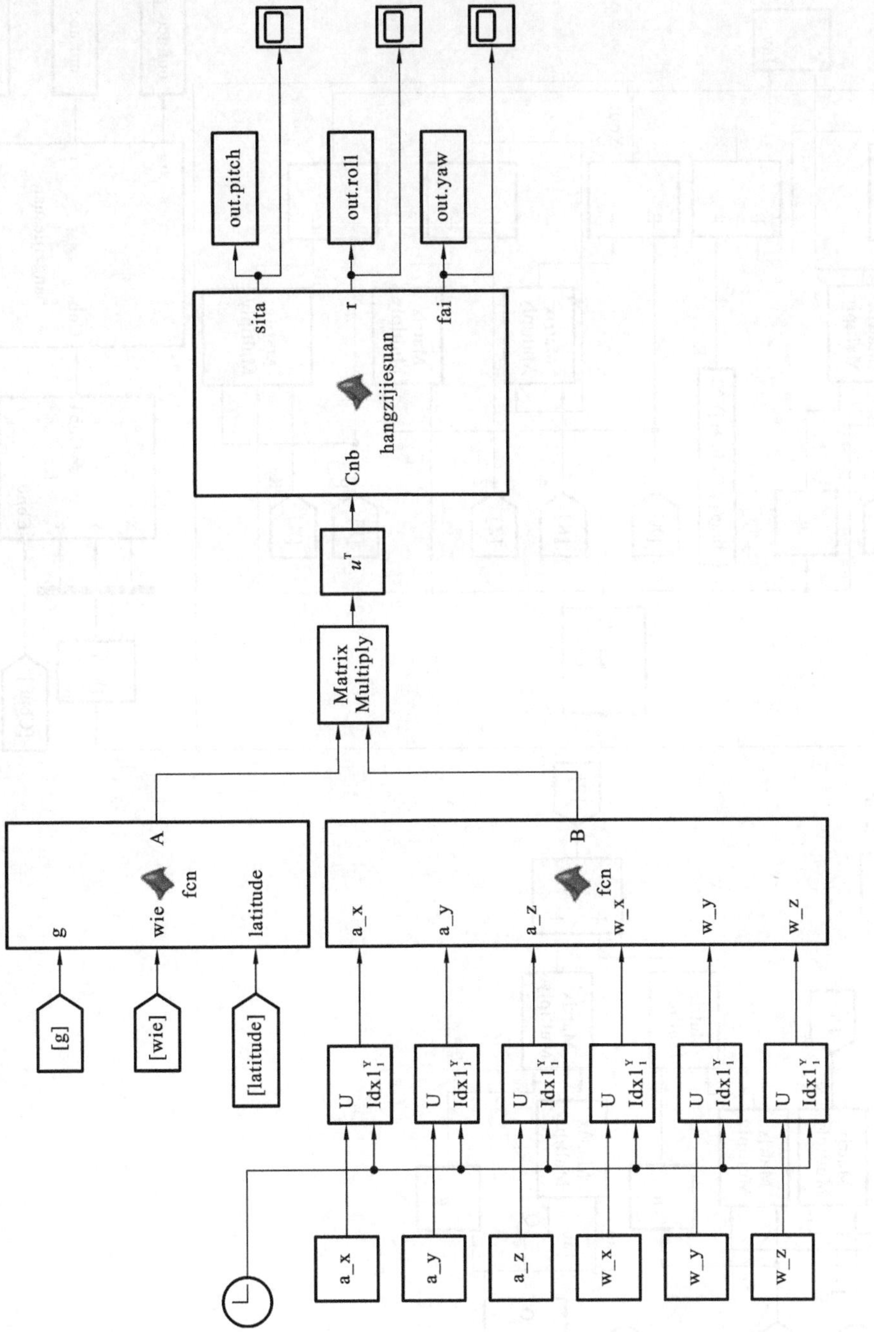

图 4-8-1　粗对准SIMULINK程序

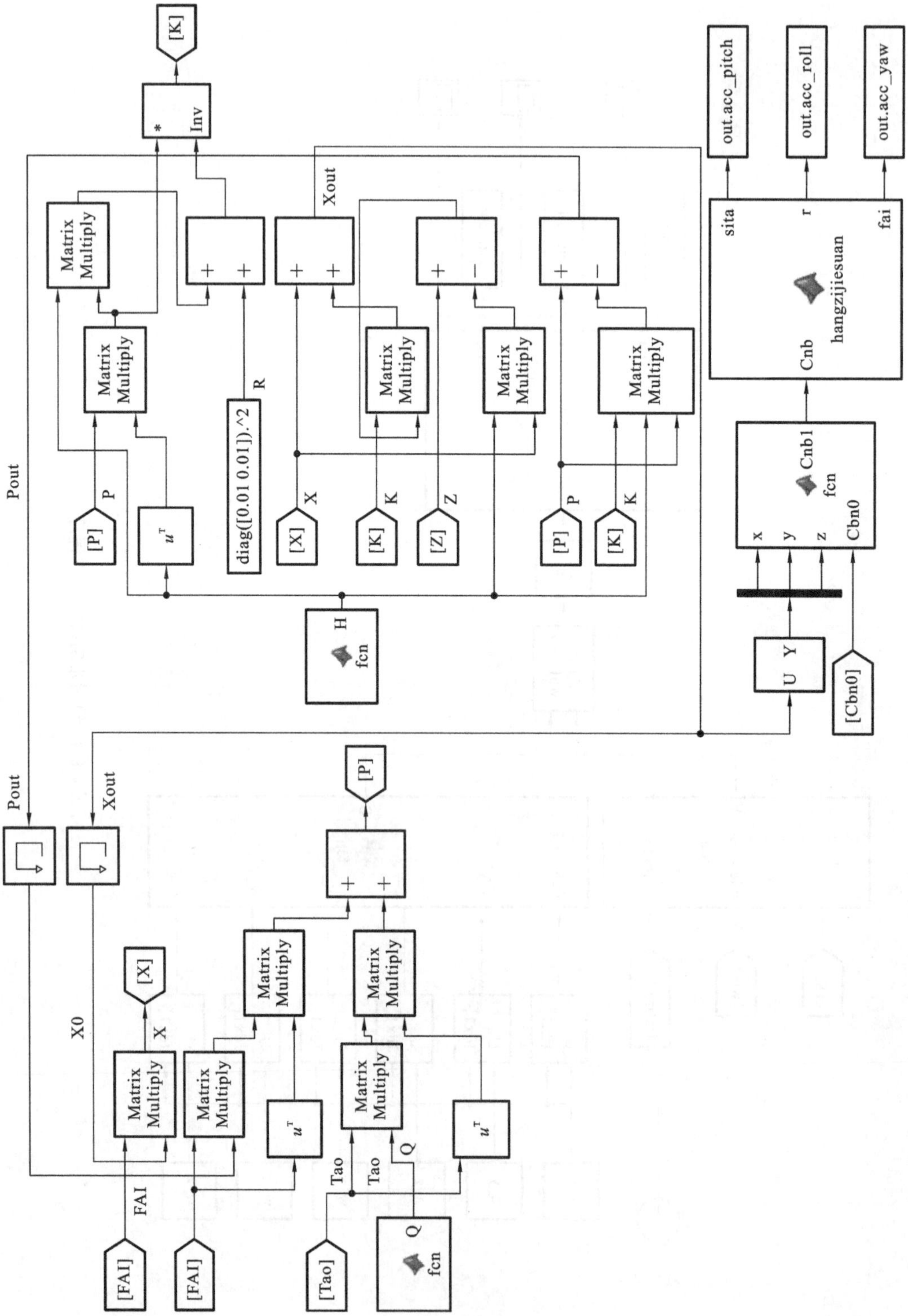

图 4-8-2　卡尔曼滤波精对准SIMULINK程序

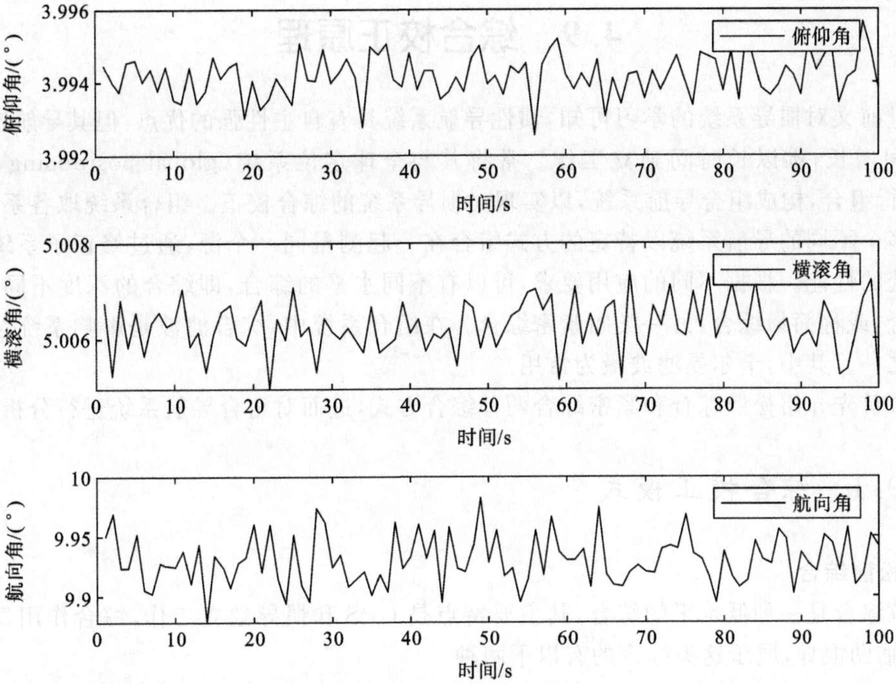

图 4-8-3　粗对准姿态角

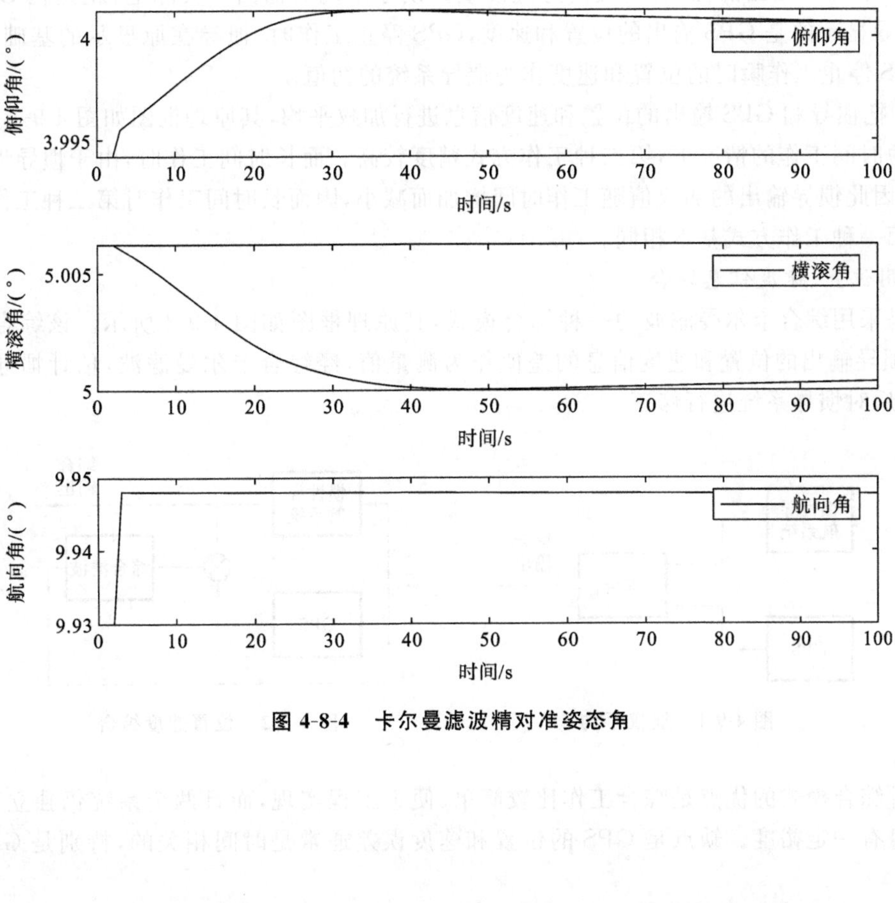

图 4-8-4　卡尔曼滤波精对准姿态角

4.9 综合校正原理

通过前文对惯导系统的学习可知，惯性导航系统具有自主性强的优点，但其导航定位误差会随时间增长，难以长时间独立工作。常将其与全球定位系统(global positioning system, GPS)进行组合，构成组合导航系统，以实现对惯导系统的综合校正。组合系统取各系统之长，能够将多个不同的导航系统以特定的方式组合在一起测量同一个源，通过修正子系统的误差提高系统的性能。根据不同的应用要求，可以有不同水平的综合，即综合的深度不同，一类叫松散综合，或称简易综合，另一类叫紧密综合。在组合系统中，综合滤波是影响系统性能的关键因素之一。其中，卡尔曼滤波最为常用。

本节首先介绍松散综合和紧密综合两种综合方式，进而对组合导航系统进行分析。

4.9.1 综合校正模式

1. 松散综合

松散综合是一种低水平的综合，其主要特点是 GPS 和惯导独立工作，综合作用仅表现在用 GPS 辅助惯导，属于这类综合的有以下两种。

1) 用 GPS 重调惯导

这是一种最简单的综合方式，有两种工作方式。

(1) 用 GPS 给出的位置、速度信息直接重调惯导系统的输出。实际上，就是在 GPS 工作期间，惯导显示的是 GPS 输出的位置和速度，GPS 停止工作时，惯导在原显示的基础上变化，即用 GPS 停止工作瞬时的位置和速度作为惯导系统的初值。

(2) 把惯导和 GPS 输出的位置和速度信息进行加权平均，其原理框图如图 4-9-1 所示。

在短时间工作的情况下，第二种工作方式精度较高。而长时间工作时，由于惯导误差随时间增长，因此惯导输出的加权值随工作时间增加而减小，因而长时间工作时第二种工作方式的性能和第一种工作方式基本相同。

2) 用位置、速度信息综合

这是采用综合卡尔曼滤波的一种综合模式，其原理框图如图 4-9-2 所示。该综合模式用 GPS 和惯导输出的位置和速度信息的差值作为测量值，经综合卡尔曼滤波，估计惯导系统的误差，然后对惯导系统进行修正。

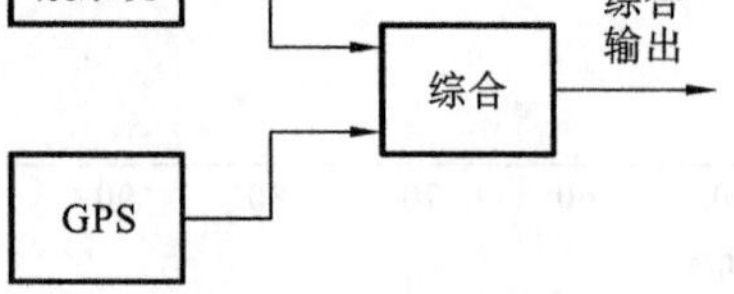

图 4-9-1 加权平均

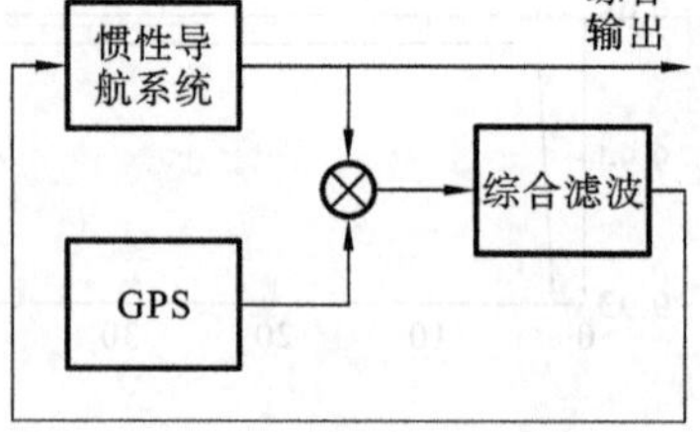

图 4-9-2 位置速度综合

这种综合模式的优点是综合工作比较简单、便于工程实现，而且两个系统仍独立工作，使导航信息有一定裕度。缺点是 GPS 的位置和速度误差通常是时间相关的，特别是 GPS 接收

机应用卡尔曼滤波器时更是如此。在稳态时卡尔曼滤波器的作用相当于一个有一定时间常数的普通滤波器,其时间常数近似为:

$$\tau=\sqrt{\frac{\mathrm{Trace}\boldsymbol{R}}{\mathrm{Trace}\boldsymbol{Q}}} \tag{4-9-1}$$

式中,$\boldsymbol{R}$ 为测量噪声协方差,$\boldsymbol{Q}$ 为系统噪声协方差。例如 LTN—700GPS 接收机,其位置估计的时间常数约为 20 s,而速度估计的时间常数约为 0.5 s。采用这样的接收机和惯导综合时,GPS 滤波器和综合滤波器串联,即 GPS 滤波器的输出是综合滤波器的测量输入。按卡尔曼滤波器的要求,测量噪声应为白噪声。而 GPS 接收机输出中的位置和速度误差是时间相关的。解决这个问题的方法有多种,常用的有:

(1) 加大综合滤波器的迭代周期,使迭代周期超过误差的相关时间,在这个周期内可把测量误差作为白噪声处理。由于 GPS 的位置误差和速度误差的相关时间长短不同,因此可把位置测量和速度测量分别处理,从而形成位置信息和速度信息交替使用的工作方式。这种方式比位置和速度信息同时使用时精度有所降低,但计算工作量大大减小,因而这种工作方式还是一种可取的工作方式。

(2) 把 GPS 滤波器和综合滤波器统一考虑,用分散滤波器理论进行设计。

2. 紧密综合

紧密综合是指高水平的综合或深综合,其特点是 GPS 接收机和惯导相互辅助。为了更好地实现相互辅助的作用,最好是把 GPS 和惯导系统按综合的要求进行一体化设计。属于紧密综合的基本模式是伪距、伪距率的综合,以及在伪距、伪距率综合基础上用惯导位置和速度对 GPS 接收机跟踪环进行辅助,也可以再增加对 GPS 接收机导航功能的辅助。用在高动态飞行器上的 GPS/惯性综合系统通常都是采用紧密综合模式。

1) 用伪距、伪距率综合

这种综合模式的原理框图如图 4-9-3 所示。用 GPS 给出的星历数据和惯性导航系统给出的位置和速度计算相应于惯导位置和速度的伪距 $\boldsymbol{\rho}_{\mathrm{I}}$ 和伪距率 $\dot{\boldsymbol{\rho}}_{\mathrm{I}}$。把 $\boldsymbol{\rho}_{\mathrm{I}}$ 和 $\dot{\boldsymbol{\rho}}_{\mathrm{I}}$ 与 GPS 测量的伪距 $\boldsymbol{\rho}_{\mathrm{G}}$ 和伪距率 $\dot{\boldsymbol{\rho}}_{\mathrm{G}}$ 相比较作为测量值,通过综合卡尔曼滤波器估计惯导系统和 GPS 的误差量,然后对两个系统进行开环或反馈校正。由于 GPS 的测距误差容易建模,可以把它扩充为状态,通过综合滤波加以估计,然后对 GPS 接收机进行校正,因此,伪距、伪距率综合模式比位置、速度综合模式具有更高的综合导航精度。在这种综合模式中,GPS 接收机只提供星历数据和伪距、伪距率即可,可以省去导航计算处理部分。当然,如果仍保留 GPS 接收机的导航计算部分,作为备用导航信息,使导航信息具有裕度,也是可取的一种方案。

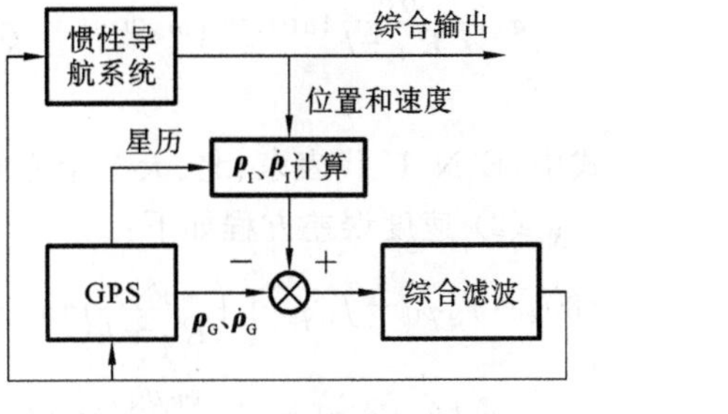

图 4-9-3　伪距、伪距率综合

2) 用惯性速度信息辅助 GPS 接收机环路

用惯性速度信息辅助 GPS 接收机环路,可以有效地提高环路的等效带宽,提高接收机的抗干扰性,减小动态误差,提高跟踪和捕获性能。通常,高动态用户接收机都采用惯性速度辅助。需要指出的是,GPS 接收机环路有了惯性速度辅助之后,环路的跟踪误差和惯性速度误差相关;同时,由于有了惯性速度辅助,环路本身的带宽可以很窄,因而时间常数较大,从而使环路的跟踪误差又是时间相关的。

3) 用惯性位置和速度信息辅助 GPS 导航功能

GPS 接收机的导航功能有很多也采用卡尔曼滤波技术。对高动态接收机,其导航滤波器的状态包括 3 个位置、3 个速度、3 个加速度、用户时钟误差和时钟频率误差共 11 个。而低动态接收机则去掉 3 个加速度状态，只有 8 个状态。如果把 GPS 接收机导航滤波器的位置、速度状态看作惯导系统简化的位置、速度误差状态，则用 GPS 滤波器的估计值校正惯导输出的位置和速度信息，即得到 GPS 的导航解。在这种情况下，就称 GPS 的导航功能是在惯性辅助下完成的。当采用这样的接收机再和惯导综合时，其综合卡尔曼滤波器的状态和 GPS 滤波器的估计误差相关。这种相关性也可能产生综合系统的不稳定，解决的方法是综合滤波器采用高阶模型，而 GPS 滤波器采用低阶模型。

4.9.2 基于位置和速度的组合导航系统

捷联式惯导系统与 GPS 的松散综合方式被广泛应用于实际中。本节对该类中的位置和速度组合导航系统进行分析。

1. 组合系统的数学模型

1）系统的状态方程

当组合系统采用线性卡尔曼滤波器时，取系统的误差作为状态，主要包括平台角误差、速度误差、位置误差、惯性仪表误差和 GPS 的误差。

（1）平台误差角方程如下：

$$\left\{\begin{aligned}
\dot{\varphi}_E &= -\frac{\delta v_N}{R_M+h}+\left(\omega_{ie}\sin L+\frac{v_E}{R_N+h}\tan L\right)\varphi_N-\left(\omega_{ie}\cos L+\frac{v_E}{R_N+h}\right)\varphi_U+\varepsilon_E \\
\dot{\varphi}_N &= -\frac{\delta v_E}{R_N+h}-\omega_{ie}\sin L\delta L-\left(\omega_{ie}\sin L+\frac{v_E}{R_N+h}\tan L\right)\varphi_E-\frac{v_N}{R_M+h}\varphi_U+\varepsilon_N \\
\dot{\varphi}_U &= \frac{\delta v_E}{R_N+h}\tan L+\left(\omega_{ie}\cos L+\frac{v_E}{R_N+h}\sec^2 L\right)\delta L+\left(\omega_{ie}\cos L+\frac{v_E}{R_N+h}\right)\varphi_E+\frac{v_N}{R_M+h}\varphi_N+\varepsilon_U
\end{aligned}\right. \tag{4-9-2}$$

式中，E、N、U 代表东、北、天三个方向。

（2）速度误差方程如下：

$$\left\{\begin{aligned}
\delta\dot{v}_E &= f_N\varphi_U-f_U\varphi_N+\left(\frac{v_N}{R_M+h}\tan L-\frac{v_U}{R_M+h}\right)\delta v_E+\left(2\omega_{ie}\sin L+\frac{v_E}{R_N+h}\tan L\right)\delta v_N \\
&\quad+\left(2\omega_{ie}\cos L v_N+\frac{v_E v_N}{R_N+h}\sec^2 L+2\omega_{ie}\sin L v_U\right)\delta L-\left(2\omega_{ie}\cos L+\frac{v_E}{R_N+h}\right)\delta v_U+\nabla_E \\
\delta\dot{v}_N &= f_U\varphi_E-f_E\varphi_U-2\left(\omega_{ie}\sin L+\frac{v_E}{R_N+h}\tan L\right)\delta v_E-\frac{v_U}{R_M+h}\delta v_N-\frac{v_N}{R_M+h}\delta v_U \\
&\quad-\left(2\omega_{ie}\cos L+\frac{v_E}{R_N+h}\sec^2 L\right)v_E\delta L+\nabla_N \\
\delta\dot{v}_U &= f_E\varphi_N-f_N\varphi_E+2\left(\omega_{ie}\cos L+\frac{v_E}{R_N+h}\right)\delta v_E+2\frac{v_N}{R_M+h}\delta v_N-2\omega_{ie}\sin L v_E\delta L+\nabla_U
\end{aligned}\right. \tag{4-9-3}$$

在不考虑高度通道时，取 v_U，δv_U 为零。

（3）位置误差方程如下：

$$\left\{\begin{aligned}
\delta\dot{L} &= \frac{\delta v_N}{R_M+h} \\
\delta\dot{\lambda} &= \frac{\delta v_E}{R_N+h}\sec L+\frac{v_E}{R_N+h}\sec L\tan L\delta L \\
\delta\dot{h} &= \delta v_U
\end{aligned}\right. \tag{4-9-4}$$

(4) 惯性仪表的误差如下：

惯性仪表误差包括安装误差、刻度系数误差和随机误差。简单起见，这里只考虑随机误差。

① 陀螺仪误差模型。

式(4-9-4)中的陀螺漂移，是沿“东、北、天”地理坐标系的陀螺漂移。而对捷联式惯导系统，式(4-9-4)中的陀螺漂移为从机体坐标系变换到地理坐标系的等效陀螺漂移。

取陀螺漂移：

$$\boldsymbol{\varepsilon}^{b}=\boldsymbol{\varepsilon}_{c}+\boldsymbol{\varepsilon}_{m}+\boldsymbol{w}_{g} \tag{4-9-5}$$

式中：$\boldsymbol{\varepsilon}_c$ 为随机常数；$\boldsymbol{\varepsilon}_m$ 为一阶马尔可夫过程；$\boldsymbol{w}_g$ 为白噪声。

假定三个轴向的陀螺漂移误差模型相同，均为

$$\begin{cases}\dot{\boldsymbol{\varepsilon}}_{c}=0\\ \dot{\boldsymbol{\varepsilon}}_{m}=-\dfrac{1}{T_{m}}\boldsymbol{\varepsilon}_{m}+\boldsymbol{w}_{m}\end{cases} \tag{4-9-6}$$

式中，T_m 为相关时间。

② 加速度计误差模型。

考虑为一阶马尔可夫过程，且假定三个轴向加速度计的误差模型相同，均为

$$\dot{\nabla}_{a}=-\frac{1}{T_{a}}\nabla_{a}+\boldsymbol{w}_{a} \tag{4-9-7}$$

式中，T_a 为相关时间。

(5) GPS 的误差。

GPS 接收机给出的位置和速度误差一般是时间相关的，在位置、速度综合模式中这些误差是测量噪声。由于是时间相关的，所以是有色噪声，而且建模比较困难，不能用状态扩充法加以处理。常用的处理方法是加大综合滤波器的迭代周期。当 GPS 接收机采用卡尔曼滤波器时，也可采用分散滤波器理论来设计滤波器。这里只讨论采用第一种方法的情况。

(6) 系统方程的建立。

综合以上公式，可以得到系统的状态方程为

$$\dot{\boldsymbol{X}}_{I}(t)=\boldsymbol{F}_{I}(t)\boldsymbol{X}_{I}(t)+\boldsymbol{G}_{I}(t)\boldsymbol{W}_{I}(t) \tag{4-9-8}$$

其中，

$$\boldsymbol{X}_{I}=[\varphi_{E}\quad \varphi_{N}\quad \varphi_{U}\quad \delta v_{E}\quad \delta v_{N}\quad \delta v_{U}\quad \delta L\quad \delta\lambda\quad \delta h\quad \varepsilon_{cx}\quad \varepsilon_{cy}\quad \varepsilon_{cz}\quad \varepsilon_{mx}\quad \varepsilon_{my}\quad \varepsilon_{mz}\quad \nabla_{ax}\quad \nabla_{ay}\quad \nabla_{az}]^{T} \tag{4-9-9}$$

$$\boldsymbol{W}_{I}=[w_{gx}\quad w_{gy}\quad w_{gz}\quad w_{mx}\quad w_{my}\quad w_{mz}\quad w_{ax}\quad w_{ay}\quad w_{az}] \tag{4-9-10}$$

$$\boldsymbol{G}_{I}=\begin{bmatrix}\boldsymbol{C}_{b}^{p} & \boldsymbol{0}_{3\times 3} & \boldsymbol{0}_{3\times 3}\\ \boldsymbol{0}_{9\times 3} & \boldsymbol{0}_{9\times 3} & \boldsymbol{0}_{9\times 3}\\ \boldsymbol{0}_{3\times 3} & \boldsymbol{I}_{3\times 3} & \boldsymbol{0}_{3\times 3}\\ \boldsymbol{0}_{3\times 3} & \boldsymbol{0}_{3\times 3} & \boldsymbol{I}_{3\times 3}\end{bmatrix} \tag{4-9-11}$$

$$\boldsymbol{F}_{I}=\begin{bmatrix}\boldsymbol{F}_{N} & \boldsymbol{F}_{S}\\ \boldsymbol{0}_{9\times 9} & \boldsymbol{F}_{M}\end{bmatrix}_{18\times 18} \tag{4-9-12}$$

其中，$\boldsymbol{F}_N$ 为对应 9 个基本导航参数的系统矩阵，其非零元素为

$$F(1,2)=\omega_{ie}\sin L+\frac{v_{E}}{R_{N}+h}\tan L\quad F(1,3)=-\left(\omega_{ie}\cos L+\frac{v_{E}}{R_{N}+h}\right)$$

$$F(1,5)=-\frac{1}{R_{M}+h}\quad F(2,1)=-\left(\omega_{ie}\sin L+\frac{v_{E}}{R_{N}+h}\tan L\right)$$

$$F(2,3)=-\frac{v_{N}}{R_{M}+h}\quad F(2,4)=-\frac{1}{R_{N}+h}\quad F(2,7)=-\omega_{ie}\sin L$$

$$F(3,1)=\omega_{ie}\cos L+\frac{v_E}{R_N+h}\quad F(3,2)=\frac{v_N}{R_M+h}$$

$$F(3,4)=\frac{1}{R_N+h}\tan L\quad F(3,7)=\omega_{ie}\cos L+\frac{v_E}{R_N+h}\sec^2 L$$

$$F(4,2)=-f_U\quad F(4,3)=f\quad F(4,4)=\frac{v_N}{R_M+h}\tan L-\frac{v_U}{R_M+h}$$

$$F(4,5)=2\omega_{ie}\sin L+\frac{v_E}{R_N+h}\tan L\quad F(4,6)=-2\omega_{ie}\cos L+\frac{v_E}{R_N+h}$$

$$F(4,7)=2\omega_{ie}\cos L v_N+\frac{v_E v_N}{R_N+h}\sec^2 L+2\omega_{ie}\sin L v_U$$

$$F(5,1)=f_U\quad F(5,3)=-f_E\quad F(5,4)=-2\left(\omega_{ie}\sin L+\frac{v_E}{R_N+h}\tan L\right)$$

$$F(5,5)=-\frac{v_U}{R_M+h}\quad F(5,6)=-\frac{v_N}{R_M+h}$$

$$F(5,7)=-\left(2\omega_{ie}\cos L+\frac{v_E}{R_N+h}\sec^2 L\right)v_E\quad F(6,1)=-f_N$$

$$F(6,2)=f_E\quad F(6,4)=2\left(\omega_{ie}\cos L+\frac{v_E}{R_N+h}\right)$$

$$F(6,5)=2\frac{v_N}{R_M+h}\quad F(6,7)=-2\omega_{ie}\sin L v_E$$

$$F(7,5)=\frac{1}{R_M+h}\quad F(8,4)=\frac{\sec L}{R_N+h}$$

$$F(8,7)=\frac{v_E}{R_N+h}\sec L\tan L\quad F(9,6)=1$$

$\boldsymbol{F}_S$ 和 $\boldsymbol{F}_M$ 分别为

$$\boldsymbol{F}_S=\begin{bmatrix}\boldsymbol{C}_b^n & \boldsymbol{C}_b^n & \boldsymbol{0}_{3\times3}\\ & & \boldsymbol{C}_b^n\\ & \boldsymbol{0}_{6\times6} & \\ & & \boldsymbol{0}_{3\times3}\end{bmatrix} \tag{4-9-13}$$

$$\boldsymbol{F}_M=\mathrm{Diag}\begin{bmatrix}0 & 0 & 0 & -\frac{1}{T_{mx}} & -\frac{1}{T_{my}} & -\frac{1}{T_{mz}} & -\frac{1}{T_{ax}} & -\frac{1}{T_{ay}} & -\frac{1}{T_{az}}\end{bmatrix} \tag{4-9-14}$$

2) 系统的测量方程

在位置、速度综合模式中,其测量值应有两组:一组为位置测量值,即惯导系统给出的经纬度、高度信息和 GPS 接收机给出的相应信息的差值;另一组为速度测量值,即两个系统给出的速度差值。

惯导系统给出的位置信息表示为

$$\begin{cases}\lambda_I=\lambda_t+\delta\lambda\\ L_I=L_t+\delta L\\ h_I=h_t+\delta h\end{cases} \tag{4-9-15}$$

GPS 接收机给出的位置信息表示为

$$\begin{cases}\lambda_G=\lambda_t+\dfrac{N_E}{R_N\cos L}\\ L_G=L_t+\dfrac{N_N}{R_M}\\ h_G=h_t+N_U\end{cases} \tag{4-9-16}$$

式中，λ_t, L_t, h_t 为载体位置真实值；N_E, N_N, N_U 分别为 GPS 接收机沿东、北、天方向的位置误差。

定义位置测量矢量为

$$\boldsymbol{Z}_p(t)=\begin{bmatrix}(L_I-L_G)R_M\\(\lambda_I-\lambda_G)R_N\cos L\\h_I-h_G\end{bmatrix}=\begin{bmatrix}R_M\delta L+N_N\\R_N\cos L\delta\lambda+N_E\\\delta h+N_U\end{bmatrix}\triangleq\boldsymbol{H}_p(t)\boldsymbol{X}_p(t)+\boldsymbol{V}_p(t)\quad(4\text{-}9\text{-}17)$$

其中，

$$\boldsymbol{H}_p=[\boldsymbol{0}_{3\times6}\quad \mathrm{diag}[R_M\quad R_N\cos L\quad 1]\quad \boldsymbol{0}_{3\times9}]\quad(4\text{-}9\text{-}18)$$

$$\boldsymbol{V}_p=[N_N\quad N_E\quad N_U]^T\quad(4\text{-}9\text{-}19)$$

测量噪声作为白噪声处理，其方差分别为

$$\begin{cases}\sigma_{pN}=\sigma_p\cdot \mathrm{HDOP_N}\\\sigma_{pE}=\sigma_p\cdot \mathrm{HDOP_E}\\\sigma_{pU}=\sigma_p\cdot \mathrm{VDOP}\end{cases}\quad(4\text{-}9\text{-}20)$$

其中，HDOP 为水平位置几何精度因子，VDOP 为垂直精度因子。

同理，得到速度的测量方程为

$$\boldsymbol{Z}_v(t)=\boldsymbol{H}_v(t)\boldsymbol{X}_v(t)+\boldsymbol{V}_v(t)\quad(4\text{-}9\text{-}21)$$

$$\boldsymbol{H}_v=[\boldsymbol{0}_{3\times3}\quad \mathrm{diag}[1\quad 1\quad 1]\quad \boldsymbol{0}_{3\times12}]\quad(4\text{-}9\text{-}22)$$

$$\boldsymbol{V}_v=[M_N\quad M_E\quad M_U]^T\quad(4\text{-}9\text{-}23)$$

$$\begin{cases}\sigma_{vN}=\sigma_p\cdot \mathrm{HDOP}_y\\\sigma_{vE}=\sigma_p\cdot \mathrm{HDOP}_x\\\sigma_{vU}=\sigma_p\cdot \mathrm{VDOP}\end{cases}\quad(4\text{-}9\text{-}24)$$

其中，M_N, M_E, M_U 为 GPS 接收机测速误差。σ_p 为接收机伪距率测量误差，$\sigma_{vN}, \sigma_{vE}, \sigma_{vU}$ 分别为东、北、天方向的速度误差标准差。

把位置测量矢量和速度测量矢量合在一起，得

$$\boldsymbol{Z}(t)=\begin{bmatrix}\boldsymbol{Z}_p(t)\\\boldsymbol{Z}_v(t)\end{bmatrix}=\begin{bmatrix}\boldsymbol{H}_p(t)\\\boldsymbol{H}_v(t)\end{bmatrix}\boldsymbol{X}(t)+\begin{bmatrix}\boldsymbol{V}_p(t)\\\boldsymbol{V}_v(t)\end{bmatrix}\quad(4\text{-}9\text{-}25)$$

此式即位置、速度信息同时使用时组合系统的测量方程。

2. 综合卡尔曼滤波器的设计

把状态方程式(4-9-8)和测量方程式(4-9-25)离散化，可得

$$\begin{cases}\boldsymbol{X}_k=\boldsymbol{\Phi}_{k,k-1}+\boldsymbol{\Gamma}_{k-1}\boldsymbol{W}_{k-1}\\\boldsymbol{Z}_k=\boldsymbol{H}_k\boldsymbol{X}_k+\boldsymbol{V}_k\end{cases}\quad(4\text{-}9\text{-}26)$$

其中，

$$\boldsymbol{\Phi}_{k,k-1}=\sum_{n=0}^{\infty}\frac{T^n}{n!}\boldsymbol{F}^n(t_k)\quad(4\text{-}9\text{-}27)$$

$$\boldsymbol{\Gamma}_{k-1}=\left\{\sum_{n=1}^{\infty}\left[\frac{1}{n!}(\boldsymbol{F}(t_k)T)^{n-1}\right]\right\}\boldsymbol{G}(t_k)T\quad(4\text{-}9\text{-}28)$$

T 为迭代周期。

综合卡尔曼滤波器是组合导航系统的核心。根据系统校正方式的不同，卡尔曼滤波器有

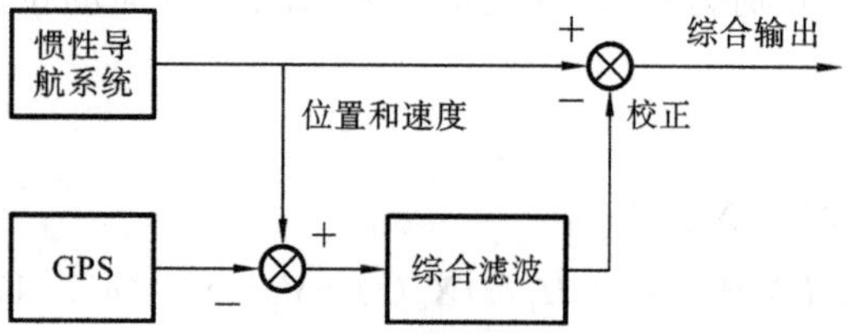

图 4-9-4 开环校正

开环校正(即输出校正)和闭环校正(即反馈校正)之分。这里讨论开环校正。

开环卡尔曼滤波器的状态方程中没有控制项,用卡尔曼滤波器对惯导系统的校正采用开环方式即输出校正,如图 4-9-4 所示。惯导系统输出误差状态用 $\boldsymbol{X}$ 表示,卡尔曼滤波器的估计值用 $\hat{\boldsymbol{X}}$ 表示,则开环校正后的系统误差为

$$\tilde{\boldsymbol{X}}=\boldsymbol{X}-\hat{\boldsymbol{X}} \tag{4-9-29}$$

如果用滤波估计 $\hat{\boldsymbol{X}}_k$ 进行开环校正,则校正后的系统误差为

$$\tilde{\boldsymbol{X}}_k=\boldsymbol{X}_k-\hat{\boldsymbol{X}}_k \tag{4-9-30}$$

显然,$\tilde{\boldsymbol{X}}_k$ 也是卡尔曼滤波器的滤波估计误差。即用滤波估计对系统进行开环校正,校正后的系统精度和卡尔曼滤波器的滤波估计精度相同。所以可用卡尔曼滤波器的协方差来描述开环校正后的系统精度。这就是通常的协方差分析方法。

开环卡尔曼滤波方程为

$$\begin{aligned}
&\hat{\boldsymbol{X}}_{k|k-1}=\boldsymbol{\Phi}_{k,k-1}\hat{\boldsymbol{X}}_{k-1}+\boldsymbol{\Gamma}_{k-1}\boldsymbol{W}_{k-1}\\
&\hat{\boldsymbol{X}}_k=\hat{\boldsymbol{X}}_{k|k-1}+\boldsymbol{K}_k(\boldsymbol{Z}_k-\boldsymbol{H}_k\hat{\boldsymbol{X}}_{k|k-1})\\
&\boldsymbol{K}_k=\boldsymbol{P}_{k|k-1}\boldsymbol{H}_k^{\mathrm{T}}(\boldsymbol{H}_k\boldsymbol{P}_{k|k-1}\boldsymbol{H}_k^{\mathrm{T}}+\boldsymbol{R}_k)^{-1}\\
&\boldsymbol{P}_{k|k-1}=\boldsymbol{\Phi}_{k,k-1}\boldsymbol{P}_{k-1}\boldsymbol{\Phi}_{k,k-1}^{\mathrm{T}}+\boldsymbol{\Gamma}_{k-1}\boldsymbol{Q}_k\boldsymbol{\Gamma}_{k-1}^{\mathrm{T}}\\
&\boldsymbol{P}_k=(\boldsymbol{I}-\boldsymbol{K}_k\boldsymbol{H}_k)\boldsymbol{P}_{k|k-1}(\boldsymbol{I}-\boldsymbol{K}_k\boldsymbol{H}_k)^{\mathrm{T}}+\boldsymbol{K}_k\boldsymbol{R}_k\boldsymbol{K}_k^{\mathrm{T}}=(\boldsymbol{I}-\boldsymbol{K}_{k+1}\boldsymbol{H}_k)\boldsymbol{P}_{k|k-1}
\end{aligned} \tag{4-9-31}$$

可以从惯性导航系统中得到位置和速度信息,同时又可以从 GPS 中得到速度和位置信息,用它们的差值作为观测值,这样不仅测量起来方便,而且计算量小,只需代入式(4-9-2)至式(4-9-30)进行计算。

3. 存在的问题及解决的办法

1) 存在的问题

(1) 模型误差。

对组合系统而言,一种是对系统噪声和测量噪声了解不够,特别是测量噪声,在高动态环境下更是难以确定;另一种是系统噪声和测量噪声不是零均值的独立白噪声。如将 GPS 位置结果作为滤波器的测量信息、将诸如电离层折射误差等作为观测噪声就不是零均值白噪声;如果将 GPS 相位观测数据作为组合数据滤波器的测量输入信息,相位观测值中的周跳以及初始整周模糊度解算误差都会使测量方程产生系统性偏差项;陀螺漂移和加速度偏置的随机分量也是有色噪声。因此,组合系统建模不可避免地存在模型误差。另外,将非线性的微分方程离散化为线性误差方程,也会产生模型误差。对于这种情形,组合系统建模时一般采用误差状态向量建立系统的状态方程和测量方程以减小其误差。

(2) 实时性问题。

GPS/惯性导航系统组成的组合导航系统在建立状态方程时,状态矢量的维数较高,对组合系统进行估计和控制所需的运算量大,因此,对高阶系统的状态进行估计时往往会遇到实时性方面的问题。

(3) 数字计算问题。

在计算卡尔曼滤波增益矩阵时,没有考虑实际观测量,而计算时只使用一步预测信息,这

样就可能存在误差。另外，计算机字长有限，在计算时存在舍入误差，使协方差失去对称性，导致计算不稳定。

2）解决的办法

（1）对有色噪声的处理。

① 直接完善模型。对动态噪声，利用成型滤波器对动态噪声建模，然后扩充状态矢量的维数及相应的状态方程，将问题转化为标准的卡尔曼滤波问题。对观测噪声，将观测向量、观测噪声和观测方程做适当的变换，使原来的有色噪声下的线性系统变成白噪声作用下的一般线性系统，再利用滤波方程来导出有色观测噪声下的线性系统滤波方程；将与时间相关的测量序列进行差分组合，消去与时间相关的误差，使新的观测误差序列成为白噪声序列；加大综合滤波器的迭代周期，使迭代周期大大超过误差相关的时间，从而使得可以把测量误差作为白噪声处理。

② 间接方法。自适应滤波，目前有代表性的是 Sage-Husa 自适应滤波和强跟踪卡尔曼滤波以及在此基础上的一些改进方法。先利用观测数据对观测噪声进行估计，然后在用 Sage-Husa 算法对动态噪声进行估计的同时，实现状态滤波估计，不断地对未知的或不确切知道的模型参数以及噪声的统计性质进行估计和修正以减小模型误差；设计抗差滤波器，使状态估计在不确定噪声下性能最好。

（2）实时性问题处理。

运用分散滤波理论进行设计，将 GPS 滤波器与综合滤波器统一考虑。设计降阶滤波器，减少状态矢量的维数。

（3）数字计算不稳定的解决方法。

目前有平方根滤波、自适应滤波、固定增益滤波等，其中在平方根法与观测量序贯处理基础上提出的平方根 UDUT 滤波算法效果较好。

4.10　综合校正程序设计

4.10.1　程序设计

4.9 节对捷联式惯导系统的综合校正方案进行了介绍。其中，捷联式惯导系统与 GPS 的位置、速度松散综合方式被广泛使用。为了加深对位置、速度松散综合方式的理解，本节根据 4.9 节内容，进行以下实验。（本节所对应程序详见配套的数字资源）

在 MATLAB 环境中，进行捷联惯导与 GPS 的位置、速度松散综合方式的综合校正实验。可分别设置位置差值式(4-9-17)、速度差值式(4-9-21)和位置、速度综合差值式(4-9-25)为测量信息，对实验结果进行比较。其中仿真条件设置为：载体为静态，陀螺马尔可夫过程噪声设置为 0.01(°)/h，仿真总时长为 7200 s(2 h)。

实验步骤如下：

（1）打开本节对应程序文件，首先运行“example_Integrated.m”程序，获得导航实验数据。

（2）搭建松散综合校正 SIMULINK 模型，打开“example.mdl”文件。根据式(4-9-8)～式(4-9-31)，于 SIMULINK 中搭建松散综合模型，如图 4-10-1 所示，其具体程序详见配套的数字资源。

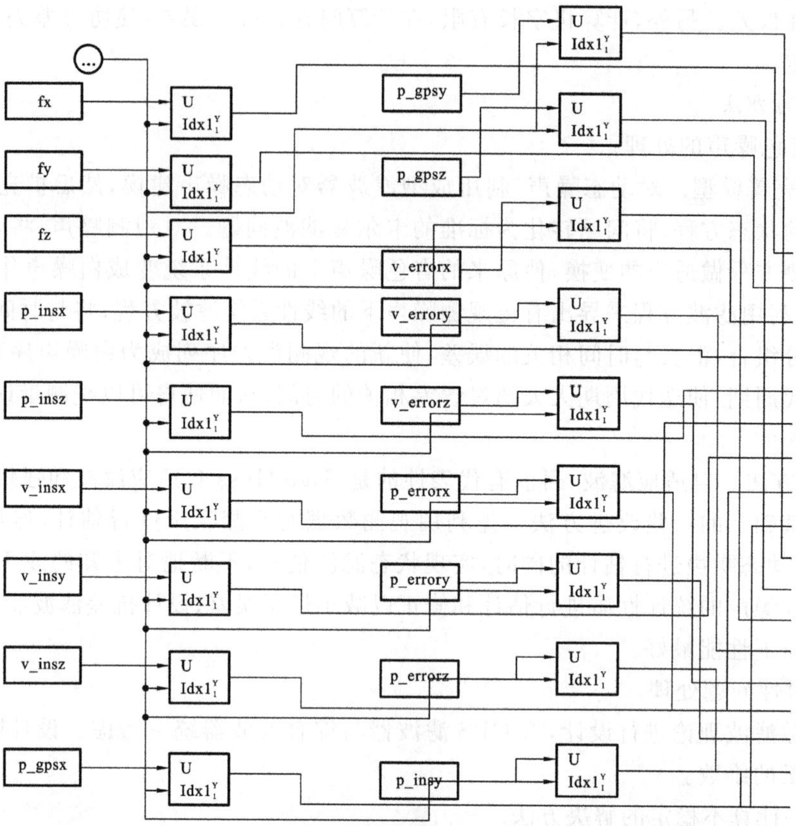

(a) 数据导入

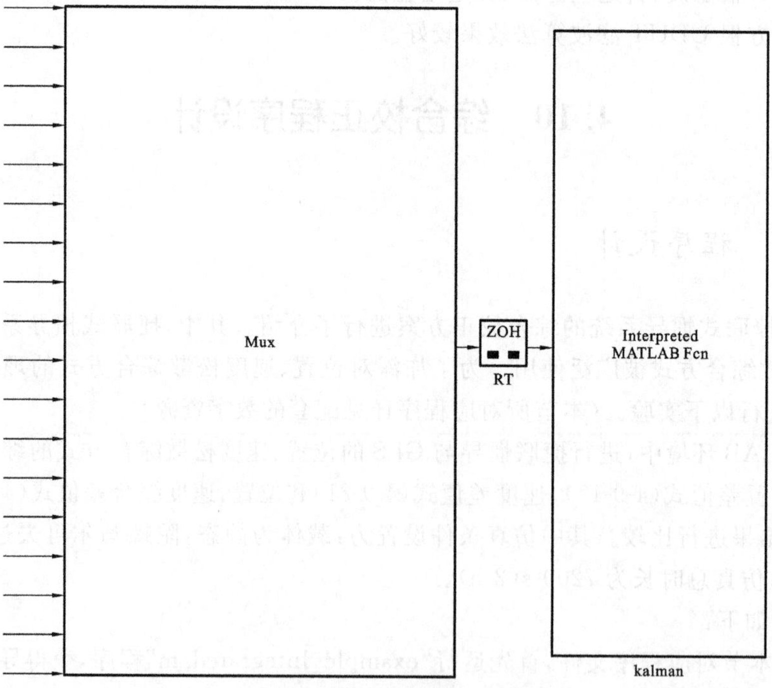

(b) 模型建立及卡尔曼滤波

图 4-10-1　松散综合校正 SIMULINK 模型

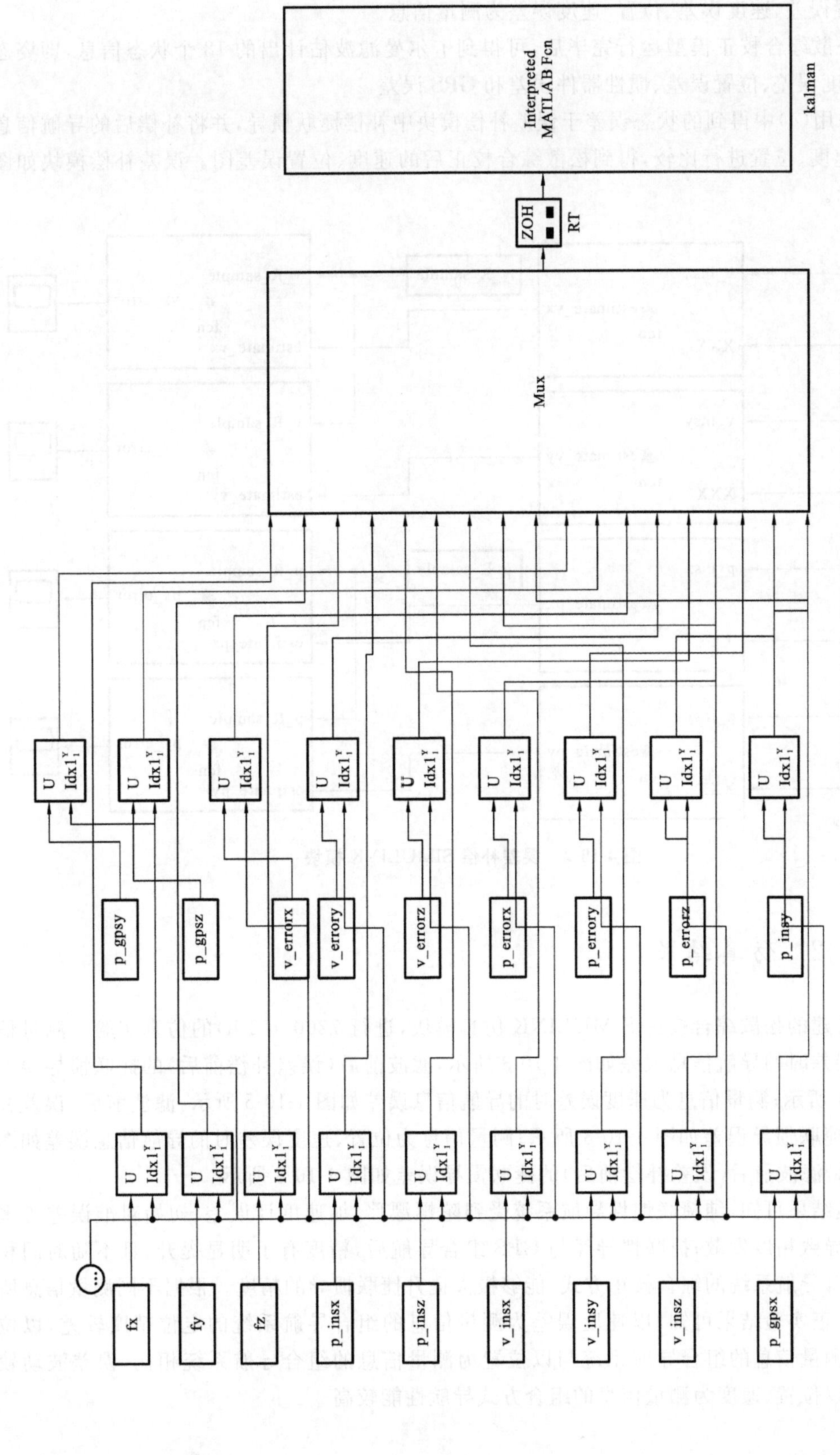

（c）松散综合总体程序

续图 4-10-1

(3) 将所有实验数据均导入模型中,可于子程序模块"kalman"中对测量信息进行设置,即分别以位置误差、速度误差、位置/速度误差为测量信息。

(4) 松散综合校正模型运行完毕后,可得到卡尔曼滤波估计出的 18 个状态信息,即姿态角误差、速度误差、位置误差、惯性器件误差和 GPS 误差。

(5) 采用(4)中得到的状态误差于误差补偿模块中补偿捷联惯导,并将补偿后的导航信息与真实的速度、位置进行比较,得到松散综合校正后的速度、位置误差图。误差补偿模块如图 4-10-2 所示。

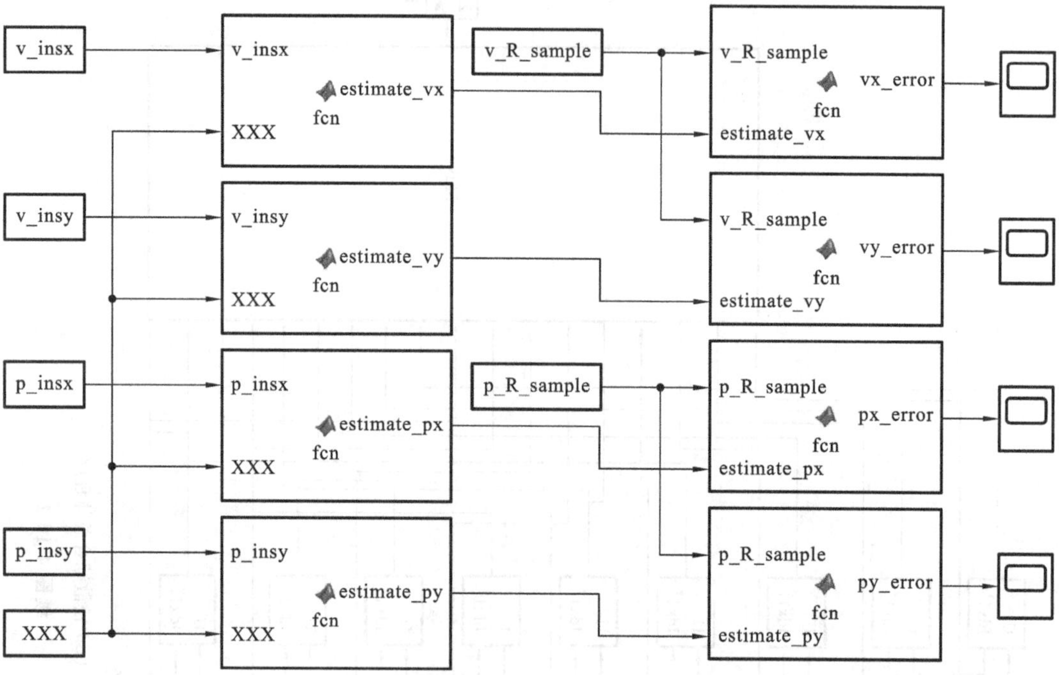

图 4-10-2　误差补偿 SIMULINK 模块

4.10.2　仿真结果

根据搭建的松散综合校正 SIMULINK 仿真模块,进行 7200 s(2 h)的仿真实验。测量信息为位置误差时的导航信息误差如图 4-10-3 所示,滤波前后(误差补偿前后)的捷联惯导误差如图 4-10-4 所示;测量信息为速度误差时的导航信息误差如图 4-10-5 所示,滤波前后(误差补偿前后)的捷联惯导误差如图 4-10-6 所示;测量信息为位置、速度误差时的导航信息误差如图 4-10-7 所示,滤波前后(误差补偿前后)的捷联惯导误差如图 4-10-8 所示。

由实验结果可知,纯捷联惯性导航系统受到陀螺漂移、加速度计误差、初始对准误差等多因素影响,导致精度发散;捷联惯导经与 GPS 组合导航后,精度有了明显提升,且不随时间积累,因而组合导航系统的综合校正方式,能够极大提升捷联惯导的精度。根据不同测量信息所得的综合校正实验结果可知,以速度误差为测量信息的组合导航系统的定位精度较差,以位置、速度为测量信息的组合导航系统与以位置为测量信息的组合导航系统相比,误差波动较小。因此,以位置、速度为测量信息的组合方式导航性能较高。

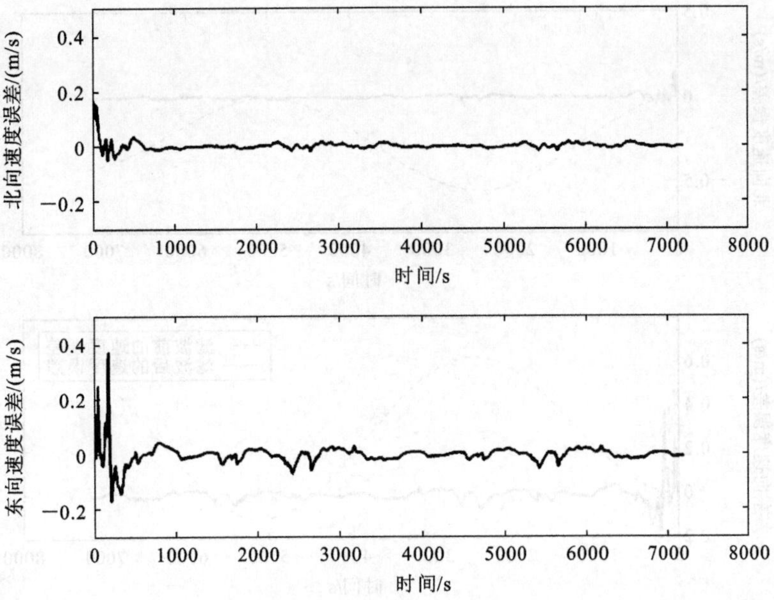

（a）速度误差

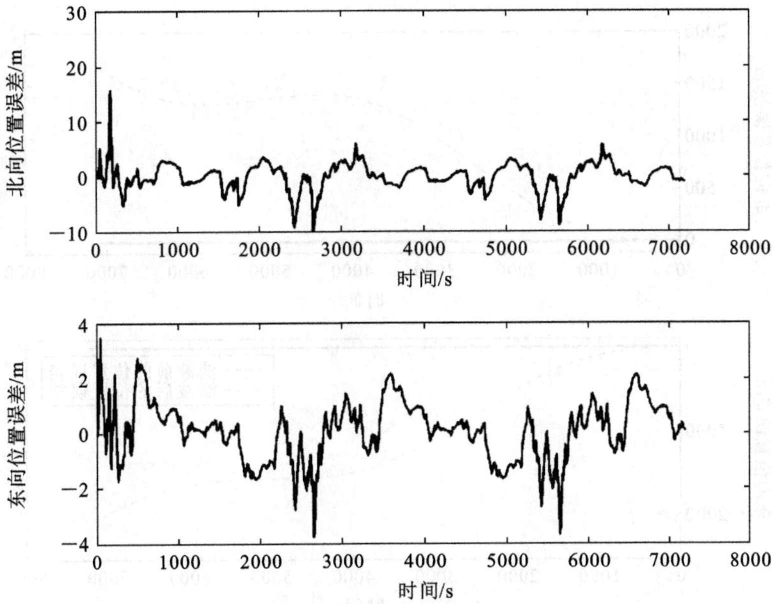

（b）位置误差

图 4-10-3　测量信息为位置误差时的导航信息误差

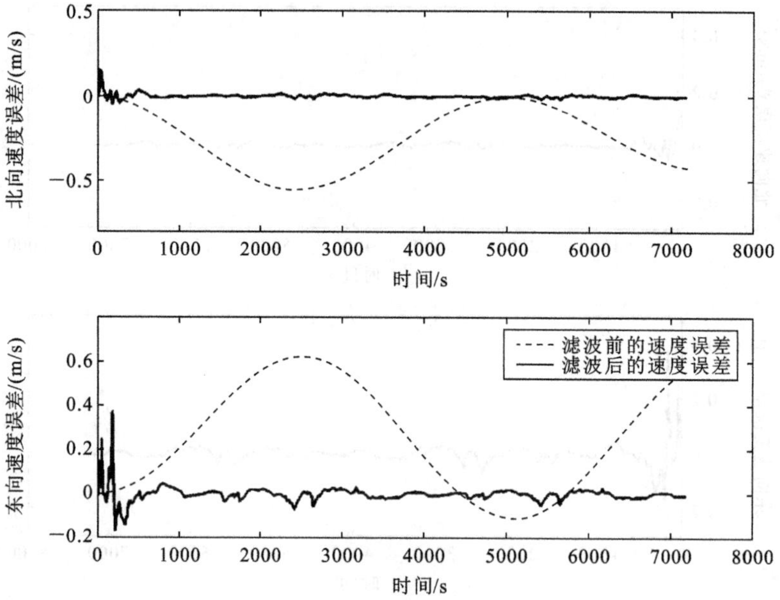

（a）滤波前后的速度误差

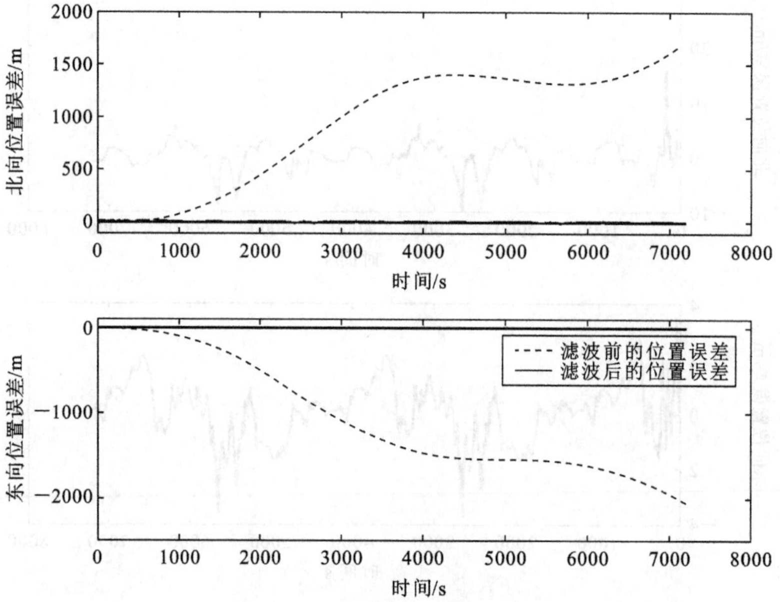

（b）滤波前后的位置误差

图 4-10-4　测量信息为位置误差时滤波前后的捷联惯导误差

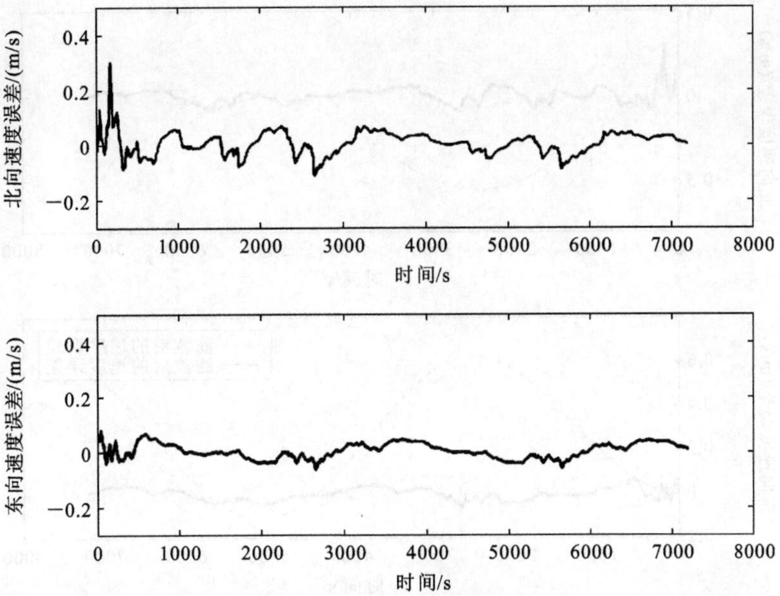

（a）速度误差

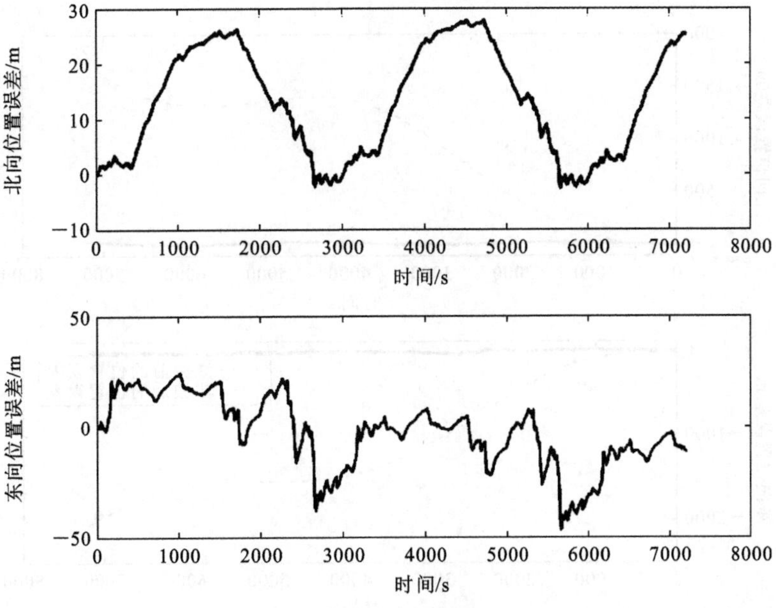

（b）位置误差

图 4-10-5　测量信息为速度误差时的导航信息误差

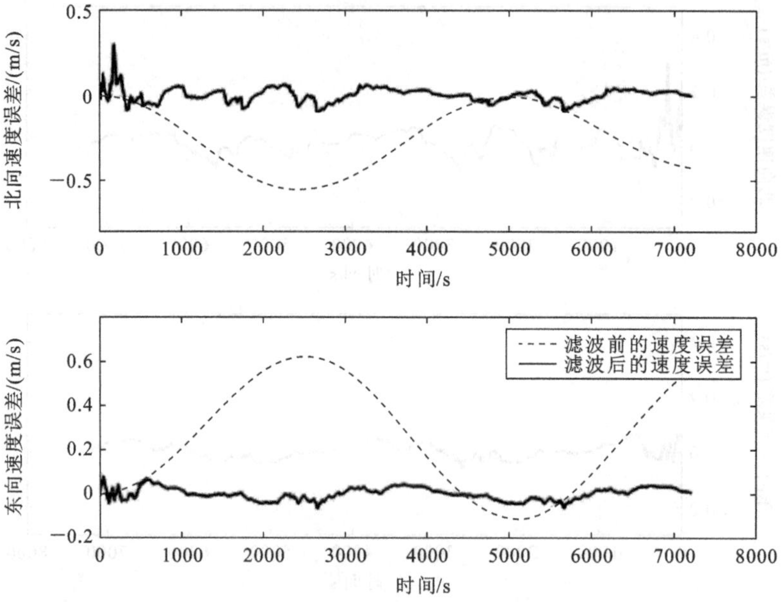

（a）滤波前后的速度误差

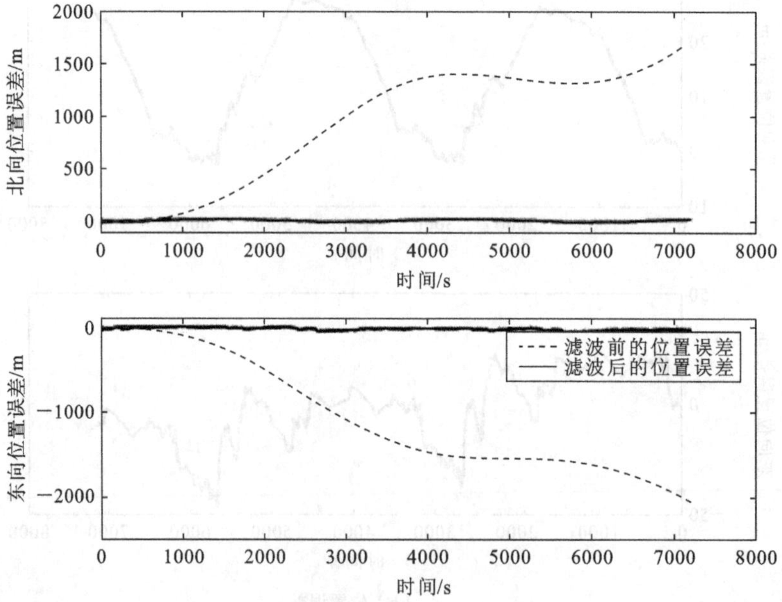

（b）滤波前后的位置误差

图 4-10-6　测量信息为速度误差时滤波前后的捷联惯导误差

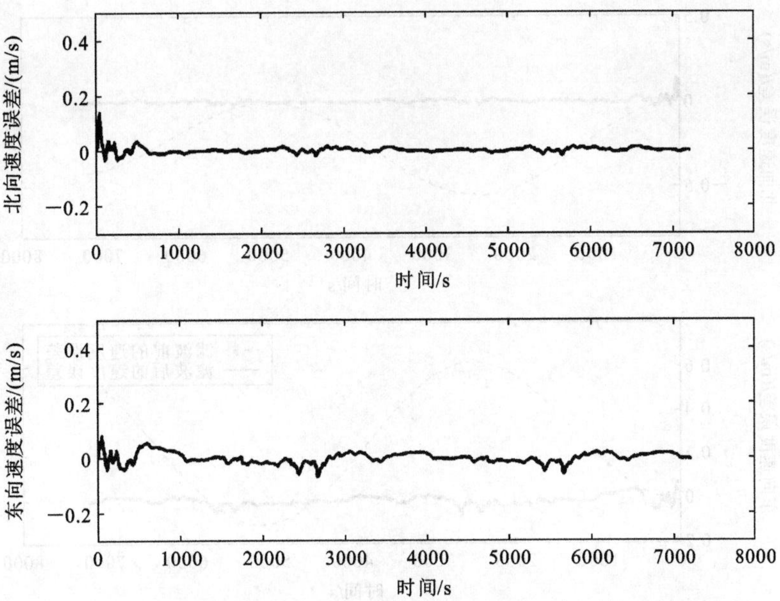

（a）速度误差

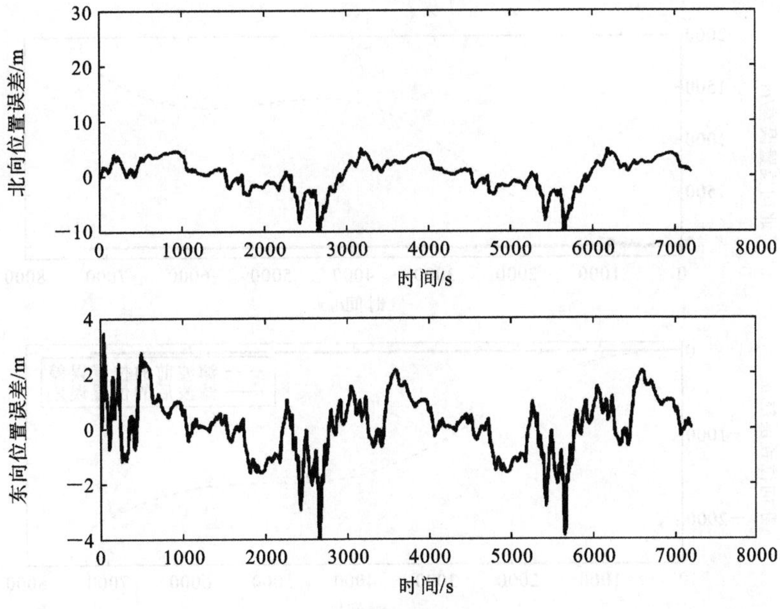

（b）位置误差

图 4-10-7　测量信息为位置、速度误差时的导航信息误差

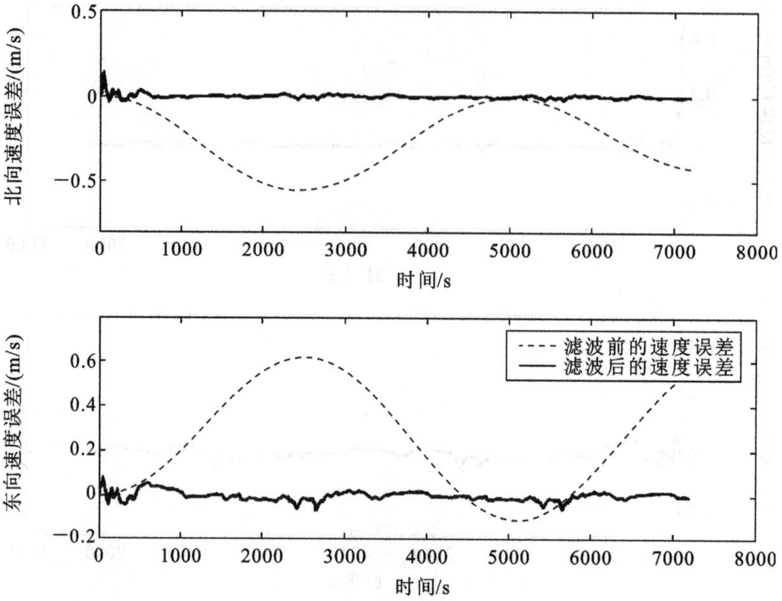

（a）滤波前后的速度误差

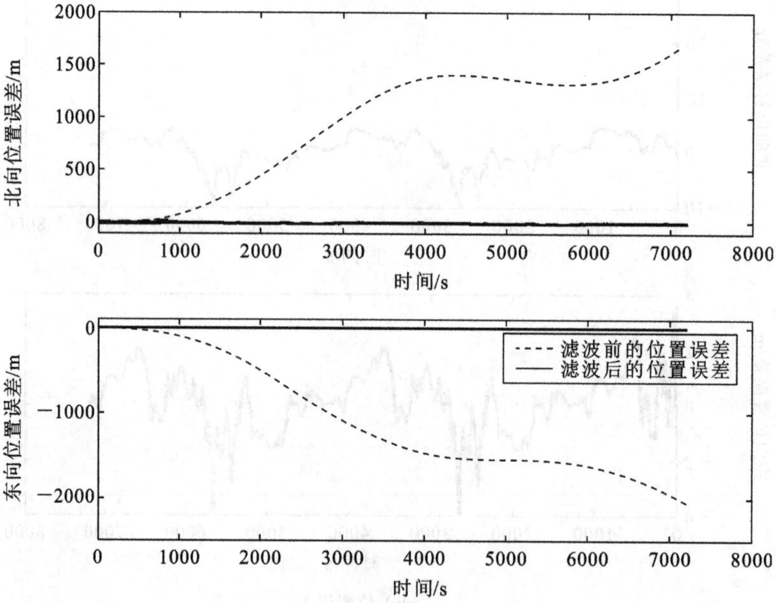

（b）滤波前后的位置误差

图 4-10-8　测量信息为位置、速度误差时滤波前后的捷联惯导误差

第 5 章 旋转调制式惯导系统

5.1 单轴旋转调制原理

旋转捷联惯性测量单元(SIMU)技术是将 SIMU 固定在一个可控的旋转机构上,通过控制旋转机构连续或间歇地进行周期性有规律的旋转,使惯性器件的与加速度无关的随机、常值误差得到调制,使其在传递到导航参数输出时可控,从而减小惯导系统误差随时间的积累,达到提高导航精度并满足长航时导航要求的目的。本节以单轴旋转调制惯导系统为例,依次介绍旋转调制式捷联惯导系统的发展历程、单轴旋转调制的基本原理、单轴旋转调制方案。

5.1.1 旋转调制式捷联惯导系统的发展历史

误差自补偿技术一直伴随着惯性技术的整个发展过程。20 世纪 50 年代应用旋转结构消除框架陀螺的漂移。60—70 年代开始用转子定期反转、H 调制技术、陀螺监控技术来估计、补偿陀螺漂移。60 年代中后期将旋转调制技术应用于平台惯导系统设计。70 年代将旋转调制技术应用于捷联惯导和陀螺罗经。80 年代将旋转调制技术用于激光陀螺速率偏频,同时也有将转位用于抖动偏频的激光陀螺惯导系统的,使得激光陀螺惯导系统精度大大提高。90 年代出现了利用载体的旋转调制来提高惯导探测导航设备的精度。由此可见,伴随惯性技术的发展,误差自补偿技术也在持续不断地发展。

早在 20 世纪 50 年代末、60 年代初甚至更早,就有关于陀螺误差自补偿技术的研究,主要的方法有强制陀螺仪框架轴承旋转和陀螺仪动量矩矢量换向,即转子反转。Sperry 陀螺仪公司采用旋转技术(rotorace)消除非浮式(non-floated)陀螺的随机漂移,其关键技术是使陀螺框架轴承的外圈绕陀螺旋转轴旋转,且定期旋转换向,以消除由轴承滚珠尺寸不完全一致、转子随球度及灰尘粒子等导致的陀螺随机漂移。技术资料显示,此项技术将非浮式陀螺的随机漂移从原来的 2～3(°)/h 降到了 0.25(°)/h,部分产品精度达到了 0.05(°)/h。随后,有关学者提出"反转"测量仪器可消除其固定的误差,并将此思想应用于惯性制导系统的误差自补偿中,以消除长时间下缓慢变化的陀螺漂移和加速度计零偏。H 调制技术可谓是转子反转技术的进一步发展,该技术通过改变监控陀螺的转动动量矩来估计受监控陀螺的漂移。H 调制技术现今仍用于高精度的潜艇用惯导系统中。

早期研究主要是将旋转调制思想应用于惯性器件,也有向系统方向发展的迹象(加速度计敏感轴换向);主要方法是旋转陀螺壳体、陀螺转子反转以及 H 调制技术。

第一个成功地将旋转调制技术应用于系统结构的惯导系统是美国台尔柯(Delco)公司的轮盘木马 IV(Carousel-IV,C-IV)平台惯导系统。

C-IV 采用独特的自由方位式机械编排方式,其最主要的特点就是整套水平惯性仪表(两个陀螺和两个加速度计)作为一个刚性装置绕当地垂线轴旋转,以调制水平惯性器件的误差,减小对系统性能的影响。为便于系统飞行前的对准和校正,C-IV 采用了 1 r/min 的高速旋转速率。通过采用这项技术,C-IV 可方便地进行自动标定,改进对准精度的同时也减少了对准时间,水平误差受到抑制。

台尔柯公司首先将旋转调制技术用于研制捷联惯导系统,研制了单轴、双轴以及多裕度配置的旋转调制式捷联惯导系统,开启了该方面研究的先河。20 世纪 80 年代,Sperry 公司利用磁镜偏激光陀螺研制了单轴旋转惯导系统,系统采用四位置转、停方案。由于磁镜偏激光陀螺精度较低,随后开展了二频机抖激光陀螺单轴旋转惯导系统研制,并在 20 世纪 90 年代研制出 MK39 系列激光惯导系统,该系统已经被多个国家的海军用于各种舰船平台。MK39 单轴旋转惯导系统结构如图 5-1-1 所示,后来在 MK39-Mod3c 的基础上又发展了 AN/WSN-7B 系统。

1989 年,Sperry 公司的 MK49 型双轴旋转式激光陀螺惯导系统经过海试后,被选为北约的船用标准惯性导航系统,装备了大量的潜艇和水面舰艇。MK49 系统采用了 3 个 GG1342 型机械抖动激光陀螺(Honeywell 公司生产),Honeywell 官方公布的 GG1342 陀螺零偏稳定性为0.0035(°)/h,角度随机游走为 0.0015(°)/h。MK49 系统采用双轴翻转技术,利用双轴转位器(外部为横摇、内部为方位)定期为惯性敏感器装置绕横摇轴和方位轴进行 180°定序,以消除所有 3 个轴上的陀螺漂移和其他误差源,并且转位机构还用来对系统进行自校准、隔离外界的横滚和方位运动等。20 世纪 90 年代初报道称该系统可达到 0.39 n mile/30 h 的定位精度,MK49 系统结构如图 5-1-2 所示。而后 Sperry 公司在 MK49 系统的基础上发展了 WSN-7A 双轴激光陀螺旋转调制系统,其精度很高,重调周期可达 14 天。

图 5-1-1 MK39 **单轴旋转惯导系统结构**

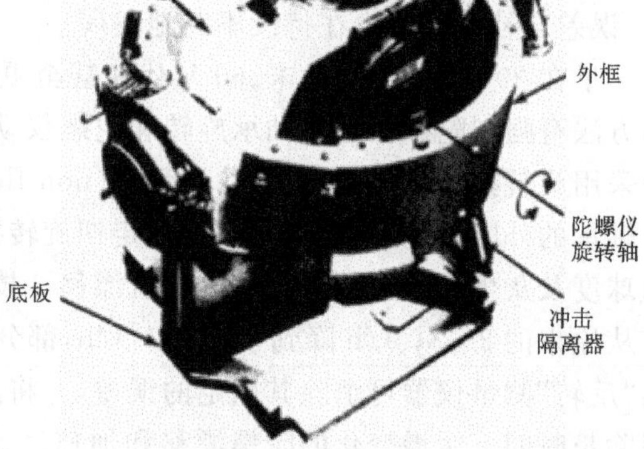

图 5-1-2 MK49 **双轴旋转惯导系统结构**

5.1.2 单轴旋转调制的基本原理

惯性测量单元旋转的捷联算法原理如图 5-1-3 所示。微惯性测量单元由正交的 3 个光学陀螺和 3 个石英挠性加速度计构成,安装在转位机构上,转位机构安装在载体上,导航控制系

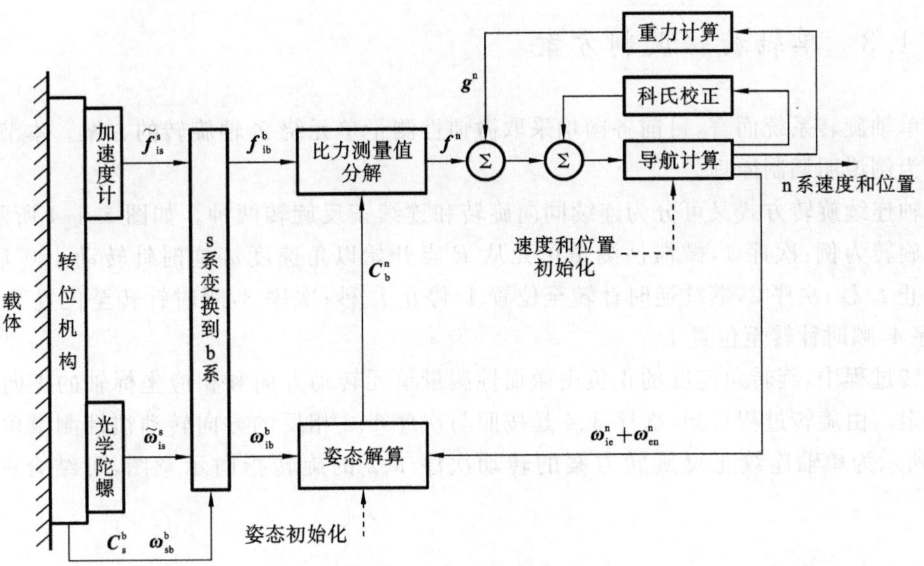

图 5-1-3 惯性测量单元旋转的捷联算法原理

统控制转位机构的转动。

各坐标系定义：s 系为旋转坐标系；b 系为载体坐标系；n 系为导航坐标系，取当地地理坐标系；i 系为惯性坐标系。初始时刻 $OX_sY_sZ_s$ 与 $OX_bY_bZ_b$ 重合。

在捷联惯导系统中，陀螺仪和加速度计误差形式如下：

$$\begin{cases}\delta\boldsymbol{\omega}_{ib}^{b}=(\delta\boldsymbol{K}_G+\delta\boldsymbol{G})\boldsymbol{\omega}_{ib}^{b}+\boldsymbol{\varepsilon}+\boldsymbol{n}_g\\ \delta\boldsymbol{f}^{b}=(\delta\boldsymbol{K}_A+\delta\boldsymbol{A})\boldsymbol{f}^{b}+\nabla\boldsymbol{A}+\boldsymbol{n}_a\end{cases}\tag{5-1-1}$$

当系统进行单轴旋转时，各误差项被调制成包含正余弦函数的形式。由式(5-1-1)可同理得出系统在 s 系中的误差形式如下：

$$\begin{cases}\delta\boldsymbol{\omega}_{is}^{s}=(\delta\boldsymbol{K}_G+\delta\boldsymbol{G})\boldsymbol{\omega}_{is}^{s}+\boldsymbol{\varepsilon}+\boldsymbol{n}_g\\ \delta\boldsymbol{f}^{s}=(\delta\boldsymbol{K}_A+\delta\boldsymbol{A})\boldsymbol{f}^{s}+\nabla\boldsymbol{A}+\boldsymbol{n}_a\end{cases}\tag{5-1-2}$$

陀螺仪和加速度计的测量值在 b 系和 s 系中的变换形式如下：

$$\begin{cases}\boldsymbol{\omega}_{is}^{s}=\boldsymbol{C}_{b}^{s}\boldsymbol{\omega}_{ib}^{b}+\boldsymbol{\omega}_{bs}^{s}\\ \boldsymbol{f}_{is}^{s}=\boldsymbol{C}_{b}^{s}\boldsymbol{f}_{ib}^{b}+\boldsymbol{f}_{bs}^{s}\end{cases}\tag{5-1-3}$$

将式(5-1-3)代入式(5-1-2)中可得到在单轴旋转条件下旋转坐标系中陀螺仪和加速度计的输出误差：

$$\begin{cases}\delta\boldsymbol{\omega}_{is}^{s}=(\delta\boldsymbol{K}_G+\delta\boldsymbol{G})\boldsymbol{C}_{b}^{s}\boldsymbol{\omega}_{ib}^{b}+(\delta\boldsymbol{K}_G+\delta\boldsymbol{G})\boldsymbol{\omega}_{bs}^{s}+\boldsymbol{\varepsilon}+\boldsymbol{n}_g\\ \delta\boldsymbol{f}^{s}=(\delta\boldsymbol{K}_A+\delta\boldsymbol{A})\boldsymbol{C}_{b}^{s}\boldsymbol{f}^{b}+(\delta\boldsymbol{K}_A+\delta\boldsymbol{A})\boldsymbol{f}_{bs}^{s}+\nabla\boldsymbol{A}+\boldsymbol{n}_a\end{cases}\tag{5-1-4}$$

由式(5-1-4)所示的误差方程可得旋转的捷联惯导系统的误差传播方程：

$$\dot{\boldsymbol{\phi}}^{n}=-\boldsymbol{\omega}_{in}^{n}\times\boldsymbol{\phi}^{n}+\delta\boldsymbol{\omega}_{in}^{n}-\boldsymbol{C}_{b}^{n}\boldsymbol{C}_{s}^{b}\delta\boldsymbol{\omega}_{is}^{s}\tag{5-1-5}$$

$$\delta\dot{\boldsymbol{v}}^{n}=\boldsymbol{f}^{n}\times\boldsymbol{\phi}^{n}+\boldsymbol{C}_{b}^{n}\boldsymbol{C}_{s}^{b}\delta\boldsymbol{f}^{s}-(2\boldsymbol{\omega}_{ie}^{n}+\boldsymbol{\omega}_{en}^{n})\times\delta\boldsymbol{v}^{n}-(2\delta\boldsymbol{\omega}_{ie}^{n}+\delta\boldsymbol{\omega}_{en}^{n})\times\boldsymbol{v}^{n}\tag{5-1-6}$$

由系统的误差传播方程可以看出，旋转调制的机理为通过旋转周期性地改变 $\boldsymbol{C}_{s}^{b}$($\boldsymbol{C}_{s}^{b}=(\boldsymbol{C}_{b}^{s})^{\mathrm{T}}$)，使惯性器件原有的输出误差 $\delta\boldsymbol{\omega}_{is}^{s}$、$\delta\boldsymbol{f}^{s}$ 调制成 $\boldsymbol{C}_{s}^{b}(t)\delta\boldsymbol{\omega}_{is}^{s}$、$\boldsymbol{C}_{s}^{b}(t)\delta\boldsymbol{f}^{s}$，从而在解算的过程中平均掉惯性元件的输出误差，以此来抑制系统的误差发散，提高导航精度。

5.1.3　单轴旋转调制方案

对单轴旋转系统而言，目前各国均采取微惯性测量单元绕 Z 轴旋转的方案。本节以绕 Z 轴旋转为例说明调制原理。

单轴连续旋转方式又可分为连续同向旋转和连续正反旋转两种。如图 5-1-4 所示，以连续正反旋转为例：次序 1，微惯性测量单元从 P 点开始以角速度 ω 逆时针转动 180°后，在位置 2 停止 t_s 秒；次序 2，继续逆时针转至位置 1，停止 t_s 秒；次序 3，顺时针转至位置 2，停止 t_s 秒；次序 4，顺时针转至位置 1。

旋转过程中，旋转角速度的正负由微惯性测量单元转动方向和相应坐标轴的正向是否一致来决定。由旋转过程可知，次序 3、4 是按照与次序 1、2 相反的方向转动惯性测量单元。图 5-1-5 所示为单轴连续正反旋转方案的转动次序 1、2 的旋转指向示意图，可结合图 5-1-4 理解。

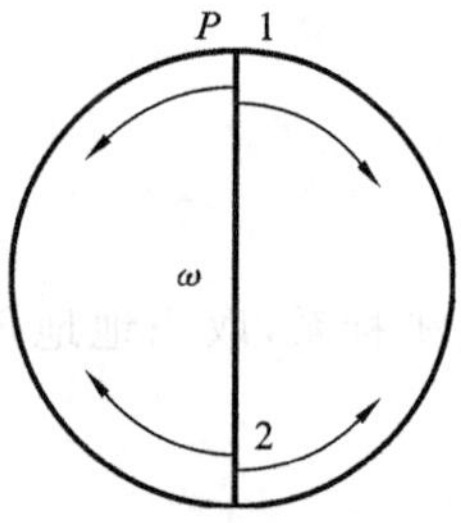

图 5-1-4　连续正反旋转方式

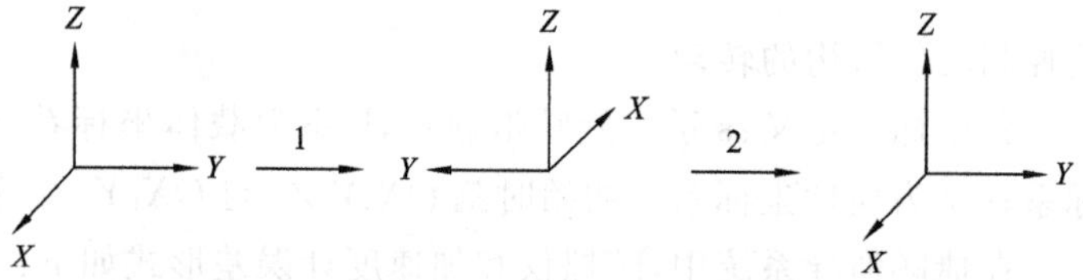

图 5-1-5　单轴连续正反旋转方案的转动次序 1、2 的旋转指向

设 T 为完成一次连续正反旋转的周期，γ 为旋转角度，旋转角速度 $\boldsymbol{\omega}_{bs}^{s}=[0\quad 0\quad \omega_z]^{T}$，$\omega_z$ 取值如下：

$$\omega_z=\begin{cases}\omega_z & t_s<t<t_s+\pi/\omega_z\text{(次序 1)},\\ & 2t_s+\pi/\omega_z<t<2t_s+2\pi/\omega_z\text{(次序 2)}\\ -\omega_z & 3t_s+2\pi/\omega_z<t<3t_s+3\pi/\omega_z\text{(次序 3)},\\ & 4t_s+3\pi/\omega_z<t<T\text{(次序 4)}\\ 0 & \text{其他}\end{cases}\tag{5-1-7}$$

比力在坐标系间的变换值 $\boldsymbol{f}_{bs}^{s}=\boldsymbol{0}$，旋转坐标系与载体坐标系的坐标转换矩阵 $\boldsymbol{C}_{b}^{s}$ 为

$$\boldsymbol{C}_{b}^{s}=\begin{bmatrix}\cos\gamma & \sin\gamma & 0\\ -\sin\gamma & \cos\gamma & 0\\ 0 & 0 & 1\end{bmatrix}=\begin{bmatrix}\cos(\omega_z t) & \sin(\omega_z t) & 0\\ -\sin(\omega_z t) & \cos(\omega_z t) & 0\\ 0 & 0 & 1\end{bmatrix}\tag{5-1-8}$$

$\boldsymbol{C}_{s}^{b}$ 和 $\boldsymbol{\omega}_{bs}^{s}$ 在次序 1～4 的旋转过程中的具体形式如下。

次序 1：

$$\boldsymbol{C}_{s}^{b}=\begin{bmatrix}\cos(\omega_z t) & -\sin(\omega_z t) & 0\\ \sin(\omega_z t) & \cos(\omega_z t) & 0\\ 0 & 0 & 1\end{bmatrix}\tag{5-1-9}$$

$$\boldsymbol{\omega}_{bs}^{s}=[0\quad 0\quad \omega_z]^{T}\tag{5-1-10}$$

次序 2：

$$C_s^b=\begin{bmatrix}-1&0&0\\0&-1&0\\0&0&1\end{bmatrix}\begin{bmatrix}\cos(\omega_z t)&-\sin(\omega_z t)&0\\\sin(\omega_z t)&\cos(\omega_z t)&0\\0&0&1\end{bmatrix}$$

$$=\begin{bmatrix}-\cos(\omega_z t)&\sin(\omega_z t)&0\\-\sin(\omega_z t)&-\cos(\omega_z t)&0\\0&0&1\end{bmatrix}\tag{5-1-11}$$

$$\omega_{bs}^s=[0\quad 0\quad \omega_z]^T\tag{5-1-12}$$

次序 3：

$$C_s^b=\begin{bmatrix}1&0&0\\0&1&0\\0&0&1\end{bmatrix}\begin{bmatrix}\cos(-\omega_z t)&-\sin(-\omega_z t)&0\\\sin(-\omega_z t)&\cos(-\omega_z t)&0\\0&0&1\end{bmatrix}$$

$$=\begin{bmatrix}\cos(\omega_z t)&\sin(\omega_z t)&0\\-\sin(\omega_z t)&\cos(\omega_z t)&0\\0&0&1\end{bmatrix}\tag{5-1-13}$$

$$\omega_{bs}^s=[0\quad 0\quad -\omega_z]^T\tag{5-1-14}$$

次序 4：

$$C_s^b=\begin{bmatrix}-1&0&0\\0&-1&0\\0&0&1\end{bmatrix}\begin{bmatrix}\cos(-\omega_z t)&-\sin(-\omega_z t)&0\\\sin(-\omega_z t)&\cos(-\omega_z t)&0\\0&0&1\end{bmatrix}$$

$$=\begin{bmatrix}-1&0&0\\0&-1&0\\0&0&1\end{bmatrix}\begin{bmatrix}\cos(\omega_z t)&\sin(\omega_z t)&0\\-\sin(\omega_z t)&\cos(\omega_z t)&0\\0&0&1\end{bmatrix}$$

$$=\begin{bmatrix}-\cos(\omega_z t)&-\sin(\omega_z t)&0\\\sin(\omega_z t)&-\cos(\omega_z t)&0\\0&0&1\end{bmatrix}\tag{5-1-15}$$

$$\omega_{bs}^s=[0\quad 0\quad -\omega_z]^T\tag{5-1-16}$$

5.2　单轴旋转调制程序设计

5.2.1　程序设计

5.1 节对单轴旋转调制惯导系统的工作原理、旋转调制方案进行了介绍。为了加深对单轴旋转调制惯导系统误差补偿技术的理解及应用，本节根据 5.1 节内容进行以下实验。（本节所对应程序详见配套的数字资源）

在 MATLAB 中，进行陀螺仪误差无旋转调制和单轴旋转调制惯导系统的导航性能对比实验。

仿真参数设置如下：

(1) 导航解算采用当地地理坐标系机械编排，仿真步长为 0.1 s，仿真时间为 129600 s(36 h)。

(2) 陀螺仪常值漂移为 0.01(°)/h,陀螺仪随机误差为 0.0003(°)/h,加速度计零偏为 $0.5\times10^{-3}g$,加速度计随机误差为 $10^{-6}g$。

(3) 东向速度、北向速度、纵摇角、横滚角和航向角均为 0,初始经度为 0°,初始纬度为 45°。

(4) 在单轴旋转方案中,转速为 1 r/min,锁定时间为 30 s,一个转动周期为 4 min。

实验步骤如下:

(1) 参数初始化。首先进行参数初始化设置,如图 5-2-1 所示,包括初始位置、初始速度、地球自转角速度、地球半径、加速度计参数、旋转调制的绕轴转速等。

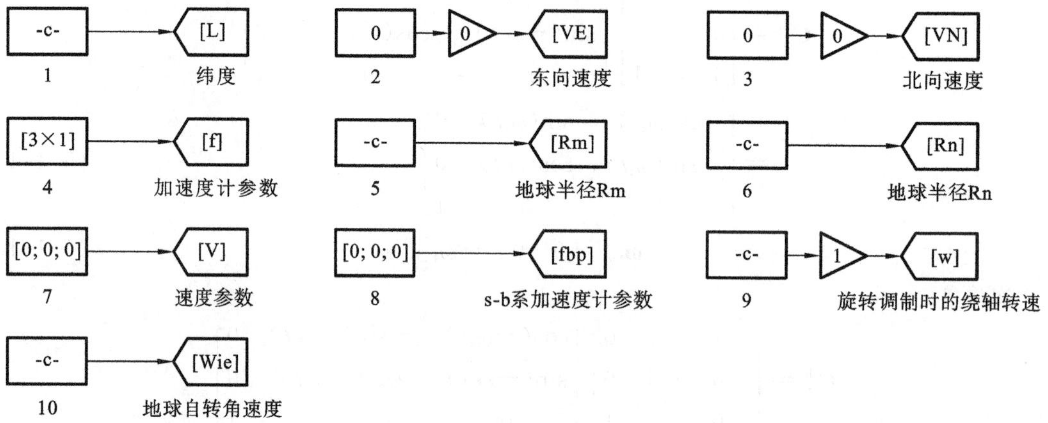

图 5-2-1 参数初始化

(2) 误差设置。如图 5-2-2 所示,包括陀螺仪常值误差和随机误差、加速度计常值误差和随机误差的设置。

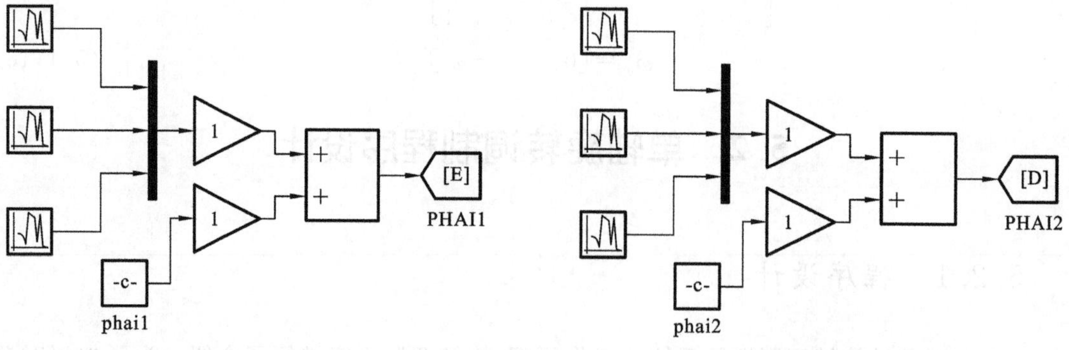

(a) 陀螺仪误差设置　　(b) 加速度计误差设置

图 5-2-2 误差设置

(3) 旋转策略。如图 5-2-3 所示,参照 5.1.3 节内容,对单轴旋转调制策略进行设置。

(4) 相关参数计算。如图 5-2-4 所示,根据式(4-3-13)、式(4-3-14)、式(4-3-29)和式(4-3-30),分别计算参数 $\boldsymbol{\omega}_{in}^{n}$、$\boldsymbol{\omega}_{ie}^{n}$、$\boldsymbol{\omega}_{en}^{n}$、$\delta\boldsymbol{\omega}_{in}^{n}$、$\delta\boldsymbol{\omega}_{ie}^{n}$和 $\delta\boldsymbol{\omega}_{en}^{n}$。

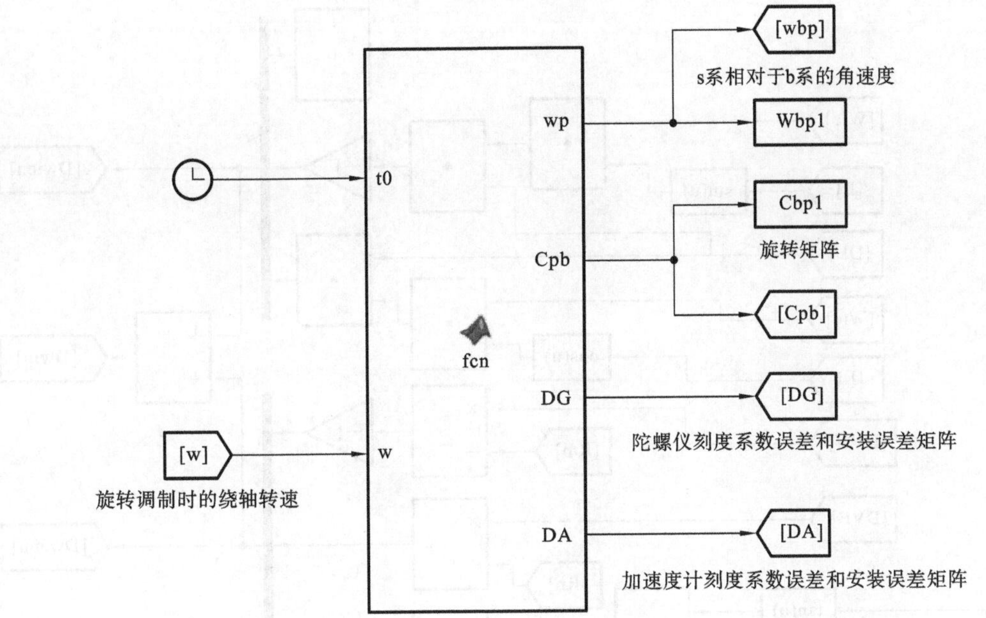

图 5-2-3　旋转策略

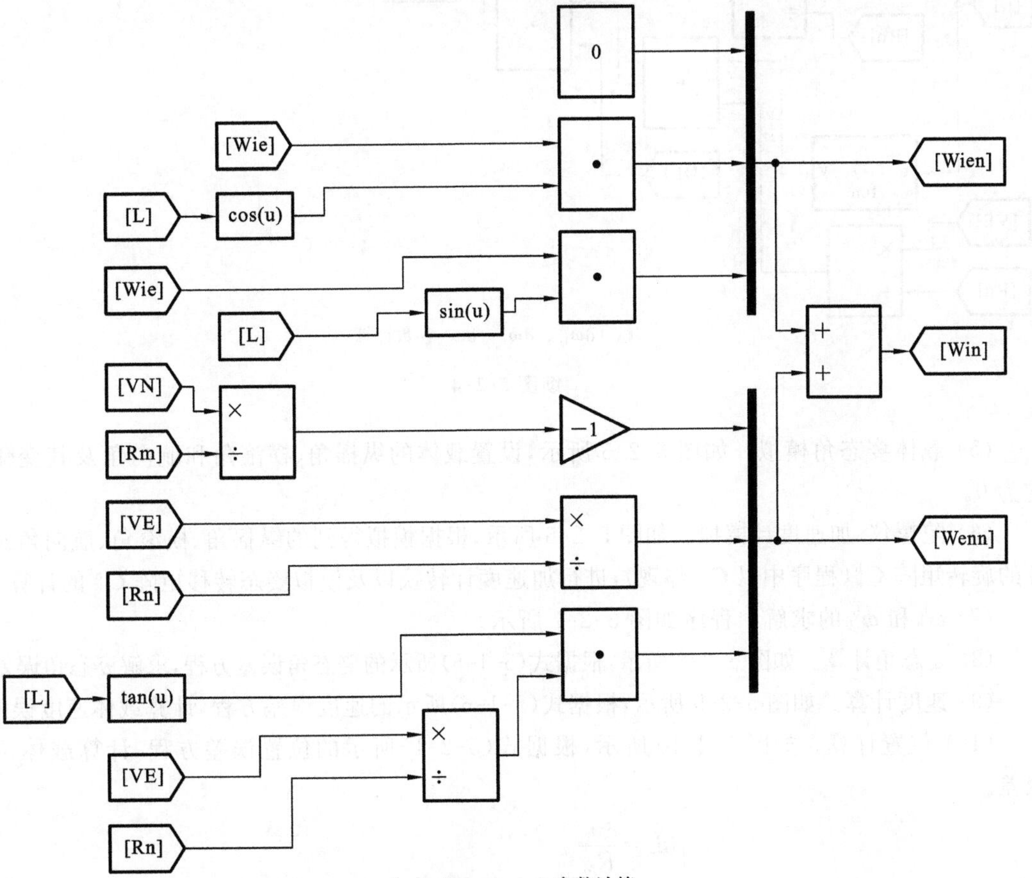

(a) ω_{in}^{n}、ω_{ie}^{n}、ω_{en}^{n} 参数计算

图 5-2-4　相关参数计算

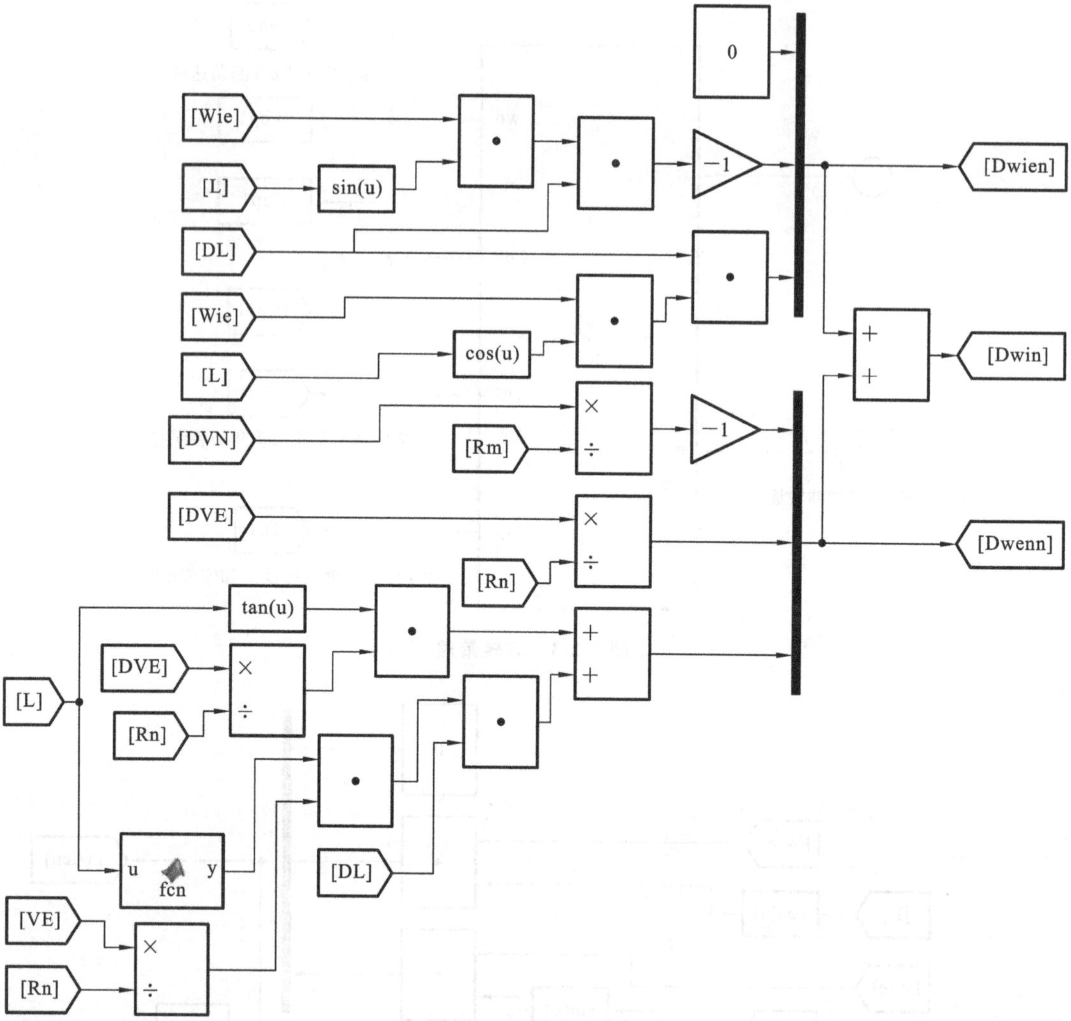

(b) $\delta\boldsymbol{\omega}_{in}^{n}$、$\delta\boldsymbol{\omega}_{ie}^{n}$、$\delta\boldsymbol{\omega}_{en}^{n}$ 参数计算

续图 5-2-4

(5) 载体姿态角模拟。如图 5-2-5 所示，设置载体的纵摇角、横滚角和航向角及其变化率均为 0。

(6) 陀螺仪、加速度计模拟。如图 5-2-6 所示，根据模拟得到的纵摇角、横滚角、航向角及计算的旋转矩阵 $\boldsymbol{C}_s^b$(程序中以 $\boldsymbol{C}_p^b$ 体现)，进行加速度计转换以及模拟姿态转移矩阵 $\boldsymbol{C}_b^n$ 的计算。

(7) $\boldsymbol{\omega}_{ib}^{b}$ 和 $\boldsymbol{\omega}_{nb}^{b}$ 的求解。程序如图 5-2-7 所示。

(8) 姿态角计算。如图 5-2-8 所示，根据式(5-1-5)所示的姿态角误差方程，求解姿态角误差。

(9) 速度计算。如图 5-2-9 所示，根据式(5-1-6)所示的速度误差方程，计算载体速度误差。

(10) 位置计算。如图 5-2-10 所示，根据式(5-2-1)所示的位置误差方程，计算载体位置误差。

$$\begin{cases}\delta\dot{L}=\dfrac{\delta v_N}{R_M}\\ \delta\dot{\lambda}=\dfrac{\delta v_E}{R_N\cos L}+\delta L\ \dfrac{v_E}{R_N}\tan L\sec L\end{cases} \tag{5-2-1}$$

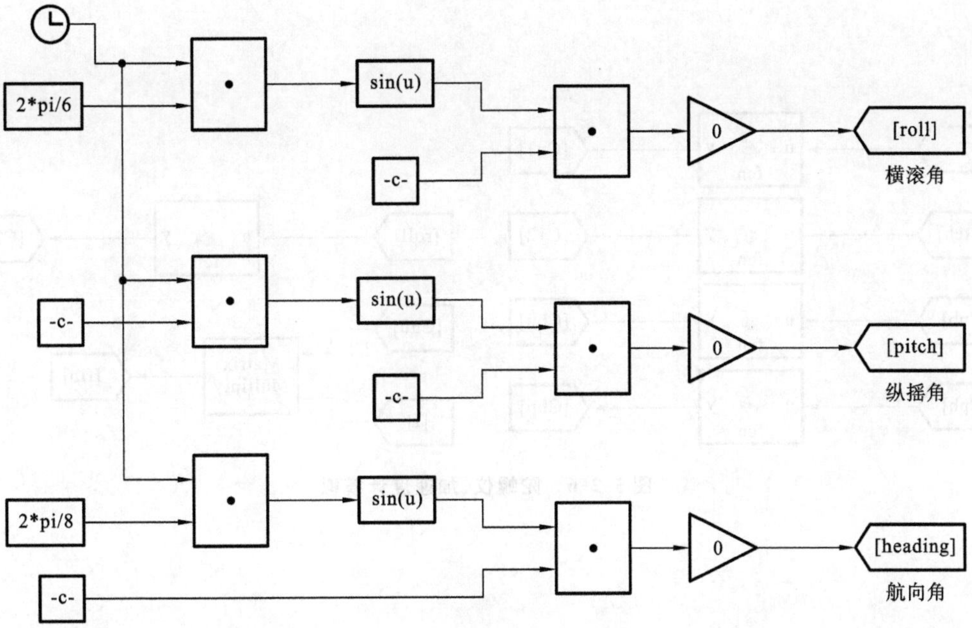

（a）载体姿态计算

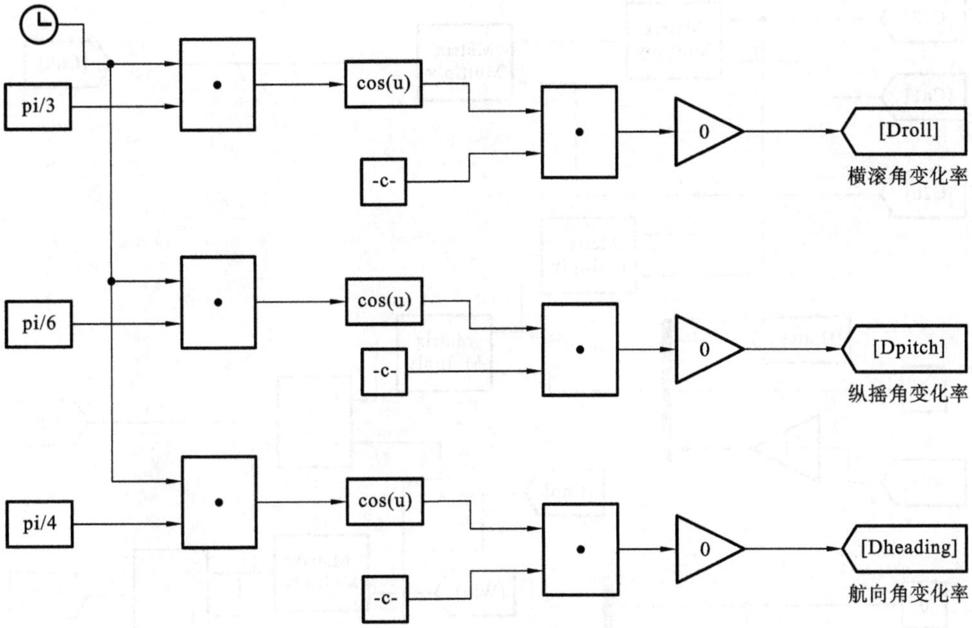

（b）载体姿态变化率计算

图 5-2-5　载体姿态角模拟

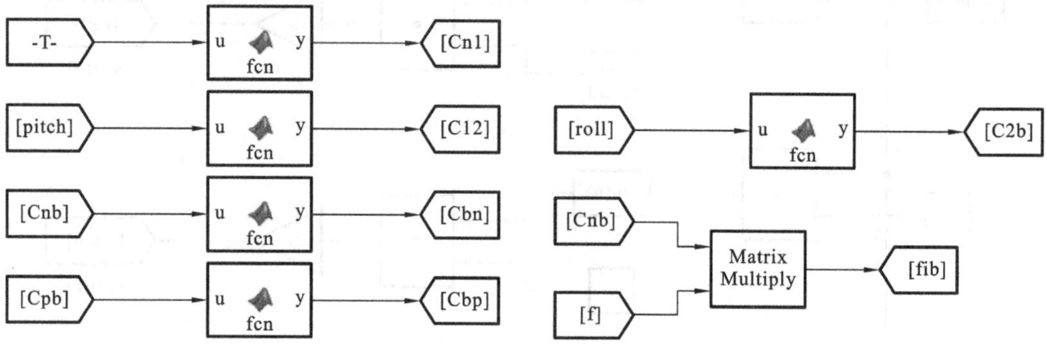

图 5-2-6 陀螺仪、加速度计模拟

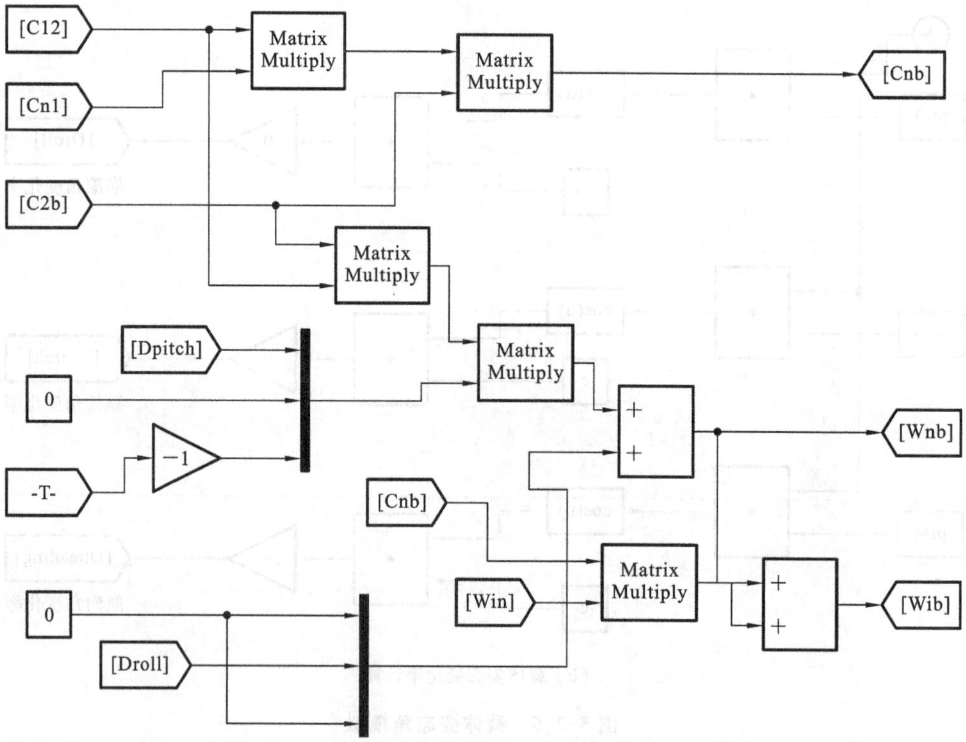

图 5-2-7 ω_{ib}^b 和 ω_{nb}^b 的求解

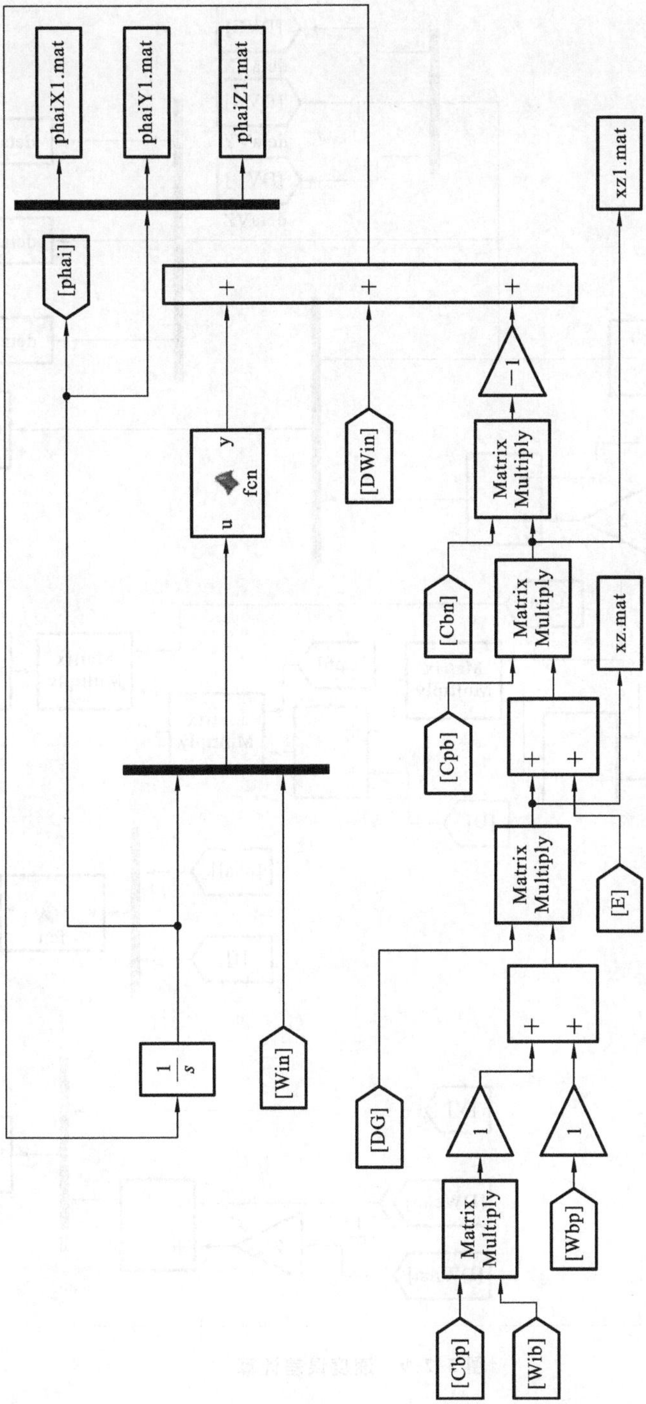

图 5-2-8　姿态角误差计算

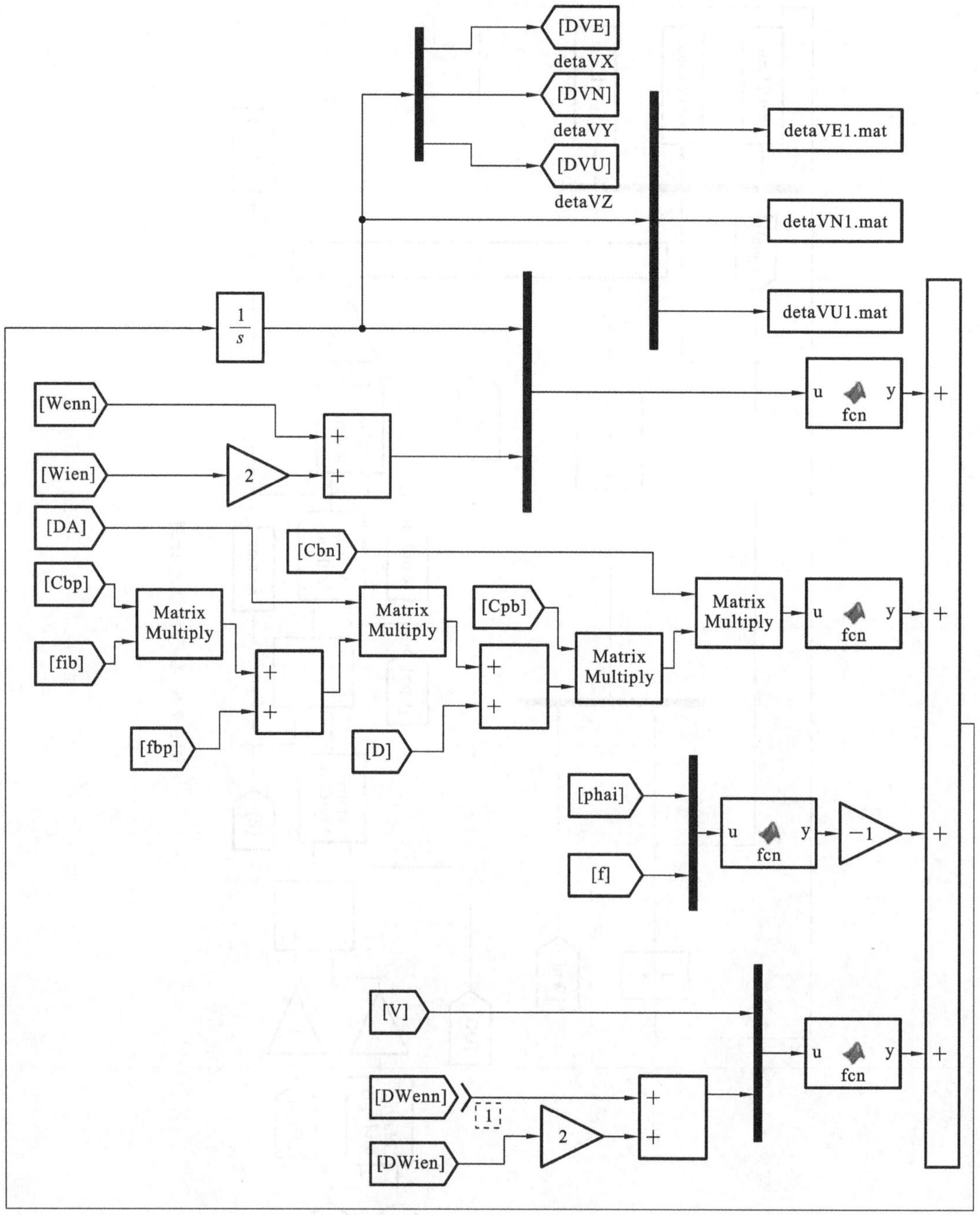
[DVE]
detaVX
[DVN]
detaVY
[DVU]
detaVZ
detaVE1.mat
detaVN1.mat
detaVU1.mat
1/s
[Wenn]
[Wien]
2
u fcn y
[DA]
[Cbn]
[Cbp]
Matrix Multiply
[fib]
[Cpb]
[fbp]
[D]
[phai]
[f]
−1
[V]
[DWenn]
1
[DWien]

图 5-2-9　速度误差计算

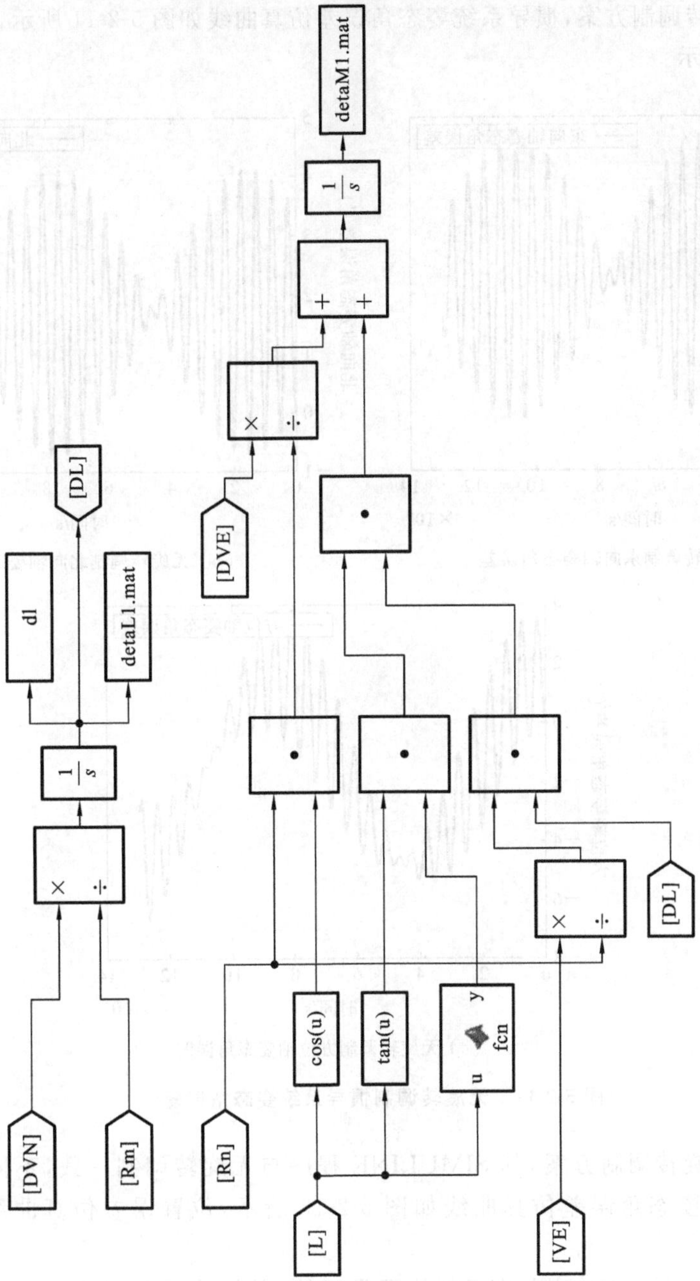

图 5-2-10　位置误差计算

5.2.2　仿真结果

根据搭建的单轴旋转调制捷联惯导系统 SIMULINK 仿真模块，进行 129600 s(36 h)的仿真实验。

(1) 针对无旋转调制方案，惯导系统姿态角误差仿真曲线如图 5-2-11 所示，位置误差仿真曲线如图 5-2-12 所示。

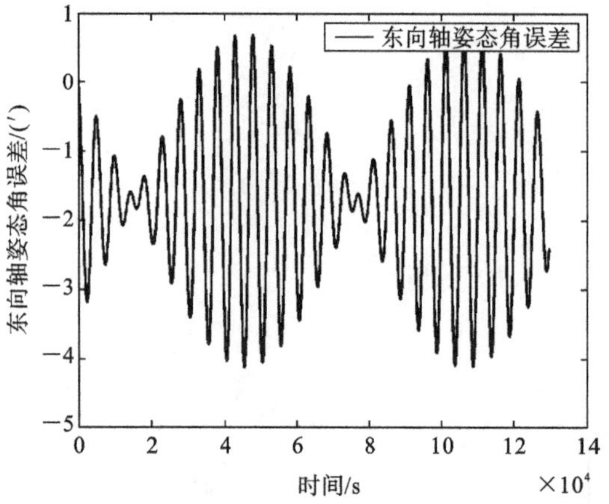

(a) 无旋转调制东向轴姿态角误差

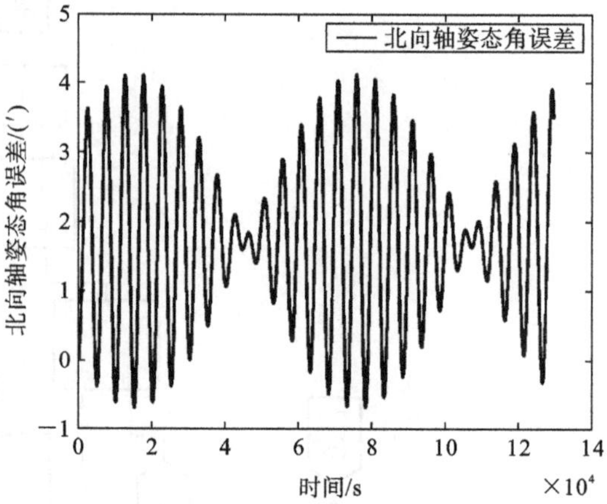

(b) 无旋转调制北向轴姿态角误差

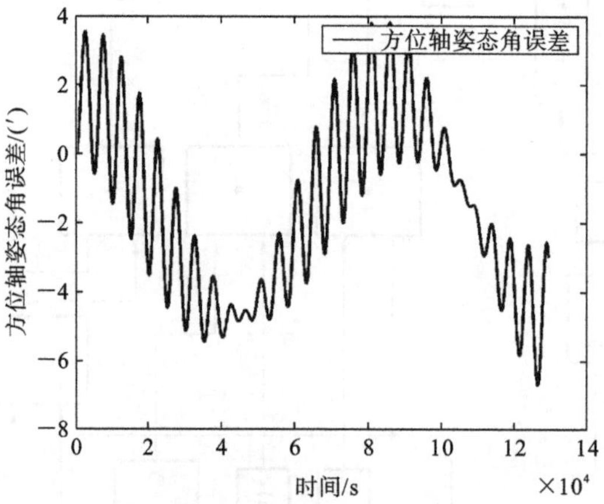

(c) 无旋转调制方位轴姿态角误差

图 5-2-11　无旋转调制惯导系统姿态角误差

(2) 针对单轴旋转调制方案，其 SIMULINK 程序与无旋转调制一致，不同之处在于旋转策略。惯导系统姿态角误差仿真曲线如图 5-2-13 所示，位置误差仿真曲线如图 5-2-14 所示。

仿真实验结果表明，相比无旋转调制的惯导系统，单轴旋转调制能够有效提高系统导航精度，但它仅可以补偿惯性元件在与旋转轴垂直方向的误差项，补偿效果有待进一步提高。

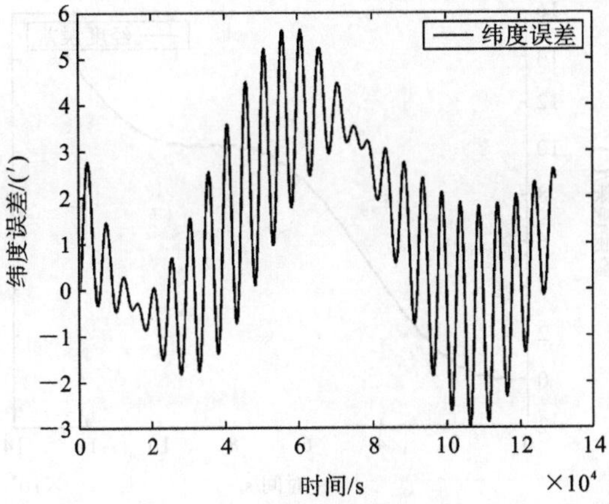

（a）无旋转调制纬度误差

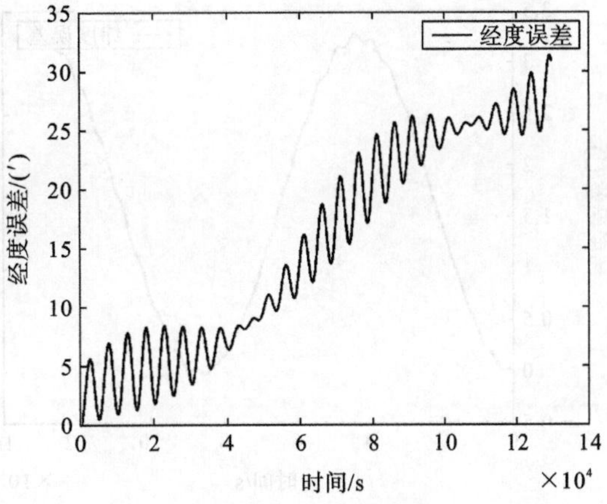

（b）无旋转调制经度误差

图 5-2-12 无旋转调制惯导系统位置误差

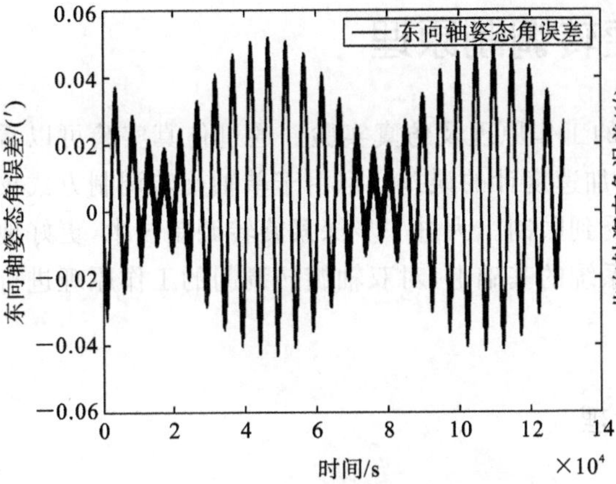

（a）单轴旋转调制东向轴姿态角误差

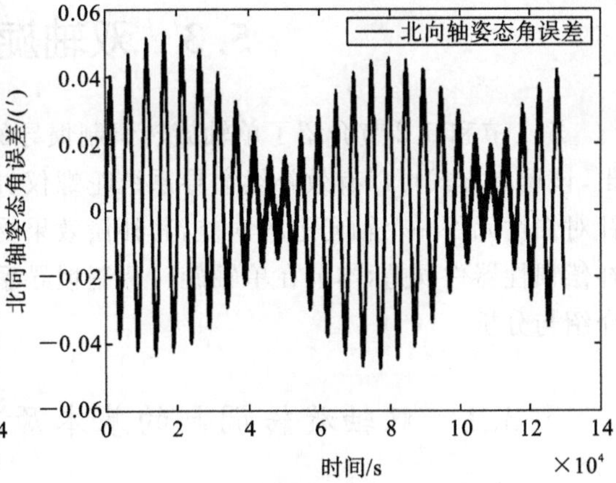

（b）单轴旋转调制北向轴姿态角误差

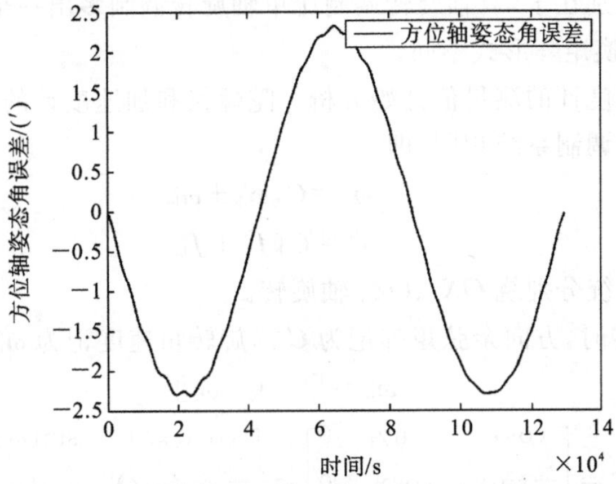

（c）单轴旋转调制方位轴姿态角误差

图 5-2-13 单轴旋转调制惯导系统姿态角误差

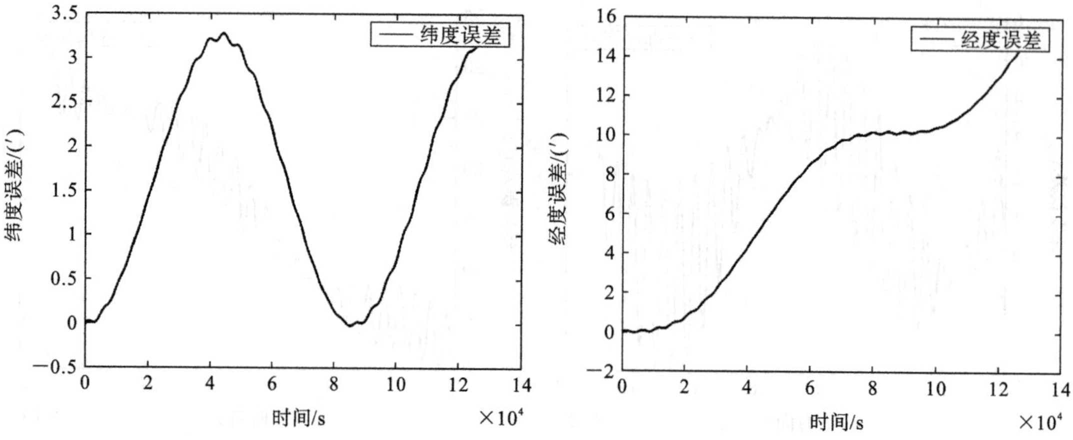

（a）单轴旋转调制纬度误差　（b）单轴旋转调制经度误差

图 5-2-14　单轴旋转调制惯导系统位置误差

5.3　双轴旋转调制原理

5.1 节和 5.2 节介绍了单轴旋转调制惯导的工作原理及仿真实验。通过仿真实验可以看出，该调制方式可以有效补偿惯导系统陀螺仪、加速度计的误差。但由于单轴旋转调制方式仅针对惯性元件一个轴向上的误差，其补偿效果受到限制。为进一步探索旋转调制技术，更好地补偿惯性器件误差，本节在单轴旋转调制惯导系统的基础上，对双轴旋转调制的工作原理进行介绍与分析。

5.3.1　双轴旋转调制的基本原理

对于双轴旋转调制惯导系统，其分析方法、基本工作原理与单轴旋转调制惯导系统相同（见 5.1 节）。主要区别在于，双轴旋转调制比单轴旋转调制多出一个旋转轴，多出轴的坐标系（b 系和 s 系）间的变换矩阵形式不同。

从陀螺仪和加速度计的测量值开始分析。陀螺仪和加速度计的测量值在 b 系和 s 系中的变换形式与单轴旋转调制系统相同，即

$$\begin{cases}\boldsymbol{\omega}_{is}^{s}=\boldsymbol{C}_{b}^{s}\boldsymbol{\omega}_{ib}^{b}+\boldsymbol{\omega}_{bs}^{s}\\ \boldsymbol{f}_{is}^{s}=\boldsymbol{C}_{b}^{s}\boldsymbol{f}_{ib}^{b}+\boldsymbol{f}_{bs}^{s}\end{cases}\tag{5-3-1}$$

假设双轴旋转系统分别绕 OX_b、OZ_b 轴旋转。

当绕 OZ_b 轴旋转时，方向余弦矩阵记为 $\boldsymbol{C}_{b}^{sz}$，旋转角速度记为 $\boldsymbol{\omega}_{bs}^{sz}$，$\gamma_z$ 为旋转角度，即

$$\boldsymbol{\omega}_{bs}^{sz}=[0\quad 0\quad \omega_z]^{T}\tag{5-3-2}$$

$$\boldsymbol{C}_{b}^{sz}=\begin{bmatrix}\cos\gamma_z & \sin\gamma_z & 0\\ -\sin\gamma_z & \cos\gamma_z & 0\\ 0 & 0 & 1\end{bmatrix}=\begin{bmatrix}\cos(\omega_z t) & \sin(\omega_z t) & 0\\ -\sin(\omega_z t) & \cos(\omega_z t) & 0\\ 0 & 0 & 1\end{bmatrix}\tag{5-3-3}$$

当绕 OX_b 轴旋转时，方向余弦矩阵记为 $\boldsymbol{C}_{b}^{sx}$，旋转角速度记为 $\boldsymbol{\omega}_{bs}^{sx}$，$\gamma_x$ 为旋转角度，即

$$\boldsymbol{\omega}_{bs}^{sx}=[\omega_x\quad 0\quad 0]^{T}\tag{5-3-4}$$

$$C_{b}^{sx}=\begin{bmatrix}1 & 0 & 0\\ 0 & \cos\gamma_x & \sin\gamma_x\\ 0 & -\sin\gamma_x & \cos\gamma_x\end{bmatrix}=\begin{bmatrix}1 & 0 & 0\\ 0 & \cos(\omega_x t) & \sin(\omega_x t)\\ 0 & -\sin(\omega_x t) & \cos(\omega_x t)\end{bmatrix} \tag{5-3-5}$$

5.3.2 双轴旋转调制方案

以双轴间歇转位旋转调制惯导系统为例，介绍双轴旋转调制方案。

双轴旋转（转位）调制方案示意图如图 5-3-1 所示，它借鉴了静电陀螺仪壳体翻滚技术，利用双轴旋转器使微惯性测量单元定序交替绕互相垂直的两个轴转动。现以绕 OX_b 轴和 OZ_b 轴定序交替旋转为例进行分析。具体转动方案如下所述。

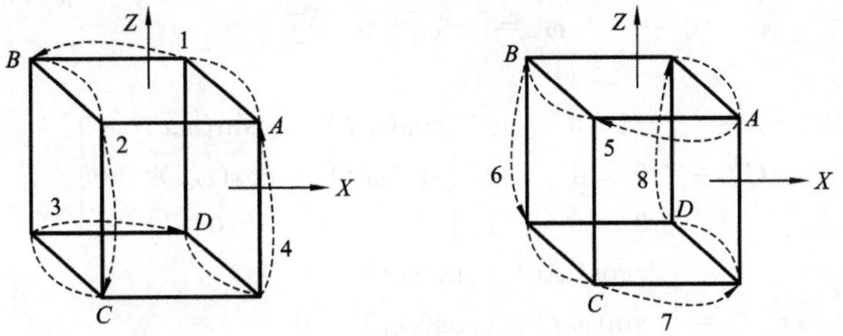

（a）次序1～4　（b）次序5～8

图 5-3-1　双轴旋转调制转位方案

初始位置为 A，并令每次转动的角速度相同。陀螺惯性测量单元的转动次序可描述如下：次序 1，绕 OZ_b 轴正转 180°到达位置 B，停止时间 t_s；次序 2，绕 OX_b 轴正转 180°到达位置 C，停止时间 t_s；次序 3，绕 OZ_b 轴反转 180°到达位置 D，停止时间 t_s；次序 4，绕 OX_b 轴反转 180°到达位置 A，停止时间 t_s；然后，次序 5～8 按照与次序 1～4 相反的方向转动惯性测量单元。

在旋转过程中，旋转角速度的正负由微惯性测量单元转动方向和相应坐标轴的正向是否一致来决定。图 5-3-2 所示为双轴转位方案的转动次序 1～4 的旋转指向示意图，可结合图 5-3-1(a)理解。

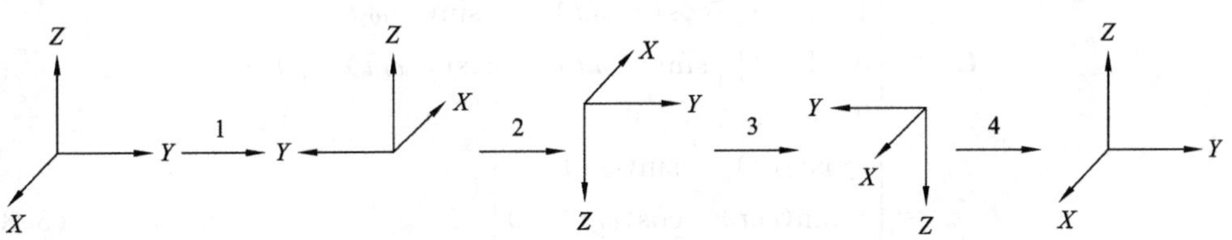

图 5-3-2　双轴转位方案的转动次序 1～4 的旋转指向

由图 5-3-2 可知，次序 1、3 为绕 OZ_b 轴转动，其转动角速度为 $\boldsymbol{\omega}_{bs}^{sz}$，对应的角速度分别为：$\boldsymbol{\omega}_{bs1}^{sz}=\boldsymbol{\omega}_{bs3}^{sz}=[0\quad 0\quad \omega_z]^{T}$；次序 2、4 为绕 OX_b 转动，其转动角速度为 $\boldsymbol{\omega}_{bs}^{sx}$，对应的角速度分别为：$\boldsymbol{\omega}_{bs2}^{sx}=\boldsymbol{\omega}_{bs4}^{sx}=[-\omega_x\quad 0\quad 0]^{T}$。次序 5～8 仅与次序 1～4 的转动方向依次相反。

$\boldsymbol{C}_{s}^{b}$ 和 $\boldsymbol{\omega}_{bs}^{s}$ 在次序 1～8 的旋转过程中的具体形式如下。

次序 1：

$$\boldsymbol{C}_{\mathrm{s}}^{\mathrm{b}}=\begin{bmatrix}\cos(\omega_z t) & -\sin(\omega_z t) & 0\\ \sin(\omega_z t) & \cos(\omega_z t) & 0\\ 0 & 0 & 1\end{bmatrix} \tag{5-3-6}$$

$$\boldsymbol{\omega}_{\mathrm{bs}}^{\mathrm{s}}=[0\quad 0\quad \omega_z]^{\mathrm{T}} \tag{5-3-7}$$

次序 2：

$$\begin{aligned}\boldsymbol{C}_{\mathrm{s}}^{\mathrm{b}}&=\begin{bmatrix}-1 & 0 & 0\\ 0 & -1 & 0\\ 0 & 0 & 1\end{bmatrix}\begin{bmatrix}1 & 0 & 0\\ 0 & \cos(-\omega_x t) & -\sin(-\omega_x t)\\ 0 & \sin(-\omega_x t) & \cos(-\omega_x t)\end{bmatrix}\\ &=\begin{bmatrix}-1 & 0 & 0\\ 0 & -\cos(\omega_x t) & -\sin(\omega_x t)\\ 0 & -\sin(\omega_x t) & \cos(\omega_x t)\end{bmatrix}\end{aligned} \tag{5-3-8}$$

$$\boldsymbol{\omega}_{\mathrm{bs}}^{\mathrm{s}}=[-\omega_x\quad 0\quad 0]^{\mathrm{T}} \tag{5-3-9}$$

次序 3：

$$\begin{aligned}\boldsymbol{C}_{\mathrm{s}}^{\mathrm{b}}&=\begin{bmatrix}-1 & 0 & 0\\ 0 & 1 & 0\\ 0 & 0 & -1\end{bmatrix}\begin{bmatrix}\cos(\omega_z t) & -\sin(\omega_z t) & 0\\ \sin(\omega_z t) & \cos(\omega_z t) & 0\\ 0 & 0 & 1\end{bmatrix}\\ &=\begin{bmatrix}-\cos(\omega_z t) & \sin(\omega_z t) & 0\\ \sin(\omega_z t) & \cos(\omega_z t) & 0\\ 0 & 0 & -1\end{bmatrix}\end{aligned} \tag{5-3-10}$$

$$\boldsymbol{\omega}_{\mathrm{bs}}^{\mathrm{s}}=[0\quad 0\quad \omega_z]^{\mathrm{T}} \tag{5-3-11}$$

次序 4：

$$\begin{aligned}\boldsymbol{C}_{\mathrm{s}}^{\mathrm{b}}&=\begin{bmatrix}1 & 0 & 0\\ 0 & -1 & 0\\ 0 & 0 & -1\end{bmatrix}\begin{bmatrix}1 & 0 & 0\\ 0 & \cos(-\omega_x t) & -\sin(-\omega_x t)\\ 0 & \sin(-\omega_x t) & \cos(-\omega_x t)\end{bmatrix}\\ &=\begin{bmatrix}1 & 0 & 0\\ 0 & -\cos(\omega_x t) & -\sin(\omega_x t)\\ 0 & \sin(\omega_x t) & -\cos(\omega_x t)\end{bmatrix}\end{aligned} \tag{5-3-12}$$

$$\boldsymbol{\omega}_{\mathrm{bs}}^{\mathrm{s}}=[-\omega_x\quad 0\quad 0]^{\mathrm{T}} \tag{5-3-13}$$

次序 5：

$$\begin{aligned}\boldsymbol{C}_{\mathrm{s}}^{\mathrm{b}}&=\begin{bmatrix}1 & 0 & 0\\ 0 & 1 & 0\\ 0 & 0 & 1\end{bmatrix}\begin{bmatrix}\cos(-\omega_z t) & -\sin(-\omega_z t) & 0\\ \sin(-\omega_z t) & \cos(-\omega_z t) & 0\\ 0 & 0 & 1\end{bmatrix}\\ &=\begin{bmatrix}\cos(\omega_z t) & \sin(\omega_z t) & 0\\ -\sin(\omega_z t) & \cos(\omega_z t) & 0\\ 0 & 0 & 1\end{bmatrix}\end{aligned} \tag{5-3-14}$$

$$\omega_{\mathrm{bs}}^{\mathrm{s}}=[0\quad 0\quad -\omega_z]^{\mathrm{T}} \tag{5-3-15}$$

次序 6：

$$\boldsymbol{C}_{\mathrm{s}}^{\mathrm{b}}=\begin{bmatrix}-1 & 0 & 0\\ 0 & -1 & 0\\ 0 & 0 & 1\end{bmatrix}\begin{bmatrix}1 & 0 & 0\\ 0 & \cos(\omega_x t) & -\sin(\omega_x t)\\ 0 & \sin(\omega_x t) & \cos(\omega_x t)\end{bmatrix}=\begin{bmatrix}-1 & 0 & 0\\ 0 & -\cos(\omega_x t) & \sin(\omega_x t)\\ 0 & \sin(\omega_x t) & \cos(\omega_x t)\end{bmatrix} \tag{5-3-16}$$

$$\boldsymbol{\omega}_{bs}^{s}=[\omega_x \quad 0 \quad 0]^{T} \tag{5-3-17}$$

次序 7：

$$\boldsymbol{C}_{s}^{b}=\begin{bmatrix}-1 & 0 & 0\\ 0 & 1 & 0\\ 0 & 0 & -1\end{bmatrix}\begin{bmatrix}\cos(-\omega_z t) & -\sin(-\omega_z t) & 0\\ \sin(-\omega_z t) & \cos(-\omega_z t) & 0\\ 0 & 0 & 1\end{bmatrix}=\begin{bmatrix}-\cos(\omega_z t) & -\sin(\omega_z t) & 0\\ -\sin(\omega_z t) & \cos(\omega_z t) & 0\\ 0 & 0 & -1\end{bmatrix} \tag{5-3-18}$$

$$\boldsymbol{\omega}_{bs}^{s}=[0 \quad 0 \quad -\omega_z]^{T} \tag{5-3-19}$$

次序 8：

$$\boldsymbol{C}_{s}^{b}=\begin{bmatrix}1 & 0 & 0\\ 0 & -1 & 0\\ 0 & 0 & -1\end{bmatrix}\begin{bmatrix}1 & 0 & 0\\ 0 & \cos(\omega_x t) & -\sin(\omega_x t)\\ 0 & \sin(\omega_x t) & \cos(\omega_x t)\end{bmatrix}=\begin{bmatrix}1 & 0 & 0\\ 0 & -\cos(\omega_x t) & \sin(\omega_x t)\\ 0 & -\sin(\omega_x t) & -\cos(\omega_x t)\end{bmatrix} \tag{5-3-20}$$

$$\boldsymbol{\omega}_{bs}^{s}=[\omega_x \quad 0 \quad 0]^{T} \tag{5-3-21}$$

5.4　双轴旋转调制程序设计

5.4.1　程序设计

5.3 节对双轴旋转调制惯导系统的基本工作原理、双轴旋转调制方案进行了介绍。为了进一步探索双轴旋转调制惯导系统误差补偿技术，本节根据 5.3 节内容，进行以下实验。（本节所对应程序详见配套的数字资源）

在 MATLAB 中，进行双轴旋转调制惯导系统的实验。

仿真参数设置如下：

（1）导航解算采用当地地理坐标系机械编排，仿真步长为 0.1 s，仿真时间为 129600 s（36 h）。

（2）陀螺仪常值漂移为 0.01(°)/h，陀螺仪随机误差为 0.0003(°)/h，加速度计零偏为 $0.5\times10^{-3}g$，加速度计随机误差为 $10^{-6}g$。

（3）东向速度、北向速度、纵摇角、横滚角和航向角均为 0，初始经度为 0°，初始纬度为 45°。

（4）在双轴间歇转位旋转方案中，转速为 1 r/min，锁定时间为 30 s，一个转动周期为 8 min。

实验步骤与 5.2 节中单轴旋转调制相同，仅旋转调制策略不同。

5.4.2　仿真结果

根据搭建的单轴旋转调制捷联惯导系统 SIMULINK 仿真模块，进行 129600 s(36 h)的仿真实验。

针对双轴旋转调制方案，其 SIMULINK 程序与 5.2 节无调制旋转程序一致，仅旋转策略不同。惯导系统姿态角误差仿真曲线如图 5-4-1 所示，位置误差仿真曲线如图 5-4-2 所示。

对比 5.2 节的仿真结果，可以看出，双轴旋转调制惯导系统的三个轴向上的误差都得到了调制，较单轴调制系统进一步提高了系统导航精度，误差补偿效果更为全面。

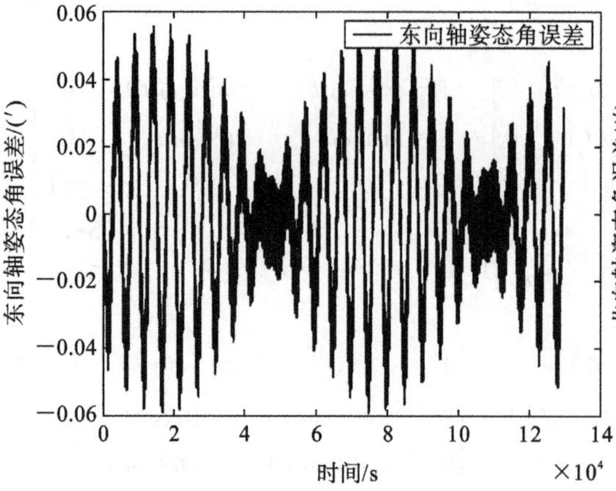

（a）双轴旋转调制东向轴姿态角误差

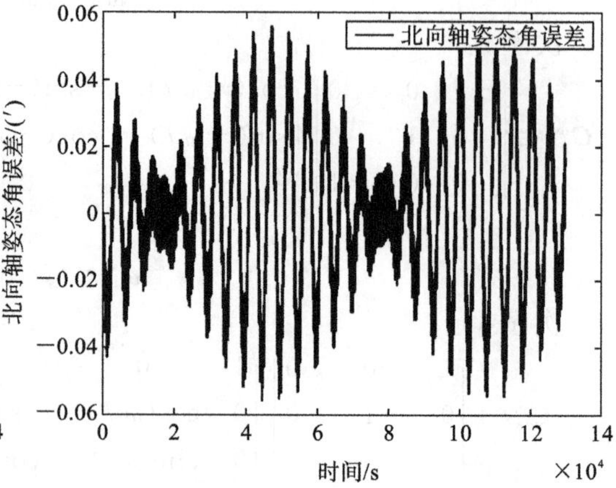

（b）双轴旋转调制北向轴姿态角误差

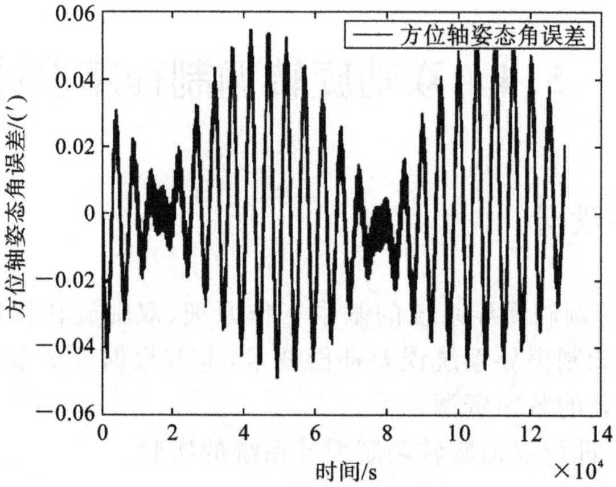

（c）双轴旋转调制方位轴姿态角误差

图 5-4-1　双轴旋转调制惯导系统姿态角误差

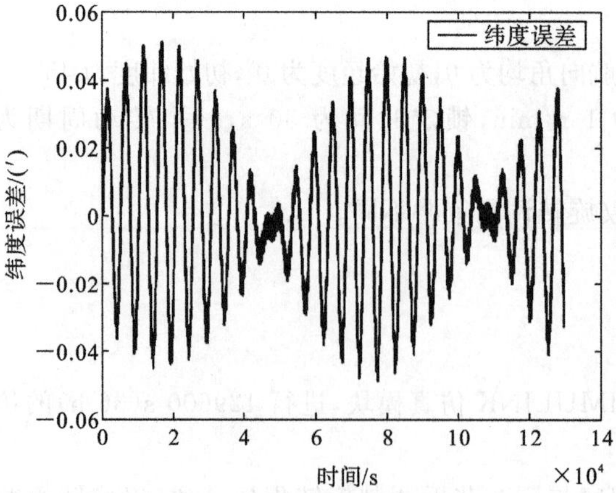

（a）双轴旋转调制纬度误差

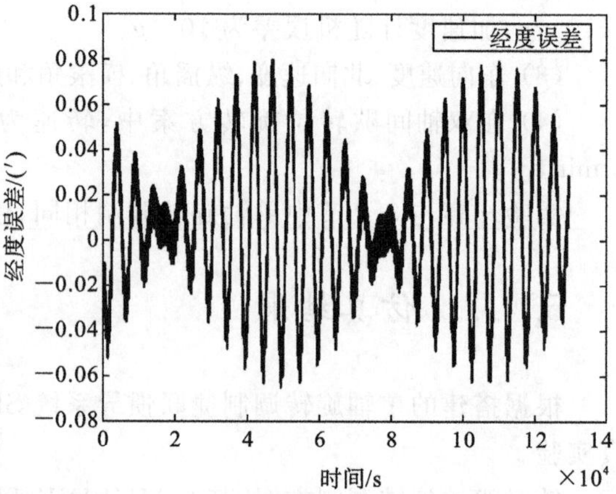

（b）双轴旋转调制经度误差

图 5-4-2　双轴旋转调制惯导系统位置误差

附录 A MATLAB 程序设计基础

A.1 MATLAB 常用运算规则

惯性导航常常涉及不同坐标系之间的转换和姿态角、速度、位置的求解等复杂计算。因此，需要掌握一些必要的数学知识，比如向量、矩阵、数值积分、微分等。MATLAB 以矩阵运算为基础，将数值计算、图形设计、动态建模与仿真等功能有机结合，是一种常用的工程应用开发工具，常利用其进行惯性导航系统的研究。本节以 MATLAB R2021a 为开发环境，介绍 MATLAB 中常见的运算规则，为惯性导航系统的学习和研究奠定基础。

A.1.1 MATLAB 软件介绍

在数据分析、信号处理、机器学习、金融经济学数据分析等领域的科学研究和工程应用中，若要获得精确信服的数据，必须进行矩阵运算、绘图分析等操作。这些运算一般来说难以通过手工精确和快捷地进行，必须借助计算机编制相应的程序才可做到快捷且精确。

MATLAB 是美国 MathWorks 公司出品的大型数学计算软件，具有强大的矩阵处理功能和绘图功能。自 20 世纪 70 年代问世以来，MATLAB 经过几十次更新改进，已成为集应用程序和图形于一身的数学处理软件。在此环境下所解问题的 MATLAB 语言表达形式和其数学表达形式相同，非常直观，用户不需要按传统的方法编程。MATLAB 语言的这一特点大大降低了对用户的数学基础和计算机语言知识的要求，而且使编程效率和计算效率极高，还可在计算机上直接输出结果和精美的图形。

MATLAB 的软件语言是一种面向科学与工程计算的高级语言，允许用数学形式的语言编写程序。用户使用 MATLAB 编写程序时，犹如在演算纸上排列出公式与求解问题。MATLAB 语言也可通俗地称为演算纸式科学算法语言。

MATLAB 的调试过程简单易懂，手段丰富。得益于简单的编程语言，MATLAB 省去了编辑、编译、连接以及执行四个步骤，把编辑、编译、连接和执行融为一体，使用户能在同一画面上进行灵活操作，快速排除输入程序中的书写错误、语法错误乃至语意错误，以加快编写、修改和调试程序的速度。

MATLAB 的源程序开放，库函数丰富。高版本的 MATLAB 语言有丰富的库函数，在进行复杂的数学运算时可以直接调用，而且 MATLAB 的库函数同用户文件在形式上一样，所以用户文件也可作为 MATLAB 的库函数来调用。

MATLAB 的程序设计自由灵活。MATLAB 的运算规则得益于各种运算符，比如矩阵的算术运算符、关系运算符、逻辑运算符、条件运算符及赋值运算符。这些运算符大部分可以毫无改变地照搬到数组间的运算，使得程序设计的自由度大。另外，它不需定义数组的维数，并给出矩阵函数、特殊矩阵专门的库函数，使之在求解诸如信号处理、建模、系统识别、控制、优化等领域的问题时，显得极为简捷、高效、方便，这是其他高级语言所不能比拟的。在此基础上，高版本的 MATLAB 已逐步扩展到科学及工程计算的其他领域。

MATLAB 绘图方便。MATLAB 有一系列绘图函数(命令)，例如线性坐标、对数坐标、半对数坐标及极坐标，均只需调用不同的绘图函数(命令)，在图上标出图题、XY 轴标注，格(栅)绘制也只需调用相应的命令，简单易行。另外，在调用绘图函数并调整相应参数后可绘出不同颜色的点、线、复线或多重线。这种为科学研究着想的设计是通用的编程语言所不及的。

通过以上 MATLAB 软件的简介，可以看出，MATLAB 软件方便快捷，语言直观，非常适合于惯性导航这一类含有复杂数学运算的领域。为缩短惯性导航程序的学习周期，后续将介绍与惯性导航程序设计相关的 MATLAB 常用运算。

A.1.2 MATLAB 常用操作

MATLAB 常用操作主要涉及 MATLAB 的工作环境、命令介绍和变量操作等三部分内容。

1. MATLAB 的工作环境

随着版本的不断更新，MATLAB 的兼容功能变得越来越强大，所支持的系统种类也越来越多，比如 Windows、Mac 和 Linux 等。

以 Windows 为例，介绍 MATLAB 的工作环境，主要包括软件的启动退出和工作界面。

1) *MATLAB 的启动和退出操作*

在软件安装完毕后，进行启动、退出 MATLAB 的说明。

启动 MATLAB 的常用方法有：

(1) 双击系统桌面的“matlab”快捷方式。

(2) 单击系统桌面任务栏的“开始”按钮，在其中搜索“matlab”选项，之后打开。

启动界面如图 A-1-1 所示，启动后，将会弹出 MATLAB 的用户界面。

图 A-1-1　MATLAB 启动界面

退出 MATLAB 的常用方法有：

(1) 直接单击 MATLAB 界面的“关闭”按钮。

(2) 在 MATLAB 界面，按 Alt+F4 组合键。

若未保存 MATLAB 文件，在关闭时，系统会自动弹出提醒保存对话框，如图 A-1-2 所示。

图 A-1-2 MATLAB **提醒保存对话框**

2) MATLAB 工作界面介绍

MATLAB 的工作界面也称为 MATLAB 的主界面，如图 A-1-3 所示，主要包括菜单栏、当前文件夹窗口、命令行窗口和工作区窗口。

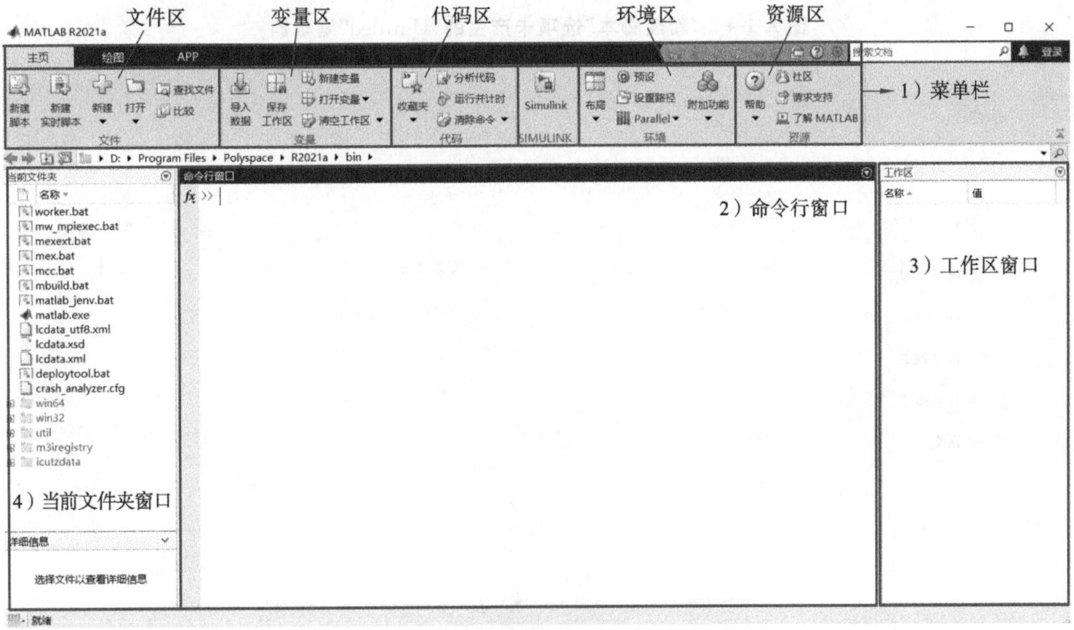

图 A-1-3 MATLAB **工作界面**

(1) 菜单栏。

MATLAB 的菜单栏包含三个部分，分别是主页、绘图和 APP。APP 选项卡主要为各个应用程序提供入口和命令；绘图选项卡可以在不使用脚本命令的情况下实现数据可视化；主页选项卡包含文件区、变量区、代码区、SIMULINK 区、环境区和资源区，通常在该选项卡下编辑 MATLAB。

① 文件区。文件区包含“新建脚本”“新建实时脚本”“新建”“打开”等选项卡。其中，“新建脚本”用于产生一个新的“Untitled”编辑器，可用来编辑新的 MATLAB 程序，如图 A-1-4 所示。“打开”选项卡则用于打开已有的 m 文件、fig 文件、mat 文件、mdl 文件等，如图 A-1-5

所示。

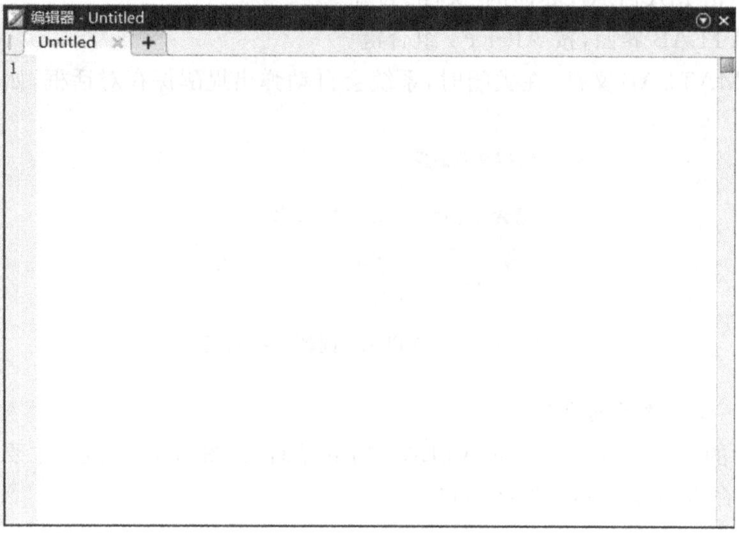

图 A-1-4 “新建脚本”选项卡产生的“Untitled”编辑器

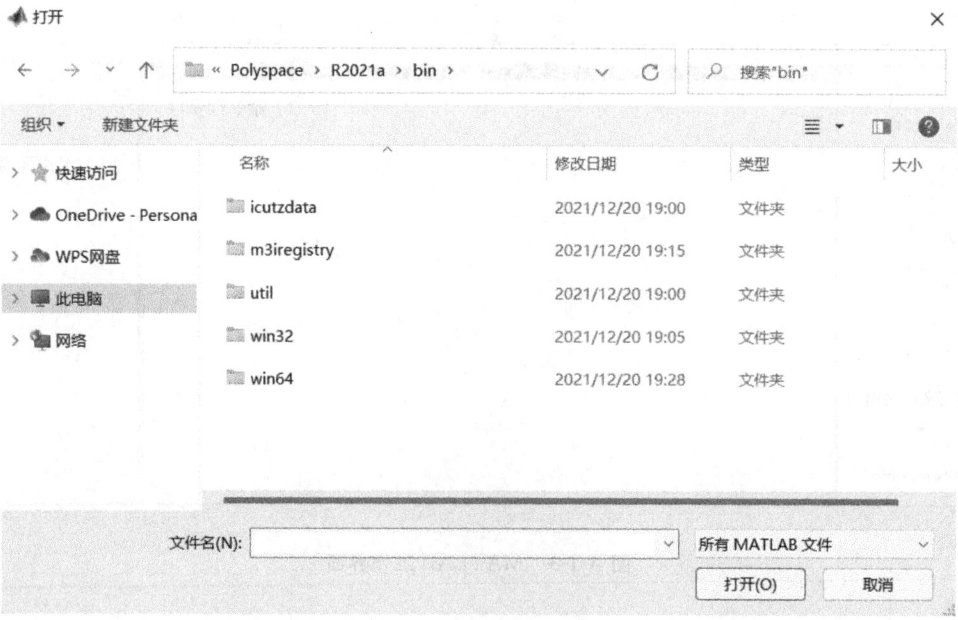

图 A-1-5 主页“打开”选项卡

在新建编辑器或打开已有的程序文件后，会在菜单栏处产生三个新的部分，分别是编辑器、发布和视图，如图 A-1-6 所示。编辑器主要进行程序的调试和运行，因此较为常用。

② 变量区。变量区包含“导入数据”“保存工作区”等选项卡。单击“导入数据”选项卡，在弹出的对话框中选择所需数据路径，即可完成数据导入，如图 A-1-7 所示。“保存工作区”选项卡用于把工作区的数据存放到指定路径的文件中。

③ 代码区。代码区包含“收藏夹”“分析代码”等选项卡。“收藏夹”选项卡用于收藏命令；

图 A-1-6 编辑器内容

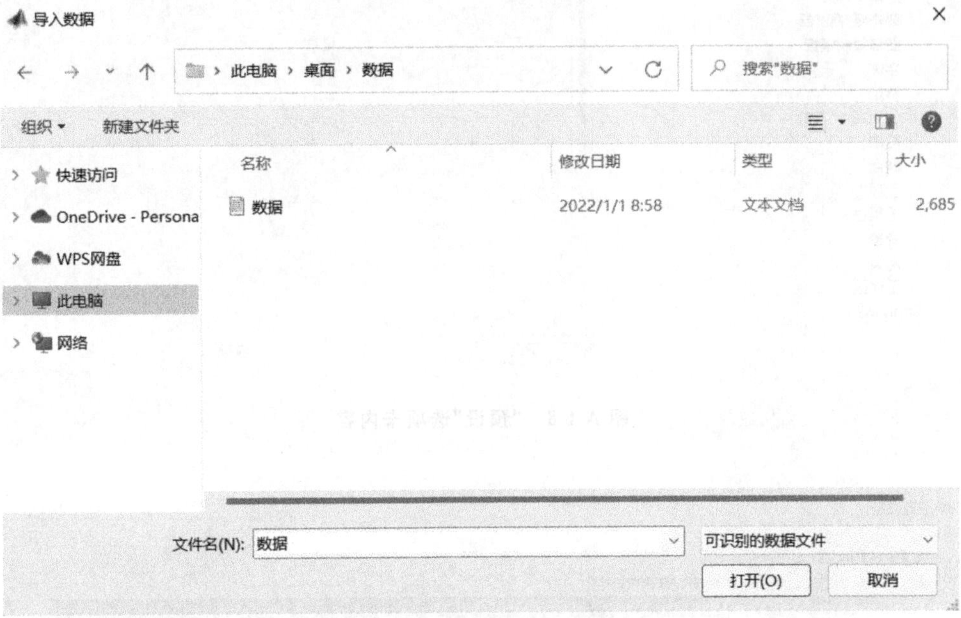

图 A-1-7 "导入数据"选项卡内容

"分析代码"选项卡用于分析文件夹中的 MATLAB 代码文件，查找代码错误。

④ SIMULINK 区。SIMULINK 区用于启动 MATLAB 的动态仿真软件包——SIMULINK，可进行离散、连续和离散连续混合系统的建模仿真。

⑤ 环境区。环境区包含"布局""预设""设置路径"等选项卡。"布局"选项卡用于调制工作界面的布局与各个组件的显示。"预设"选项卡用于设置 MATLAB 中各个元素和命令的初始属性，如图 A-1-8 所示。"设置路径"选项卡用于设置 MATLAB 的搜索路径，如图 A-1-9 所示，用户可将自己设计的函数文件扩展到 MATLAB 搜索路径，纳入 MATLAB 文件系统的统一管理，避免 MATLAB 搜索不到而报错。

⑥ 资源区。资源区包含"帮助""社区"等选项卡。"帮助"选项卡用于打开帮助文件或其他帮助方式；"社区"选项卡用于访问 MathWorks 在线社区，获取资源。

(2) 命令行窗口。

命令行窗口是 MATLAB 最主要的窗口，用户可进行输入指令、函数等多种操作。窗口中的"》"称为命令提示符，表示 MATLAB 处于准备状态。在命令提示符后输入命令后，按下 Enter 键，即可得到命令的执行结果，如图 A-1-10 所示。

(3) 工作区窗口。

工作区窗口是 MATLAB 用于存储各种变量和结果的内存空间，能够显示当前内存下所

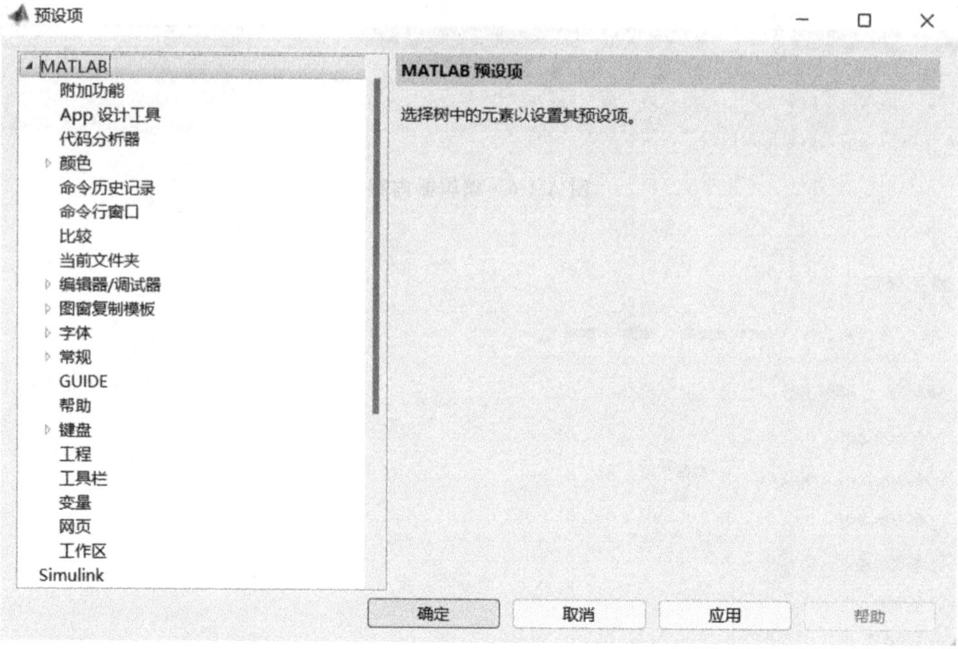

图 A-1-8　"预设"选项卡内容

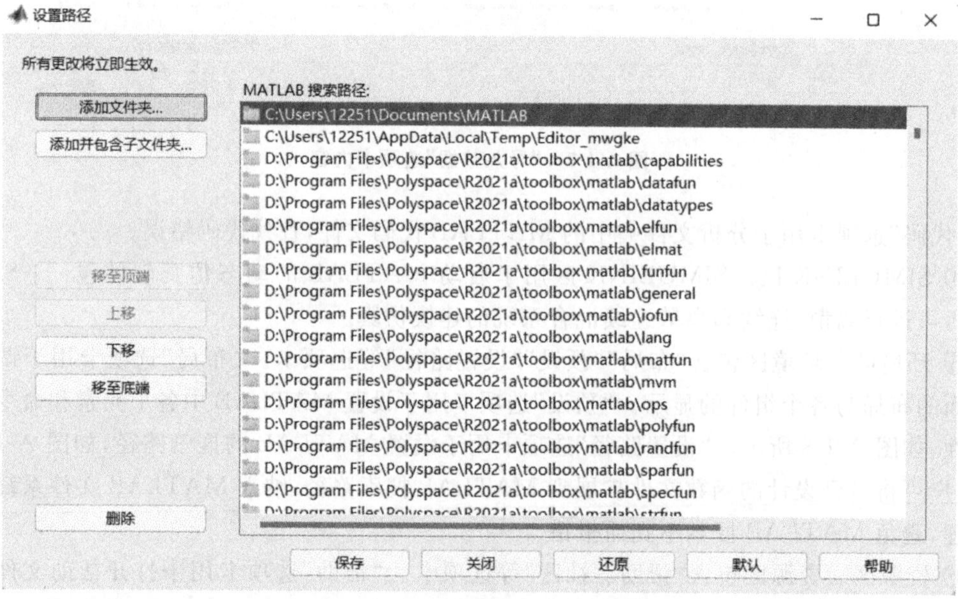

图 A-1-9　"设置路径"选项卡内容

有变量的信息，用户可通过鼠标右键进行操作，如图 A-1-11 所示。

(4) 当前文件夹窗口。

当前文件夹窗口包含该 MATLAB 运行文件夹中的所有文件，如图 A-1-12 所示。如果子文件显示为灰色，说明该文件不属于该搜索路径；如果子文件显示为黑色，说明当前文件夹包含该子文件。

图 A-1-10　命令行窗口

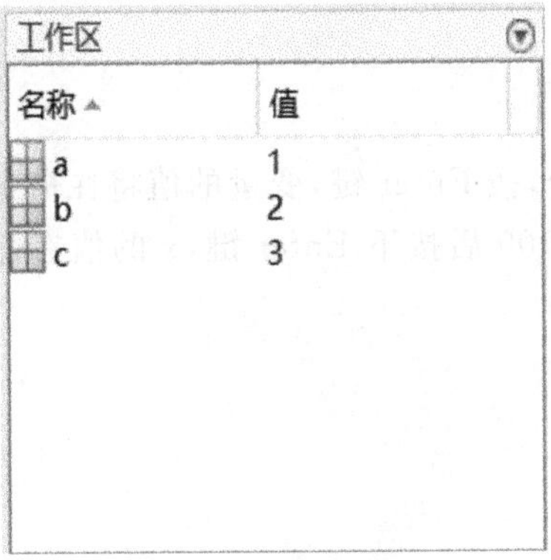

图 A-1-11　工作区窗口

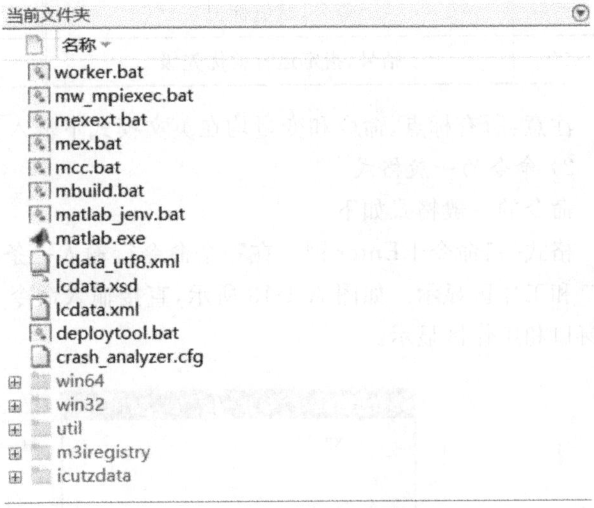

图 A-1-12　当前文件夹窗口

2. MATLAB 的命令介绍

用户可以在 MATLAB 的命令行窗口输入命令，并通过执行命令来管理工作区、目录、函数、变量和文件。

1）通用命令和标点

熟练使用命令和标点将会大大提高用户的操作效率。表 A-1-1 和表 A-1-2 分别列出了 MATLAB 中通用的命令和标点。

表 A-1-1　通用命令及其功能

命令	功　能	命令	功　能
who	查看当前工作空间的变量名	echo	工作窗信息显示开关
cd	显示或者改变当前工作文件夹	tic	保持当前时间
clc	清除工作窗口中所有显示内容	toc	记录程序完成时间
clear	清除工作空间所有变量	disp	显示变量或文字内容
clearall	清除工作空间所有变量、函数和 MEX 文件	load	加载指定文件的变量
close	关闭当前的图形窗口	save	保存内存变量到指定文件
closeall	关闭所有的图形窗口	exit	退出 MATLAB
type	显示文件的内容	quit	退出 MATLAB

表 A-1-2　通用标点及其功能

标点	功　能	标点	功　能
.	小数点以及对象域访问	[]	中括号，定义并构造矩阵
;	分号，区分行及取消运行结果显示	{}	大括号，构造单元数组
,	区分列及函数参数分隔符	%	百分号，注释标记
=	等号，赋值标记	!	感叹号，调用操作系统
()	括号，指定运算的优先级	'	单引号，字符串标识符

注意：所有标点、命令和变量均在英文模式下输入。

2）命令的一般格式

命令的一般格式如下。

格式一：命令＋Enter 键。在一个命令行输入一条命令，按 Enter 键，变量的值将在命令行窗口和工作区显示。如图 A-1-13 所示，直接输入命令 x＝100 后按下 Enter 键，x 的值在命令行窗口和工作区显示。

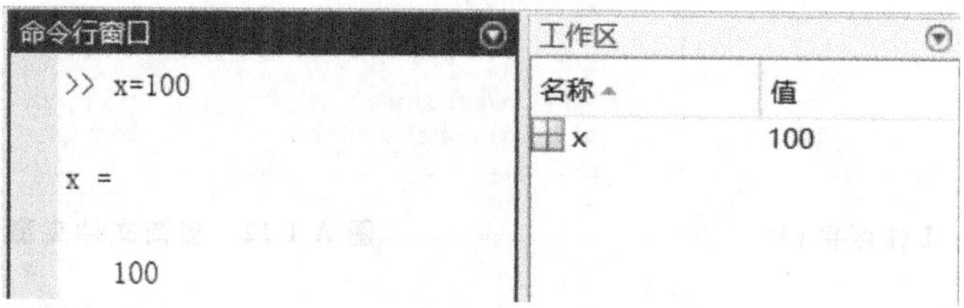

图 A-1-13　格式一变量显示

格式二：命令 1，命令 2，命令 3，…，命令 n＋Enter 键。在一个命令行输入若干条命令，各个命令以逗号隔开，在最后一个命令输入完后，按 Enter 键，各个变量的值将在命令行窗口和工作区显示。如图 A-1-14 所示，在一条命令行中输入命令 x＝100，y＝100，z＝x＋y 后按下 Enter 键，x、y 和 z 的值在命令行窗口和工作区显示。

格式三：命令 1；命令 2；命令 3；…；命令 n＋Enter 键。在一个命令行输入若干条命令，各个命令以分号隔开，在最后一个命令输入完后，按 Enter 键，各个变量的值将在工作区显示，命

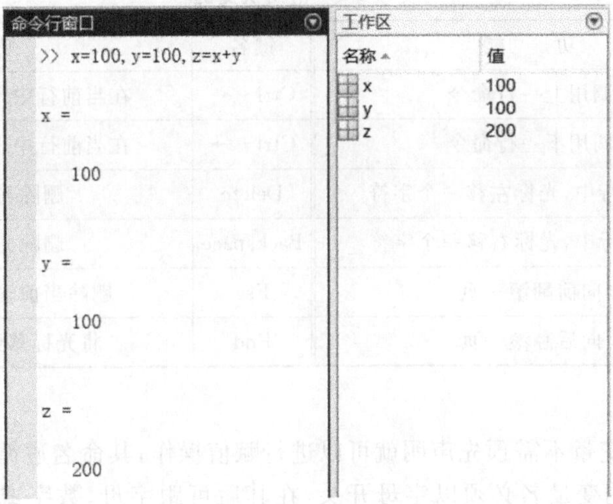

图 A-1-14　格式二变量显示

令行窗口仅显示最后一个变量的值。如图 A-1-15 所示，在一条命令行中输入命令 x＝100；y＝100；z＝x＋y 后按下 Enter 键，x、y 和 z 的值在工作区显示，命令行窗口仅显示 z 的值。

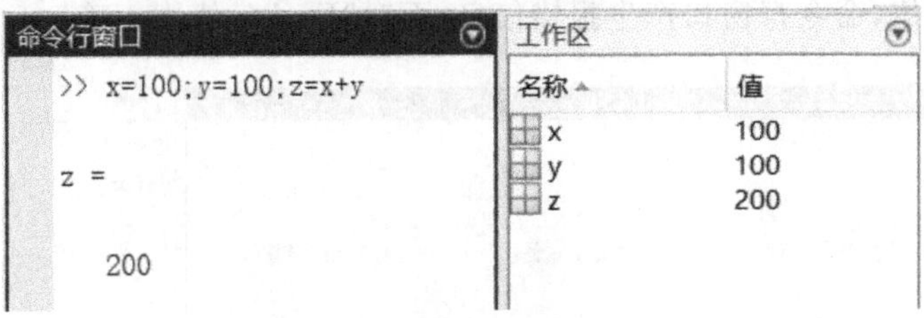

图 A-1-15　格式三变量显示

格式四：命令 1；命令 2；命令 3；…；命令 *n*；＋Enter 键。在一个命令行输入若干条命令，各个命令以分号隔开，在最后一个命令输入完后，也输入分号，并按 Enter 键，各个变量的值将在工作区显示，命令行窗口不显示变量值。如图 A-1-16 所示，在一条命令行中输入命令 x＝100；y＝100；z＝x＋y；后按下 Enter 键，x、y 和 z 的值在工作区显示，命令行窗口不显示。

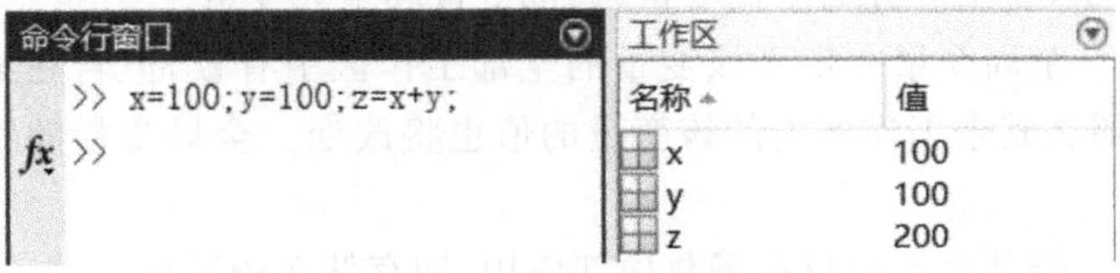

图 A-1-16　格式四变量显示

3）通用快捷键

在 MATLAB 中，用户使用快捷键能简化命令的编辑。表 A-1-3 列出了命令行编辑通用快捷键及其功能。

3. MATLAB 的变量操作

在 MATLAB 中，常用定义变量的方法来保存和处理数据。

表 A-1-3　常用快捷键

键名	功　能	键名	功　能
↑	调用上一行命令	Ctrl+←	在当前行中，光标左移一个单词
↓	调用下一行命令	Ctrl+→	在当前行中，光标右移一个单词
←	在当前行中，光标左移一个字符	Delete	删除光标处的字符
→	在当前行中，光标右移一个字符	Backspace	删除光标前的字符
PgUp	向前翻滚一页	Esc	删除当前输入行的全部内容
PgDn	向后翻滚一页	End	将光标移到当前行的末尾

1）变量的命名

MATLAB 中的变量不需预先声明就可以进行赋值操作，其命名遵循以下规则：

(1) MATLAB 的变量名必须以字母开头，在其后可跟字母、数字或下划线，最多可包含 63 个字符。例如，x、x_1、x2 均为合法的变量名，而 1a、1_x、_x、x. b 均为不合法的变量名。

(2) MATLAB 的变量名区分字母的大小写。例如，xx、Xx、xX 和 XX 表示 4 个不同的变量。

(3) MATLAB 的关键字不能作为变量名使用。例如，“if”“end”“for”等。如图 A-1-17 所示，对“for”进行赋值，命令行窗口产生报错信息，而对“For”赋值则正确。

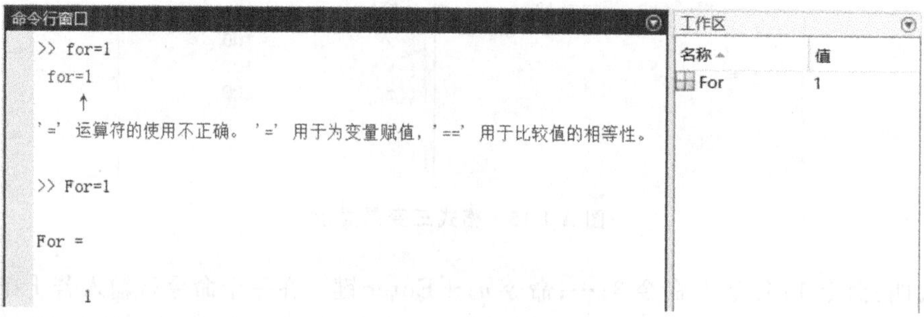

图 A-1-17　变量命名

2）变量的类型

在 MATLAB 中，变量可分为全局变量、局部变量和永久变量。

(1) 全局变量。全局变量在定义该变量的全部工作区中有效，但若在某一个工作区内该变量发生了改变，那么其余工作区内的该变量的值也将改变。全局变量的使用可大大提升程序的执行效率。

(2) 局部变量。若某个变量仅在函数内部使用，即存储在函数独立的工作区中，那么该变量就称为局部变量。

(3) 永久变量。在某个函数内声明一个变量，当该函数退出时，该变量没有被清除，则该变量称为永久变量，通常用 persistent 声明，即“persistent 变量”。

3）默认的特殊变量

在 MATLAB 中有许多被系统默认的特殊变量，已在表 A-1-4 中列出。这些变量可以不用赋值直接使用，如图 A-1-18 所示，在命令行窗口输入变量“pi”后，不用赋值，直接按 Enter 键，该变量的数值直接在命令行窗口和工作区显示。

表 A-1-4　被系统默认的特殊变量及其含义

特殊变量	含　义
ans	系统默认的用以保存计算结果的变量名
pi	圆周率 π 的近似值
i 或 j	虚数单位
inf 或 Inf	无穷大
NaN 或 nan	不定数，如 0/0 的结果
eps	表示 MATLAB 中的最小数
nargin	函数输入参数的个数
nargout	函数输出参数的个数

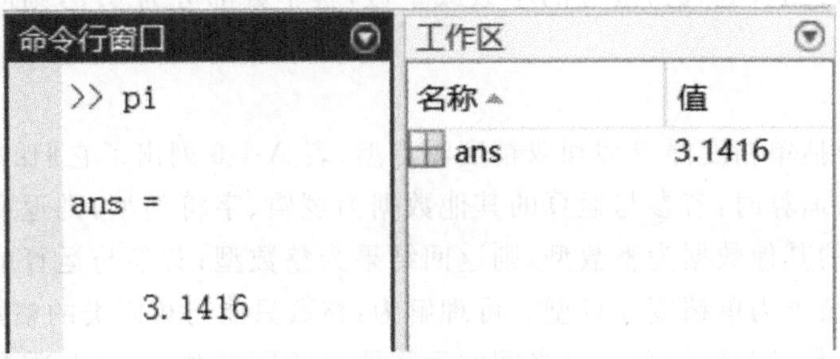

图 A-1-18　变量 pi 的显示

A.1.3　MATLAB 常用数据

MATLAB 中的数据分为数值、逻辑、字符、函数语句、结构体和数组六类。

1. 数值

MATLAB 的数值数据主要包括整数型和浮点型，是 MATLAB 中最基本的数据类型。其中，整数型数据分为有符号整数数据和无符号整数数据，浮点型数据分为单精度浮点型和双精度浮点型。浮点型数据在未加特殊说明的情况下，MATLAB 会将数值数据按双精度浮点型操作处理，因此在使用整数型和单精度浮点型数据时，需要使用转换函数将双精度浮点型数据进行转换。

1）整数型

MATLAB 提供了有符号 8 位整数、无符号 8 位整数、有符号 16 位整数、无符号 16 位整数、有符号 32 位整数、无符号 32 位整数、有符号 64 位整数和无符号 64 位整数八种内置整数类型，其对应的取值范围和转换函数见表 A-1-5。

除表 A-1-5 介绍的传统转换函数外，MATLAB 还提供了以下四种不同运算法则的取整函数，用于采取指定方式将浮点型数据转换为整数型数据。

floor(x)函数：朝负无穷大方向取整，即向下取整。

ceil(x)函数：朝正无穷大方向取整，即向上取整。

fix(x)函数：向零方向取整。

表 A-1-5　整数型数据的取值范围和转换函数

整数型数据类型	取值范围	转换函数
8 位有符号整数型	$-2^{7}\sim2^{7}-1$	int8
8 位无符号整数型	$0\sim2^{8}-1$	uint8
16 位有符号整数型	$-2^{15}\sim2^{15}-1$	int16
16 位无符号整数型	$0\sim2^{16}-1$	uint16
32 位有符号整数型	$-2^{31}\sim2^{31}-1$	int32
32 位无符号整数型	$0\sim2^{32}-1$	uint32
64 位有符号整数型	$-2^{63}\sim2^{63}-1$	int64
64 位无符号整数型	$0\sim2^{64}-1$	uint64

round(x)函数：四舍五入为最近的小数或整数，若小数部分为 0.5，则向绝对值大的方向取整。

2）浮点型

浮点型数据包括单精度浮点型和双精度浮点型，表 A-1-6 列出了它们的区别。其中，双精度浮点型数据参与运算时：若参与运算的其他数据为逻辑、字符类型，则返回结果为双精度浮点型；若参与运算的其他数据为整数型，则返回结果为整数型；若参与运算的其他数据为单精度浮点型，则返回结果为单精度浮点型。可理解为：整数只能与相同类的整数或标量双精度值组合使用。可见整数型与整数型变量之间的运算要是相同的整数类型，整数型与单精度浮点型也不能运算。

表 A-1-6　单精度浮点型和双精度浮点型的区别

浮点型类别	占用字节	精　度	存储位宽	转换函数
单精度	4	低	32	single
双精度	8	高	64	double

在此需注意，MATLAB 中的默认数值类型为双精度浮点型，若要实现单精度浮点型，可利用转换函数来操作。

如图 A-1-19 所示，设置变量：a 为 32 位无符号整数型，值为 100；b 为单精度浮点型，值为 16.66；c 为双精度浮点型(默认)，值为 66.66。分别将 a、b 和 c 两两相乘，可看出运行结果与上述结论相符。读者可通过这一例子，加深对浮点型运算机理的理解和记忆。

2. 逻辑

逻辑类型的数据仅有真(true)和假(false)，即 1 和 0，它们表示一个事件的正确/错误、是/否发生等。

逻辑类型的数据在运算时会涉及两种运算符号，即关系运算符和逻辑运算符。

1）关系运算符

关系运算符可以比较两个大小相同的矩阵，也可以比较两个标量，其具体含义见表 A-1-7。其中，比较矩阵是对矩阵中对应元素进行比较，比较结果也以矩阵的形式给出。如图 A-1-20 所示，定义矩阵 A 和 B，之后比较其对应元素是否相等，比较结果以矩阵的形式在命令行窗口显示。

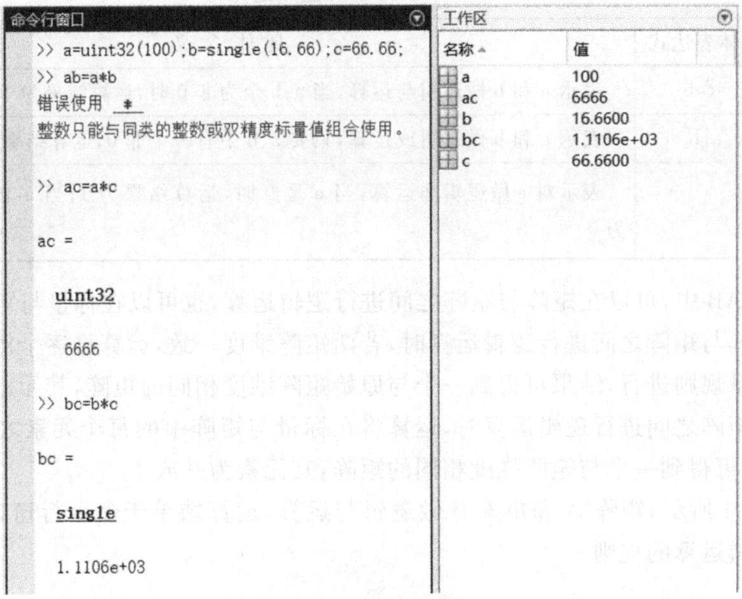

图 A-1-19　双精度浮点型数据参与部分运算

表 A-1-7　关系运算符的具体含义

关系运算符	含　义
＜	小于
＞	大于
＜＝	小于等于
＞＝	大于等于
＝＝	等于
～＝	不等于

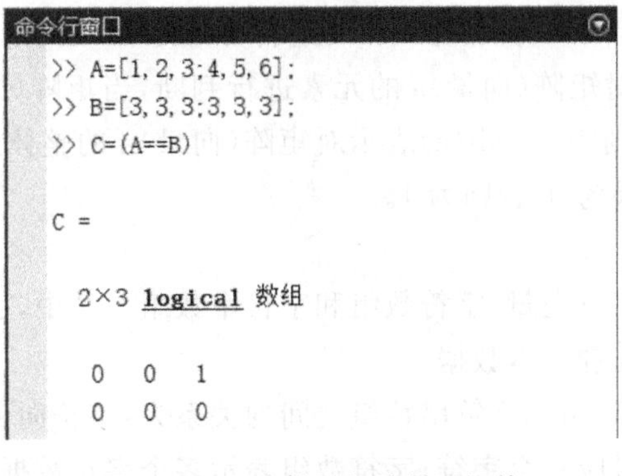

图 A-1-20　比较两矩阵是否相等

2）逻辑运算符

逻辑运算符包括与、或、非三种，用于对矩阵进行逻辑运算，其具体表达式及含义见表 A-1-8。

表 A-1-8　MATLAB 逻辑运算符

逻辑运算符	具体表达式	具 体 含 义
&(与)	a&b	表示 a 和 b 做逻辑与运算，当 a、b 全为非 0 时，运算结果为 1，否则为 0
|(或)	a|b	表示 a 和 b 做逻辑或运算，只要 a、b 中有一个非 0，运算结果为 1
~(非)	~a	表示对 a 做逻辑非运算，当 a 是 0 时，运算结果为 1；当 a 非 0 时，运算结果为 0

在 MATLAB 中，可以在矩阵与矩阵之间进行逻辑运算，也可以在标量与矩阵之间进行逻辑运算。在矩阵与矩阵之间进行逻辑运算时，若两矩阵维度一致，运算将逐个对矩阵相同位置上的元素按标量规则进行，结果可得到一个与原始矩阵维度相同的矩阵，其元素为 0 或 1。

在标量与矩阵之间进行逻辑运算时，运算将在标量与矩阵中的每个元素之间按标量规则逐个进行，结果可得到一个与矩阵维度相同的矩阵，其元素为 0 或 1。

如图 A-1-21 所示，矩阵 A 和矩阵 B 做逻辑与运算，运算结果于命令行窗口显示，符合矩阵与矩阵间逻辑运算的规则。

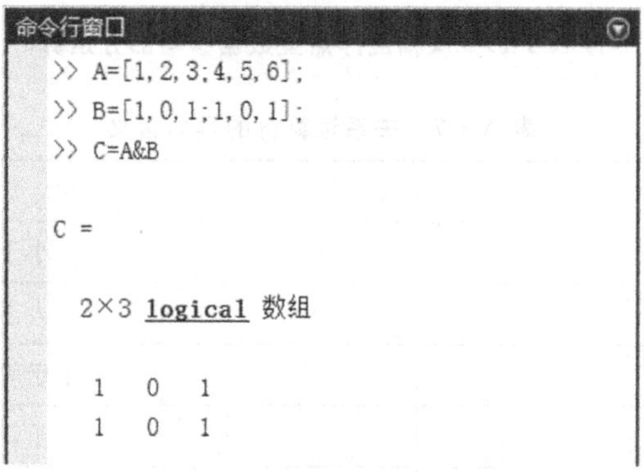

图 A-1-21　矩阵间的逻辑运算

除关系运算符和逻辑运算符外，MATLAB 还提供了逻辑函数，比如函数 xor(a,b)、函数 any(a)和函数 all(a)。xor(a,b)表示对 a 和 b 进行异或运算，当 a、b 的值不同时，运算结果为 1，否则为 0。any(a)表示对矩阵(向量)a 的元素进行判断，当矩阵(向量)a 的元素至少有一个为 0 时，运算结果为 0，否则为 1。all(a)表示对矩阵(向量)a 的整体进行判断，当矩阵(向量)a 的元素全为 0 时，运算结果为 0，否则为 1。

3. 字符数据

字符数据包括字符、字符向量、字符数组和字符串数组。其中，字符数组可以存储、处理字符数据，字符串数组可以处理文本数据。

字符、字符向量、字符数组和字符串数组之间的关系为：字符向量表示一个字符序列，即字符串，其中的每一个元素对应一个字符；字符数组表示多个字符数据，也就是多个字符串；而字符串数组的每一个元素对应一个字符向量。

在构建字符向量时，用户可通过单撇号括起字符序列，但要求各行字符数相等。在调节各行长度时，可以采用空格进行调节，也可以使用转换函数将长度不同的字符串调节为字符数组，字符串和其他类型数组的转换函数见表 A-1-9。

表 A-1-9　字符串与其他类型数组的相互转换函数

函 数 名	功　能
char	将其他类型的数组转换为字符数组
num2str	将数值转换成字符串
str2num	将字符串转换成数值
mat2str	将矩阵转换成字符串
int2str	将整数转换成字符串
cellstr	将字符数组转换成单元数组

在构建字符串数组时，用户可通过双引号括起字符序列，此时各个向量的长度可以不同。

MATLAB 针对字符数组和字符串数组提供了多种操作函数，其功能分别见表 A-1-10 和表 A-1-11。

表 A-1-10　字符数组的操作函数

函 数 名	功　能
strcat	对字符串进行水平串联
strcmp	对字符串进行比较
blanks	创建空白的字符数组
lower	转换为小写字母
upper	转换为大写字母
reverse	反转字符串中的字符顺序
strfind	在一个字符串内查找另一个字符串出现的位置
strrep	查找并替换子字符串
newline	创建一个换行符
erase	删除字符串内的指定子字符串

表 A-1-11　字符串数组的操作函数

函 数 名	功　能
string	将其他类型的数组转换为字符串数组
isstring	判断输入是否为字符串数组
strlength	计算字符串的长度
join	合并字符串
split	拆分字符串数组中的字符串
splitlines	在换行符处拆分字符串
strspit	在指定的分隔符处拆分字符串
contains	判断字符串数组中是否包含指定的字符串
replace	查找并替换字符串数组中指定的子字符串

4. 函数

在 MATLAB 中，获取目标参数有时需要进行大量计算，这会使主函数变得极为复杂。函数能够以 m 文件或特殊变量名的形式降低其复杂度。

以 function 为第一个执行语句的 m 文件称为函数文件。MATLAB 中的函数可以看作一个“黑箱”，即将数据导入函数后，经处理加工，就会得到对应的结果。一个函数一般由以下几部分构成：

(1) 函数定义行。函数的定义行以 function 为主体，用以说明该函数的函数名称、输入参数和输出参数，函数名称的命名与变量命名相同，也与函数文件名相同。

(2) 函数体。函数体包含所有的用于完成计算以及赋值给输出参数、设置输出参数格式等操作的语句，可以是函数、注释、控制流程等。

函数为 MATLAB 的数值计算及操作提供了极大便利，共有两种调用形式。

(1) 直接调用。直接调用的函数通常被称为子函数。在主函数中，首先对调用函数的输入参数进行定义，然后输入“输出＝函数名(输入参数)”，获得所需的输出数据。其子函数开头的形式为“function 输入＝函数名(输入参数)”，函数名必须与主函数调用的函数名相同。如图 A-1-22 所示，在主函数中，首先对输入参数 x、y 进行定义，然后调用子函数，获取输出参数 z；在子函数中，输出和输入参数与主函数一一对应。

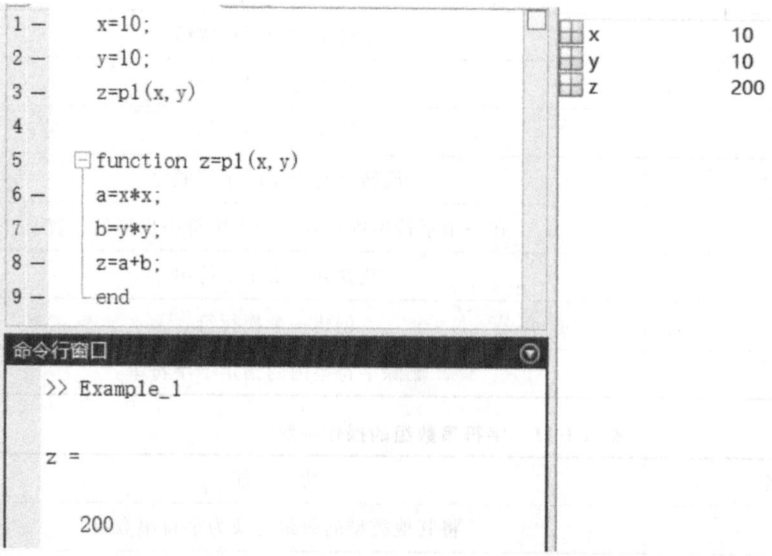

图 A-1-22 直接调用函数举例

(2) 间接调用。间接调用函数的方法又称为函数句柄法。在 MATLAB 中，对于其提供的各种 m 文件、函数以及用户自定义的函数，均可使用函数句柄法调用。

调用格式一般为：变量名＝@函数名。其中，变量名用以保存函数句柄，以便于在后续运算中使用；@是函数句柄的创建操作符；函数名则是函数所对应的 m 文件、MATLAB 自带函数或者用户自定义的函数名。

与直接调用法相同，间接调用法在调用函数时也需要定义函数的输入参数。若调用函数具有多个输入参数，可采用“变量名(参数 1，参数 2，…，参数 n)＝@函数名”的形式；若调用函数无输入参数，可采用“变量名()＝@函数名”的形式，即圆括号为空。

如图 A-1-23 所示，首先调用函数，然后对输入参数(x=0)进行设置，调用的函数为 MATLAB 自带的三角函数 sin。

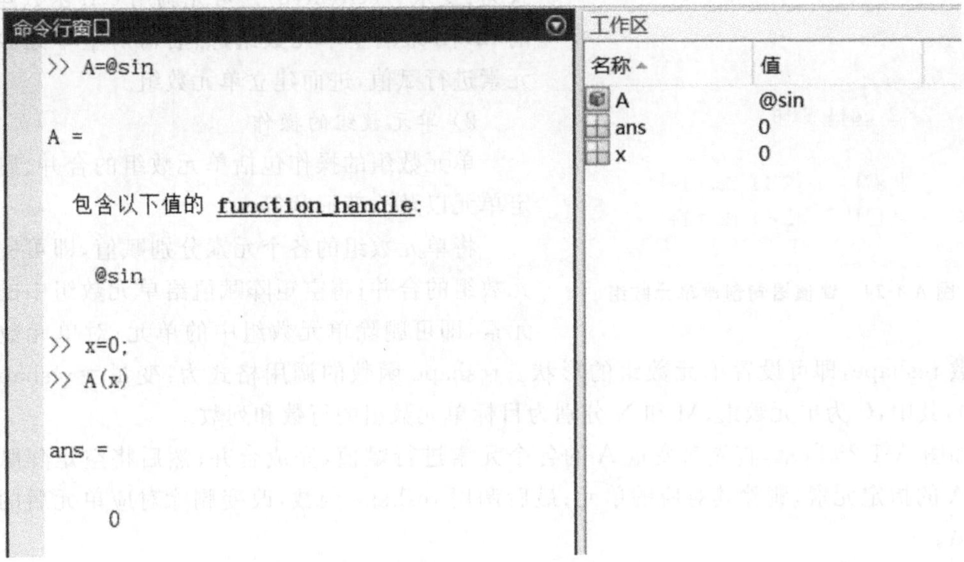

图 A-1-23　间接调用函数举例

5. 结构体

MATLAB 中的结构体能够根据字段，把相关但不相同的数据存储在一个对象中，使用户在操作时更加方便快捷。这是因为一个结构体中具有多个字段，每个字段均可以存储不同的数据。

根据存储对象数目的不同，有两种创建结构体对象的方法。

(1) 创建结构体变量的方法。创建结构体变量，即通过赋值语句直接给变量赋值，赋值表达式的变量就是结构体变量，其变量名的形式为“结构体名. 字段名”，给结构体对象的字段赋值即可创建一个结构体变量。

(2) 创建结构体数组的方法。创建结构体数组，即利用 struct 函数建立结构体数组，具体形式为：A = struct(‘field1’, value1, ‘filed2’, value2, …, ‘field*n*’, value*n*)。其中，field1、field2、…、field*n* 为字段名，value1、value2、…、value*n* 为字段值。方法中，struct 函数具有 *n* 个字段，通过调用 struct 函数，变量 A 可以存储多个对象的信息。

6. 单元数组

在 MATLAB 中，单元(cell)数组与结构体一样，都是把不同类型的数据组合成一个整体。与结构体数据的区别是，结构数据的每一个元素是由若干字段组成的，不同元素的同一字段存储的是相同类型的数据。单元数据的每一个元素是一个整体，可以存储不同类型的数据。

1) 单元数组的创建

在 MATLAB 中，创建单元数组的方法与创建结构体对象的方法类似，即通过赋值语句创建和调用函数创建。

(1) 通过赋值语句创建。通过使用“{}”来创建单元数组，在“{}”中，使用“,”或者空格实现单元的分隔，使用“;”来实现分行。如图 A-1-24 所示，使用“{}”创建一个单元数组，数组元素包含多种数值类型。

(2) 通过调用函数创建。与结构体对象相同，单元数组也有对应的调用函数 cell，其具体调用格式为：变量＝cell(m，n)。可先调用 cell 函数建立空的 m×n 维的空单元数组，然后再对空单元数组的元素进行赋值，进而建立单元数组。

```
命令行窗口
>> A={'a', [1;2];1, [1;2]}

A =

  2×2 cell 数组

    {'a'}      {2×1 double}
    {[1]}      {2×1 double}
```

图 A-1-24　赋值语句创建单元数组

2) 单元数组的操作

单元数组的操作包括单元数组的合并、删除指定单元以及改变形状等。

将单元数组的各个元素分别赋值，即可完成单元数组的合并；将空矩阵赋值给单元数组中的指定元素，即可删除单元数组中的单元；对单元数组使用函数 reshape，即可设置单元数组的形状。reshape 函数的调用格式为：变量＝reshape(C，M，N)，其中，C 为单元数组、M 和 N 分别为目标单元数组的行数和列数。

如图 A-1-25 所示，首先对变量 A 的各个元素进行赋值，完成合并；然后将空矩阵赋值给变量 A 的指定元素，删除其对应的单元；最后调用 reshape 函数，改变删除对应单元后的单元数组 A。

```
命令行窗口
>> A{1,1}=10;
>> A{1,2}=[1;1];
>> A{2,1}=['a','b'];
>> A{2,2}=[2;2];
>> A

A =

  2×2 cell 数组

    {[10]}      {2×1 double}
    {'ab'}      {2×1 double}
```

(a) 单元数组的合并

```
>> A{2,2}=[]

A =

  2×2 cell 数组

    {[10]}      {2×1 double}
    {'ab'}      {0×0 double}
```

(b) 单元数组指定单元的删除

```
>> a=reshape(A,4,1)

a =

  4×1 cell 数组

    {[        10]}
    {'ab'        }
    {2×1 double}
    {0×0 double}
```

(c) 单元数组形状的改变

图 A-1-25　单元数组操作

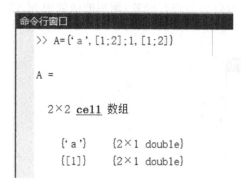

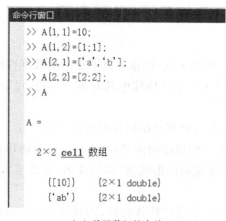

A.1.4　MATLAB控制结构

正确的控制结构是程序运行成功的关键，MATLAB提供的程序控制结构主要包括顺序控制结构、选择控制结构和循环控制结构。

1. 顺序控制结构

顺序结构中的各个程序按照它们出现的先后顺序执行，只需要按照顺序依次写入相应的语句，是最简单、最基本的程序控制结构。顺序结构包括数据输入(变量定义)、数据处理和数据输出(变量输出)，可以作为一个复杂程序的一部分，也可以作为一个完整的程序单独执行。

如图A-1-26所示，计算长方形面积。首先对长和宽进行定义，即数据输入(变量定义)；然后根据长和宽计算面积，即数据处理；最后输出长方形的面积，即变量输出。

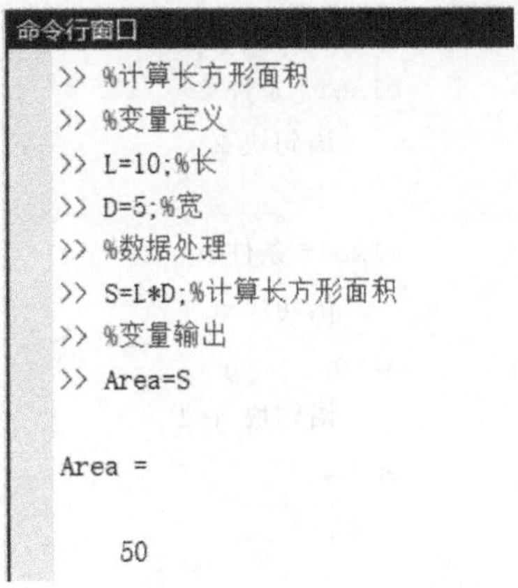
命令行窗口
>> %计算长方形面积
>> %变量定义
>> L=10;%长
>> D=5;%宽
>> %数据处理
>> S=L*D;%计算长方形面积
>> %变量输出
>> Area=S
Area =
50

图A-1-26　顺序控制结构举例

2. 选择控制结构

选择控制结构的语句有三种，分别是if语句、switch语句和try语句。

1) if语句

if语句实际上是一种分支结构，形式根据所要执行的程序而定，其格式一般分为以下三种。

(1) 若可供选择的执行命令组仅有一种，则当判断条件为真时，执行语句块，否则不执行并跳出if语句。执行流程如图A-1-27所示，语句的具体格式如下：

```
if 条件
    语句块
end
```

(2) 若可供选择的执行命令组有两种，则当判断条件为真时，执行语句块1，否则执行语句块2。执行流程如图A-1-28所示，语句的具体格式如下：

```
if 条件
    语句块 1
else
    语句块 2
end
```

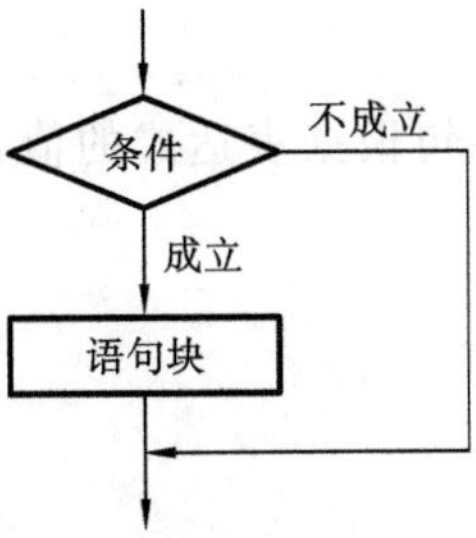
条件
不成立
成立
语句块

图A-1-27　if语句第一种控制结构

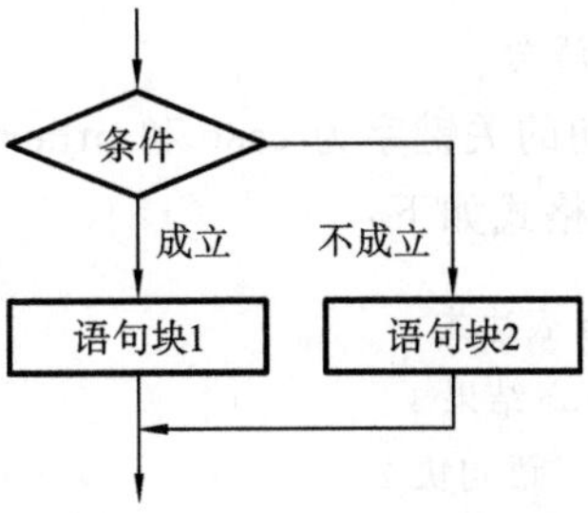
条件
成立
不成立
语句块1
语句块2

图A-1-28　if语句第二种控制结构

(3) 若可供选择的执行命令组数为 n,当条件 1 为真时,执行语句块 1,否则判断条件 2;若条件 2 为真,则执行语句块 2,否则判断条件 3;依次类推,直至判断条件 n,若条件 n 为真,则执行语句块 n,否则执行语句块 $n+1$(此时条件 1 至条件 n 均不为真)。执行流程如图 A-1-29 所示,语句的具体格式如下:

```
if 条件 1
    语句块 1
elseif 条件 2
    语句块 2
    ⋮
elseif 条件 n
    语句块 n
else
    语句块 n+1
end
```

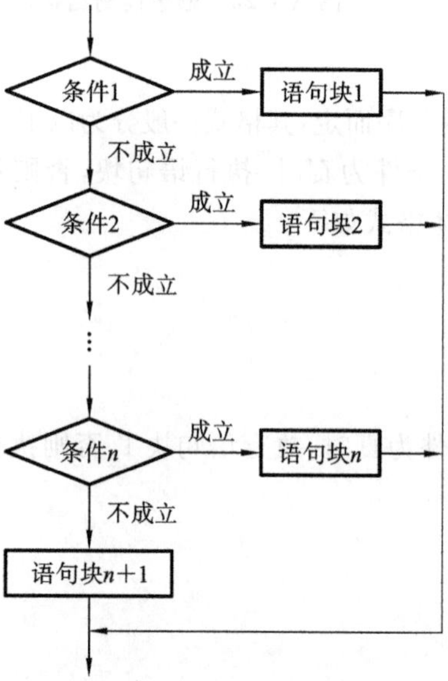

图 A-1-29 if 语句第三种控制结构

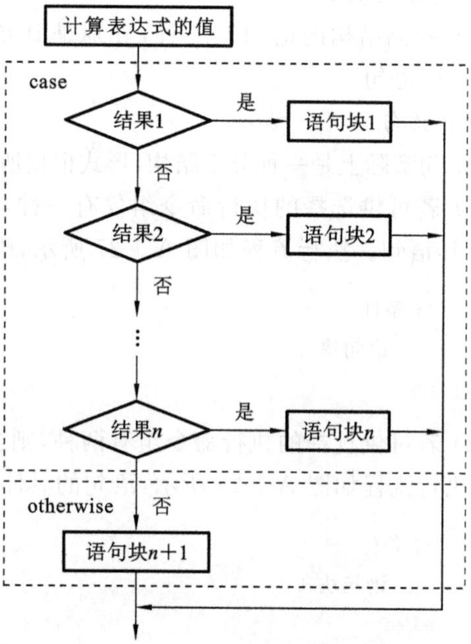

图 A-1-30 switch 语句的控制结构

2) switch 语句

switch 语句的关键字为 case 和 otherwise。switch 语句根据表达式的值,分别执行不同的语句,其语句格式如下:

```
switch 表达式
    case 结果 1
        语句块 1
    case 结果 2
        语句块 2
```

```
    ⋮
    case 结果 n
        语句块 n
otherwise
    结果 n+1
```

当表达式的值等于结果 1 的值时，执行语句块 1；当表达式的值等于结果 2 的值时，执行语句块 2；依次类推，当表达式的值等于结果 n 的值时，执行语句块 n，当表达式的值不等于 case 所列的表达式的值时，执行 otherwise 下的语句块 $n+1$。switch 语句的执行流程如图 A-1-30 所示。

3）try 语句

在 MATLAB 中，try 语句的关键字为 catch，其语句格式如下：

```
try
    语句块 1
catch
    语句块 2
end
```

try 语句具有试探性质，首先执行语句块 1，当语句块 1 执行正确，立即结束 try 结构；当语句块 1 执行错误，则跳转执行 catch 关键字下的语句块 2。try 语句的执行流程如图 A-1-31 所示。

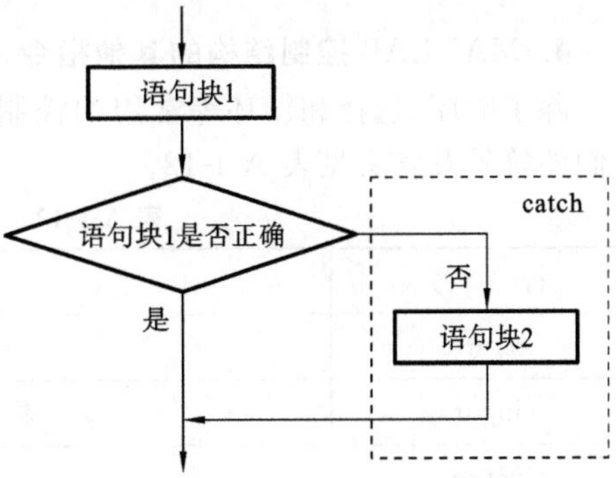

图 A-1-31　try 语句的控制结构

3. 循环控制结构

在 MATLAB 中，有两种实现循环结果的语句，分别为 for 语句和 while 语句。

1）for 语句

在复杂运算中，使用 for 循环结构会使计算非常方便。for 语句重复执行一组语句（命令、函数等），直到满足给定的次数为止，其语句格式如下：

```
for 变量 1=表达式 1:表达式 2:表达式 3
    循环体语句（命令、函数等）
end
```

其中，变量 1 被称为循环变量，一般以字母表示，表达式 1 表示循环变量的初值，表达式 2 表示步长，表达式 3 表示循环变量的终值。若表达式 2 的值为 1，则可以省略。for 语句的执行流程如图 A-1-32 所示。

2）while 语句

while 语句与 for 语句的不同之处在于，for 语句中循环体语句的执行次数在执行前就已经给定，循环次数已知；而 while 语句的循环体语句执行次数在执行前是未知的，其语句格式如下：

```
while 语句 1
    循环体语句
end
```

在执行 while 语句之前，首先要检测语句 1 的逻辑值。若逻辑值为真，则往下执行循环体语句，在第一次执行完循环体语句后，再次检测语句 1 的逻辑值；若为真，则继续执行循环体语句，并再次检测语句 1 的逻辑值；依次类推，直至语句 1 的逻辑值为假，结束 while 语句。需要注意的是，如果 while 后面的语句 1 为空，MATLAB 默认语句 1 的逻辑值为假。while 语句的执行流程如图 A-1-33 所示。

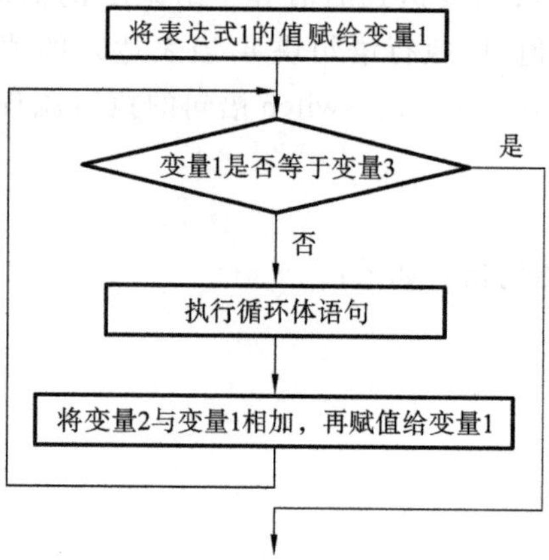

图 A-1-32　for 语句的控制结构

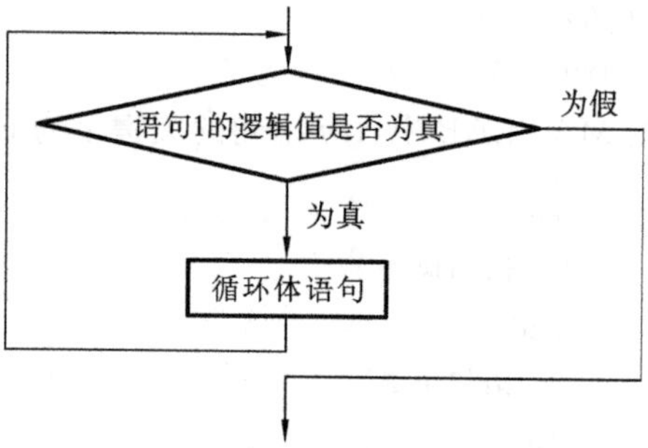

图 A-1-33　while 语句的控制结构

4. MATLAB 控制结构的其他指令

除了顺序、选择和循环等常用的控制结构外，MATLAB 还提供了一些常用的控制指令，它们的符号及含义见表 A-1-12。

表 A-1-12　控制指令的符号及其含义

符　号	含　义
return	强制结束执行并转出函数控制权
input	将用户的数值、字符、表达式输入至工作区
pause	控制执行文件的暂停与恢复
continue	把控制权传递给下一个迭代
break	终止循环结构
error	显示出错信息，终止程序
lasterr	显示系统判断的出错原因，并终止程序
warning	显示警告信息，并继续执行程序
lastwarn	显示系统给出的警告程序，并继续执行程序

A.1.5　MATLAB 矩阵计算

MATLAB 以矩阵运算为基础，提供了矩阵创建、矩阵改变、矩阵的算术运算以及复杂运算等操作。

1. 矩阵创建

MATLAB 创建矩阵有两种方法，一种与单元数组的创建类似，即直接对变量赋值，另外一种是采用 MATLAB 提供的特殊矩阵指令创建。以上两种方法均无须对矩阵的维度和类型进行说明。

1）变量赋值创建

采用变量赋值的方法创建矩阵时，通常采用矩阵构造运算符([])。具体方法是：将矩阵的所有元素用方括号括起来，同行的各个元素之间用空格或逗号分隔，不同行元素之间用分号分隔，然后再将其赋值给变量。如图 A-1-34 所示，使用方括号构造运算符，在命令行窗口中构造一个三行四列的简单矩阵，然后再将其赋值给变量 A。

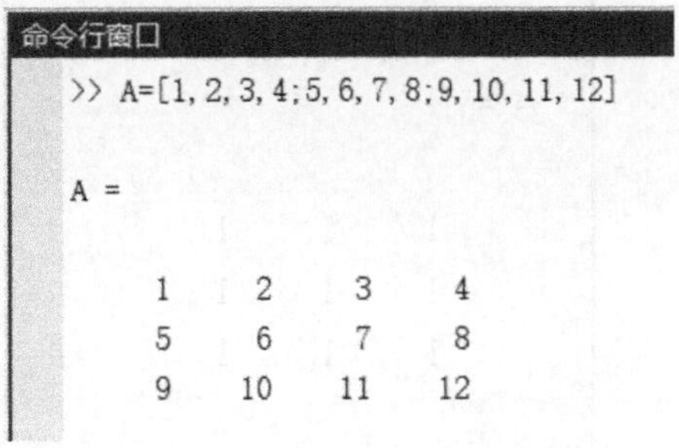

图 A-1-34　变量赋值创建矩阵

2）采用特殊矩阵指令创建

为了构建矩阵方便，MATLAB 提供了多种构建特殊矩阵的函数，其符号和含义见表 A-1-13。

表 A-1-13　特殊矩阵构建函数

函　数	含　义
ones(n)	构建大小为 $n\times n$，元素全为 1 的特殊矩阵
ones(m,n,…p)	构建大小为 $m\times n\times\cdots\times p$，元素全为 1 的矩阵
ones(size(A))	构建一个和矩阵 **A** 大小相同，元素全为 1 的矩阵
zeros(n)	构建大小为 $n\times n$，元素全为 0 的特殊矩阵
zeros (m,n,…p)	构建大小为 $m\times n\times\cdots\times p$，元素全为 0 的矩阵
zeros (size(A))	构建一个和矩阵 **A** 大小相同，元素全为 0 的矩阵
eye(n)	构建一个 $n\times n$ 的单位矩阵
eye(m,n)	构建一个 $m\times n$ 的单位矩阵
eye (size(A))	构建一个和矩阵 **A** 大小相同的单位矩阵
rand(n)	构建大小为 $n\times n$，元素为 0 至 1 之间均匀分布的随机数的特殊矩阵
rand (m,n,…p)	构建大小为 $m\times n\times\cdots\times p$，元素为 0 至 1 之间均匀分布的随机数的特殊矩阵
randn(n)	构建大小为 $n\times n$，元素为零均值、单位方差的正态分布随机数的特殊矩阵
randn (m,n,…p)	构建大小为 $m\times n\times\cdots\times p$，元素为零均值、单位方差的正态分布随机数的特殊矩阵
diag(x)	构建一个 n 维方阵，主对角线元素为向量 $\boldsymbol{x}$，其余元素均为 0 的特殊矩阵
company(p)	生成一个特征多项式为 p 的二维矩阵
magic(n)	返回一个 $n\times n$ 的魔方矩阵
pascal	返回一个 $n\times n$ 的 Pascal 矩阵
Wilkinson(n)	返回一个 $m\times n$ 的 Wilkinson 特征值测试矩阵

如图 A-1-35 所示，在命令行窗口中构建一个大小为 3×3，元素全为 1 和全为 0 的矩阵。

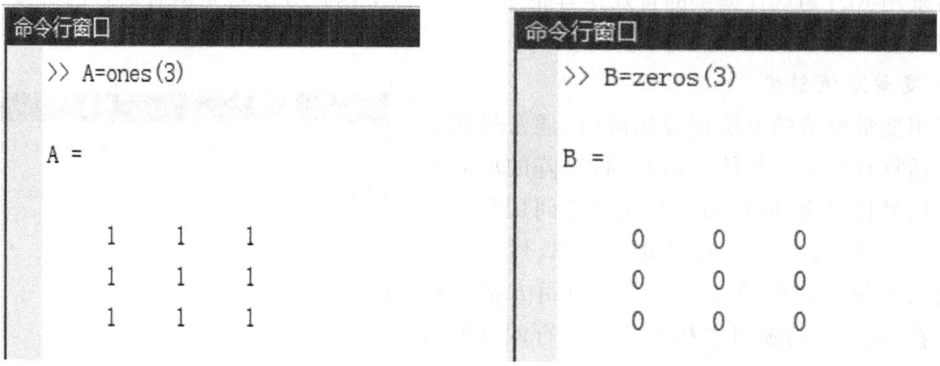

（a）元素全为1的特殊矩阵　　（b）元素全为0的特殊矩阵

图 A-1-35　特殊矩阵的构建

2. 矩阵改变

根据运算的需要，我们常常需要获取矩阵的相关信息，比如大小、维数、结构等。MATLAB 提供了多种函数和表达式来进行以上操作。

1）矩阵的大小及结构

了解矩阵的大小及结构的改变，将有助于对 MATLAB 矩阵运算的理解。MATLAB 提供了一些用于旋转矩阵、删除矩阵元素、改变矩阵维数、获取矩阵大小结构信息等操作的函数，具体功能见表 A-1-14。

表 A-1-14　有关矩阵结构和大小的函数及其功能

函　数	函数功能
isempty(A)	检测矩阵是否为空
isscalar(A)	检测矩阵是否为单元素的标量矩阵
isvector(A)	检测矩阵是否为一维向量
issparse(A)	检测数组是否为稀疏矩阵
ndims(A)	获取矩阵的维数
size(A)	获取矩阵的行数和列数
length(A)	获取矩阵最长维度的长度
numel(A)	获取矩阵元素的个数
fliplr(A)	矩阵每一行均进行逆序排列
flipud(A)	矩阵每一列均进行逆序排列
flipdim(A,dim)	生成一个在 dim 维矩阵 **A** 内的元素交换位置的多维矩阵
rot90(A)	生成一个由矩阵 **A** 逆时针旋转 90°而得到的新矩阵
rot90(A,k)	生成一个由矩阵 **A** 逆时针旋转 $k\times 90°$而得到的新矩阵
shiftdim(A,n)	矩阵的列移动 n 步，n 为正数，矩阵向左移；n 为负数，矩阵向右移
squeeze(A)	返回没有空维的矩阵 **A**

续表

函　　数	函 数 功 能
cat(dim,A,B)	将矩阵 **A** 和 **B** 组合成一个 dim 维的多维矩阵
permute(A,order)	根据向量 order 来改变矩阵 **A** 中的维数顺序
ipermute(A,order)	进行命令 permute 的逆变换
sort(A)	对一维或者二维矩阵进行升序排序，并且返回排序后的矩阵
[B,IX]=sort(A)	IX 为排序后备元素在原矩阵中的行位置或列位置的索引
horzcat(A,B)	在水平方向上合并矩阵 **A** 和 **B**，与表达式[A,B]作用相同
vertcat(A,B)	在竖直方向上合并矩阵 **A** 和 **B**，与表达式[A;B]作用相同
A'	矩阵 **A** 的转置

2) 矩阵的引用

矩阵是 MATLAB 数据的基本形式，标量和向量都是矩阵的特例，因此矩阵中的元素也是可以引用的。矩阵的元素引用共有两种方法，分别是引用单个矩阵元素和引用矩阵的片段。

(1) 引用单个矩阵元素。

引用单个矩阵元素，即引用矩阵中的特定元素，一般使用表达式 A(a,b)。其中，A 为矩阵变量，a 和 b 分别表示矩阵特定元素的行号和列号。例如，A(3,3)表示矩阵 **A** 中第 3 行第 3 列的元素。

(2) 引用矩阵的片段。

在数学中，$\boldsymbol{A}(a,b)$表示矩阵 **A** 第 a 行第 b 列的元素，MATLAB 也使用表达式 A(a,b)对该元素进行索引。

利用 MATLAB 的冒号运算符，可以从给出的矩阵中获得矩阵片段。表达式 A(m1: m2, n1: n2)表示 A 矩阵第 m1～m2 行、第 n1～n2 列的矩阵。例如，A(1:3,1:3)表示 A 中第 1 行至第 3 行、第 1 列至第 3 列的矩阵。

MATLAB 提供了多种用于矩阵索引的表达式，其具体功能见表 A-1-15。

表 A-1-15　有关矩阵索引的表达式及其功能

索引表达式	具 体 功 能
A(1)	将二维矩阵 **A** 重组为一维数据，返回数组中的第一个元素
A(:,j)	返回二维矩阵 **A** 中第 j 列的列向量
A(i,:)	返回二维矩阵 **A** 中第 i 行的行向量
A(:,j:k)	返回由二维矩阵 **A** 中的第 j 列到第 k 列列向量组成的子矩阵
A(i:k,:)	返回由二维矩阵 **A** 中的第 i 行到第 k 行行向量组成的子矩阵
A(i:k,j:l)	返回由二维矩阵 **A** 中的第 i 行到第 k 行 行向量和第 j 列到第 l 列列向量组成的子矩阵
A(:)	将矩阵 **A** 中的每列合并成一个长的列向量
A(j:k)	返回一个行向量，其元素为 **A**(:)中的第 j 个元素到第 k 个元素
A([j1 j2 …])	返回一个行向量，其中的元素为 **A**(:)中的第 $j1$、$j2$ 等元素

续表

索引表达式	具 体 功 能
A(:,[j1 j2 …])	返回矩阵 **A** 的第 $j1$ 列、第 $j2$ 列等的列向量
A([i1 i2 …],:)	返回矩阵 **A** 的第 $i1$ 行、第 $i2$ 行等的行向量
A([i1 i2 …],[j1 j2 …])	返回矩阵第 $i1$ 行、第 $i2$ 行等和第 $j1$ 列、第 $j2$ 列等的元素

3）矩阵的数据类型

矩阵中的元素类型可以有多种，可以是数值、字符串、元胞、结构体等，获取矩阵数据类型信息在矩阵运算中是十分必要的。MATLAB 提供了多种数据类型测试函数，其具体功能见表 A-1-16。

表 A-1-16 矩阵数据类型测试函数及其功能

函　　数	具 体 功 能
isnumeric	检测矩阵元素是否为数值型
isreal	检测矩阵元素是否为实数数值型
isfloat	检测矩阵元素是否为浮点数值型
isinteger	检测矩阵元素是否为整数型
islogical	检测矩阵元素是否为逻辑型
ischar	检测矩阵元素是否为字符型
isstruct	检测矩阵元素是否为结构体型
iscell	检测矩阵元素是否为元胞型
iscellstr	检测矩阵元素是否为结构体的元胞型

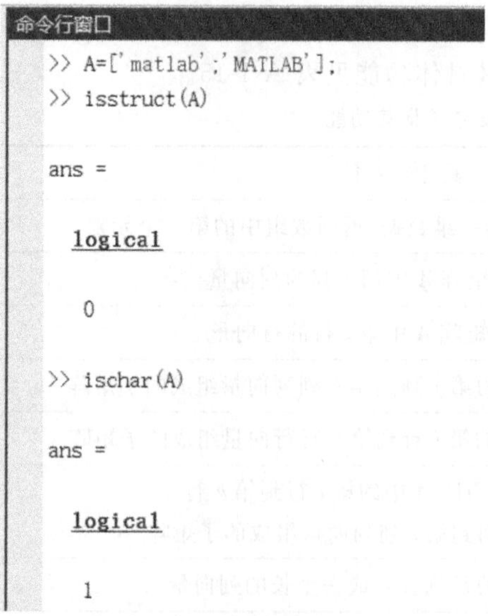

图 A-1-36 矩阵数据类型测试

如图 A-1-36 所示，在命令行窗口中检测矩阵 **A** 的数据类型，若逻辑为真，则返回值为 1，否则为 0。

3. 矩阵的算术运算

矩阵的算术运算包括矩阵的加减法、矩阵乘法、矩阵除法、矩阵幂运算和矩阵元素操作。

1）矩阵的加减法运算

假设有两个矩阵 **A** 和 **B**，它们能够进行加减运算的前提是两矩阵的行数和列数相同。矩阵的加减法同样满足交换律和结合律，且两矩阵加减后的结果是一个与 **A** 和 **B** 大小相同的矩阵。

具体的运算规则是：两个矩阵进行加减运算时，其相应元素进行加减。如图 A-1-37 所示，于命令行窗口中，进行矩阵 **A** 和 **B** 的加减运算，所得矩阵 **C** 的元素为 **A** 和 **B** 对应元素相减后的结果。

标量也可以和矩阵进行加减运算，运算方法是：矩阵的每个元素与标量进行加减运算。如图

A-1-38 所示，于命令行窗口中进行矩阵 **A** 与标量 3 的加减运算。

```
命令行窗口
>> A=[1,2,3;4,5,6;7,8,9];
>> B=[1,0,1;2,0,2;3,0,3];
>> C=A-B

C =

     0     2     2
     2     5     4
     4     8     6
```

图 A-1-37 矩阵加减运算

```
命令行窗口
>> A=[1,2,3;4,5,6;7,8,9];
>> C=A-3

C =

    -2    -1     0
     1     2     3
     4     5     6
```

图 A-1-38 矩阵与标量的加减运算

2）矩阵乘法

矩阵的乘法运算包括数与矩阵的乘法运算和矩阵与矩阵的乘法运算。

(1) 数与矩阵的乘法运算。

数与矩阵的乘法运算满足结合律、交换律与分配律，运算规则是：矩阵的每个元素与数相乘。如图 A-1-39 所示，于命令行窗口中进行矩阵 **A** 与数字 3 的乘法运算。

(2) 矩阵与矩阵的乘法运算。

矩阵与矩阵的乘法运算要求，被乘矩阵的列数与乘矩阵的行数相等，比如矩阵 **A** 是一个 $m \times h$ 的矩阵，那么与其相乘的另一个矩阵 **B** 必须是一个 $h \times n$ 的矩阵，其乘积矩阵 **C** 的大小为 $m \times n$。另外，需要注意的是，矩阵间的乘法不满足交换律，但是满足结合律。

```
命令行窗口
>> A=[1,2,3;4,5,6;7,8,9];
>> C=3*A

C =

     3     6     9
    12    15    18
    21    24    27

>> B=A*3

B =

     3     6     9
    12    15    18
    21    24    27
```

图 A-1-39 矩阵与数的乘法运算

```
命令行窗口
>> A=[1,2,3;4,5,6;7,8,9];
>> B=[1,2,3;2,2,3;3,2,3];
>> C=A*B

C =

    14    12    18
    32    30    45
    50    48    72

>> D=B*A

D =

    30    36    42
    31    38    45
    32    40    48
```

图 A-1-40 矩阵与矩阵的乘法运算

如图 A-1-40 所示，于命令行窗口中进行矩阵 **A** 和矩阵 **B** 的乘法运算，矩阵 $\boldsymbol{C}=\boldsymbol{A}\times\boldsymbol{B}$，矩阵 $\boldsymbol{D}=\boldsymbol{B}\times\boldsymbol{A}$，可以看出，矩阵 **C** 和 **D** 并不相同。

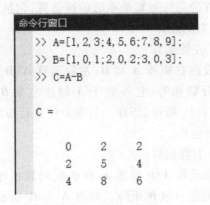

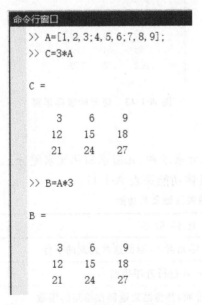

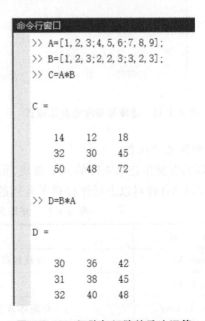

3）矩阵除法

矩阵的除法运算是乘法的逆运算，包括左除运算“\”和右除运算“/”。

（1）左除运算。

假设存在矩阵 **A** 和 **B**，左除运算 **A\B** 要求 **A** 和 **B** 的行数相等，它等效于 **A** 的逆左乘 **B** 矩阵。如图 A-1-41 所示，于命令行窗口中进行矩阵 **A** 和 **B** 的左除运算。

```
命令行窗口
>> A=[1, 2, 3;4, 5, 6];
>> B=[2, 1, 2;1, 1, 3];
>> C=A\B

C =

   -1.5000   -0.5000   -0.5000
         0         0         0
    1.1667    0.5000    0.8333
```

图 A-1-41　矩阵与矩阵的左除运算

（2）右除运算。

右除运算 **A/B** 要求 **A** 和 **B** 的列数相等，它等效于 **A** 的逆右乘 **B** 矩阵。如图 A-1-42 所示，于命令行窗口中进行矩阵 **A** 和 **B** 的右除运算。

4）矩阵幂运算

矩阵幂运算的表达式为 A^x，其中矩阵 A 为方阵，x 为标量。当 x 为正整数时，A^x 表示矩阵 A 自然乘 x 次；当 x 为 0 时，得到一个与 A 维度相同的单位矩阵；当 x 小于 0 且 A 的逆矩阵存在时，A^x 则表示矩阵 A 的逆的 −x 次方。如图 A-1-43 所示，设 x 的值为 2，于命令行窗口中进行矩阵求幂计算。

```
命令行窗口
>> A=[1, 2, 3;4, 5, 6];
>> B=[2, 1, 2;1, 1, 3];
>> C=A/B

C =

    0.1111    1.0000
    1.7778    1.0000
```

图 A-1-42　矩阵与矩阵的右除运算

```
命令行窗口
>> A=[1, 2, 3;4, 5, 6;7, 8, 9];
>> x=2;
>> C1=A^x

C1 =

    30    36    42
    66    81    96
   102   126   150
```

图 A-1-43　矩阵的求幂运算

5）矩阵元素操作

矩阵元素操作包括矩阵的元素查找、元素排序、元素求和、元素求积和元素差分。MATLAB 针对以上操作提供了专用的函数，具体功能见表 A-1-17。

表 A-1-17　矩阵元素操作相关函数及其功能

函　数	具体功能
find(A)	查找矩阵 **A** 中的非零元素，并返回这些元素的下标
sort(A)	对矩阵 **A** 进行升序排列
sort(A,dim)	对矩阵 **A** 进行升序排列，并将结果返回在给定的维数
sort(…,mode)	对矩阵 **A** 进行排序，mode 可指定排序的方式
sum(A)	对矩阵 **A** 的元素求和，返回由矩阵 **A** 各列元素的和组成的向量

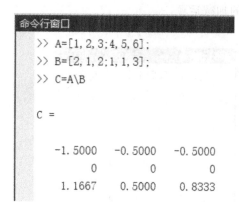

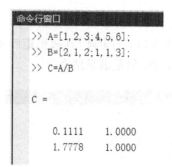

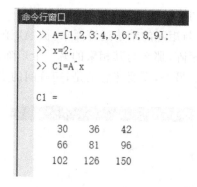

续表

函　　数	具 体 功 能
prod(A)	对矩阵 **A** 的元素求积,返回由矩阵 **A** 各列元素的积组成的向量
diff(A)	计算矩阵 **A** 各列元素的差分
diff(A,n)	计算矩阵 **A** 各列元素的 n 阶差分
diff(A,n,dim)	计算矩阵 **A** 在给定维数 dim 上元素的 n 阶差分
norm(A)	求解矩阵 **A** 的范数

4. 矩阵的复杂运算

矩阵的复杂运算包括矩阵分析、矩阵分解、方程求解和函数的积分与微分。

1) 矩阵分析

MATLAB提供了多种矩阵分析函数,包括求解秩、行列式、迹、范数、特征值与特征向量、矩阵的最值和矩阵的比较等,具体功能见表A-1-18。

表 A-1-18　矩阵分析函数及其功能

函　　数	具 体 功 能
norm(A)	求解矩阵的范数
normest(A)	估计矩阵的2阶范数
rank(A)	求解矩阵的秩
det(A)	求解矩阵行列式
trace(A)	求解矩阵的迹
orth(A)	正交化空间
e=eig(A)	求解矩阵的全部特征值,构成特征向量 ***e***
[V,D]=eig(A)	求矩阵的全部特征值,构成对角阵 ***D***,并求右特征值向量,构成矩阵 **V**
[V,D,W]=eig(A)	返回以特征值为主对角线的对角阵 ***D***、以右特征值向量构成的特殊矩阵 ***V***,以及以左特征值向量构成的矩阵 ***W***
subspace(A,B)	返回矩阵 **A** 和矩阵 ***B*** 之间的夹角
max(A)	返回一个行向量,向量的第 i 个元素是矩阵的第 i 列上的最大值
min(A)	返回一个行向量,向量的第 i 个元素是矩阵的第 i 列上的最小值
U=max(A,B)	***A***,***B*** 是两个同类型的向量或矩阵,结果 ***U*** 是与 ***A***,***B*** 同型的向量或矩阵,***U*** 的每个元素等于 ***A***,***B*** 对应元素的较大者
mean(A)	返回一个行向量,其第 i 个元素是矩阵的第 i 列元素的算术平均值

2) 矩阵分解

MATLAB提供了多种矩阵分解函数,包括Cholesky分解、高斯消去法分解(LU分解)、正交三角分解(QR分解)和舒尔分解,具体功能见表A-1-19。其中,只有正定矩阵才可以进行Cholesky分解。

如图A-1-44所示,在命令行窗口中,分别对矩阵 **A** 进行Cholesky分解、LU分解、正交三角分解和舒尔分解。

表 A-1-19　矩阵分解函数及其功能

函　　数	具 体 功 能
chol(A)	对矩阵进行 Cholesky 分解
lu(A)	对矩阵进行 LU 分解
qr(A)	对矩阵进行正交三角分解
schur(A)	对矩阵进行舒尔分解

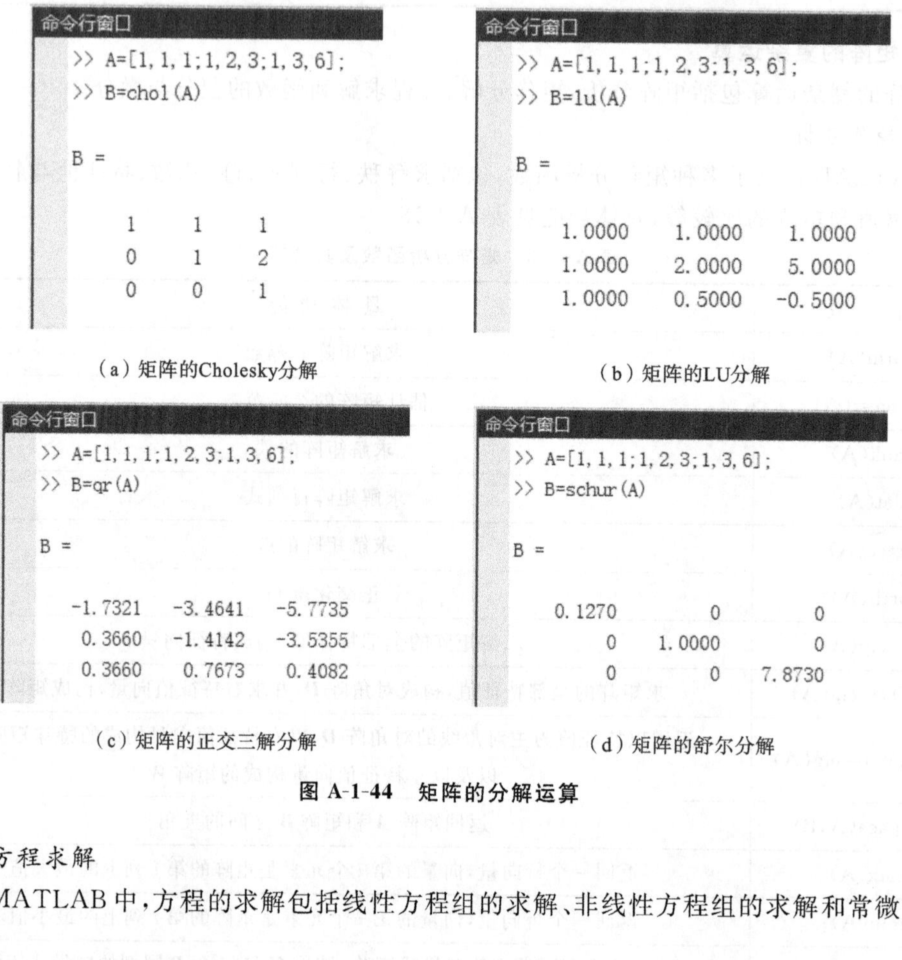

（a）矩阵的Cholesky分解　　（b）矩阵的LU分解

（c）矩阵的正交三解分解　　（d）矩阵的舒尔分解

图 A-1-44　矩阵的分解运算

3）方程求解

在 MATLAB 中，方程的求解包括线性方程组的求解、非线性方程组的求解和常微分方程的求解。

（1）线性方程组的求解。

线性方程组的求解方法有多种，这里仅介绍常用的两种，分别是雅可比矩阵迭代法和高斯-赛德尔迭代法。

以上两种方法都有对应的函数文件，雅可比矩阵迭代法对应的函数文件是 jacobi. m，高斯-赛德尔迭代法对应的函数文件是 gauseidel. m，两种文件的引用格式相同，内容不同。

jacobi. m 函数文件内容如下：

```
function[y,n]=jacobi(A,b,x0,ep)
if nargin==3
  ep=1.0e-6;
```

```
elseif nargin<3
  error
  return
end
D=diag(diag(A));
L=-tril(A,-1);
U=-triu(A,1);
B= D\(L+U);
f=D\b;
y=B*x0+f;
n=1;
while norm(y-x0)>=ep
  x0=y;
  y=B*x0+f;
  n=n+1;
end
```

gauseidel.m 函数文件内容如下：

```
function[y,n]=gauseidel(A,b,x0,ep)
if nargin==3
  ep=1.0e-6;
elseif nargin<3
  error
  return
end
D=diag(diag(A));
L=-tril(A,-1);
U=-triu(A,1);
G=(D-L)\U;
f=(D-L)\b;
y=G*x0+f;
n=1;
while norm(y-x0)>=ep
  x0=y;
  y=G*x0+f;
  n=n+1;
end
```

其中，A表示线性方程组的系数矩阵（为方阵，非奇异），b表示方程组右边的常数项列向量，x0表示初始值，ep表示精度上限值，n表示方程组维数，y表示线性方程组的解，函数tril表示提取矩阵的下三角矩阵，函数triu表示提取矩阵的上三角矩阵。

（2）非线性方程组的求解。

对于非线性方程组 $F(x)=0$，MATLAB提供了一些专门的函数。其中，fsolve函数最为常用，其调用格式为：y=fsolve(fun,x0)。其中，输入参数fun是待求解的函数文件名，x0为搜索的起点，输出参数y是返回的方程组的解。如图A-1-45所示，计算非线性方程 $e^{-e^{-(x_1+x_2)}}$

$-x_2(1+x_1^2)=0$ 和 $x_1\cos x_2+x_2\sin x_1-\dfrac{1}{2}=0$。首先新建 m 文件，编写函数，命名为 root2d；然后将此代码保存于 MATLAB 路径上，并命名为 root2d. m；最后从[0,0]点开始求解方程组，即可得到方程的解：x1＝0.3532，x2＝0.6061。

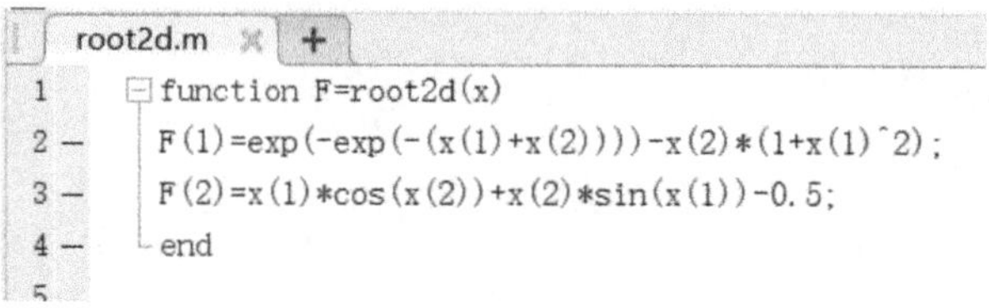

（a）非线性方程组子程序

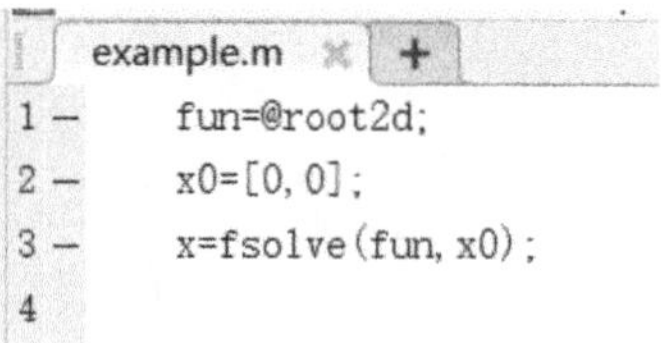

（b）函数fsolve求解

图 A-1-45　非线性方程组的求解运算

（3）常微分方程的求解。

针对常微分方程的求解，MATLAB 提供了多个函数，其中最常用的是 solver 函数，其调用格式为：[T，Y]＝solver(filename，tspan，y0，option)。

在 solver 调用格式中，T 和 Y 分别给出时间向量和相应的数值解；solver 为求常微分方程数值解的函数；filename 是定义 f(T，Y)的函数名，该函数必须返回一个列向量；tspan 的形式为[T0，Tf]，表示求解区间；y0 是初始状态向量；option 是可选参数，用于设置求解属性。

其余不同的函数用于求解不同的问题，具体函数及其适用范围见表 A-1-20。

表 A-1-20　求解常微分方程的函数

函　数	算 法 名 称	适 用 范 围
ode45	四阶-五阶龙格-库塔算法	非刚性微分方程
ode23	二阶-三阶龙格-库塔算法	非刚性微分方程
ode113	可变阶 Adams-Bashforth-MoultonPECE 算法	非刚性微分方程，计算时间比 ode45 函数短
ode15s	可变阶 NDFs(BDFs)算法	刚性微分方程和微分代数方程
ode23s	二阶 Rosebrock 算法	刚性微分方程，当精度较低时，计算时间比 ode15s 函数短
ode23t	梯形算法	适度刚性常微分方程和微分代数方程
ode23tb	TR-BDF2 算法	刚性微分方程，当精度较低时，计算时间比 ode15s 函数短
ode15i	BDFs 算法	完全隐式微分方程

4）函数的积分与微分

（1）微分。

微分的基本思想是先用逼近或拟合等方法将已知数据在一定范围内的近似函数求出，再用特定的方法对此近似函数进行微分。

在 MATLAB 中，有两种常用的计算方式计算任意函数 $f(x)$ 在给定点 x 的数值导数，分别是多项式求导法和用 diff 函数计算差分的方法。

多项式求导法的步骤为：首先用函数 $g(x)$ 对 $f(x)$ 进行逼近，然后用 $g(x)$ 在点 x 处的导数作为 $f(x)$ 在点 x 处的导数，以此类推。该方法是根据多项式可以求任意阶导数，从而求出高阶导数的近似值。但是随着求导阶数的增加，计算误差会越来越大，因此，该方法一般只用在低阶数值微分。

在 MATLAB 中，没有直接提供求数值导数的函数，diff 是向前差分的函数，其基本调用格式见表 A-1-21。

表 A-1-21　diff 函数调用格式及功能

函　数	具体功能
DX＝diff(X)	计算向量 **X** 的向前差分
DX＝diff(X,n)	计算向量 **X** 的 n 阶向前差分
DX＝diff(A,n,dim)	计算矩阵 **A** 的 n 阶差分，dim＝1(默认状态)时，按列计算差分；dim＝2 时，按行计算差分

(2) 积分。

积分包括定积分的求解和多重积分的求解。

① 求解定积分。

求解定积分时，可以采用 integral、quadgk、trapz 函数来计算。MATLAB 为求解定积分提供了多种方法，主要包括自适应积分算法和梯形积分法。在使用自适应积分算法求解定积分时，可以采用 integral 函数，其调用格式为：q＝integral(@fun,xmin,xmax)。其中，fun 是被积函数，xmin 和 xmax 分别是定积分的下限和上限。如图 A-1-46 所示，于命令行窗口中采用函数 integral 求解定积分。

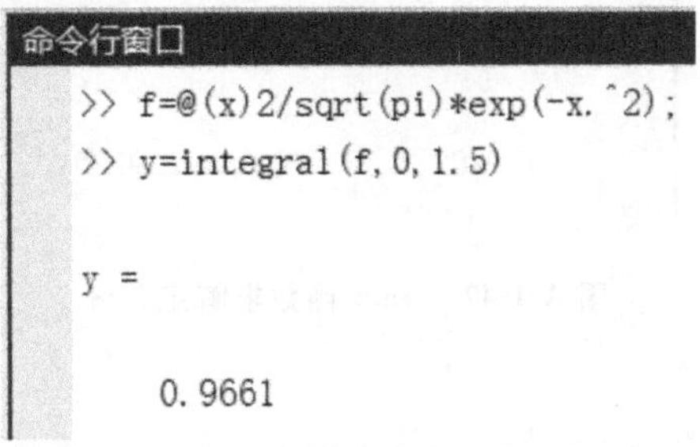

图 A-1-46　integral **函数求解定积分**

同样，可以采用函数 trapz 对由表格形式定义的离散数据用梯形积分法求解定积分，其调用格式为：T＝trapz(Y)。其中，输入参数 Y 是向量，采用单位间距(即间距为 1)计算 Y 的近似积分。若 Y 是矩阵，则输出参数 T 是一个行向量，T 的每个元素分别存储 Y 的每一列的积分结果。

另外一种调用格式为：T＝trapz(X,Y)。其中，输入参数 X、Y 是两个等长的向量，X、Y 满足函数关系 Y＝f(X)，按 X 指定的数据点间距对 Y 求积分。若 X 是有 m 个元素的向量，Y 是 $m\times n$ 矩阵，则输出参数 T 是一个有 n 个元素的向量，T 的每个元素分别存储 Y 的每一列积分结果。

如图 A-1-47 所示，于命令行窗口中使用 trapz 函数求解 $\sin x$、$\cos x$ 和 $\sin(x/2)$ 的定积分。

② 求解多重积分。

多重积分包括二重积分、三重积分等。

二重积分常用于求曲面面积、曲顶柱体体积、平面薄片重心、平面薄片转动惯量、平面薄片对质点的引力等，三重积分常用于求空间区域的体积、质量、质心等。

其中，MATLAB 中用于求解二重积分的函数包括 integral2 和 quad2d 等，用于求解三重积分的函数包括 integral3 等，它们的调用格式分别如下。

二重积分：

```
q=integral2(fun,xmin,xmax,ymin,ymax,Name,Value)
q=quad2d(fun,xmin,xmax,ymin,ymax)
[q,errbnd]=quad2d(fun,xmin,xmax,ymin,ymax,Name,Value)
```

三重积分：

```
q=integral3(fun,xmin,xmax,ymin,ymax,zmin,zmax)
q=integral3(fun,xmin,xmax,ymin,ymax,zmin.zmax,Name,Value)
```

其中，输入参数 fun 为被积函数，[xmin，xmax]为 x 的积分区域，[ymin，ymax]为 y 的积分区域，[zmin，zmax]为 z 的积分区域，选项 Name 的用法及可取值与函数 integral 相同。输出参数 q 返回积分结果，errbnd 用于返回计算误差。如图 A-1-48 所示，于命令行窗口中使用 integral3 函数计算 $f(x,y,z)=y\sin x+z\cos x$ 的三重积分。

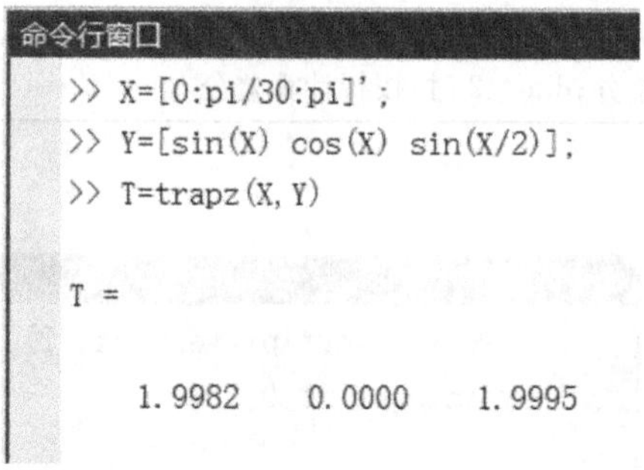

图 A-1-47 trapz 函数求解定积分

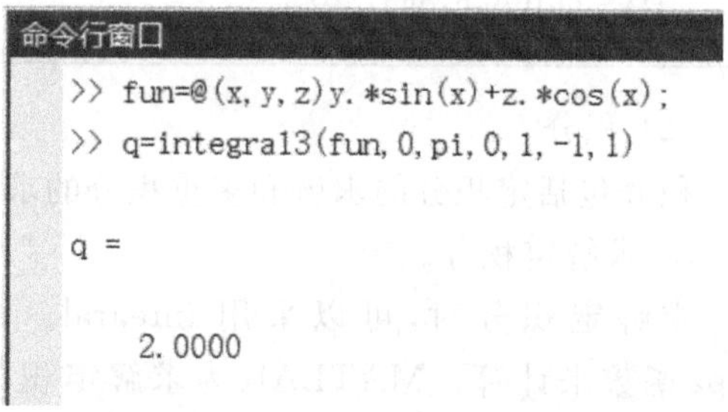

图 A-1-48 integral3 函数求解三重积分

A.1.6 MATLAB 绘图基础

以图形的形式展现数据能够使读者快速理解其含义和规律。利用已有数据，MATLAB 能够快速绘制图形，并且可对图形中的线条类型、颜色进行编辑，更加细腻地揭示数据的潜在规律。

在惯性导航系统中，常用二维曲线进行分析研究，这里仅对二维曲线进行介绍，其余图形的处理，可参考 MATLAB 相关书籍进行进一步学习。

1. 图形绘制步骤

MATLAB 绘制图形的步骤如下：

(1) 获取自变量和因变量数据。

(2) 选定图形的顺序，可以通过 figure1、figure2、…或者 figure 函数的顺序来设置。

(3) 调用绘图函数，比如 plot 函数、fplot 函数等。

(4) 设置图形属性，比如坐标轴大小、刻度、线型、线型颜色等(也可不进行设置，不设置时会采用 MATLAB 的默认形式)。

(5) 按照需求添加图形的注释、坐标名称、图形名称等。

(6) 按照需求导出图形。

针对以上六步基本操作，我们通过下面的一个例子进行学习。

例　绘制函数 $y=\sin x$ 在 $x\in[-\pi,\pi]$ 上的图像。

步骤 1：获取数据。由例题可知，x 和 y 分别为自变量和因变量，仅需在窗口中输入 x 和 y 的定义式即可。

步骤 2：选定图形顺序。因本例仅需一个图形，故在窗口中仅输入一个 figure 即可。

步骤 3：绘图。调用 plot 函数绘图。

步骤 4：设置图形属性。为了图形的美观，将线型颜色设置为红色，背景设置为网格，数据点采用加号（以上设置操作在后面会详细讲解）。

步骤 5：添加图形注释等信息。为了图形直观明了，为 x 轴和 y 轴设置坐标轴注释。

步骤 6：图形导出。将 MATLAB 画出的图形导出。

根据以上步骤，可完成例题图形的绘制，如图 A-1-49 所示。

若要导出图形，可在显示图形的编辑窗口“编辑”选项选择复制图窗按钮。

```
x=-pi:0.01:pi;
y=sin(x);
figure
plot(x,y,'-r+');
grid on
title('y函数图形');
xlabel('x');
ylabel('y');
legend('y=sin(x)');
```

（a）图形绘制代码

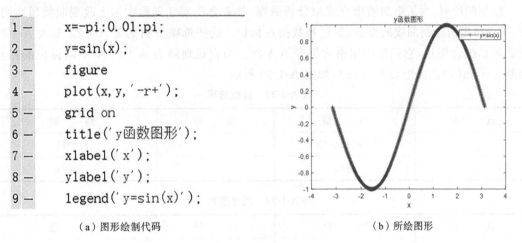

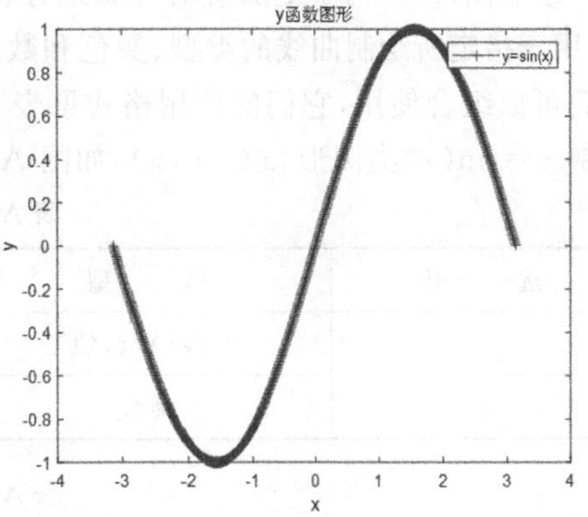

（b）所绘图形

图 A-1-49　图形绘制举例

2. 绘制二维曲线

MATLAB 为绘制二维曲线提供了多种函数，比如 plot 函数、fplot 函数和 fimplicit 函数等，其具体功能见表 A-1-22。

表 A-1-22　常用二维图形绘制函数

函　　数	具 体 功 能
plot	绘制直角坐标系下的二维曲线
fplot	绘制图形，根据参数函数的变化特性自适应地设置采样间隔
fimplicit	绘制隐函数图形

1）plot 函数

plot 函数的基本调用格式为：plot(x,y)。其中，x 和 y 是长度相同的向量，作为图形的横、纵坐标，在绘图时用线段将各个数据点连接起来。

以上为 plot 函数最常用的形式，但是在实际应用中，输入参数有许多变化。

（1）当 plot 函数的参数为一个向量时，调用格式为：plot(y)。此时以该向量元素的下标为横坐标、元素值为纵坐标绘制。

(2) 当 plot 函数的参数为一个矩阵时，调用格式为：plot(A)。此时绘制的是矩阵 **A** 的每列元素值相对其下标的图形。

(3) 当 plot 函数的参数为两个矩阵时，调用格式为：plot(A,B)。此时对矩阵 **A** 的行绘制矩阵 **B** 的列的图形。

2) fplot 函数

fplot 函数的调用格式为：fplot(fun,lims)。其中，fun 代表定义曲线 y 坐标的函数，通常采用函数句柄的形式；lims 为 x 轴上的取值范围，用二元行向量[xmin,xmax]描述，默认为[−5,5]。

fplot 函数与 plot 函数一样，也有双输入参数的调用格式：fplot(funx,funy,lims)。其中，funx、funy 代表函数，通常采用函数句柄的形式；lims 为参数函数 funx 和 funy 的自变量的取值范围，用[tmin,tmax]描述。

3. 图形属性设置

1) 曲线属性

绘制图形时，为了更加清晰直观地分析数据，常常会在 plot 函数中加上改变曲线属性的选项，用于指定所绘制曲线的类型、颜色和数据点标记。这些选项分别见表 A-1-23 至表 A-1-25，它们可以组合使用，它们的调用格式见表 A-1-26。为直观理解表 A-1-25 中不同标记的差异，绘制 $y=\sin(x)$类图形，$x\in(0,\pi)$，如图 A-1-50 所示。

表 A-1-23　线型选项

选　项	线　型	选　项	线　型
-	实线(默认值)	--	段画线
:	虚线	-.	点画线

表 A-1-24　颜色选项

选　项	颜　色	选　项	颜　色
b 或 blue	蓝色	m 或 magenta	品红色
g 或 green	绿色	y 或 yellow	黄色
r 或 red	红色	k 或 black	黑色
c 或 cyan	青色		

表 A-1-25　标记选项

选　项	标记符号	选　项	标记符号
.	点	v	朝下三角符号
o	圆圈	^	朝上三角符号
x	叉号	<	朝左三角符号
+	加号	>	朝右三角符号
*	星号	p 或 pentagram	五角星符
s 或 square	方块符	h 或 hexagram	六角星符
d 或 diamond	菱形符		

表 A-1-26　选项的调用

属性函数	调用格式
plot	plot(x,y,选项)
plot	plot(x1,y1,选项 1,x2,y2,选项 2,…,xn,yn,选项 n)
fplot	fplot(funx,选项)
fplot	fplot(funx,funy,选项)

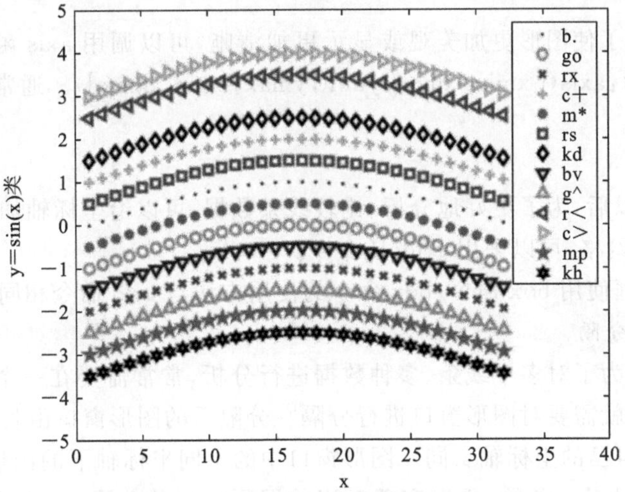

图 A-1-50　颜色及标记选项图形显示

2）其他线条属性设置

调用 MATLAB 绘图函数绘制图形，还可以用如下的格式设置曲线属性：plot(x,y,属性 1,值 1,属性 2,值 2,…,属性 n,值 n)。常用的线条属性及其含义见表 A-1-27。

表 A-1-27　常用的线条属性及其含义

属性函数	含　义
LineStyle	指定线型，可用值为表 A-1-23 中的字符
LineWidth	指定线宽，默认为 0.5 像素
Marker	指定标记符号，可用值为表 A-1-25 中的字符
MarkerIndices	指定哪些点显示标记，其值为向量。若未指定，默认在每一个数据点显示标记
MarkerEdgColor	指定五角星、菱形、六角星标记符号的框线颜色
MarkerFaceColor	指定五角星、菱形、六角星标记符号内的填充颜色
MarkerSize	指定五角星、菱形、六角星标记符号的大小

3）图形标注

在绘图时，为了看图方便，可加上一些图形说明，如名称、坐标轴说明等，其相关函数调用格式及含义见表 A-1-28。

表 A-1-28 图形说明函数的调用格式及含义

函数调用格式	含 义
title('坐标轴标题')	用于给坐标轴添加标题
xlabel('x 轴说明')	用于给 x 轴添加说明
ylabel('y 轴说明')	用于给 y 轴添加说明
text('x,y 图形说明')	用于在指定位置(x,y)添加图形说明
legend('图例 1,图例 2,…')	用于添加图例,说明绘制曲线所用线型、颜色或数据点标记

4) 坐标控制

绘制图形时,为了使图形更加美观或显示更加清晰,可以调用 axis 函数来实现坐标轴的调整,其调用格式为:axis([xmin,xmax,ymin,ymax,zmin,zmax])。通常绘制二维图形时只给出前 4 个参数。

5) 网格添加

坐标轴设定好以后,为了更好地分析、比较线条数据,可以给坐标轴加网格线,即使用 gridon 命令;若要删除网格,可以采用 gridoff 命令。

给坐标轴加边框使用 box 命令,box 命令的使用方法与 grid 命令相同。

6) 图形窗口的分隔

在绘制图形时,为了对多个线条、多种数据进行分析,常常需要在一个图形窗口内绘制若干个独立的图形,这就需要对图形窗口进行分隔。分隔后的图形窗口由若干个绘图区组成,每一个绘图区可以有自己的坐标轴。同一图形窗口中的不同坐标轴下的图形称为子图。MATLAB 系统提供了 subplot 函数,用来实现对当前图形窗口的分隔。subplot 函数的调用格式为:subplot(m,n,p)。其中,参数 m 和 n 表示将图形窗口分成 m 行 n 列个绘图区,区号按行优先编号;第三个参数 p 指定第 p 区为当前活动区,后续发出的绘图命令、标注命令、坐标控制命令都是作用于当前活动区。若 p 是向量,则表示将向量中的几个区合成一个绘图区,然后在这个合成的绘图区绘制图形。

A.2 MATLAB 基础程序设计

A.2.1 程序设计

A.1 节从 MATLAB 常见操作、常见数据、控制结构、矩阵计算和绘图等方面介绍了 MATLAB 的常见运算规则。本节针对 A.1 节内容进行实践练习,为惯性导航的实践研究奠定基础。(本节所对应程序详见配套的数字资源)

例 1 以初始速度 v_0 垂直向上抛出一个小球,则小球在一段时间 t 后的高度 h 为:

$$h=v_0t-\frac{1}{2}gt^2 \tag{A-2-1}$$

其中,g 是重力加速度,忽略空气阻力。完成以下操作:

(1) 计算小球达到高度 h 时所需要的时间;

(2) 在 10 s 的时间段内每隔 0.1 s 计算一次 h 的值,并绘制该时间段的高度-时间曲线。

例 2　设 $f(x)=e^{-0.5x}\sin\left(x+\frac{\pi}{6}\right)$，求 $\int_0^{3\pi} f(x)\mathrm{d}x$。

例 3　根据矩阵指数的幂级数展开式求矩阵指数：

$$e^{\boldsymbol{X}}=\boldsymbol{I}+\boldsymbol{X}+\frac{\boldsymbol{X}^2}{2!}+\frac{\boldsymbol{X}^3}{3!}+\cdots+\frac{\boldsymbol{X}^n}{n!}+\cdots \tag{A-2-2}$$

例 4　在 $-2\leqslant x\leqslant 2$ 范围内，绘制曲线 $y=e^x$、$y=e^{-x}$ 和 $y=\frac{e^x+e^{-x}}{2}$，并给出图形标注。

例 5　人造地球卫星的轨迹可视为平面上的椭圆。我国第一颗人造卫星的近地点距离地球表面 439 km，远地点距离地球表面 2384 km，地球半径为 6371 km，求该卫星的轨迹长度。

针对以上例题，于 MATLAB 中进行解答和实现。

1. 例 1 求解说明

(1) 方程(A-2-1)是一个以 t 为未知数的一元二次方程，对方程进行整理，得到：

$$\frac{1}{2}gt^2-v_0t+h=0 \tag{A-2-3}$$

可以利用 MATLAB 的 roots 函数求解。假设初始速度 $v_0=60$ m/s，$h=100$ m，具体命令和操作详见本例程序(见本书的配套数字资源)。

(2) 假设初始速度为 $v_0=60$ m/s，命令如下：

```
v0=60;                  % 初始速度
g=9.81;                 % 重力加速度
t=0:0.1:12;             % 小球运动时间
h=v0*t-1/2*g*t.^2;      % 公式(A-2-1)
figure
plot(t,h,[0,14],[100,100])
grid on
title('高度-时间曲线');
xlabel('时间/s');
ylabel('高度/m');
```

2. 例 2 求解说明

求函数 $f(x)$ 在 $[a,b]$ 上的定积分，其几何意义就是求曲线 $y=f(x)$ 与直线 $x=a$，$x=b$，$y=0$ 所围成的曲边梯形的面积。

为了求得曲边梯形的面积，先将积分区间 $[a,b]$ 分成 n 等份，每个区间的宽度为 $h=(b-a)/n$，对应地将曲边梯形分成 n 份，每个小部分即是一个小曲边梯形。近似求出每个小曲边梯形的面积，然后将 n 个小曲边梯形的面积加起来，就得到总面积，即定积分的近似值。近似地求每个小曲边梯形的面积，以 A.1.5 节中介绍的梯形法为例进行编程，具体操作详见程序。

3. 例 3 求解说明

设 $\boldsymbol{X}$ 是给定的矩阵，E 是矩阵指数函数值，F 是展开式的项，n 是项数，循环一直进行到 F 很小，直至 F 值加在 E 上对 E 值的影响不大为止。为了判断 F 是否很小，可利用矩阵范数的概念。

可参照 A.1.5 节介绍的矩阵范数的函数进行求解，具体程序和求解过程详见本例程序。

4. 例 4 求解说明

本例是根据自变量求解因变量，可于 MATLAB 中预先定义自变量，之后依次对因变量进行程序编写，可参考 A.1.5 节讲解内容。

程序编写完成后对因变量和自变量进行绘图，并按照 A.1.6 节中介绍的图形属性设置函数依次对图形进行标注。

本例运算过程详见配套程序。

5. 例 5 求解说明

人造地球卫星的轨迹可以用椭圆的参数方程来表示，即

$$\begin{cases} x=a\sin\theta \\ y=b\cos\theta \end{cases},\quad \theta\in[0,2\pi],\ a>0,\ b>0 \tag{A-2-4}$$

卫星的轨迹长度可表示为：

$$L=4\int_0^{\pi/2}\sqrt{a^2\sin^2\theta+b^2\cos^2\theta}\,\mathrm{d}\theta \tag{A-2-5}$$

由题目可知，$a=6371+2384=8755$，$b=6371+439=6810$。基于以上分析，可参照 A.1.5 节介绍的积分知识，利用 integral 函数，在 MATLAB 中编写求解程序，具体详见本例的程序。

A.2.2 仿真结果

根据 A.2.1 节的程序命令，即可得到各例题的运行结果。

1. 例 1 的结果

(1) 因小球在抛出时向上运动和下落时向下运动的过程中都会经过高度 h，故有两个解：

```
ans=
                        10.2418
                        1.9906
```

(2) 执行命令后，输出的图形如图 A-2-1 所示。从图中可以看出，小球在上升和下落到 100 m 高度时的大致时间。

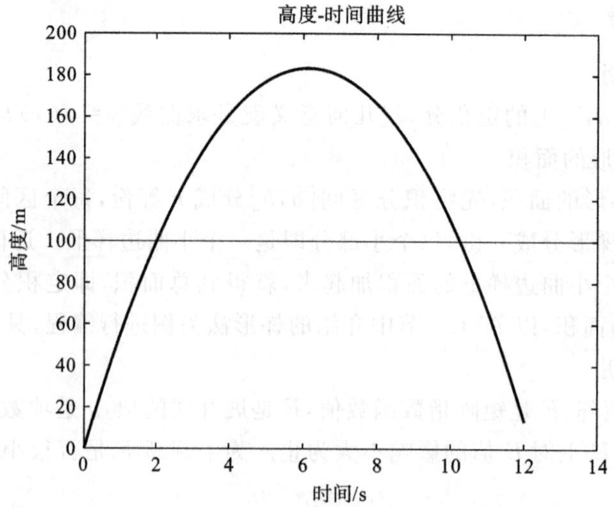

图 A-2-1 小球垂直上抛的高度-时间曲线

2. 例 2 的结果

可结合 A.1.4 节介绍的 for 循环控制结构，编写程序解答，部分解答程序如下：

```
a=0;                                  % 直线 a
b=3*pi;                               % 直线 b
n=1000;                               % 区间个数
h=(b-a)/n;                            % 区间宽度
x=a;
s=0;                                  % 面积初值
f0=exp(-0.5*x)*sin(x+pi/6);           % f(x)
for i=1:n
    x=x+h;
    f1=exp(-0.5*x)*sin(x+pi/6);       % f(x)
    s=s+(f0+f1)*h/2;                  % 面积求解
    f0=f1;
end
```

程序运行结果如下：

```
s=
    0.9008
```

3. 例 3 的结果

可结合 A.1.4 节介绍的 while 循环控制结构，编写程序解答，比如我们为矩阵 $\boldsymbol{X}$ 赋值，令 $\boldsymbol{X}=\begin{bmatrix}0.5 & 2 & 0\\ 1 & -1 & -0.5\\ 0.9 & 1 & 0.75\end{bmatrix}$，部分解答程序如下：

```
X=input('Enter X:')                   % 输入矩阵 X
E=zeros(size(X));                     % 矩阵指数函数赋初值
F=eye(size(X));                       % 矩阵展开式赋初值
n=1;                                  % 项数为 1
while norm(F,1)>0
    E=E+F;
    F=F*X/n;
    n=n+1;
end
E
expm(X)
```

在命令行窗口中对矩阵 $\boldsymbol{X}$ 赋值，赋值完毕后，即可得到运行结果。

程序运行结果如下：

```
Enter X:[0.5,2,0;1,-1,-0.5;0.9,1,0.75]
X =
0.5000    2.0000         0
1.0000   -1.0000   -0.5000
```

```
0.9000    1.0000    0.7500
E =
2.6126    2.0579   -0.6376
0.7420    0.7504   -0.5942
2.5678    2.3359    1.5549
ans =
2.6126    2.0579   -0.6376
0.7420    0.7504   -0.5942
2.5678    2.3359    1.5549
```

4. 例 4 的结果

部分解答程序如下：

```
x=-2:0.01:2;                    % 定义自变量区间
y1=exp(x);                      % y1 函数定义
y2=exp(-x);                     % y2 函数定义
y3=(y1+y2)/2;                   % y3 函数定义

figure
plot(x,y1,x,y2,x,y3)
title('三个函数的曲线');
xlabel('Variable X');           % 变量 X
ylabel('Variable Y');           % 变量 Y
text(0.8,3.2,'\bfy_{1}= e^x');
text(-1,3.2,'\bfy_{2}= e^{-x}');
text(0.8,1.2,'\bfy_{3}=(e^x+ e^{-x})/2');
legend('y1','y2','y3')
```

程序执行结果如图 A-2-2 所示。

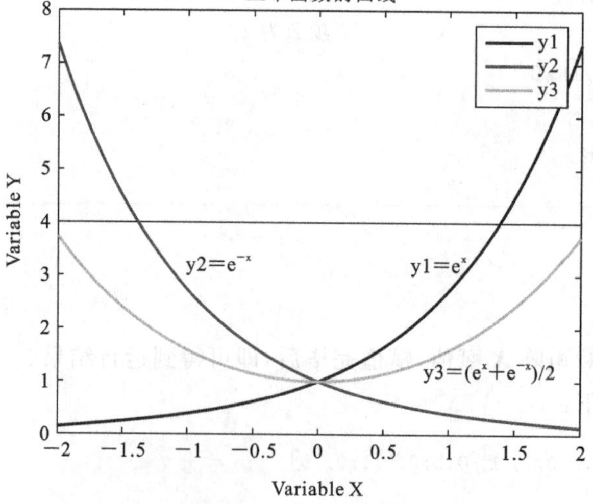

图 A-2-2　函数图形

5. 例 5 的结果

首先对变量 *a* 和 *b* 进行定义赋值，然后根据 integral 函数求解，部分解答程序如下：

```
a=8755;          % 长半轴
b=6810;          % 短半轴
format long
funLength=@(x)sqrt(a^2.*sin(x).^2+b^2.*cos(x).^2);
L=4*integral(funLength,0,pi/2)
```

程序运行结果如下：

```
L=4.908996526868900e+04
```

附录 B　SIMULINK 程序设计基础

B.1　SIMULINK 常用运算规则

SIMULINK 是一个以 MATLAB 为基础的软件包，功能强大且使用简单方便，已成为应用广泛的动态系统仿真软件，惯性导航系统的建模和仿真常在 SIMULINK 中进行。本节从操作基础、模型创建、仿真分析、系统封装和函数设计五个方面介绍 SIMULINK。

B.1.1　SIMULINK 操作基础

在安装 MATLAB 过程中，若选中了 SIMULINK 组件，则在 MATLAB 安装完成后，SIMULINK 也安装完毕。注意，SIMULINK 不能独立运行，只能在 MATLAB 环境中运行。

1. 启动 SIMULINK

启动 SIMULINK 的方式有三种。

(1) 在启动 MATLAB 界面单击“主页”选项卡的“Simulink”按钮。

(2) 从“主页”选项卡的“新建”按钮下的展开列表找到“SIMULINK Model 选项”。

(3) 在命令行窗口中输入“simulink”命令。

采用以上三种方法中的任意一种打开 SIMULINK，即可打开“Simulink Start Page”对话框，如图 B-1-1 所示。

在 SIMULINK Start Page 对话框中分类列出了 SIMULINK 模块和项目模板。选择一种模板后，将打开 SIMULINK 编辑器。

2. SIMULINK 编辑器

在图 B-1-1 所示界面中，若选择“Open”选项，则会打开已保存的 SIMULINK 程序；若选择 Blank Model 模块，则会打开一个新的 SIMULINK 编辑器，如图 B-1-2 所示，新的编辑器与 MATLAB 新建的 m 文件一样，默认名称都是 untitled。

SIMULINK 编辑器功能强大，为用户提供了模型设计、仿真和分析等工具。并且用户在编辑、编译模型的过程中，会有模型仿真检测，出错的模块会高亮显示，并弹出错误标记。用户可以单击错误标记，以查看具体描述。

编辑器左边的工具面板提供了调整模型显示方式的工具，主要包括：

(1) 隐藏/显示浏览条；

(2) 框图缩放；

(3) 显示采样时间；

(4) 添加标注；

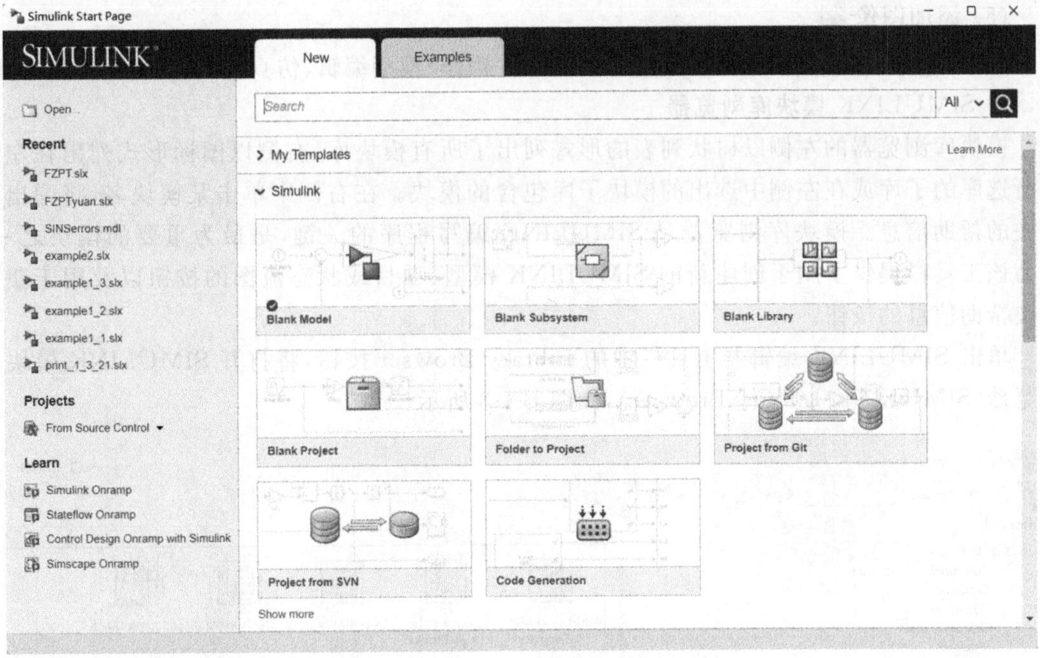

图 B-1-1　SIMULINK Start Page 对话框

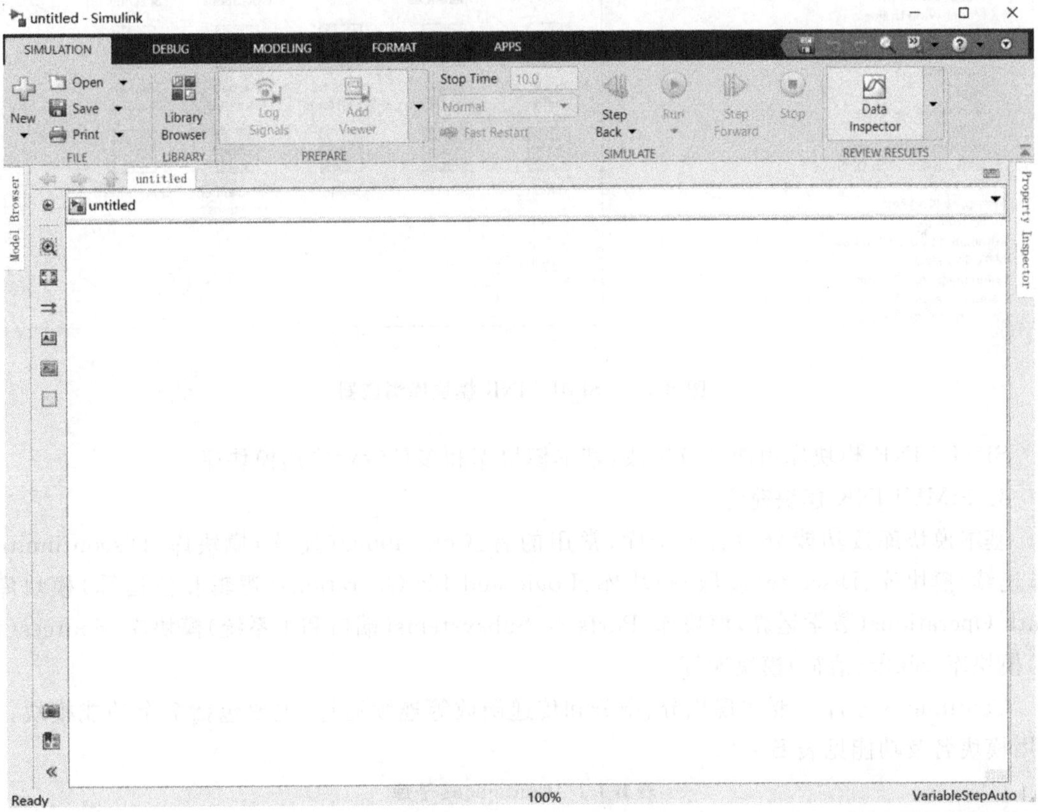

图 B-1-2　SIMULINK 编辑器

(5) 添加图像 。

编辑器上方的工具栏提供了常用的模型文件操作、模型编辑、仿真控制、模型编译等工具。

3. SIMULINK 模块库浏览器

模块库浏览器的左侧以树状列表的形式列出了所有模块库，右侧以图标形式列出在左侧中所选库的子库或在左侧中选出的模块子库包含的模块。在右侧中单击某模块名，将弹出该模块的帮助信息。模块库浏览器是 SIMULINK 编写程序的关键，是最为重要的模块之一。因为该工具栏提供了用于创建新的 SIMULINK 模型、项目或状态流图的按钮以及用于获取模块帮助信息的按钮。

单击 SIMULINK 编辑器工具栏中的 Library Browser 按钮，将打开 SIMULINK 模块库浏览器(SIMULINK Library Browser)，如图 B-1-3 所示。

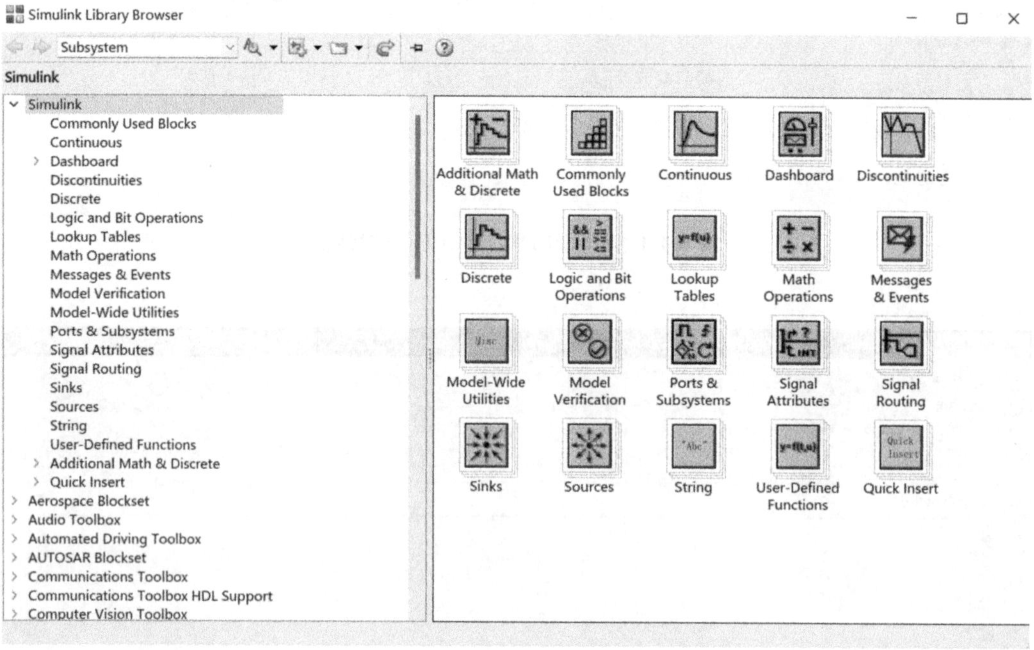

图 B-1-3 SIMULINK 模块库浏览器

SIMULINK 模块库由两部分组成：基本模块库和多种专业应用模块库。

4. SIMULINK 模块简介

基本模块库按功能分为若干子库，常用的有：Continuous(连续)模块库、Discontinuities(非连续)模块库、Discrete(离散)模块库、Logic and Bit Operations(逻辑和位运算)模块库、Math Operations(数学运算)模块库、Ports & Subsystems(端口和子系统)模块库、Sources(信号)模块库、Sinks(信宿)模块库等。

Continuous 子库主要实现积分、微分和传递函数等连续运算，主要包括 7 个功能模块，其常用模块名及功能见表 B-1-1。

表 B-1-1 Continuous 子库

模 块 名	具 体 功 能
Derivative	微分环节

续表

模 块 名	具 体 功 能
Integrator	积分环节
State-Space	状态方程模型
Transfer Fcn	传递函数模型
Transport Delay	把输入信号按给定的时间做延时
Variable Transport Delay	把输入信号按一个可变的时间做延时
Zero-Pole	零-极点增益模型

Discontinuities 子库主要实现线性、非线性等非连续运算，其常用模块名及功能见表B-1-2。

表 B-1-2 Discontinuities 子库

模 块 名	具 体 功 能
Backlash	间隙非线性
Coulomb & Viscous Friction	库仑和黏度摩擦非线性
Dead Zone	死区非线性
Dead Zone Dynamic	动态死区非线性
Hit Crossing	冲击非线性
Quantizer	量化非线性
Rate Limiter	静态限制信号的变化速率
Rate Limiter Dynamic	动态限制信号的变化速率
Relay	滞环比较器，限制输出值在某一范围内变化
Saturation	饱和输出，让输出超过某一值时能够饱和
Saturation Dynamic	动态饱和输出
Wrap To Zero	还零非线性

Discrete 子库实现差分、离散微分、离散积分等操作，与 Continuous 子库对应，其常用模块名及功能见表 B-1-3。

表 B-1-3 Discrete 子库

模 块 名	具 体 功 能
Difference	差分环节
Discrete Derivative	离散微分环节
Discrete Filter	离散滤波器
Discrete State-Space	离散状态空间系统模型
Discrete Transfer-Fcn	离散传递函数模型
Discrete Zero-Pole	以零极点表示的离散传递函数模型

续表

模 块 名	具 体 功 能
Discrete-time Integrator	离散时间积分器
First-Order Hold	一阶保持器
Integer Delay	整数被延迟
Memory	输出本模块上一步的输入值
Tapped Delay	延迟
Transfer Fcn First Order	离散一阶传递函数

Logic and Bit Operations 子库主要实现逻辑和位运算，比如逻辑组合、比较等，其常用模块名及功能见表 B-1-4。

表 B-1-4 Logic and Bit Operations **子库**

模 块 名	具 体 功 能
Bit Clear	位清零
Bit Set	位置位
Combinatorial Logic	组合逻辑
Compare To Constant	和常量比较
Compare To Zero	和零比较
Detect Change	检测跳变
Detect Decrease	检测递减
Detect Fall Negative	检测负下降沿
Detect Fall Nonpositive	检测非正下降沿
Detect Increase	检测递增
Detect Rise Nonnegative	检测非负上升沿

Math Operations 子库主要实现赋值、加减乘除、比例等数学运算，其常用模块名及功能见表 B-1-5。

表 B-1-5 Math Operations **子库**

模 块 名	具 体 功 能
Algebraic Constraint	代数约束
Assignment	赋值
Bias	偏移
Complex to Magnitude-Angle	由复数输入转为幅值和相角输出
Complex to Real-Imag	由复数输入转为实部和虚部输出
Divide	除法
Dot Product	点乘运算

续表

模 块 名	具 体 功 能
Gain	比例运算
Magnitude-Angle to Complex	由幅值和相角输入合成复数输出
Math Function	包括指数函数、对数函数、求平方、开根号等常用数学函数
Matrix Concatenation	矩阵级联
MinMax	最值运算

Ports & Subsystems 子库主要实现 SIMULINK 系统的端口、子系统搭建，具有端口、系统间的连接通信功能，其常用模块名及功能见表 B-1-6。

表 B-1-6 Ports & Subsystems **子库**

模 块 名	具 体 功 能
Configurable Subsystem	结构子系统
Atomic Subsystem	单元子系统
Code Reuse Subsystem	代码重用子系统
Enable	使能
Enabled and Triggered Subsystem	使能和触发子系统
Enabled Subsystem	使能子系统
For Iterator Subsystem	重复操作子系统
Function-Call Generator	函数响应生成器
Function-Call Subsystem	函数响应子系统
If	假设操作
If Action Subsystem	假设动作子系统
In1	输入端口

Sources 子库主要实现一个系统的信号发生功能，往往作为一个系统的第一个模块，其常用模块名及功能见表 B-1-7。

表 B-1-7 Sources **子库**

模 块 名	具 体 功 能
Band-Limited White Noise	带限白噪声
Chirp Signal	产生一个频率不断增大的正弦波
Clock	显示和提供仿真时间
Constant	常数信号
Counter Free-Running	无限计数器
Counter Limited	有限计数器
Digital Clock	在规定的采样间隔产生仿真时间

续表

模　块　名	具 体 功 能
From File(. mat)	来自数据文件
From Workspace	来自 MATLAB 的工作空间
Ground	连接到没有连接到的输入端
In1	输入信号
Pulse Generator	脉冲发生器

Sinks 子库主要实现一个系统输出的显示，其常用模块名及功能见表 B-1-8。

表 B-1-8　Sinks 子库

模　块　名	具 体 功 能
Display	数字显示器
Floating Scope	浮动观察器
Out1	输出端口
Scope	示波器
Stop Simulation	仿真停止
Terminator	连接到没有连接到的输出端
To File(. mat)	将输出数据写入数据文件保护
To Workspace	将输出数据写入 MATLAB 的工作空间
XY Graph	显示二维图形

B. 1. 2　SIMULINK 模型创建

模块在 SIMULINK 中以框图的形式展示，是建立 SIMULINK 仿真系统的重要组成单元，它贯穿于系统的模型创建、函数设计、系统封装和仿真调试等所有环节。其中，模型创建是设计一个完整 SIMULINK 仿真系统的第一步，也是最重要的一步。

1. SIMULINK 的基本模块

创建 SIMULINK 模型时，用适当的方式把各模块连接在一起，就能建立一个简单的仿真模型，所以 SIMULINK 模块的选择与连接是创建模型的基础。

我们以 Discrete(离散)模块库为例，介绍模块的选择。在 SIMULINK 基本模块库窗口，双击 Discrete 模块库的图标，打开模块库窗口，如图 B-1-4 所示。在 Discrete 模块库中，包含 Delay(延迟环节)、Difference(差分环节)、Discrete Derivative(离散微分环节)、Discrete State-Space(离散状态空间系统模型)等模块，可供离散系统建模使用。

SIMULINK 模块库的内容十分丰富，其他模块库(Continuous 模块库、Discontinuities 模块库、Logic and Bit Operations 模块库、Math Operations 模块库等)的操作方法与离散模块库相同。

2. 模块的操作

用户在找到所需模型后，可对其进行多种操作，比如选取、添加、删除、复制、调整外形、设置模块名、连接模块、标注连接线等，具体操作见表 B-1-9。

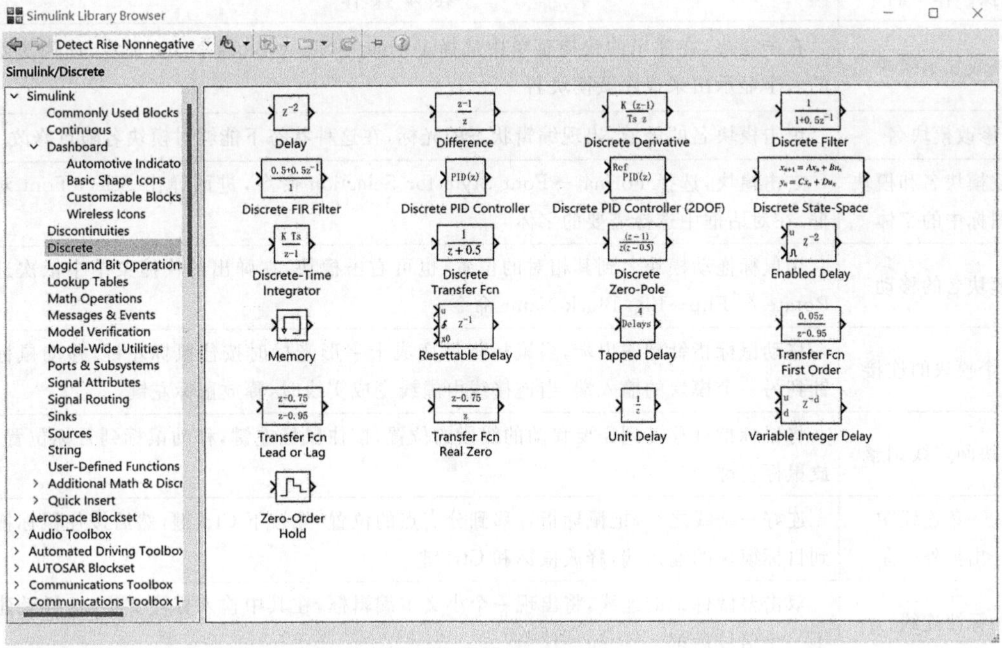

图 B-1-4 Discrete(离散)模块库

表 B-1-9 模块的操作

操作名	具体操作
选取单个模块	在模型编辑窗口中单击模块，模块四周出现深色边框后即为选中
选取多个模块	在所有模块所占区域的一角按下鼠标左键不放，拖向该区域的对角，深色框包住所选模块后，放开鼠标左键
添加模块	在 SIMULINK 模块库中找到该模块，然后将这个模块拖曳到模型编辑窗口中
删除模块	在模型编辑窗口选中模块后按 Delete 键或右击，在弹出的快捷菜单中选 Cut 命令或 Delete 命令
在同一模型编辑窗口中复制模块	单击需要复制的模块，按住鼠标左键并同时按下 Ctrl 键，移动鼠标到适当位置，放开鼠标
在不同的模型编辑窗口之间复制模块	打开原模块和目标模块所在的窗口，单击要复制的模块，按住鼠标左键移动鼠标到相应窗口，释放鼠标
调整模块外形	将鼠标指针指向该模块，此时模块的角上出现白色的小块，用鼠标左键点住其周围的 4 个白方块中的任何一个并拖动到需要的位置后释放鼠标
调整模块方向	右击模块，可选择 Rotate & Flip→Clockwise 命令，使模块顺时针方向旋转 90°；选择 Counterclockwise 命令，使模块逆时针方向旋转 90°；选择 Flip Block 命令，使模块旋转 180°
模块的图标、边框和模块名的颜色	选择 Background Color 命令，设置模块的背景色，即模块的背景填充色，选择 Shadow 命令，使模块产生阴影效果

续表

操 作 名	具体操作
隐藏或显示模块名	右击模块，在弹出的快捷菜单中选择 Format→Show Block Name 命令，使模块隐藏的名字显示出来或隐藏模块名
修改模块名	单击模块名的区域，出现编辑状态的光标，在这种状态下能够对模块名随意修改
修改模块名和模块图标中的字体	右击模块，选择 Format→Font Style for Selection 命令，进而弹出 Select Font 对话框，在对话框中选择需要的字体
模块名的移动	用鼠标拖动模块名到其相对的位置；也可右击模块，在弹出的快捷菜单中依次选择 Rotate & Flip→Flip Block Name 命令
两个模块的连接	移动鼠标指针到输出端，当鼠标指针变成十字形光标时按住鼠标左键，移动鼠标指针到另一个模块的输入端，当连接线由虚线变成实线时，释放鼠标左键
模块间连线调整	将鼠标指针移动到需要移动的线段的位置，按住鼠标左键，移动鼠标到目标位置，释放鼠标左键
从一条连线中分出另外一条	连好一条线之后，把鼠标指针移到分支点的位置，先按下 Ctrl 键，然后按住鼠标拖曳到目标模块的输入端，释放鼠标和 Ctrl 键
标注连线	双击要做标记的连线，将出现一个小文本编辑框，在其中输入标注文本，这样就建立了一个信号标记
模块的参数设置	打开模块的参数设置对话框有以下方法： (1) 在模型编辑窗口中双击要设置的模块； (2) 在模型编辑窗口右击模块，在弹出的快捷菜单中选择 Block Parameters 命令
模块的属性设置	在模型编辑窗口右击模块，在弹出的快捷菜单中选择 Properties 命令

参数的设置是保证模型运行正常的重要环节，不同的模块参数要求不同，如图 B-1-5 所示为正弦信号发生器 Sine Wave 模块的参数设置框图，其中包括采样时间、幅值、频率、相位等参数。

另外，还需注意，模块属性对话框包括 General、Block Annotation 和 Callbacks 三个选项卡，如图 B-1-6 所示。

(1) General 选项卡中有以下三个基本属性，见图 B-1-6。

① Description：说明该模块在模型中的用法。

② Priority：规定该模块在模型中相对于其他模块执行的优先顺序。

③ Tag：是用户为模块添加的文本格式的标记。

(2) Block Annotation 选项卡用于指定在该模块的图标下显示模块的哪个参数，如图 B-1-7 所示，使用时可将左边的选项导入右边的选项框中，单击 OK 即可。

(3) Callbacks 选项卡用于指定当对该模块实施某种操作时需要执行的 MATLAB 命令或程序，如图 B-1-8 所示，用法与 Block Annotation 选项卡相同。

3. 完整的 SIMULINK 模型元素

SIMULINK 模型由多个模块构建，一个典型的 SIMULINK 模型包括以下三类元素。

(1) 信号源(Source)。信号源可以是 Constant(常量)、Clock(时钟)、Sine Wave(正弦波)、Step(单位阶跃函数)等。

(2) 系统模块。系统模块用于处理输入信号，产生输出信号。例如，Math Operations(数

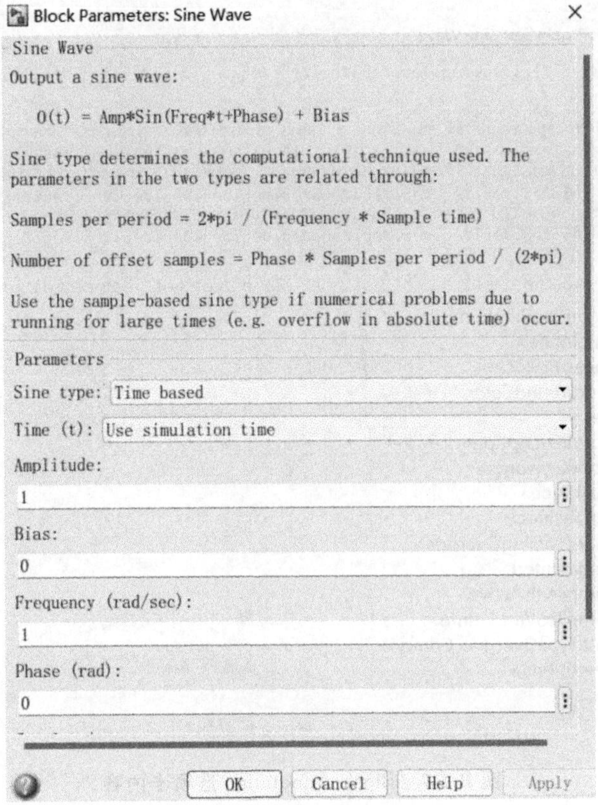

图 **B-1-5**　Sine Wave **模块参数设置**

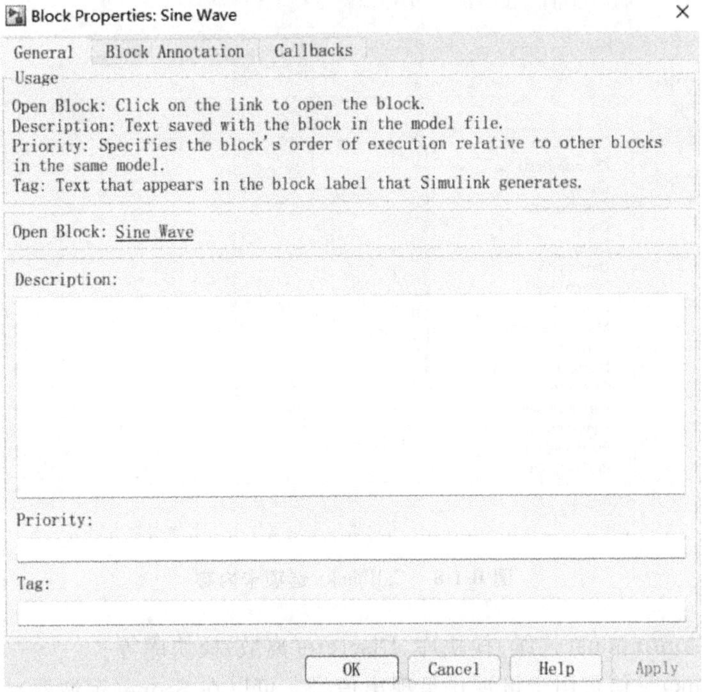

图 **B-1-6**　General **选项卡内容**

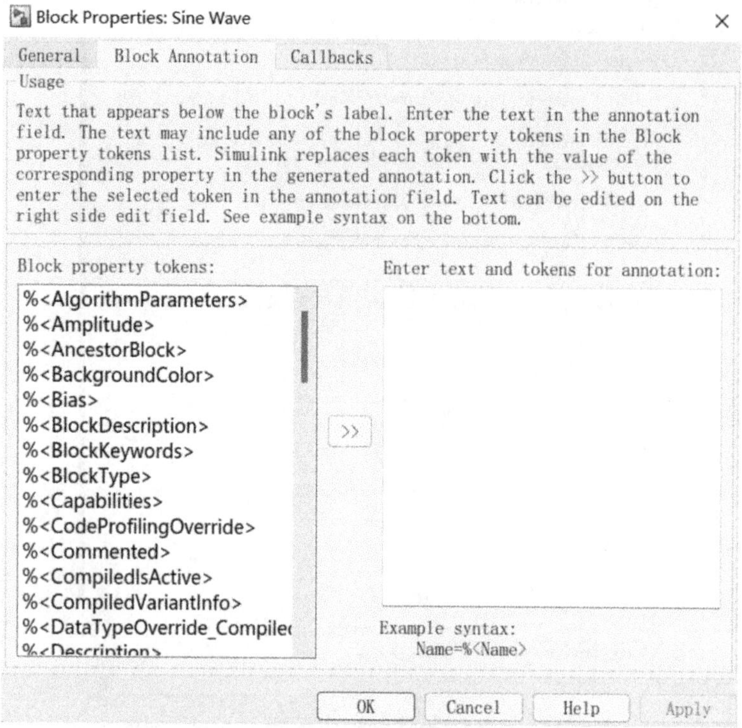

图 B-1-7　Block Annotation **选项卡内容**

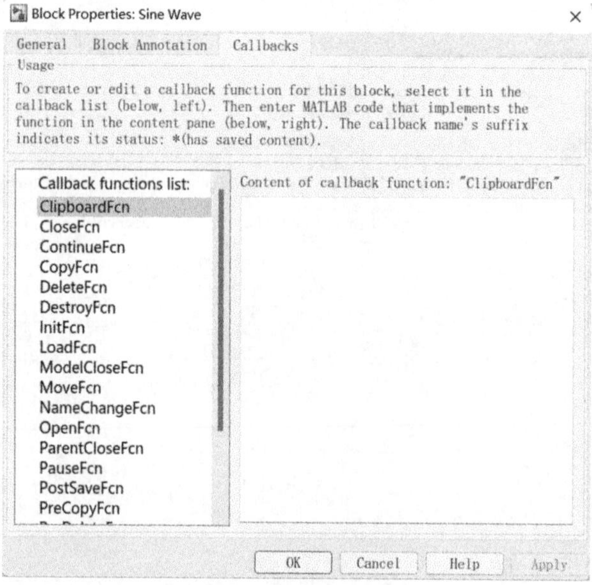

图 B-1-8　Callbacks **选项卡内容**

学运算)模块库、Continuous(连续)模块库、Discrete(离散)模块库等。

(3) 信宿(Sink)。信宿用于可视化呈现出信号。可以在 Scope(示波器)、XY Graph(图形记录仪)上显示仿真结果,也可以把仿真结果写入数据文件(To File)或导出到工作空间(To

Workspace)。

4. SIMULINK 模型仿真

1) 仿真步骤

利用 SIMULINK 进行系统仿真的基本步骤如下:

(1) 建立系统仿真模型,包括添加模块、设置模块参数、进行模块连接等操作。

(2) 设置仿真参数。

(3) 启动仿真并分析仿真结果。

(4) 分析模型、优化模型结构。

2) 仿真实例

下面我们通过一个简单实例,说明利用 SIMULINK 建立仿真模型并进行系统仿真的方法。

例 利用 SIMULINK,仿真曲线 $y=\int_0^t x(t)\,\mathrm{d}t, x=\cos t$。

操作过程如下。

(1) 建立系统仿真模型,包括添加模块、设置模块参数、进行模块连接等操作。

① 单击 MATLAB 工具条上的“Simulink”按钮,然后点击“Blank Model”,新建 SIMULINK,如图 B-1-9 所示。

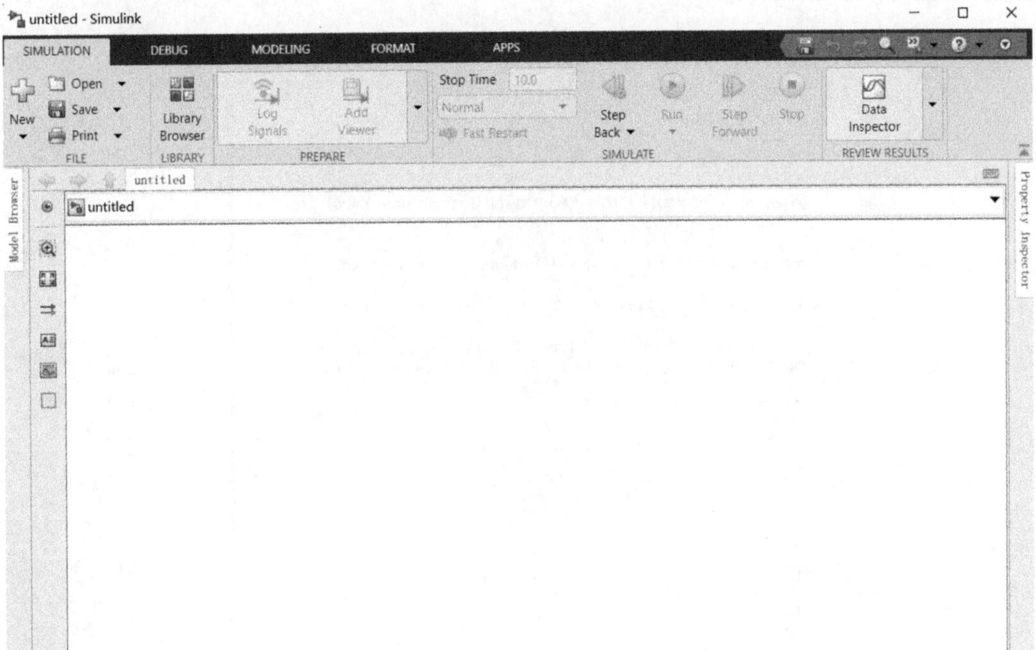

图 B-1-9 SIMULINK 模型创建窗口

② 单击“Library Browser”按钮,选中 Sources 库,然后在右边选中 Sine Wave 模块并按住鼠标左键不放,将其拖动至图 B-1-9 所示的 SIMULINK 模型创建窗口中。按照同样的方法,

将 Commonly Used Blocks 库中的 Integrator 模块和 Sinks 库中的 XY Graph 模块拖动至模型创建窗口中。

然后按照图 B-1-10 中的连接方式进行连接。连接方法是将光标指向源模块的输出端口，当光标变成十字形时按住鼠标左键不放，拖动鼠标到目标模块输入端后松开。

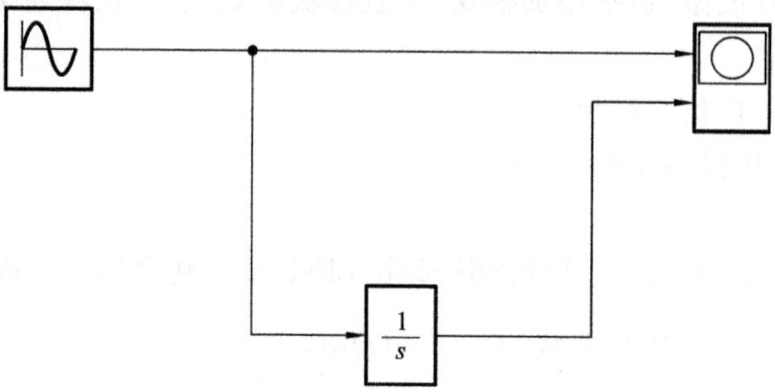

图 B-1-10　简单示例模型

（2）设置仿真参数。

① 设置 Sine Wave 模块的参数。双击 Sine Wave 模块，弹出如图 B-1-11 所示的参数设置对话框，设置 Phase(相位)为 3.14/2。

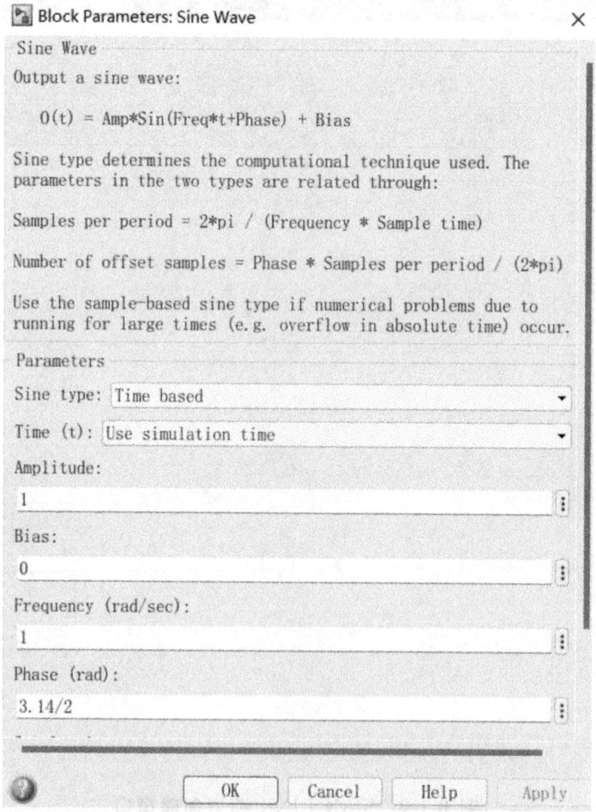

图 B-1-11　Sine Wave **参数设置**

② 设置 Integrator 模块的参数。双击 Integrator 模块，弹出如图 B-1-12 所示的参数设置

对话框，设置 Initial condition(初始值)为 0。

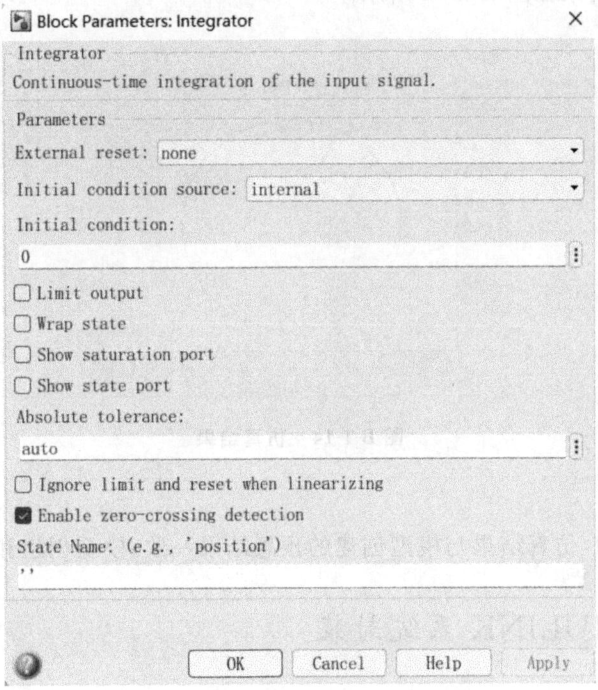

图 B-1-12　Integrator **参数设置**

③ 设置 XY Graph 模块的参数。双击 XY Graph 模块，弹出如图 B-1-13 所示的参数设置对话框，设置 X 的范围为－1.5～1.5，Y 的范围为－1.2～1.2。

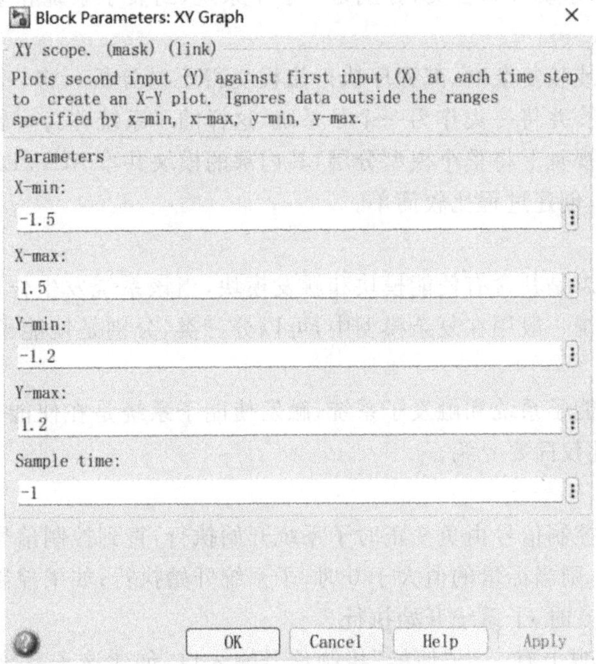

图 B-1-13　XY Graph **参数设置**

(3) 启动仿真。

运行仿真,仿真结果如图 B-1-14 所示。

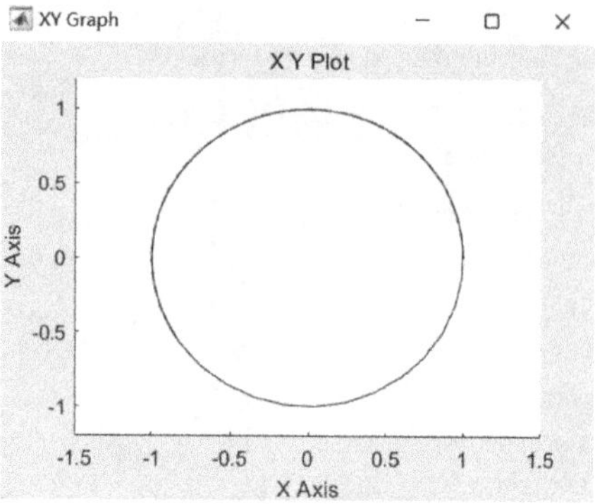

图 B-1-14　仿真结果

(4) 仿真分析。

由图 B-1-14 可知,仿真结果与模型创建的预想结果一致,模型创建和参数设置正确。

B.1.3　SIMULINK 系统封装

模块是构成模型的基本单元,当模型的组成较复杂时,用户可以把几个模块组合成一个新的图形,这个图形叫作子系统,然后将若干个子系统连接组成一个完整的模型。这样能够把复杂的逻辑关系简单化,使整个模型看起来清晰简单。

1. 子系统简介

SIMULINK 的子系统分为三类,分别是一般子系统、封装子系统和条件子系统。

1) 一般子系统

当模型规模较大或较复杂时,其程序执行流程变得不易分析。将一些模块按照实现的功能、对应物理器件分类,并将一类作为一个子系统,这样的子系统称为一般子系统。

一般子系统只在视觉上将整个模型分层,其内部的模块共享 MATLAB 的工作区,不需要进行封装对话框设置,创建过程比较简单。

2) 条件子系统

条件子系统的标志是其含有使能模块和触发模块,当该系统发生作用时说明外界的条件已经达到。条件子系统一般用在复杂模型中,可以分三类,分别是使能子系统、触发子系统和触发使能子系统。

下面着重介绍使能子系统和触发子系统,触发使能子系统是在使能子系统和触发子系统的基础上工作的,因此仅简要介绍。

(1) 使能子系统。

使能子系统表示控制信号由负变正时子系统开始执行,直到控制信号再次变为负时结束。如果控制信号是标量,则当标量的值大于 0 时,子系统开始执行;如果控制信号是向量,则向量中任何一个元素大于 0 时,子系统开始执行。

使能子系统的外观上有一个“使能”控制信号输入口,创建该子系统的方法为:直接选择 Enabled Subsystem 模块来建立使能子系统。如图 B-1-15 所示,双击 Enabled Subsystem 模

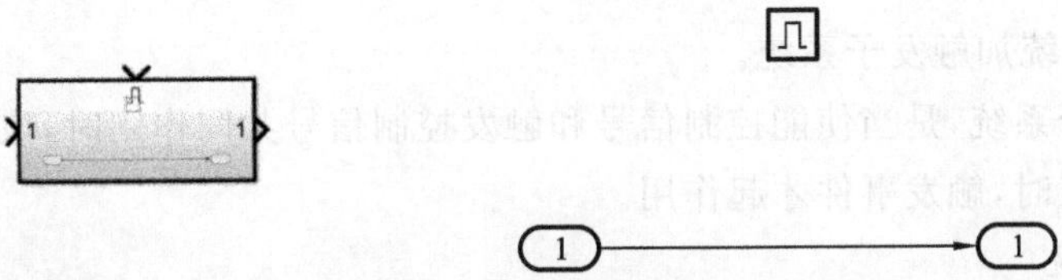

图 B-1-15　使能子系统

块，打开其内部结构窗口。

（2）触发子系统。

触发子系统是指当触发事件发生时该子系统开始执行。

与使能子系统相类似，触发子系统的建立可以直接选择 Triggered Subsystem 模块，打开其内部结构窗口。

触发子系统在每次触发结束到下次触发之前总是保持上一次的输出值，不会重新设置初始的输出值。触发的形式在 Trigger 模块的参数对话框中设置，用户可以从 Main 选项卡的 Trigger type（触发事件形式）下拉列表中选择，如图 B-1-16 所示。

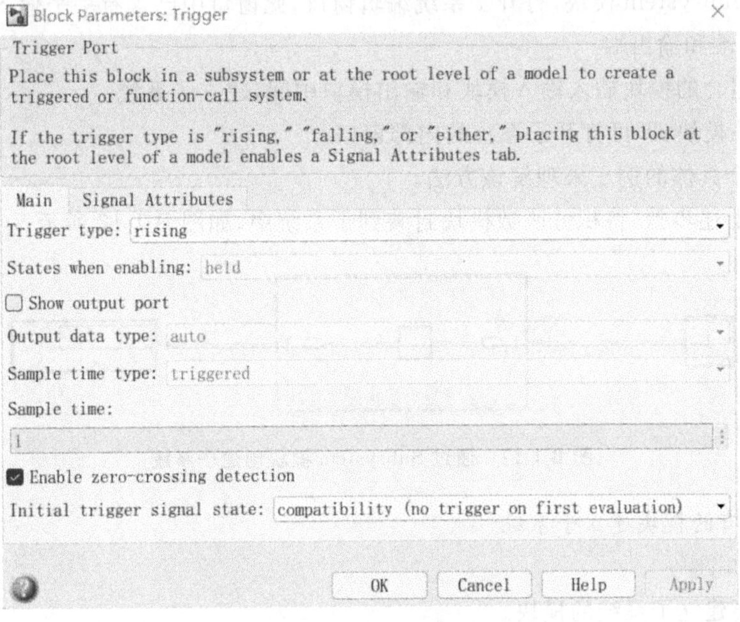

图 B-1-16　Trigger 模块参数对话框

触发的形式及内容见表 B-1-10。

表 B-1-10　触发的形式和具体内容

触发形式	含　义	具 体 内 容
rising	上跳沿触发	当控制信号从负值或 0 上升到正值时，子系统开始执行
falling	下跳沿触发	当控制信号从正值或 0 下降到负值时，子系统开始执行
either	上跳沿或下跳沿触发	当控制信号满足上跳沿或下跳沿触发条件时，子系统开始执行
function-call	函数调用触发	表示子系统的触发由 S 函数的内部逻辑决定，这种触发方式必须与 S 函数配合使用

(3) 使能子系统加触发子系统。

使能加触发子系统，是当使能控制信号和触发控制信号共同作用时，该子系统才执行。只有当使能信号为正时，触发事件才起作用。

3) 封装子系统

封装子系统是在一般子系统的基础上对系统进行封装。它在外形上与普通模块一样，有对话框和图标，但是有着独立的工作区(封装工作区)。

2. 子系统创建

SIMULINK 提供了两种方法创建子系统，分别是：通过 Subsystem 模块创建子系统和将已有的模块组合为子系统。

1) 通过 Subsystem 模块创建子系统

具体方法为：

(1) 新建一个仿真模型。打开 SIMULINK 模块库中的 Ports & Subsystems，添加 Subsystem 模块到模型编辑窗口。

(2) 双击 Subsystem 模块，打开子系统编辑窗口，此窗口中已含有一个输入模块和一个输出模块，即输入端和输出端。

(3) 将要组合的模块插入输入模块和输出模块中间，建立子系统。

(4) 双击该模块，即可打开子系统的内部窗口。

我们以一个具体的例子来理解该方法。

例 按照上述步骤，将积分函数模块封装到子系统中，如图 B-1-17 所示。

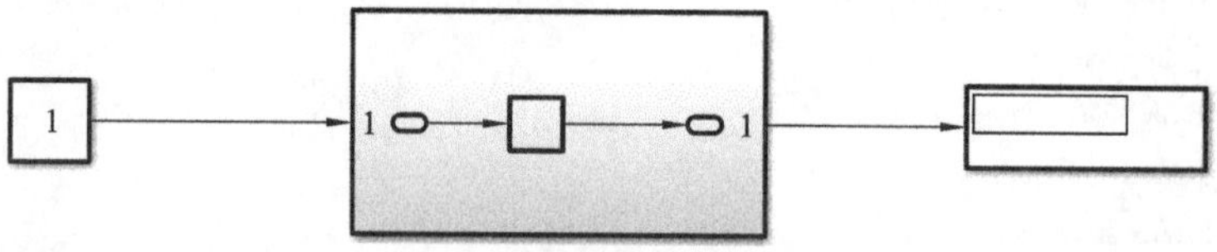

图 B-1-17 通过 Subsystem 模块创建子系统

2) 通过已有的模块建立子系统

具体步骤如下：

(1) 选择要建立子系统的模块。

(2) 执行创建子系统的命令，即 Create Subsystem from Selection。

(3) 原有的模块即可变为子系统。

我们仍以一个具体的例子来理解该方法。

例 PID 控制的传递函数为

$$U(s)=K_p+\frac{K_i}{s}+K_d s \tag{B-1-1}$$

建立 PID 控制器的模型并建立子系统。该模型中含有 3 个变量，即 K_p、K_i 和 K_d，仿真时这些变量应该在 MATLAB 工作空间中赋值。

如图 B-1-18 所示，选中模型的所有模块，在右键快捷菜单中选择 Create Subsystem from Selection 命令，所选模块将被一个 Subsystem 模块取代，如图 B-1-19 所示。

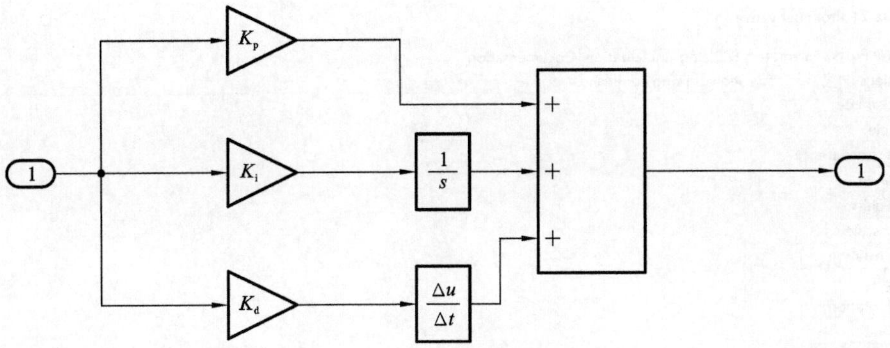

图 B-1-18　PID 控制器模型

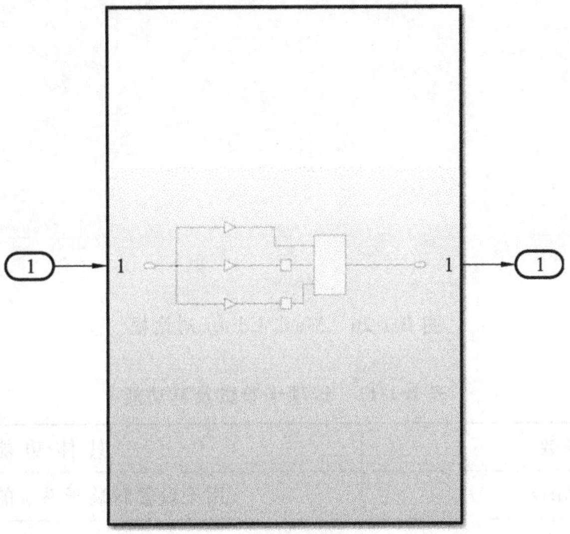

图 B-1-19　PID 控制器模型子系统

3. 子系统的封装

1）子系统封装的优点

子系统封装有以下优点：

(1) 使子系统有一个独立的操作界面，把子系统中各模块的参数合成在一个参数设置对话框内，在使用时不必打开每个模块进行参数设置，使用户操作更加方便快捷。

(2) 避免用户使用时将模块编辑错误。

2）子系统封装的过程

子系统的封装过程如下：

(1) 用鼠标右击要封装的子系统。

(2) 在弹出的快捷菜单中选择 Mask →Create Mask 命令，这时将出现 Mask Editor 对话框，如图 B-1-20 所示。

Mask Editor 对话框中包括 4 个选项卡：Icon & Ports、Parameters & Dialog、Initialization 和 Documentation。子系统的封装主要就是对这 4 个选项卡中的参数进行设置，其基本功能见表 B-1-11。

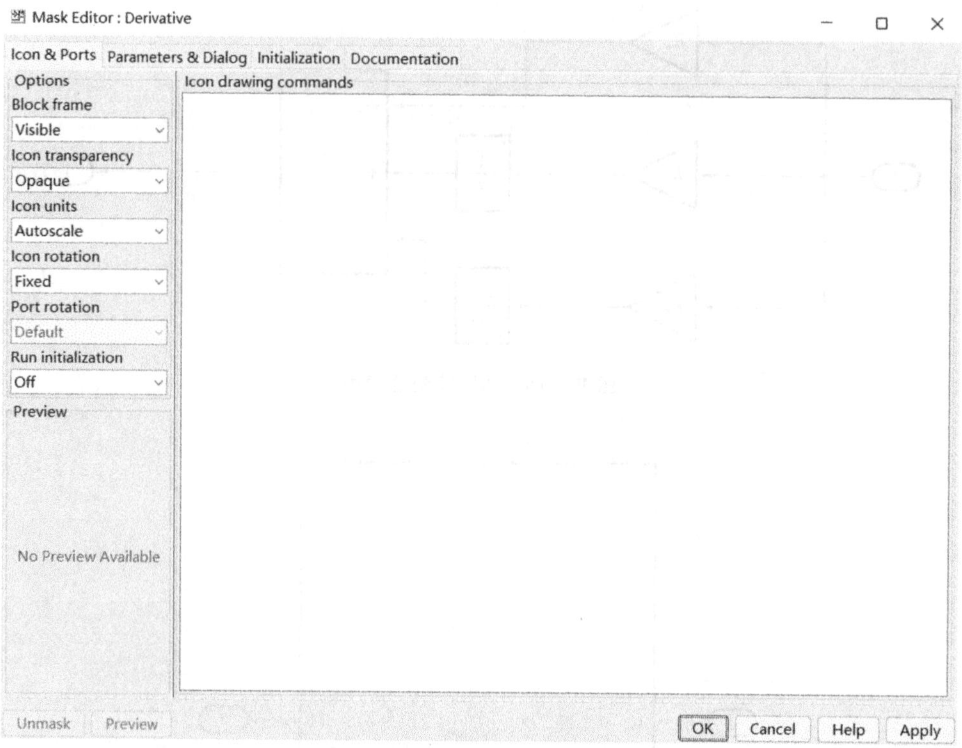

图 B-1-20　Mask Editor **对话框**

表 B-1-11　选项卡参数及其功能

选项卡参数	具 体 功 能
Icon & Ports	用于设置封装子系统的图标和端口
Parameters & Dialog	用于设计封装对话框
Initialization	用于初始化封装模块的参数
Documentation	用于定义封装模块的功能及用法的说明

子系统封装完成后，就会成为一个独立的模块，可在其他系统模型中直接使用。

B.1.4　SIMULINK 仿真参数

前面我们已经学习了 SIMULINK 仿真的关键——模型的搭建，下面将介绍继模型搭建的下一步骤，即模型参数的设置。

模型搭建完毕后，通过设置仿真参数和数值算法，便可对系统进行仿真。系统仿真的成功与否，不仅与模型搭建有关，也与参数的选取和设置相关，不同的参数会使模型输出不同的结果。

系统参数的设置，应该在仿真运行之前。具体参数的设置方法为：用鼠标右击模型编辑窗口的空白处，在弹出的快捷菜单中选择 Model Configuration Parameters，进而打开仿真参数设置对话框，对参数进行选取和设置，如图 B-1-21 所示。

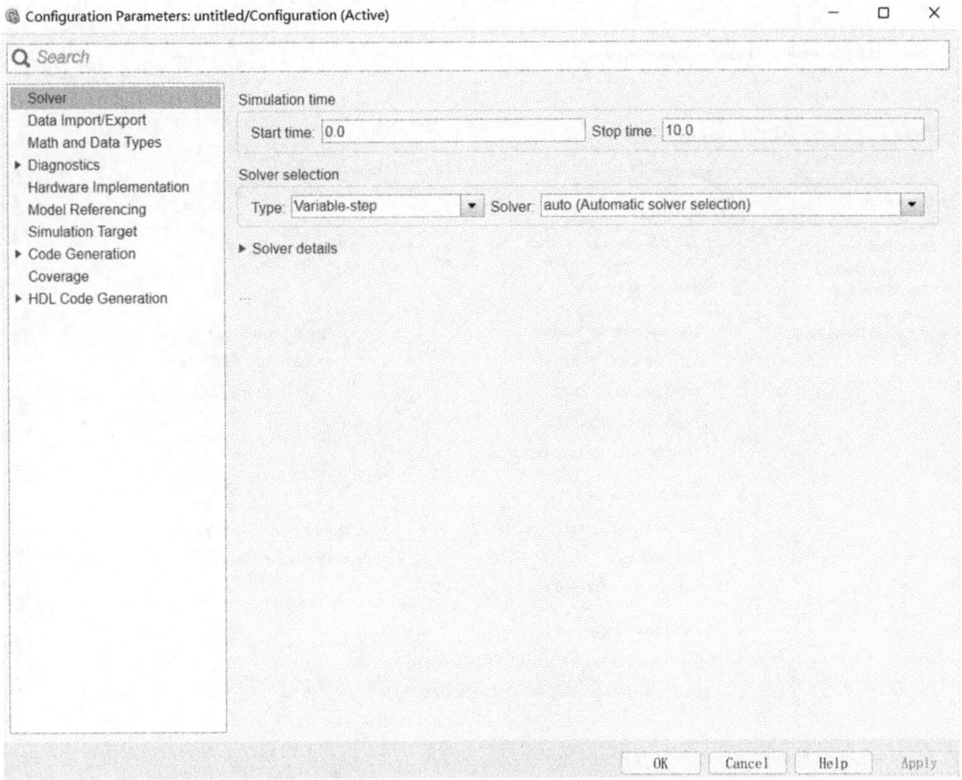

图 B-1-21 仿真参数设置对话框

在该对话框中，常用的仿真参数共有 7 种，其具体功能见表 B-1-12。

表 B-1-12 7 种常用仿真参数及其功能

参 数	具 体 功 能
Solver	用于设置仿真起始和终止时间，选择微分方程求解算法并为其规定参数，以及选择某些输出选项
Data Import/Export	用于管理工作空间数据的导入和导出
Math and Data Types	用于设置仿真优化模式，以提高仿真性能和由模型生成代码的性能
Diagnostics	用于设置在仿真过程中出现各类错误时发出警告的等级
Hardware Implementation	用于设置实现仿真的硬件
Model Referencing	用于设置参考模型
Simulation Target	用于设置仿真模型目标

以下对这些参数进行详细介绍。

1. Solver 参数设置

Solver 即求解方程的算法，指模型中计算系统动态行为的数值积分算法。SIMULINK 提供的求解算法可支持多种系统的仿真，包括连续系统、离散系统、混合信号系统等。

这些求解算法可以对刚性系统以及具有不连续过程的系统进行仿真，可以指定仿真过程的参数，包括算法的类型和属性、仿真的起始时间和结束时间等，在图 B-1-21 所示的仿真参数设置对话框中单击 Solver 选项，即可进行设置，如图 B-1-22 所示。

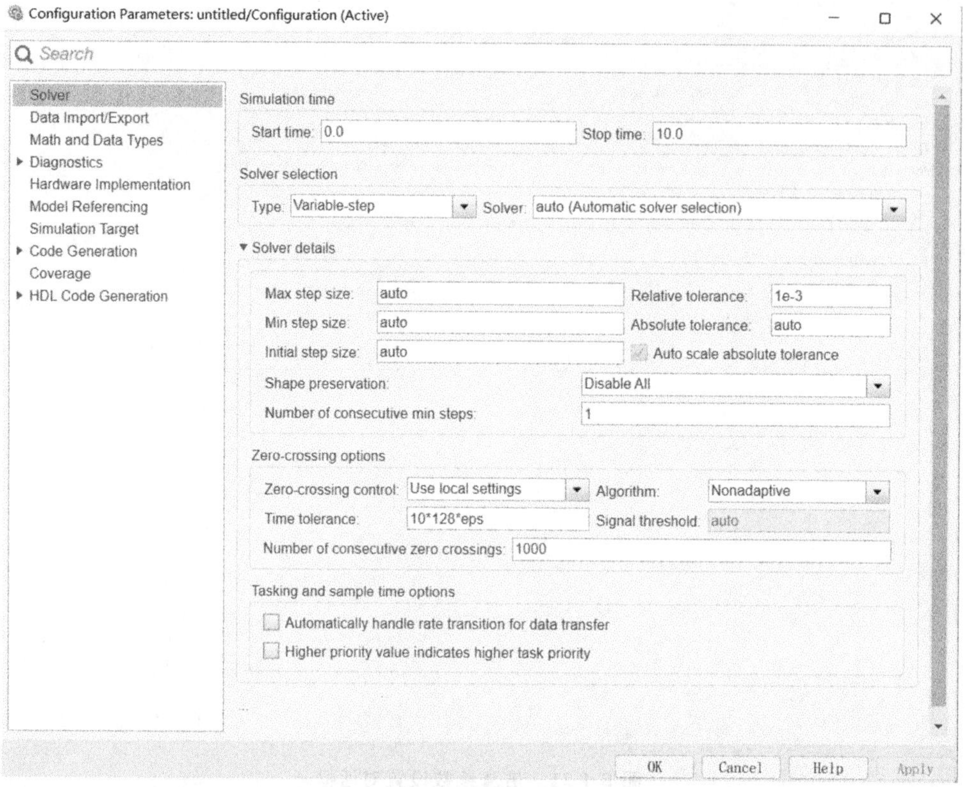

图 B-1-22　Solver 参数设置对话框

在图 B-1-22 所示的参数对话框中，Solver selection（仿真算法的选择）是最为重要的设置参数。在 Solver selection 栏的 Type 下拉列表中选择算法类别，包括 Fixed-step（固定步长）和 Variable-step（变步长）算法。

Fixed-step（固定步长）是指仿真过程中计算步长不变；Variable-step（变步长）是指仿真过程中要根据计算的要求调整步长，其区别见表 B-1-13。

表 B-1-13　步长算法使用区别

算法名称	使用区别
Fixed-step（固定步长）	先设置固定步长
Variable-step（变步长）	先指定允许的误差限，再设置所允许的最大步长

在固定步长算法中，减小步长大小将提高结果的准确性但会增加系统仿真所需的时间；在变步长算法中，默认的情况下系统所给定的最大步长为（终止时间－起始时间）/50。

变步长和固定步长包含多种不同的具体算法，如图 B-1-23 所示。变步长算法的具体功能见表 B-1-14，固定步长算法的具体含义见表 B-1-15。

2. Data Import/Export 参数设置

Data Import/Export 即数据的导入和导出，主要是从 MATLAB 的工作区输出模型仿真结果数据，或者导入数据。其参数设置如图 B-1-24 所示，主要包含 Load from workspace、Save to workspace or file 和 Save options（Save final operating point）三个部分。

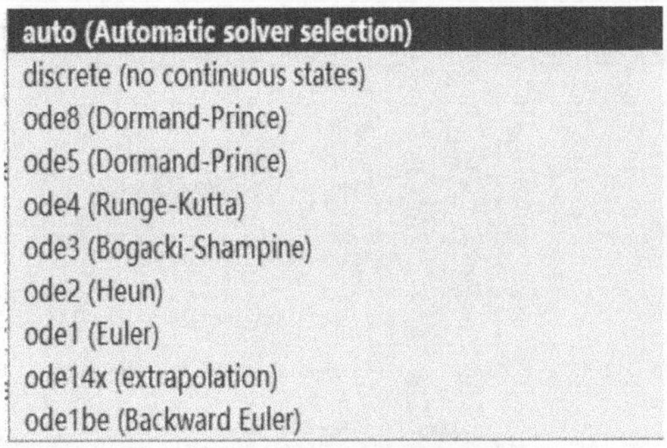

(a) 固定步长仿真算法

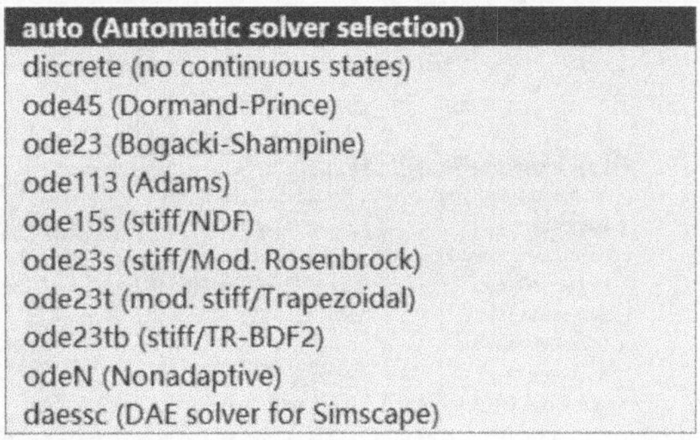

(b) 变步长仿真算法

图 B-1-23 固定步长和变步长算法

表 B-1-14 变步长算法及其功能

算 法 名 称	具体功能/适用范围
ode45(基于四阶或五阶龙格库塔法)	属于一步求解法,计算当前值只需要前一步的结果
ode23(二阶或三阶龙格库塔法)	属于一步求解法,在较大的容许误差和中度刚性系统模型下比 ode45 更有效
ode3 (变阶的 Adams-Bashforth-Moulton PECE 法)	属于多步预测法,即当前值需要前几步的结果
ode15s(基于数值微分公式的变阶算法)	属于多步预测法,适用于研究的系统刚度很大的情况
ode23s(基于改进的二阶公式)	属于一步求解法,适用于求解某些刚性系统和容许误差较大的情况
ode23t	适用于解决中度刚性问题
ode23tb	适用于较大容许误差的情况
discrete	适用于系统中没有连续状态变量的情况

表 B-1-15 固定步长及其含义

算法名称	含义
ode5	采用固定的 ode45 方法
ode4	四阶龙格库塔法
ode3	采用固定步长的 ode23 方法
ode2	采用改进的 Euler 公式
ode1	Euler 方法
discrete	固定步长的离散系统求解算法,适用于不存在状态变量的系统

(1) Load from workspace 用于从 MATLAB 工作区向模型导入数据,作为输入和系统初始状态。在仿真过程中,如果模型中有输入口(In 模块),可以从工作空间直接把数据载入输入端口,即先选中 Load from workspace 栏的 Input 复选框,然后在后面的编辑框内输入 MATLAB 工作空间的变量名。变量名可以采用不同的输入形式:

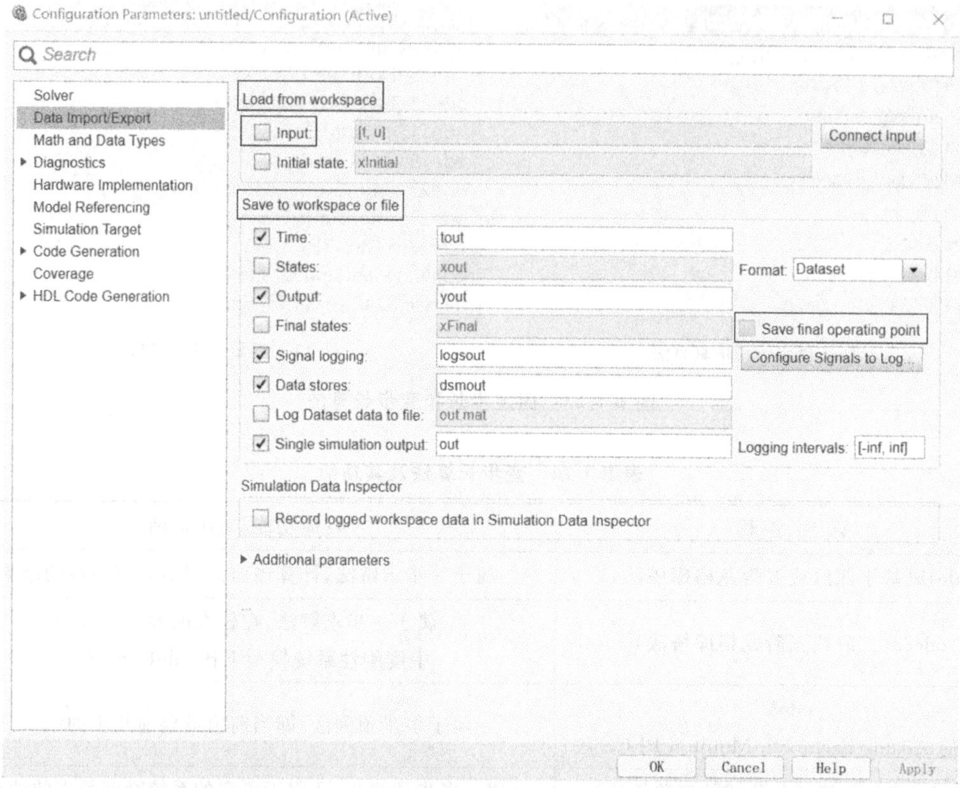

图 B-1-24 Data Import/Export **参数设置**

① 矩阵形式。如果以矩阵形式输入变量名，则矩阵的列数必须比模型的输入端口数多一个。MATLAB 把矩阵的第一列默认为时间向量，后面的每一列对应每一个输入端口。矩阵的第一行表示某一时刻各输入端口的输入状态。

② 包含时间的结构体格式。用来保存数据的结构体必须有两个名字不能改变的参数：time 和 signals。time 是列向量，表示仿真时间；signals 是一个结构体数组，每个子结构体对应模型的一个输出端口。

(2) Save to workspace or file 用于向 MATLAB 工作区输出仿真数据(仿真时间、系统状态、系统输出、系统最终状态)。

(3) Save options 用于向 MATLAB 工作区输出数据的格式、数据量、存储数据变量名及生成附加输出信号等。

3. Optimization **参数设置**

Optimization 用于设置各种选项来提高仿真性能，在新的 MATLAB 版本中已由 Math and Data Types 代替。

4. Diagnostics **参数设置**

Diagnostics 主要用于设置当模块在编译和仿真遇到突发情况时，SIMULINK 将采用哪种诊断动作，如图 B-1-25 所示。

5. Hardware Implementation **参数设置**

Hardware Implementation 主要用于定义硬件的特性，通过设置硬件特性能够帮助用户在

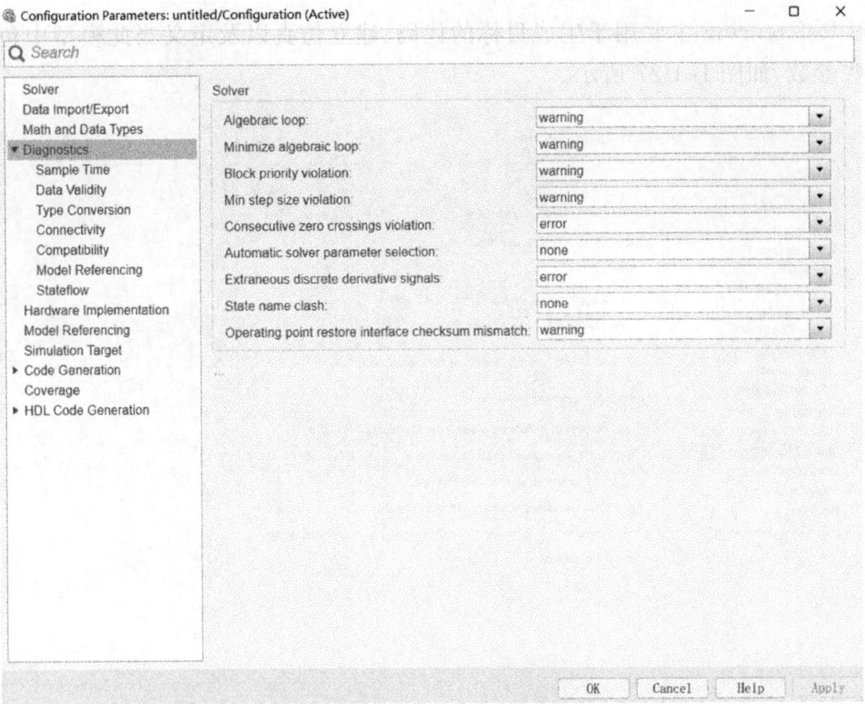

图 B-1-25　Diagnostics 参数设置

实际运行硬件前，通过仿真检测硬件可能出现的问题，其工作面板如图 B-1-26 所示。

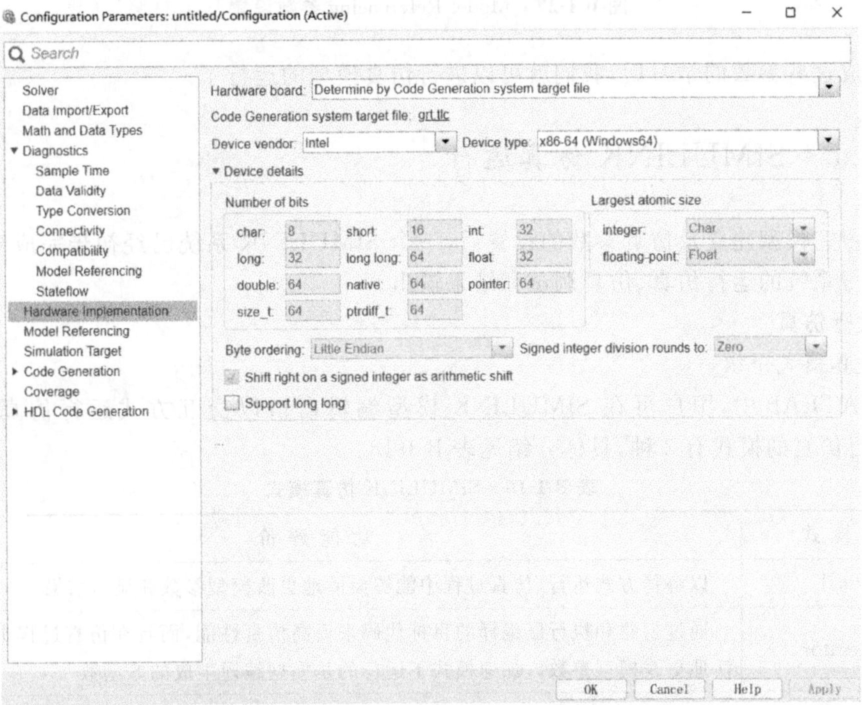

图 B-1-26　Hardware Implementation 参数设置

6. Model Referencing 参数设置

Model Referencing 主要用于生成目标的代码、建立仿真以及定义当此模型中包含其他模型时的一些参数，如图 B-1-27 所示。

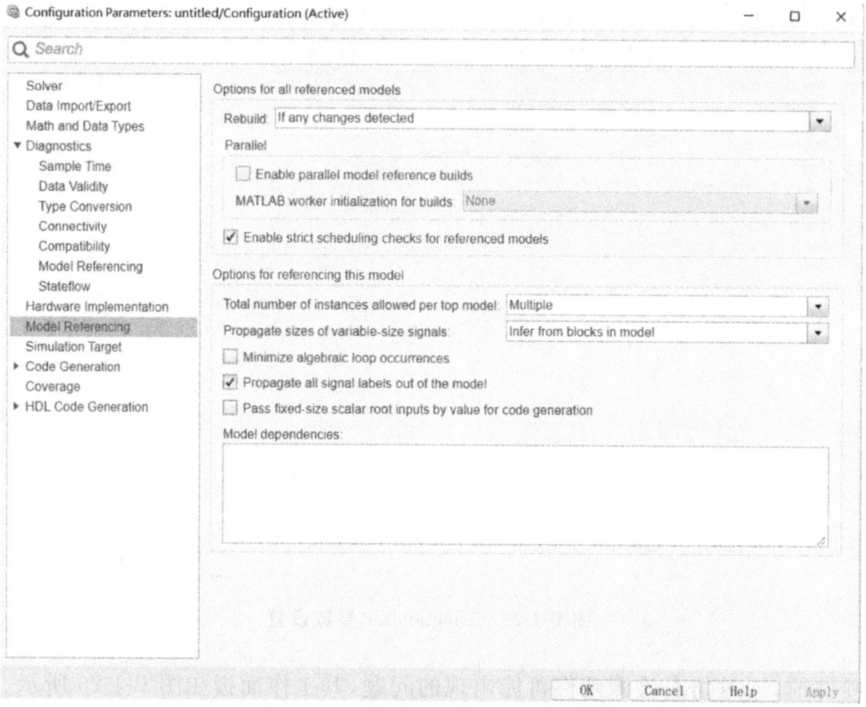

图 B-1-27 Model Referencing 参数设置

在完成这些参数的学习后，我们就可以进行仿真模型的运行了。

B.1.5 SIMULINK 仿真运行

在学习完模型建立及仿真参数的设置后，一个 SIMULINK 系统已经初步完成搭建，接下来我们学习系统的运行仿真、仿真调试和结果输出。

1. 运行仿真

1）仿真模式介绍

在 MATLAB 中，用户可在 SIMULINK 模型编辑窗口以交互方式运行仿真。SIMULINK 运行仿真的模式有 3 种，具体介绍见表 B-1-16。

表 B-1-16 SIMULINK 仿真模式

仿真模式	功能评价
Normal	以解释方式运行，仿真过程中能够灵活地更改模型参数和显示结果
Accelerator	通过创建和执行已编译的目标代码来提高仿真性能，而且在仿真过程中能够较灵活地更改模型参数。加速模式下运行的是模型编译生成的 S 函数
Rapid Accelerator	能够比 Accelerator 模式更快地进行模型仿真，该模式不支持调试器和性能评估器

2）运行仿真

仿真模式设置完之后，单击 SIMULATE 任务栏中的 Run 按钮，便可对当前模型进行仿真，如图 B-1-28 所示。

图 B-1-28　SIMULATE 任务栏

2. 仿真调试

SIMULINK 支持使用 Simulation Stepper 进行调试，这是一种仿真步进器模块。通过步进方式，用户可以逐步观察系统状态变化及状态转变的时间点，逐步分析系统的执行过程。其具体步骤为：

（1）单击模型编辑窗口 SIMULATION 选项卡的 SIMULATE 任务栏中的 Step Forward 按钮，启动单步仿真。

（2）单击 Stop 按钮，终止单步仿真。

3. 结果输出

对应运行仿真的方式，用户也可以设置不同的输出方式来观察仿真结果，具体可以采用两种方法。

（1）将最后一个数据处理模块连接 Scope 模块或 XY Graph 模块。Scope 模块显示系统输出量和仿真时间的变化曲线，XY Graph 模块显示送到该模块上的两个信号中的一个和另一个的变化关系。如图 B-1-29 所示，以正弦信号为输入，上面为 Scope 模块，下面是 XY Graph 模块。同样一个输入信号的不同显示结果（Scope 模块和 XY Graph 模块的显示结果）如图 B-1-30 所示。

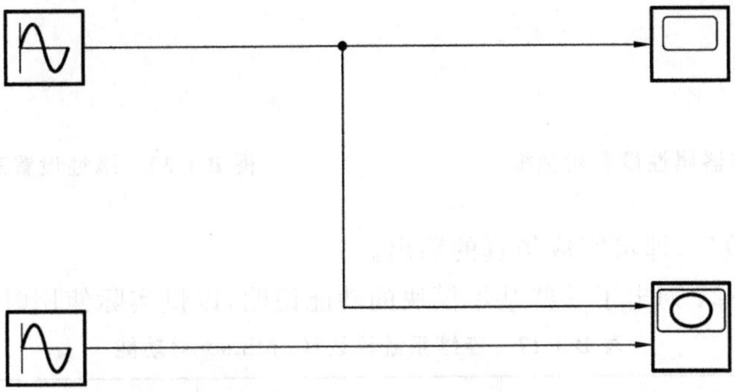

图 B-1-29　仿真结果送至 Scope 模块或 XY Graph 模块

在显示出图形后，用户还可以进行图形属性设置。具体做法为：双击 Scope 模块，打开示波器窗口，单击示波器窗口工具栏的设置按钮，出现如图 B-1-31 所示的属性设置对话框，可以设置示波器属性。在此需要注意，高版本的 MATLAB/SIMULINK 已支持部分汉化（比如输出图像的显示设置等处），这一点在图 B-1-31 中已体现出来。

（2）将最后一个数据处理模块连接输出端口或 To Workspace 模块。这样做将会把结果导出到 MATLAB 的工作空间，然后用 MATLAB 命令画出该变量的变化曲线。在运行这个

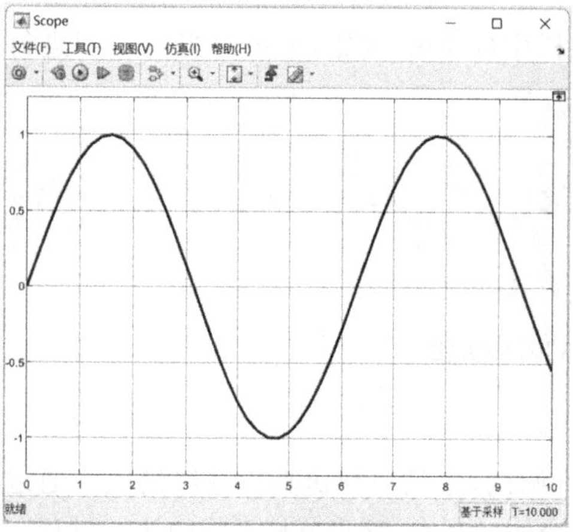

(a) Scope输出

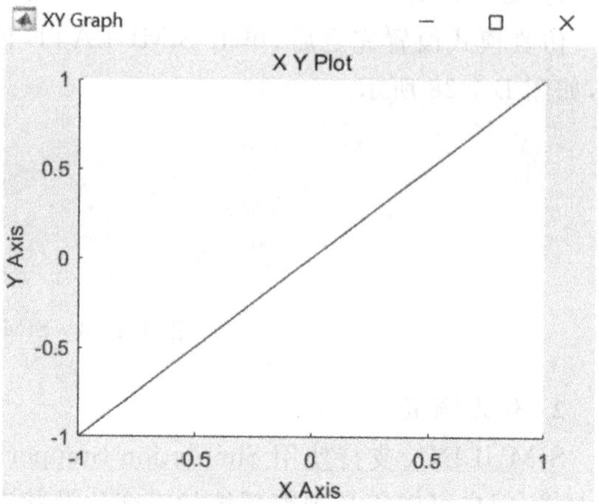

(b) XY Graph输出

图 B-1-30　Scope 模块和 XY Graph 模块的显示结果

模型的仿真之前，先要在 Scope 模型的属性设置对话框的记录选项卡中，规定时间变量和输出变量的名称，如图 B-1-32 所示。仿真结束后，时间值保存在时间变量中，对应的输出端口的信号值保留在输出变量中。

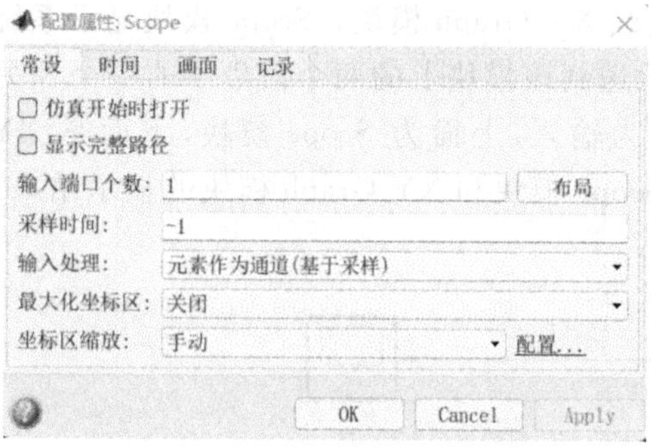

图 B-1-31　示波器属性设置对话框

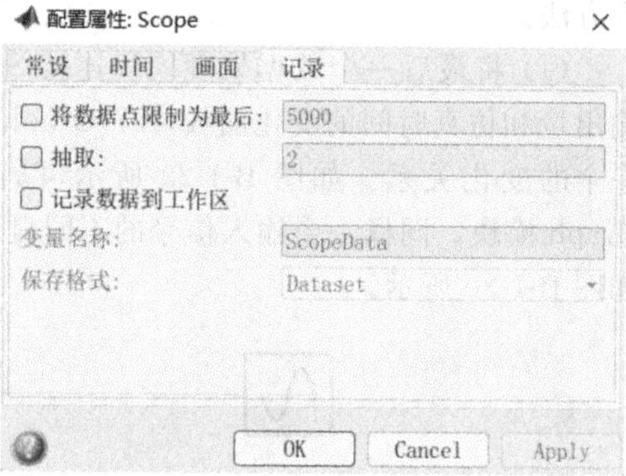

图 B-1-32　属性设置对话框记录选项卡

设置完以上参数后，即可完成仿真的输出。

表 B-1-17～B-1-24 列出了一些基本模块的功能说明，以供实际使用时查询。

表 B-1-17　连续系统模块(Continuous)功能

模　块　名	功 能 简 介	模　块　名	功 能 简 介
Integrator	输入信号积分	Derivative	输入信号微分
State-Space	线性状态空间系统模型	Transport Delay	输入信号延时一个固定时间再输出
Transfer-Fcn	线性传递函数模型	Variable Transport Delay	输入信号延时一个可变时间再输出
Zero-Pole	以零极点表示的传递函数模型	—	—

表 B-1-18　离散系统模块(Discrete)功能

模 块 名	功 能 简 介	模 块 名	功 能 简 介
Discrete-time Integrator	离散时间积分器	Discrete Filter	IIR 与 FIR 滤波器
Discrete State-Space	离散状态空间系统模型	Discrete Zero-Pole	以零极点表示的离散传递函数模型
Discrete Transfer-Fcn	离散传递函数模型	Zero-Order Hold	零阶采样和保持器
First-Order Hold	一阶采样和保持器	Unit Delay	一个采样周期的延时

表 B-1-19　函数和平台模块(Function & Tables)功能

模 块 名	功 能 简 介	模 块 名	功 能 简 介
Fcn	用自定义的函数(表达式)进行运算	MATLAB Fcn	利用 MATLAB 的现有函数进行运算
S-Function	调用自编的 S 函数的程序进行运算	Look-Up Table	建立输入信号的查询表(线性峰值匹配)
Look-Up Table(2-D)	建立两个输入信号的查询表(线性峰值匹配)	—	—

表 B-1-20　数学运算模块(Math)功能

模 块 名	功 能 简 介	模 块 名	功 能 简 介
Sum	加减运算	Product	乘运算
Dot Product	点乘运算	Gain	增益模块
Math Function	包括指数函数、对数函数、求平方、开根号等常用数学函数	Trigonometric Function	三角函数,包括正弦、余弦、正切等
MinMax	最值运算	Abs	取绝对值
Sign	符号函数	Logical Operator	逻辑运算
Real-Imag to Complex	由实部和虚部输入合成复数输出	Complex to Magnitude-Angle	由复数输入转为幅值和相角输出
Magnitude-Angle to Complex	由幅值和相角输入合成复数输出	Complex to Real-Imag	由复数输入转为实部和虚部输出
Relational Operator	关系运算	—	—

表 B-1-21　非线性模块(Nonlinear)功能

模 块 名	功 能 简 介	模 块 名	功 能 简 介
Saturation	饱和输出,让输出超过某一值时能够饱和	Relay	滞环比较器,限制输出值在某一范围内变化
Switch	开关选择,依据第二输入端的值,选择输出第一或第三输入端的值	Manual Switch	手动选择开关

表 B-1-22 信号和系统模块(Signal & Systems)功能

模块名	功能简介	模块名	功能简介
In1	输入端	Out1	输出端
Mux	将多个单一输入转化为一个复合输出	Demux	将一个复合输入转化为多个单一输出
Ground	给未连接的输入端接地,输出 0	Terminator	连接到没有连接的输出端,终止输出
SubSystem	空的子系统	Enable	使能子系统

表 B-1-23 接收器模块(Sinks)功能

模块名	功能简介	模块名	功能简介
Scope	示波器	XY Graph	显示二维图形
To Workspace	输出到 MATLAB 的工作空间	To File(.mat)	输出到数据文件
Display	实时的数值显示	Stop Simulation	输入非 0 时停止仿真

表 B-1-24 输入源模块(Sources)功能

模块名	功能简介	模块名	功能简介
Constant	常数信号	Clock	时钟信号
From Workspace	输入信号来自 MATLAB 的工作空间	From File(.mat)	输入信号来自数据文件
Signal Generator	信号发生器,可以产生正弦、方波、锯齿波及随意波	Repeating Sequence	重复信号
Pulse Generator	脉冲发生器	Sine Wave	正弦波信号
Step	阶跃波信号	—	—

注:在 SIMULINK 模块库浏览器的 help 菜单系统中可查询以上各模块的详细功能和使用说明。

B.2 SIMULINK 基础程序设计

B.2.1 程序设计

B.1 节从操作基础、模型创建、仿真分析、系统封装和函数设计等方面介绍了 SIMULINK 的常用运算规则。本节针对 B.1 节内容进行实践练习,为惯性导航系统的建模仿真奠定基础。(本节所对应程序详见配套的数字资源)

例 1 有初始状态为 0 的二阶微分方程 $y''+1.5y'+10y=1.5u(t)$,其中 $u(t)$是单位阶跃函数,试建立系统模型并仿真。

例 2 构建一个离散时间系统——低通滤波系统的 SIMULINK 模型。输入信号如下:$x(kT_s)=2\sin(2\pi kT_s)+2.5\cos(2\pi 10kT_s)+n(kT_s)$,$T_s=0.002$ s,$n(kT)\sim N(0,1)$,$F(z)=\dfrac{B(z)}{A(z)}=\dfrac{1}{1+0.5z^{-1}}$。

B. 2. 2　仿真结果

根据 B. 2. 1 节两道例题的建模和编程步骤，即可得到运行结果。

1. 例 1 的解

用积分器直接构造求解微分方程的模型。

把原微分方程改写为

$$y''=1.5u(t)-1.5y'-10y \tag{B-2-1}$$

y''经积分模块作用得 y'，y'再经积分模块作用得 y，而 u、y'和 y 经代数运算又产生 y''，据此可以建立系统模型并仿真，步骤如下。

（1）利用 SIMULINK 模块库中的基本模块建立系统模型，如图 B-2-1 所示。

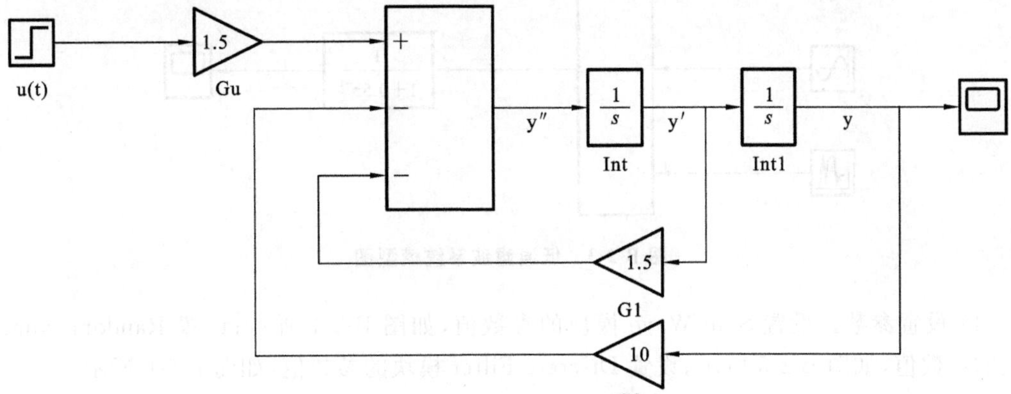

图 B-2-1　二阶微分方程模型

模型中各个模块的说明如下：

① u(t)输入模块：Step time 设置为 0，模块名称由原来的 Step 改为 u(t)。

② Gu 增益模块：增益参数 Gain 设置为 1. 5。

③ Add 求和模块：其图标形状 Icon shape 选择 rectangular，符号列表 List of signs 设置为＋－－。

④ Integrator 和 Integrator1 积分模块：参数无须改变，模块名称改为 Int 和 Int1。

⑤ G1 和 G2 反馈增益模块：增益参数分别设置为 1. 5 和 10，它们的方向翻转可借助模块右键快捷菜单中的 Rotate & Filp→Filp Block 命令实现。

（2）设置系统仿真参数。打开 Configuration Parameters 对话框，把仿真的终止时间设置为 5 s。

（3）仿真操作。双击示波器模块，打开示波器窗口。单击模型编辑器窗口 SIMULATION 选项卡中的 Run 按钮，就可以在示波器窗口中看到仿真结果的变化曲线，其仿真结果如图 B-2-2 所示。

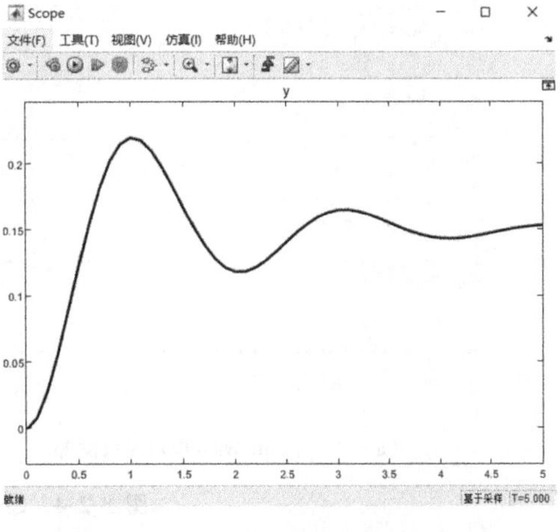

图 B-2-2　二阶微分系统仿真结果

2. 例 2 的解

（1）建立数学模型：

$$y(k)=F(z)x(k) \tag{B-2-2}$$

$$F(z)=\frac{B(z)}{A(z)}=\frac{b(1)+b(2)z^{-1}+\cdots+b(n+1)z^{-n}}{1+a(2)z^{-1}+\cdots+a(n+1)z^{-n}} \tag{B-2-3}$$

$$F(z)=\frac{B(z)}{A(z)}=\frac{1}{1+0.5z^{-1}} \tag{B-2-4}$$

（2）启动 SIMULINK 模块。

（3）新建模型窗口，建立模型，如图 B-2-3 所示。

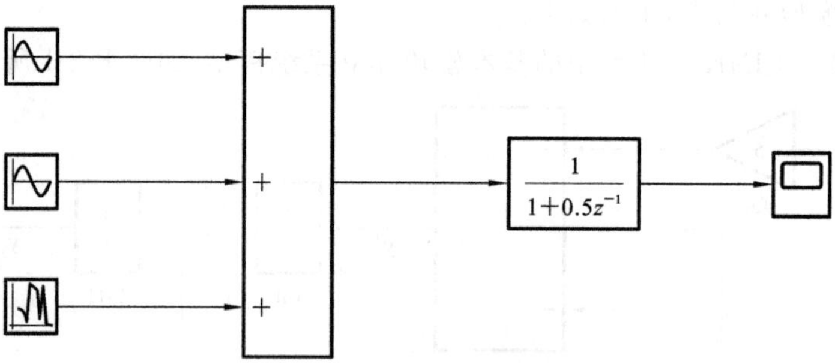

图 B-2-3　低通滤波系统模型图

（4）设置参数。设置 Sine Wave 模块的参数值，如图 B-2-4 所示；设置 Random Number 模块的参数值，如图 B-2-5 所示；设置 Discrete Filter 模块的参数值，如图 B-2-6 所示。

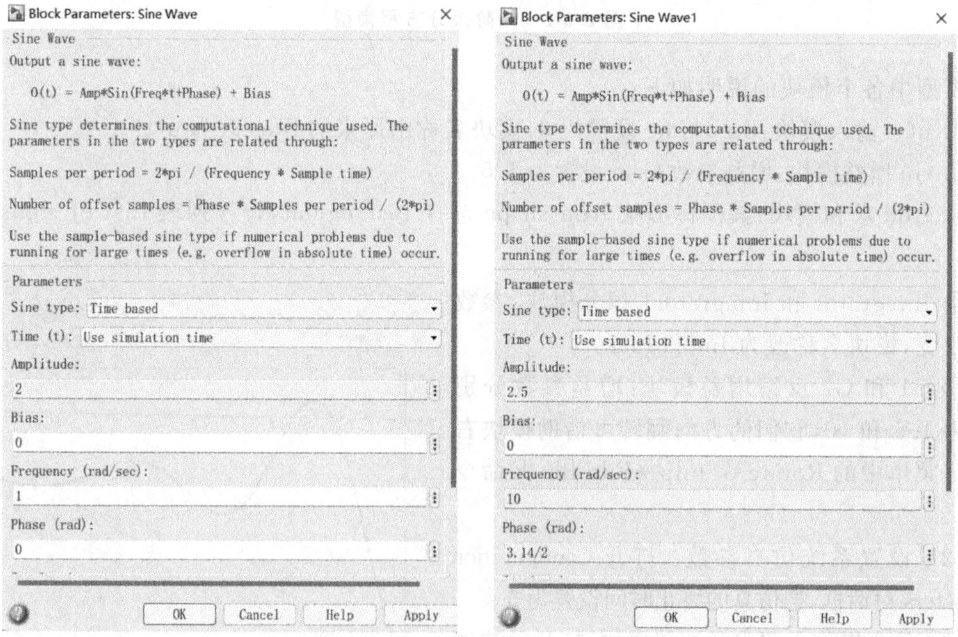

（a）第一个Sine Wave模块参数设置　　　（b）第二个Sine Wave模块参数设置

图 B-2-4　Sine Wave **模块参数设置**

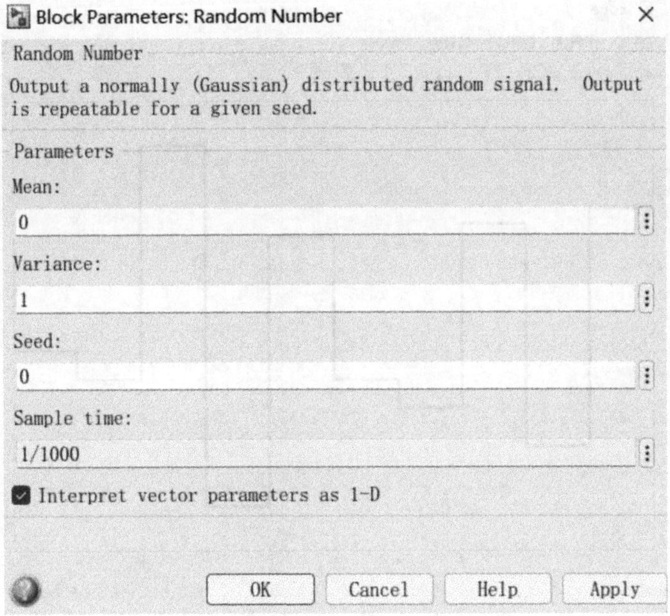

图 B-2-5　Random Number **模块参数设置**

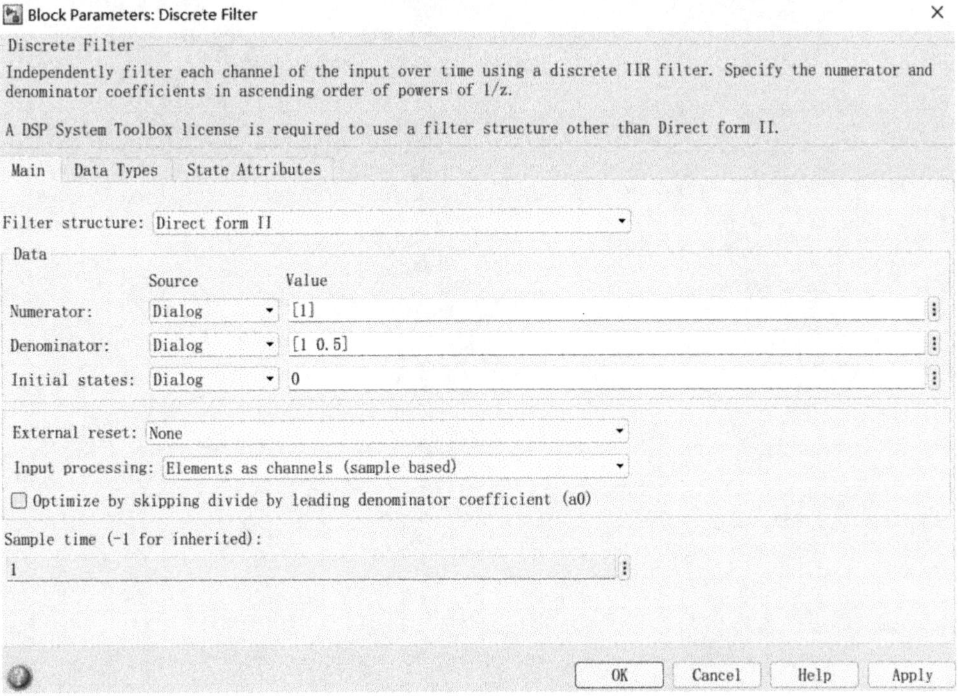

图 B-2-6　Discrete Filter **模块参数设置**

（5）仿真运行。点击 Scope 模块，仿真结果如图 B-2-7 所示。

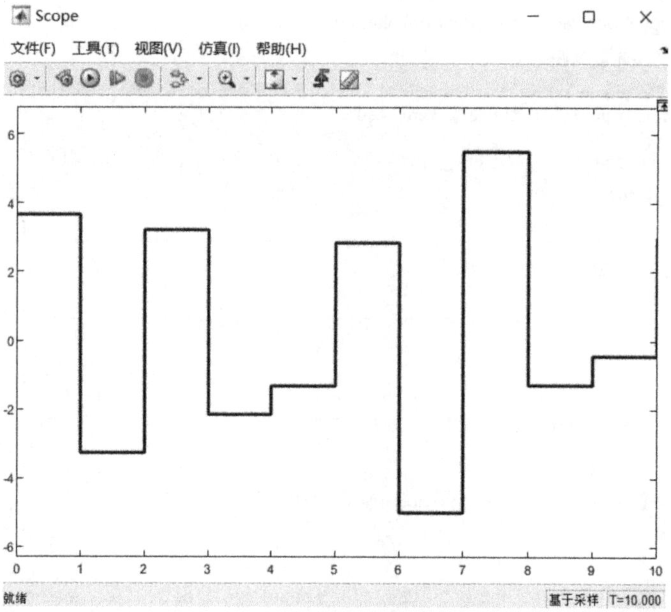

图 B-2-7　低通滤波系统仿真结果

附录C 卡尔曼滤波基础

C.1 基础理论

卡尔曼滤波与之前的滤波算法相比，适用于非平稳过程，且使用状态空间法在时域内设计滤波器，适用于多维随机过程。卡尔曼滤波有连续型和离散型两种算法，可直接在计算机上实现。

设 t_k 时刻的状态方程及测量方程由下列方程描述：

$$\boldsymbol{X}_k = \boldsymbol{\Phi}_{k,k-1}\boldsymbol{X}_{k-1} + \boldsymbol{\Gamma}_{k-1}\boldsymbol{W}_{k-1} \tag{C-1-1}$$

$$\boldsymbol{Z}_k = \boldsymbol{H}_k\boldsymbol{X}_k + \boldsymbol{V}_k \tag{C-1-2}$$

式中，$\boldsymbol{X}_k$ 为被估计的状态变量，$\boldsymbol{\Phi}_{k,k-1}$ 为 t_{k-1} 时刻到 t_k 时刻的一步转移矩阵，$\boldsymbol{W}_k$ 为系统噪声序列，该序列驱动状态变量，$\boldsymbol{\Gamma}_{k-1}$ 为系统噪声驱动矩阵，$\boldsymbol{H}_k$ 为测量矩阵，$\boldsymbol{V}_k$ 为测量噪声序列。

同时，$\boldsymbol{W}_k$ 和 $\boldsymbol{V}_k$ 满足：

$$\begin{aligned}
&E[\boldsymbol{W}_k]=\boldsymbol{0},\quad \mathrm{Cov}[\boldsymbol{W}_k,\boldsymbol{W}_j]=E[\boldsymbol{W}_k\boldsymbol{W}_j^{\mathrm{T}}]=\boldsymbol{Q}_k\delta_{kj}\\
&E[\boldsymbol{V}_k]=\boldsymbol{0},\quad \mathrm{Cov}[\boldsymbol{V}_k,\boldsymbol{V}_j]=E[\boldsymbol{V}_k\boldsymbol{V}_j^{\mathrm{T}}]=\boldsymbol{R}_k\delta_{kj}\\
&\mathrm{Cov}[\boldsymbol{W}_k,\boldsymbol{V}_j]=E[\boldsymbol{W}_k\boldsymbol{V}_j^{\mathrm{T}}]=\boldsymbol{0}
\end{aligned} \tag{C-1-3}$$

式中，$\boldsymbol{Q}_k$ 为系统噪声序列的方差矩阵，假设为非负定矩阵；$\boldsymbol{R}_k$ 为测量噪声序列的方差矩阵，假设为正定矩阵，δ_{kj} 为 Kronecker δ 函数，定义为

$$\delta_{kj}=\begin{cases}0 & k\neq j\\ 1 & k=j\end{cases} \tag{C-1-4}$$

如果被估计状态 $\boldsymbol{X}_k$ 满足式(C-1-1)，对 $\boldsymbol{X}_k$ 的测量 $\boldsymbol{Z}_k$ 满足式(C-1-2)，系统噪声 $\boldsymbol{W}_k$ 和测量噪声 $\boldsymbol{V}_k$ 满足式(C-1-3)，系统噪声序列的方差矩阵 $\boldsymbol{Q}_k$ 非负定，测量噪声序列的方差矩阵 $\boldsymbol{R}_k$ 正定，则 $\boldsymbol{X}_k$ 的估计值 $\hat{\boldsymbol{X}}_k$ 可通过 t_k 时刻的测量值 $\boldsymbol{Z}_k$ 由以下方法求得：

$$\begin{cases}
\hat{\boldsymbol{X}}_{k/k-1}=\boldsymbol{\Phi}_{k,k-1}\hat{\boldsymbol{X}}_{k-1}\\
\boldsymbol{P}_{k/k-1}=\boldsymbol{\Phi}_{k,k-1}\boldsymbol{P}_{k-1}\boldsymbol{\Phi}_{k,k-1}^{\mathrm{T}}+\boldsymbol{\Gamma}_{k-1}\boldsymbol{Q}_{k-1}\boldsymbol{\Gamma}_{k-1}^{\mathrm{T}}\\
\boldsymbol{K}_k=\boldsymbol{P}_{k|k-1}\boldsymbol{H}_k^{\mathrm{T}}(\boldsymbol{H}_k\boldsymbol{P}_{k|k-1}\boldsymbol{H}_k^{\mathrm{T}}+\boldsymbol{R}_k)^{-1}\\
\hat{\boldsymbol{X}}_k=\hat{\boldsymbol{X}}_{k/k-1}+\boldsymbol{K}_k(\boldsymbol{Z}_k-\boldsymbol{H}_k\hat{\boldsymbol{X}}_{k/k-1})\\
\boldsymbol{P}_k=(\boldsymbol{I}-\boldsymbol{K}_k\boldsymbol{H}_k)\boldsymbol{P}_{k/k-1}
\end{cases} \tag{C-1-5}$$

式(C-1-5)即离散 Kalman 滤波基本方程。只要给定初值 $\hat{\boldsymbol{X}}_0$ 和 $\boldsymbol{P}_0$，根据 t_k 时刻的测量值 $\boldsymbol{Z}_k$，就可以递推计算 t_k 时刻的状态估计值 $\hat{\boldsymbol{X}}_k(k=1,2,\cdots)$。式中，$\hat{\boldsymbol{X}}_{k/k-1}$ 为状态一步预测值，$\boldsymbol{P}_{k/k-1}$ 为一步预测均方差，$\boldsymbol{P}_k$ 为估计均方差，其他符号与前面的意义一致。式(C-1-5)所述算法可用流程图 C-1-1 表示。

从不同的角度考察上述滤波算法，则滤波算法按不同思路可做不同划分。一种方法是划分为增益计算回路和滤波计算回路。其中前者是独立的计算回路，后者依赖前者。另一种方

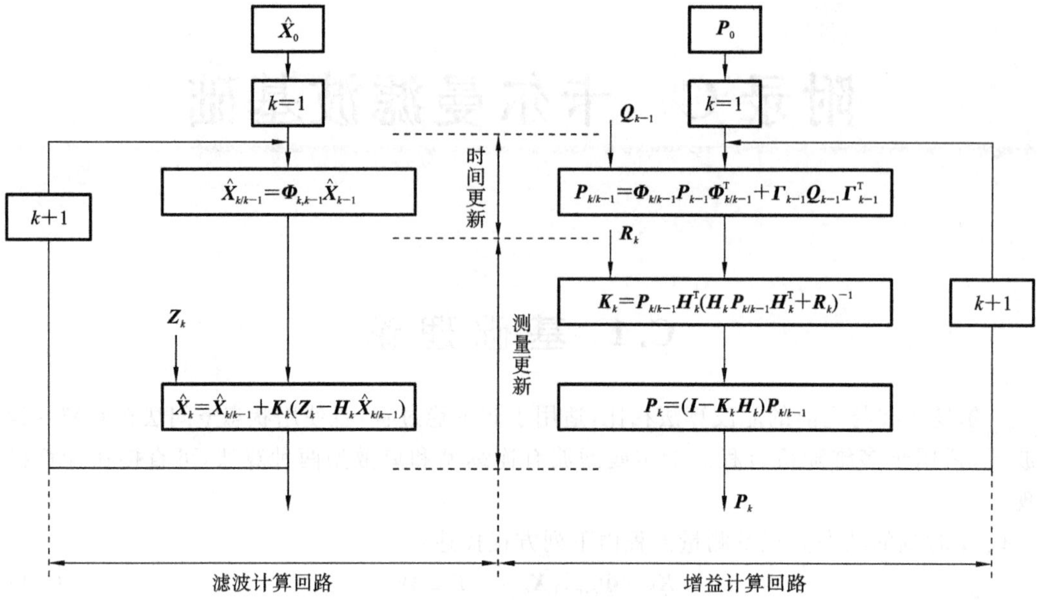

图 C-1-1　卡尔曼滤波算法

法是划分为预测步骤和更新步骤。前者根据前一时刻测量值预测系统状态变量，后者根据当前时刻测量值更新系统状态变量。

C.2　离散卡尔曼滤波使用要点

1. 连续系统的离散化

通常情况下，列写出的系统的误差方程是连续的。所以，在进行滤波之前，需要将连续时间的误差方程离散化。

设系统的连续状态方程为

$$\dot{\boldsymbol{X}}(t)=\boldsymbol{F}(t)\boldsymbol{X}(t)+G(t)\boldsymbol{w}(t) \tag{C-2-1}$$

其中，系统的驱动噪声 $w(t)$ 为白噪声，$\boldsymbol{q}$ 为其方差强度矩阵。

该连续系统离散化处理后，状态方程为

$$\boldsymbol{X}_k=\boldsymbol{\Phi}_{k,k-1}\boldsymbol{X}_{k-1}+\boldsymbol{W}_{k-1} \tag{C-2-2}$$

其中，

$$\boldsymbol{\Phi}=\sum_{i=0}^{\infty}T^i\frac{\boldsymbol{F}_k^i}{i\,!} \tag{C-2-3}$$

T 为系统采样时间。

系统噪声等效方差矩阵按下列式子计算：

$$\boldsymbol{Q}_k=\sum_{i=0}^{\infty}\boldsymbol{M}_i\frac{T^i}{i\,!} \tag{C-2-4}$$

$$\boldsymbol{M}_{i+1}=\boldsymbol{F}\boldsymbol{M}_i+(\boldsymbol{F}\boldsymbol{M}_i)^{\mathrm{T}} \tag{C-2-5}$$

$$\boldsymbol{M}_1=\boldsymbol{q} \tag{C-2-6}$$

此外，连续系统的离散化还包括对驱动白噪声过程 $w(t)$ 的等效离散化处理。按下式进行：

$$\boldsymbol{W}_k = \int_{t_k}^{t_{k+1}} \boldsymbol{\Phi}(t_{k+1,\tau}) \boldsymbol{G}(\tau) \boldsymbol{w}(\tau) \mathrm{d}\tau \tag{C-2-7}$$

可证，离散后的等效噪声序列 $\boldsymbol{W}_k$ 仍然为白噪声序列，满足卡尔曼滤波方程的要求。

例如一阶马尔可夫过程的离散化。

$$\dot{\boldsymbol{N}}(t) = -\alpha\dot{\boldsymbol{N}}(t) + \boldsymbol{w}(t) \tag{C-2-8}$$

其中，$E[\boldsymbol{w}(t)]=0$，$E[\boldsymbol{w}(t),\boldsymbol{w}(\tau)]=2\alpha\boldsymbol{R}_N(0)\delta(t-\tau)$（$\boldsymbol{R}_N(0)$ 为马尔可夫过程的均方值，α 为反相关时间常数）。用解析法离散化，可得

$$\boldsymbol{N}_{k+1} = \mathrm{e}^{-\alpha T}\boldsymbol{N}_k + \boldsymbol{W}_k \tag{C-2-9}$$

其中，$\boldsymbol{W}_k$ 是白噪声序列，其均值和方差分别为

$$E[\boldsymbol{W}_k]=0, \quad E[\boldsymbol{W}_k\boldsymbol{W}_j]=\boldsymbol{R}_N(0)(1-\mathrm{e}^{-2\alpha T})\delta_{kj} \tag{C-2-10}$$

如果使用数值解法，设白噪声离散化步长为 T，则由马尔可夫随机微分方程可直接写出其差分递推格式为

$$\boldsymbol{N}_{k+1} = \boldsymbol{N}_k + T \cdot (-\alpha\boldsymbol{N}_k + \boldsymbol{V}_k) \tag{C-2-11}$$

其中，$\boldsymbol{V}_k$ 是白噪声序列，其均值和方差分别为

$$E[\boldsymbol{V}_k]=0, \quad E[\boldsymbol{V}_k\boldsymbol{V}_j] \approx 2\alpha\boldsymbol{R}_N(0)/T \cdot \delta_{kj} \tag{C-2-12}$$

2. 滤波初值的选取

卡尔曼滤波是一种递推算法，启动时必须先给定初值 $\hat{\boldsymbol{X}}_0$ 和 $\boldsymbol{P}_0$。

如果不了解初始状态的统计特性，常令 $\hat{\boldsymbol{X}}_0=\boldsymbol{0}$，$\boldsymbol{P}_0=\alpha\boldsymbol{I}$ 或 $\hat{\boldsymbol{X}}_{0/-1}=\boldsymbol{0}$，$\boldsymbol{P}_{0/-1}=\alpha\boldsymbol{I}$。其中，$\alpha$ 是很大的正数，在此情况下，滤波器不能保证是无偏的。

3. 估计均方差矩阵的等价形式及选用

在实际应用中，均方差矩阵的计算可根据具体情况选用不同形式的计算方法以达到所期望的效果，下面给出几种计算的方法，并分别介绍其优缺点和适用场合。

$\boldsymbol{P}_k=(\boldsymbol{I}-\boldsymbol{K}_k\boldsymbol{H}_k)\boldsymbol{P}_{k/k-1}(\boldsymbol{I}-\boldsymbol{K}_k\boldsymbol{H}_k)^{\mathrm{T}}+\boldsymbol{K}_k\boldsymbol{P}_k\boldsymbol{K}_k^{\mathrm{T}}$：实际使用中常使用该式。

$\boldsymbol{P}_k=(\boldsymbol{I}-\boldsymbol{K}_k\boldsymbol{H}_k)\boldsymbol{P}_{k/k-1}$：形式简单，但计算中的积累误差易使 $\boldsymbol{P}_k$ 失去非负定性甚至对称性。

$\boldsymbol{P}_k^{-1}=\boldsymbol{P}_{k/k-1}^{-1}+\boldsymbol{H}_k^{\mathrm{T}}\boldsymbol{R}_k^{-1}\boldsymbol{H}_k$：如果在滤波初始时刻不了解状态的统计特性，选取初始值盲目，相应的 $\boldsymbol{P}_0$ 选得十分巨大，计算 $\boldsymbol{P}_{1/0}$ 和 $\boldsymbol{K}_1$ 就会困难，在此情况下，宜采用该式。此时，一步预测的均方差矩阵也用逆矩阵来表示。这种逆矩阵称为信息矩阵。

4. 卡尔曼滤波中的发散问题

在卡尔曼滤波计算中，常会出现估计值相对实际被估计值的偏差越来越大的现象，此时滤波器逐渐失去估计作用，这种现象称为滤波器的发散。

引起滤波器发散的主要原因有以下两点：

(1) 模型原因。系统模型和噪声模型不准确，特别是将有色噪声近似成白噪声，无法真实地反映物理过程，使模型与获得的测量值不匹配，导致滤波器发散。

(2) 数值计算原因。在递推计算过程中，随着滤波计算步数的增加，计算机舍入误差逐渐积累，使得均方差矩阵失去非负定性甚至失去对称性。

针对模型不准确原因造成的滤波发散问题可使用衰减记忆滤波或限定记忆法滤波，具体可参考相关文献；针对数值计算原因导致的发散问题，可使用平方根滤波相关算法，如更新时采用 Joseph-form 或 Cholesky factorization 等算法，能使滤波具有更好的数值计算稳定性。

参考文献

[1] 陈永冰，钟斌. 惯性导航原理[M]. 北京：国防工业出版社，2007.

[2] 刘卫国. MATLAB2021 从入门到实践[M]. 北京：中国水利水电出版社，2021.

[3] 刘浩，韩晶. MATLAB R2020a 完全自学一本通[M]. 北京：电子工业出版社，2020.

[4] 周永余，许江宁. 舰船导航系统[M]. 北京：国防工业出版社，2006.

[5] BRITTING K R. Inertial navigation system analysis[M]. New York：Wiley Inter-Science，1971.

[6] 覃方君，陈永冰，查峰，常路宾. 船用惯性导航[M]. 北京：国防工业出版社，2018.

[7] 郑辛，宋有山. 国外惯性技术发展趋势与展望[G]//2005 年惯性器件材料与工艺学术研讨暨技术交流会论文摘要集.

[8] 秦永元. 惯性导航[M]. 北京：科学出版社，2006.

[9] 邓正隆. 惯性技术[M]. 哈尔滨：哈尔滨工业大学出版社，2006.

[10] 张云良. 惯性导航系统[M]. 北京：国防工业出版社，1992.

[11] 万德钧，房建成. 惯性导航初始对准[M]. 南京：东南大学出版社，1998.

[12] 以光衢. 惯性导航原理[M]. 北京：航空工业出版社，1987.

[13] GREENSPAN，RICHARD L. Inertial navigation technology from 1970—1995 [J]. Journal of the Institute of Navigation，1997，42(1)：55-63.

[14] 任思聪. 实用惯导系统原理[M]. 北京：宇航出版社，1988.

[15] 于波，陈云相，郭秀中. 惯性技术[M]. 北京：北京航空航天大学出版社，1994.

[16] 雷源超. 惯性导航系统[M]. 哈尔滨：哈尔滨船舶工程学院，1977.

[17] 黄得鸣，程禄. 惯性导航原理[M]. 北京：国防工业出版社，1986.

[18] ARCHAL G. Error equations of inertial navigation[J]. Journal of GCD. 1987，10(4)：351-358.

[19] 张树侠，孙静. 捷联式惯性导航系统[M]. 北京：国防工业出版社，1992.

[20] 袁信，郑谔. 捷联式惯性导航原理[M]. 北京：航空专业教材编审组出版，1985.

[21] POTTER R H. Astronautical guidance[M]. New York：McGraw-Hill，1964.

[22] 郭秀中，于波，陈云相. 陀螺仪理论及其应用[M]. 北京：航空工业出版社，1987.

[23] 翁维开. 陀螺稳定系统[M]. 武汉：海军工程学院，1991.

[24] 王承摇. 陀螺稳定系统[M]. 北京：国防工业出版社，1985.

[25] 袁信，俞济祥，陈哲. 导航系统[M]. 北京：航空工业出版社，1993.

[26] GOSHEN-MESKIN D，BAR-ITZHACK I Y. Unified approach to inertial navigation system error modeling[J]. Journal of GCD. 1992，15(3)：648-653.

[27] 李友善. 自动控制原理(修订版)[M]. 北京：国防工业出版社，1989.

[28] 俞济祥. 卡尔曼滤波及其在导航中的应用[M]. 北京：航空专业教材编审组出版，1984.

[29] 陈永冰. INS/GPS 组合导航系统及其卡尔曼滤波器的设计[D]. 武汉：海军工程学院，1992.

[30] BURDESS J S. A review of vibratory gyroscopes[J]. Engineering Science and Education,1994,12:249-255.

[31] YAZDI N,NAJAFI K. An all-silicon single-wafer micro-g accelerometer with a combined surface and bulk micromachining process[J]. Journal of Microelectromechanical Systems,2000,9(4): 544-550.

[32] 陈永冰，陈绵云，谢纯乐，等. 基于 Matlab 和 Visual C++ 的惯导误差仿真方法研究[J]. 中国惯性技术学报，2002，10(5)：20-24.

[33] 陈永冰，边少锋，刘勇. 重力异常对平台式惯性导航系统误差的影响分析[J]. 中国惯性技术学报，2005，13(6)：21-25.

[34] 刘为任，庄良杰. 惯性导航系统水平阻尼网络的自适应控制[J]. 天津大学学报(自然科学与工程技术版)，2005，38(2)：146-149.

[35] LAWRENCE A. Modern inertial technology: navigation, guidance and control[M]. New York: Springer-Verlag, 1993.

[36] LEE J G, PARK C G, PARK H W. Multiposition alignment of strapdown inertial navigation system[J]. IEEE Transactions on Aerospace and Electronic Systems,1993,29(4):1323-1328.

[37] SCHWARE K P,WONG R V C. Marine positioning with a GPS-aided inertial navigation system[J]. ION Proceedings National Technique Meeting,1984.

[38] NIELSON J T. GPS aided inertial navigation[J]. NAECON,1985.

[39] ROSE E J. A cost/performance analysis of hybrid inertial/externally referenced positioning/orientation systems. AD-A169685.

[40] 中国惯性技术学会. 惯性技术学科发展报告[M]. 北京：中国科学技术出版社，2010.

[41] CHUNG D , LEE J G. Strapdown INS error model for multi - position alignment[J]. IEEE Transactions on Aerospace and Electronic Systems,1996,32(4): 1362-1366.

[42] 陈锦德. 海军导航技术现状及发展趋势[M]. 天津：海军司令部航海保证部，2010.

[43] SHIBATA M. Error analysis strapdown inertial navigation using quaternions[J]. Journal of Guidance, Control, and Dynamics,1986,9(3):379-381.

[44] 丁衡高. 海陆空天显神威 惯性技术纵横谈[M]. 广州：暨南大学出版社，2000.

[45] BARBOUR N. Inertial components-past, present and future[C]. 2001 AIAA Guidance Navigation and Control Conference. Montreal,2001,8:1-11.

[46] 付梦印，邓志红，张继伟. Kalman 滤波理论及其在导航系统中的应用[M]. 北京：科学技术出版社，2003.

[47] 吴林涛，刘天华，张诚，等. 捷联惯导系统误差抑制技术研究[J]. 电子世界，2021(23)：35-36.

[48] LI J, TAO R P, LIU J,et al. Dynamic research and design on SINS damping system in vehicle[J]. Advanced Materials Research,2011,1442:328-330.

[49] 袁保伦. 四频激光陀螺旋转式惯导系统研究[D]. 长沙：国防科学技术大学，2007.

[50] KING A D. Inertial navigation-forty years of evolution[J]. GEC Review,1998,13(3):

140-149.
[51] 程建华,郝燕玲,孙枫,等. 自动补偿技术在平台式惯导系统综合校正中的应用研究[J]. 哈尔滨工程大学学报,2008,29(1):40-44.
[52] GREWAL M S, WEILL L R, ANDREWS A P. Global positioning systems, inertial navigation, and integration[M]. New York: John Wiley & Sons,2001.
[53] 邹向阳,孙谦,陈家斌,等. 连续旋转式寻北仪的寻北算法及信号处理[J]. 北京理工大学学报,2004,24(9):804-807.
[54] 汪滔,吴文启,曹聚亮,等. 基于转动的光纤陀螺捷联系统初始对准研究[J]. 压电与声光,2007,29(5):519-522.
[55] 孙枫,孙伟. 旋转自动补偿捷联惯导系统技术研究[J]. 系统工程与电子技术,2010,32(1):122-125.
[56] 翁海娜,陆全聪,黄昆,等. 旋转式光学陀螺捷联惯导系统的旋转方案设计[J]. 中国惯性技术学报,2009,17(1):8-14.
[57] YANG X, MENG H R, WANG S. Calibration method for laser gyro SINS under outer field dynamic conditions[J]. Journal of Chinese Inertial Technology,2011,19:393-398.
[58] 龙兴武,于旭东,张鹏飞,等. 激光陀螺单轴旋转惯性导航系统[J]. 中国惯性技术学报,2010,18(2):630-633.
[59] KALMAN R E. A new approach to linear filtering and prediction problems[J]. Journal of Basic Engineering,1960,82(1):35-45.
[60] ZHOU J, ZHANG P, LIU C L. Kalman filtering for integrated navigation based on time series analysis[J]. Editorial Office of Transactions of the Chinese Society of Agricultural Engineering,2010,26(12):254-258.
[61] QIN F J, LI A, XU J N . Inertial navigation system internal damping improvement method[J]. Chinese Journal of Inertial Technology,2013,21(2):147-154.
[62] 李开龙,高敬东,胡柏青,等. 一种基于水平精对准的阻尼网络设计[J]. 计算机仿真,2013,30(1):32-35.
[63] LIM Y C, LYOU J. An error compensation method for transfer alignment[C]// Proceedings of IEEE Region 10 International Conference on Electrical and Electronic Technology. Singapore. IEEE, 2001:850-855.
[64] 王超,崔海荣,李刚,等. 单轴旋转阻尼惯导仿真研究[J]. 弹箭与制导学报,2012,32(05):1-4.
[65] 覃方君,李安,许江宁,等. 阻尼参数连续可调的惯导水平内阻尼方法[J]. 中国惯性技术学报,2011,19(3):290-292,301.
[66] KLASS J. Gyro drfit cut by bearing technique[J]. Aviation Week,1958,17(68):79-81.
[67] SLATER J M. Auto compensation of errors in gyros and accelerometers[J]. Control Engineering, 1961,8(5):121-122.
[68] FRENCH N E. Gyro wander correction by periodic reversals of gyro spin[J]. Navigation, USA, 1968, 15(2):214-218.
[69] 查峰,许江宁,黄寨华,等. 单轴旋转惯导系统旋转性误差分析及补偿[J]. 中国惯性技术学报,2012,20(1):11-17.

[70] 常路宾，李安，覃方君. 双轴转位式捷联惯导系统安装误差分析[J]. 计算机仿真，2011，28(3)：1-4，10.

[71] 何泓洋，许江宁，覃方君. 一种捷联惯导阻尼超调误差抑制算法研究[J]. 舰船电子工程，2012，32(11)：39-41.

[72] 覃方君，李安，许江宁. 载体角运动对旋转调制惯导系统误差影响分析[J]. 武汉大学学报(信息科学版)，2012，37(7)：831-833，838.

[73] LIU F，WANG W，LI K，et al. Alignment method for FOG single-axis rotation-modulation SINS[J]. Applied Mechanics and Materials，2012，2034(229-231)：1127-1131.